電工法規

（附參考資料光碟）

黃文良、楊源誠、蕭盈璋　編著

全華圖書股份有限公司

再版序

　　由於環境變遷迅速，許多現行電工法規均必須隨著修訂以符合社會所需，而有些法規牽連甚廣，修訂審慎而且曠日經久，例如電業法、用戶用電裝置規則、輸配電設備裝置規則等均是。本版主要修訂內容為：用戶用電設備裝置規則(原名稱屋內線路裝置規則)。電機從業人員應該經常注意各項電工法規之最新資訊，於參與各項電機設計、製造、建築、安裝、運轉及維修工作時得以靈活運用之，以確保工作品質及安全。

編者　謹識

序

「電工法規」係國內大專電機系科重要課程之一，教學目標在於促使學生明白熟悉各種電工法規，利於配合運用電機工程之設計與施工。如以電機市場而言，諸如用戶用電設備裝置規則、輸配電設備裝置規則、電器承裝業管理規則、技師法等等均是電機系科學生應該具備之知識。另外，舉凡電機設計、製造、建築、安裝、運轉、及維護過程，如為了滿足安全、品質、經濟或運轉上之需求，則從事之工作人員均應熟稔電工法規，如此方能避免電工災害的發生。

各種電工法規之重要性及適用性，直接自法規名稱或由其公佈條文中不難獲知，因此讀者對於各法規中各條款均應理解及熟記，如此才能在未來實際參與電機相關工作時靈活應用之。對於一位電機工程師而言，如能熟諳電工法規及電機標準，勢必提升工作品質。各種法規及標準之制定程序均相當嚴謹，例如參考中央法規標準法即能明白制定法規、法規施行、法規適用、及修正與廢止法規等。參考國家標準制定辦法，即能了解任何有關標準制定之程序，包括提議、起草、徵求意見、初審、複審、審決、核定及公佈。

本書編排設計，主要沿依工商業界常用之電工法規，同時亦衡量電機工程系科學生將來出路比較容易用到者將之納入。注意的是，電工法規並非是一成不變，常因順應環境迭有修訂，本書雖然配合最新公佈之法規，但為確保正確設計起見，讀者實際工作時仍應參考法務部全國法規資料庫為主，或是注意政府各機關所頒布之最新法規資料為參考依據。

本書約每隔一～兩年修訂一次，多年來特別感謝國內許多大專院校教授及職訓單位教師使用作為教材並提供寶貴建議，如此得以讓本書能快速更新，在此編者謹致萬分感謝。

作者　謹識

編輯部序

　　「系統編輯」是我們的編輯方針，我們所提供給您的，絕不只是一本書，而是關於這門學問的所有知識，它們由淺入深，循序漸進。

　　本書除了將工商業界中常用到之電工法規納入外，考量到電機科系的畢業學生就業後會用到的亦包含在內，就本書所涵蓋的法規，其深度與廣度超出市面上的相關書籍，所以能滿足已經從事或將來想從事這方面工作者參考使用及教學之用；此外，本書隨書附贈的參考資料光碟中包括了急救法與勞動部勞動力發展署所公布之參考資料－乙級室內配線學科公告試題，比起只有綜合測驗題庫及歷年電匠考題的書籍來說，能夠讓讀者了解電工災害發生時的處理方式，且藉著乙級室內配線學科公告試題，更能協助讀者掌握重點，這也是本書與眾不同之處，本書適用於大專院校電機科系教學之用，以及職訓中心和有心成為這個領域的工作人員參考研讀。

　　同時，為了使您能有系統且循序漸進研習相關方面的叢書，我們以流程圖方式，列出各有關圖書的閱讀順序，以減少您研習此門學問的摸索時間，並能對這門學問有完整的知識。若您在這方面有任何問題，歡迎來函連繫，我們將竭誠為您服務。

相關叢書介紹

書號：04624
書名：丙級室內配線技能檢定學術科
　　　題庫解析(附學科測驗卷)
編著：楊正祥.葉見成

書號：05193
書名：配線設計
編著：胡崇頃

書號：06416
書名：乙級太陽光電設置術科
　　　實作與學科解析
　　　(附多媒體光碟)
編著：蔡桂蓉.宓哲民

書號：03647
書名：乙級室內配線技術士－
　　　學科重點暨題庫總整理
編著：蕭盈璋.張維漢.林朝金

書號：05924
書名：PLC 原理與應用實務
　　　(附範例光碟)
編著：宓哲民.王文義.陳文耀.陳文軒

書號：03142
書名：工業配電
編著：羅欽煌

書號：06341
書名：乙級太陽光電設置學科解析
　　　暨術科指導
編著：黃彥楷

流程圖

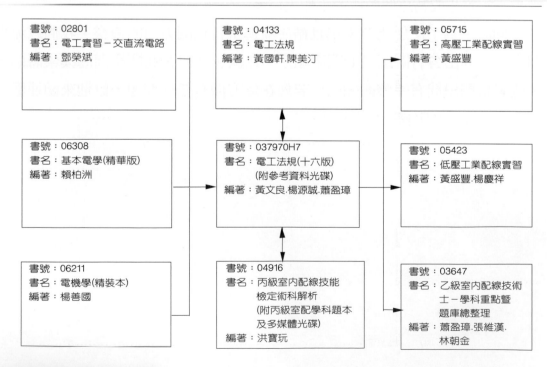

書號：02801
書名：電工實習－交直流電路
編著：鄧榮斌

書號：04133
書名：電工法規
編著：黃國軒.陳美汀

書號：05715
書名：高壓工業配線實習
編著：黃盛豐

書號：06308
書名：基本電學(精華版)
編著：賴柏洲

書號：037970H7
書名：電工法規(十六版)
　　　(附參考資料光碟)
編著：黃文良.楊源誠.蕭盈璋

書號：05423
書名：低壓工業配線實習
編著：黃盛豐.楊慶祥

書號：06211
書名：電機學(精裝本)
編著：楊善國

書號：04916
書名：丙級室內配線技能
　　　檢定術科解析
　　　(附丙級室配學科題本
　　　及多媒體光碟)
編著：洪寶玩

書號：03647
書名：乙級室內配線技術
　　　士－學科重點暨
　　　題庫總整理
編著：蕭盈璋.張維漢.
　　　林朝金

目　次

附　錄（請見本書附贈之參考資料光碟）　　　III-I-1

▲室內配線─屋內線路裝修乙級學科測試題庫　　　　　▲共同學科題庫

第 壹 篇

概論

- 一、電工法規定義
- 二、國際電工法規及電機標準
- 三、電工法規及電工標準之重要性
- 四、電工法規課程規劃
- 五、電工法規重要母法
- 六、參考資料

一、電工法規定義

1.1　前言

　　「電工法規」及「電機標準」二詞經常地被電機工程師及相關工作人員使用，不過由於「法規」及「標準」二者定義常被混淆，其間有何區別似有必要細加探究。事實上，電機工程界對於二者之正確定義及相互間之關係實需釐清，如此方不致於影響工作及施工品質。另方面，對於法規及標準吾人倘若能夠仔細探討及應用，不僅有助於提昇工作品質及安全，亦可提供修訂之寶貴經驗。下文即首先自法律觀點定義電工法規及電機標準。

1.2　法規及標準之定義

　　根據「**中央法規標準法**」(民國 93 年 5 月 19 日總統令修正公佈) 第 1～3 條定義「**法規**」如下：其包括**法律**及**命令**，其中法律包含**法律**、**條例**或**通則**，而命令依其性質包括**規程**、**規則**、**細則**、**辦法**、**綱要**、**標準**或**準則**。

　　依據「標準法」(民國 86 年 11 月 26 日總統令修正公佈) 第 1～2 條定義「標準」如下：經由共識程序，並經公認機關 (構) 審定，提供一般且重覆使用之產品、過程或服務有關之規則、指導綱要或特性之文件。

　　根據上述定義，吾人不難明白法規包括標準，而標準亦即一種法規，故吾人均應遵守及善用各種法規及標準。

1.3　電工法規及電機標準之定義

　　「**電工法規**」並非指單一法規之名稱，實際上是許多個與電工有關法規之一通稱，簡言之，凡與電工及其相關行政業務關連之法令，依據國家立法制定成條文之法律或命令，稱作電工法規；廣義而言，以電機應用角度定義即舉凡在電機設計、製造、建築、安裝、運轉、及維護過程時，為了滿足安全、品質、經濟或運轉上之需求，而提擬出的許多良好足以參考依據之章節條款，均可稱作電工法規。

　　「電機標準」實際上亦是一個通稱，簡言之，舉凡與電機相關之技術規範，依據國家立法制定成條文者，稱作電機標準；另若以電機應用之角度定義，則凡是明白規定電機產品之品質、尺寸、成分等特性以及試驗的方法，藉以簡化生產降低成本，並可提高產品之一致性即可靠性，而提擬出的許多優良足以參考依據之標準，均可稱作電機標準。

二、國際電工法規及電機標準

2.1 我國電工法規及電機標準

　　我國現行一些電工法規主要源自母法 -- **電業法**，然後再制定產生許多的子法 -- 如較為人熟知之**用戶用電設備裝置規則、輸配電設備裝置規則、電器承裝業管理規則**等。這些法規因應科技潮流及環境變遷而常有修訂，使用者宜隨時注意更新。現行一些電工法規及其發布單位名稱及訂定或修正時間如**表一**所示。

表一　我國現行一些電工法規及其發布單位名稱及訂定或修正時間

	電工法規名稱	發布單位	訂定或修正時間
1.	電業法	總統府	108.05.22 修正
2.	電業登記規則	經濟部	107.01.08 修正
3.	自用發電設備登記規則	經濟部	108.09.17 修正
4.	電業控制設備裝置規則	經濟部	107.04.18 廢止
5.	電業主任技術員任用規則	經濟部	106.06.15 修正
6.	電業供電電壓及頻率標準	經濟部	106.06.12 修正
7.	用戶用電設備裝置規則	經濟部	110.03.17 修正
8.	輸配電設備裝置規則	經濟部	106.10.24 修正
9.	違規用電處理規則	經濟部	106.08.02 修正
10.	地方政府處理電業用地爭議準則	經濟部	92.03.26 廢止
11.	變電所裝置規則	經濟部	107.04.10 廢止
12.	汽電共生系統實施辦法	經濟部	111.12.07 修正
13.	電源不足時期限制用電辦法	經濟部	95.12.29 修正
14.	電匠考驗規則	經濟部	96.07.19 廢止
15.	電器承裝業管理規則	經濟部	106.06.06 修正
16.	用電設備檢驗維護業管理規則	經濟部	106.06.06 修正

　　為求廠家能夠生產符合國家標準之電機器材，以增進用戶用電安全，我國目前除了**國家標準** (CNS) 訂有各類電機設備器材之製造標準以外，尚可經由商品檢驗法、正字標記管理規則、及裝置規則等法令規範藉以維持及提昇產品之品質。我國現行電機標準約有一千餘種，茲列舉一些 CNS 電機標準名稱、類號及其公布或修訂時間，如**表二**所示。

表二　我國現行一些電機標準及其發布時間

	電機標準名稱 (類號)	公布或修訂日期
1.	電量文字符號 (C1016)	83.8.24
2.	電機工程製圖符號 (C1017)	71.7.21
3.	電力工程用基本符號 (C1018)	71.7.21
4.	屋內配線設計圖符號總則 (C1090)	76.12.23
5.	設備用途符號標示總則 (C1142)	78.2.22
6.	電絕緣用油檢驗法 (C3025)	83.6.27
7.	手電筒檢驗法 (C3019)	71.11.9
8.	漏電電驛試驗法 (C3180)	72.10.19
9.	電絕緣材料之分類 (C4050)	72.2.11
10.	永久磁鐵試驗法 (C3031)	72.4.13
11.	配電箱試驗法 (C3073)	69.3.25
12.	電烤箱檢驗法 (C3075)	80.9.25
13.	變比器 (C4435)	90.12.31
14.	低壓三相鼠籠型感應電動機 (C4088)	99.6.7 廢止
15.	鹵素電燈泡 (C4182)	73.6.13
16.	照度計 (C4165)	77.10.15
17.	緊急照明燈 (C4348)	96.02.27
18.	同步器 (C4388)	72.6.13
19.	除濕機 (C4461)	99.03.25

※ 資料來源：國家標準 (CNS) 網路服務系統，www.cnsonline.com.tw，2014

2.2　美國電工法規及電機標準

　　美國通用之電工法規為 "NEC"(National Electrical Code)，藉此法規得以提供各項建築及房產之安全防範措施，俾能避免由於使用各種電工所可能引起之各項災害。NEC 係由美國國家防火協會 (National Fire Protection Association，簡稱 NFPA) 贊助支持，並且經由美國國家標準協會 ANSI 之程序制定而成 (ANSI-C1- 年份)，現已成為採用最廣之標準，並由電機電子工程師學會 (The Institute of Electrical and Electronics Engineers, IEEE) 支持。

　　NEC 係一本厚達幾百頁之書籍，非常詳細地描述電力技術及安全規定。NEC 已成為美國電力安全事業之主要準則，由它產生出許多與電子、電機有關之其他法規及標準。

　　美國早期由 AIEE(American Institute of Electrical Engineers) 負責主導制定標準的工作，該機構於 1899 年發行美國第一部電機標準 " Report of the Committee on Standardization"。**美國國家標準協會** (American National Standards Institute, 簡稱 ANSI) 於 1919 年正式成立，負責對外提供各類工業界需要之標準。不過，於美國除了 ANSI 機構以外，尚有許多著名之機構亦負責許多種標準的制定工作，**表三**即是一些常見機構名稱代號及網址。至於制定標準規範之官方性團體亦很多，**表四**即是一些團體名稱代號及網址。

表三　美國一些常見制定標準機構名稱代號及網址

AAMI	醫學儀器促進協會 aami.org (Association for the Advancement of Medical Instrumentation)
AASHTO	美國州公路及運輸協會 aashto.org (American Association of State Highway and Transportation Officials)
AHAM	傢俱製造協會 aham.org (Association of Home Appliance Manufacturers)
ASTM	美國材料試驗學會 astm.org (American Society for Testing and Material)
AWS	美國焊接工程協會 aws.org (American Welding Society)
AWWA	美國自來水工程協會 awwa.org (American Water Works Association)
EIA	電子工業協會 eia.org (Electronic Industries Association)
IEEE	電機電子工程師學會 ieee.org (Institute of Electrical and Electronics Engineers)
IPC	美國電子電路成型標準 ipc.org (Instrument Society of America)
ITU	國際電信聯盟 itu.int International Telecommunication Union
NEMA	國家電機製造協會 nema.org (National Electrical Manufacturers Association)

表三　美國一些常見制定標準機構名稱代號及網址 (續)

NFPA	國家防火協會 nfpa.org (Nation Fire Protection Association)
SAE	美國自動車工程師協會 sae.org (Scientific Apparatus Makers Association)
UL	美國保險業實驗所 ul.com (Underwriter's Laboratories, Inc.)

表四　美國一些制定標準之官方團體名稱代號及網址

CPSC	消費者產品安全委員會 cpsc.gov (Consumer Products Safety Commission)
EPA	環境保護協會 epa.gov (Environmental Protection Agency)
FCC	聯邦交通委員會 fcc.gov (Federal Communications Commission)
FDA	食物及藥物行政局 fda.gov (Food and Drug Administration)
NRC	原子能管制委員會 nrc.gov (Nuclear Regulatory Commission)
OSHA	職業安全與保健行政局 osha.gov (Occupational Safety and Health Administration)

2.3　國際電工法規及電機標準

　　目前國際性標準化各類活動大多統籌經由聯合國組織負責協調推行，於 1947 年成立**國際標準組織** (International Organization for Standard, 其簡稱為 ISO，網路網址為 http://www.iso.ch)，該組織與**國際電機工業委員會** (International Electro-technical Commission, 簡稱 IEC，網址為 http://www.iec.ch) 共同負責起草及制定各種工業標準事宜。現今世界各國參與 IEC 組織及活動之國家很多，並已成立許多不同性質之委員會，諸如電工術語、旋轉電機、蒸汽渦輪機、照明、電燈、.... 等，各委員會負責起草制定標準，最後循著規定程序完成 IEC 正式標準之一。**表五**列出一些常見之國際標準及代號。

表五　一些常見國際標準及代號

國　　別	標　準　代　號						
國際組織	CAC　CCITT　SAR　IAR　IEC　ISO						
歐洲組織	CENELEC　ECMA　EN　EURONORM						
中華民國	CNS						
美國	AASTHO	AATCC	ACI	AGMA	AIM	ANSI	API
	ASHRAE	ASME	ASTM	AWPA	AWS	AWWA	CPSC
	DOE	DOL	DOT	EIAETA	FCC	FDA	FMVSS
	FS	IEEE	IPC	ISA	MIL	NACE	NEMA
	NFPA	NMA	OSHA	SAE	TAPPI	UL	USDA
	3A	3A-E					
日本	CPSA	JAI	JAS	JASO	JCS	JEC	JEM
	JGMA	JIS	JWWA	NK			

澳洲	AS		英國	BS　LR　SI
加拿大	CAN　CSA		德國	DIN　VDE　VDI　WL
法國	NF　UTE		瑞士	SEV　SNV
挪威	NS　NV		哥倫比亞	ICONTEC
韓國	KS		愛爾蘭	IS
馬來西亞	MS		牙買加	JS
比利時	NBN		奈及利亞	NIS
荷蘭	NEN		紐西蘭	NZS
南非	SABS		奧地利	ONORM
瑞典	SIS		芬蘭	SFS
新加坡	SS		以色列	SI
斯里蘭卡	SLS		沙烏地阿拉伯	SSA

三、電工法規及電機標準之重要性

　　電工法規於電機工程之重要性可由工程設計圖面及規範書二方面加以了解。首先，工程設計圖面係將客戶要求及設計者構思表現其上之物，其目的在於促使電機工程施工人員得由圖面充分地了解客戶要求與設計者理念，俾使其工作能同時滿足客戶及設計者之需要。

　　此外，圖面亦是工程施工之重要依據，藉以算出配線材料或機器之數量以及工程費用估價等。因此圖面上必須明確地指示工程內容，並對各部分細節均要有正確且詳明之圖示。此外，圖面又可作為工程竣工檢查以及未來變更修理等之重要依據。

　　接著，電機工程在設計完成欲將工程交付施工時，必須將設計圖連同規範書交給施工者。規範書係設計圖無法明確的表示而用文字記載於書面上者。自工程著手起至工程結束止，在規範書內詳載一些施工者必須遵守之規定及一些指示之事項。以上各項之內容均須根據最新電工法規明確地記載，須不使施工者有不明瞭或有疑義而使訂定契約之業主及施工者有所糾紛。

　　事實上，不論電機工程設計圖面或是撰擬規範書，從事者均需熟稔電工法規，使得有關工程設計、施工準則、安全考量措施均符合法規要求，如此方能避免由於設計疏忽而引起使用各種電工所可能產生之各項災害。

　　其次，談及電機標準於電機工程之重要性，試想對於各類電機應用而言，電機產品之品質、尺寸、成分等特性以及試驗的方法如若沒有共通依據之標準，則廠家各行其是，不僅產品規格不一，而且產品售價混亂，致使產品可靠性偏低，嚴重影響消費者權益。另外，工程材料設備如採用符合國家標準之產品，不僅保障施工之品質，同時亦能維持大眾安全。

四、電工法規課程規劃

4.1　課程規劃

　　「電工法規」係大專電機科系部頒課程標準必修課程之一，教學目標在於促使學生明白各種電工法規，俾利配合運用電機工程之設計與施工。如以就業市場而論，諸如屋內線路裝置規則、屋外供電線路裝置規則、電氣技術人員管理規則、電器承裝業管理規則、技師法等均是電機科系學生應該具備之知識。舉凡電機設計、製造、建築、安裝、運轉、及維護過程時，為了滿足安全、品質、經濟或運轉上之需求，從事之工作人員均應熟稔電工法規，如此方能避免由於使用各種電工所可能引起之各項災害。

　　各種電工法規之重要性及適用性，直接自其名稱或由其公佈條文中不難獲知，因此讀者對於各法規中各條款均應理解及熟記，如此才能在未來實際參與電機相關工作時靈活應用之。

對於一位電機工程師而言，如其能夠熟諳電工法規及電機標準，則勢必增進工作品質。各種法規及標準之制定程序均相當嚴謹，參考中央法規標準法即能明白制定法規、法規施行、法規適用、及修正與廢止法規等。參考國家標準制定辦法，即能了解任何有關標準制定之程序，包括提議、起草、徵求意見、初審、複審、審決、核定及公佈。

課程設計主要沿依工商實業界常用之電工法規次序，同時亦衡量電機工程科系學生將來出路比較容易用到者將之納入。

4.2　電腦網路於電工法規的應用

近年來，隨著 WWW(World Wide Web, 全球資訊網) 之愈見風行，各級教師將 WWW 觀念融入課程教學活動及編入教材之中，已屬非常迫切甚至引發教學方法之革新已可預期。大專電機科系電工法規課程涵蓋多種法規及標準，其提供大專生完整之電工法規知識及有效應用的觀念。除了傳統之授課程序以外，教師及學生如透過網際網路將可以擷取許多最新國內外之電工法規相關網站之最新報導及資訊。一般教師如能適時利用 WWW 作為教學輔助工具，除了可以豐富自身教學素材以外，更容易使得上課內容趨於生動活潑，並可大幅度提高學生學習興趣，達到課程教學之最終目的。

法規及標準並非一成不變，隨著時宜可能會有變更。想要掌握最新修訂過或新發佈的法規，讀者需要密切注意相關單位之最新報導。當然，近日由於網路之興起，政府開闢許多電子窗口，民眾透過網站，可以方便獲知最新公佈事項包括法令部份 (參考**表六**)。

表六　國內一些與電工法規制定有關之機構名稱及網址

	單 位 名 稱	網　　　　址
1	經濟部能源局	moeaboe.gov.tw
2	經濟部標準檢驗局	bsmi.gov.tw
3	行政院勞委會職業訓練局	evta.gov.tw
4	台灣電力公司	taipower.com.tw
5	中華民國電機技師公會全國聯合會	elecpe.org.tw
6	台北市政府	taipei.gov.tw
7	高雄市政府	kcg.gov.tw
8	勞動部勞動力發展署技能檢定中心	wdasec.gov.tw
9	全國法規資料庫	law.moj.gov.tw
10	國家標準 (CNS) 網路服務系統	cnsonline.com.tw

五、電工法規重要母法

　　根據「**中央法規標準法**」(民國 93 年 5 月 19 日總統令修正) 第 1 ～ 3 條定義出吾人通稱之「法規」。而依據「**標準法**」(民國 86 年 11 月 26 日總統令修正) 第 1 ～ 2 條定義出「標準」。現行我國一些電工法規主要源自母法—「**電業法**」，然後再制定產生許多的子法—如較為人熟知之屋內線路裝置規則、屋外供電線路裝置規則、電器承裝業管理規則、電氣技術人員管理規則等。本節中先行列出這些重要母法，俾作研讀電工法規或標準之基本根據。注意，法規因應科技潮流及環境變遷會而有修訂，使用者宜隨時注意及更新。

5.1　中央法規標準法

民國 59 年 08 月 31 日公布
民國 93 年 05 月 19 日修正

第一節　總　則

第 1 條　　　中央法規之制定、施行、適用、修正及廢止，除憲法規定外，依本法之規定。

第 2 條　　　法律得定名為法、律、條例或通則。

第 3 條　　　各機關發布之命令，得依其性質，稱規程、規則、細則、辦法、綱要、標準或準則。

第二節　法規的制定

第 4 條　　　法律應經立法院通過，總統公布。

第 5 條　　　下列事項應以法律定之：
　　　　　　　一、憲法或法律有明文規定，應以法律定之者。
　　　　　　　二、關於人民之權利、義務者。
　　　　　　　三、關於國家各機關之組織者。
　　　　　　　四、其他重要事項之應以法律定之者。

第 6 條　　　應以法律規定之事項，不得以命令定之。

第 7 條　　　各機關依其法定職權或基於法律授權訂定之命令，應視其性質分別下達或發布，並即送立法院。

第 8 條　　　法規條文應分條書寫，冠以「第某條」字樣，並得分為項、款、目。項不冠數字，空二字書寫，款冠以一、二、三等數字，目冠以 (一)、(二)、

(三) 等數字，並應加具標點符號。

前項所定之目再細分者，冠以 1、2、3 等數字，並稱為第某目之 1、2、3。

第 9 條　法規內容繁複或條文較多者，得劃分為第某編、第某章、第某節、第某款、第某目。

第 10 條　修正法規廢止少數條文時，得保留所廢條文之條次，並於其下加括弧，註明「刪除」二字。

修正法規增加少數條文時，得將增加之條文，列在適當條文之後，冠以前條「之一」、「之二」等條次。

廢止或增加編、章、節、款、目時，準用前二項之規定。

第 11 條　法律不得牴觸憲法，命令不得牴觸憲法或法律，下級機關訂定之命令不得牴觸上級機關之命令。

第三節　法規之施行

第 12 條　法規應規定施行日期，或授權以命令規定施行日期。

第 13 條　法規明定自公布或發布日施行者，自公布或發布之日起算至第三日起發生效力。

第 14 條　法規特定有施行日期，或以命令特定施行日期者，自該特定日起發生效力。

第 15 條　(施行區域)

法規定有施行區域或授權以命令規定施行區域者，於該特定區域內發生效力。

第四節　法規之適用

第 16 條　法規對其他法規所規定之同一事項而為特別之規定者，應優先適用之。其他法規修正後，仍應優先適用。

第 17 條　法規對某一事項規定適用或準用其他法規之規定者，其他法規修正後，適用或準用修正後之法規。

第 18 條　各機關受理人民聲請許可案件適用法規時，除依其性質應適用行為時之法規外，如在處理程序終結前，據以准許之法規有變更者，適用新法規。但舊法規有利於當事人而新法規未廢除或禁止所聲請之事項者，適用舊法規。

第 19 條　法規因國家遭遇非常事故，一時不能適用者，得暫停適用其一部或全部。法規停止或恢復適用之程序，準用本法有關法規廢止或制定之規定。

第五節　法規之修正與廢止

第 20 條　　法規有下列情形之一者，修正之：

一、基於政策或事實之需要，有增減內容之必要者。

二、因有關法規之修正或廢止而應配合修正者。

三、規定之主管機關或執行機關已裁併或變更者。

四、同一事項規定於二以上之法規，無分別存在之必要者。

法規修正之程序，準用本法有關法規制定之規定。

第 21 條　　法規有下列情形之一者，廢止之：

一、機關裁併，有關法規無保留之必要者。

二、法規規定之事項已執行完畢，或因情勢變遷，無繼續施行之必要者。

三、法規因有關法規之廢止或修正致失其依據，而無單獨施行之必要者。

四、同一事項已定有新法規，並公布或發布施行者。

第 22 條　　法律之廢止，應經立法院通過，總統公布。

命令之廢止，由原發布機關為之。

依前二項程序廢止之法規，得僅公布或發布其名稱及施行日期；並自公布或發布之日起算，至第三日起失效。

第 23 條　　法規定有施行期限者，期滿當然廢止，不適用前條之規定。但應由主管機關公告之。

第 24 條　　法律定有施行期限，主管機關認為需要延長者，應於期限屆滿一個月前送立法院審議。但其期限在立法院休會其內屆滿者，應於立法院休會一個月前送立法院。

命令定有施行期限，主管機關認為需要延長者，應於期限屆滿一個月前，由原發布機關發布之。

第 25 條　　命令之原發布機關或主管機關已裁併者，其廢止或延長，由承受其業務之機關或其上級機關為之。

第六節　附　則

第 26 條　　本法自公布日施行。

5.2　標準法

民國 35 年 09 月 24 日國民政府公布

民國 86 年 11 月 26 日總統令修正公布

第 1 條　　為制定及推行共同一致之標準，並促進標準化，謀求改善產品、過程及服務之品質、增進生產效率、維持生產、運銷或消費之合理化，以增進公共福祉，特制定本法。

第 2 條　　本法主管機關為經濟部。

關於標準事項，由經濟部設專責機關辦理。

本法規定事項，涉及其他機關之職掌者，由主管機關會商有關機關辦理之。

第 3 條　　本法用詞定義如下：

一、標準：經由共識程序，並經公認機關 (構) 審定，提供一般且重覆使用之產品、過程或服務有關之規則、指導綱要或特性之文件。

二、驗證：由中立之第三者出具書面證明特定產品、過程或服務能符合規定要求之程序。

三、認證：主管機關對特定人或特定機關 (構) 給予正式認可，證明其有能力執行特定工作之程序。

四、團體標準：由相關協會、公會等專業團體制定或採用之標準。

五、國家標準：由標準專責機關依本法規定之程序制定或轉訂，可供公眾使用之標準。

六、國際標準：由國際標準化組織或國際標準組織所採用，可供公眾使用之標準。

第 4 條　　國家標準採自願性方式實施。但經各該目的事業主管機關引用全部或部分內容為法規者，從其規定。

第 5 條　　國家標準規範之項目如下：

一、產品之種類、等級、性能、成分、構造、形狀、尺度、型式、品質、耐久度或安全度及標示。

二、產品之設計、製圖、生產、儲存、運輸或使用等方法，或其生產、儲存或運輸過程中之安全及衛生條件。

三、產品包裝之種類、等級、性能、構造、形狀、尺度或包裝方法。

四、產品、工程或環境保護之檢驗、分析、鑑定、檢查或試驗方法。

　　　　　　　五、產品、工程技術或環境保護相關之用詞、簡稱、符號、代號、常數或單位。

　　　　　　　六、工程之設計、製圖、施工等方法或安全條件。

　　　　　　　七、其他適合一致性之項目。

第 6 條　　　標準專責機關設國家標準審查委員會(以下簡稱審查委員會)及各專門類別之國家標準技術委員會(以下簡稱技術委員會)，負責審議國家標準相關事項。

　　　　　　　前項審查委員會及技術委員會，必要時均得於其下分設各專門類別之分組委員會或工作小組委員會。

第 7 條　　　國家標準制定之程序如下：

　　　　　　　一、建議。

　　　　　　　二、起草。

　　　　　　　三、徵求意見。

　　　　　　　四、審查。

　　　　　　　五、審定。

　　　　　　　六、核定公布。

　　　　　　　前項制定程序及國家標準之修訂、確認、廢止程序，由主管機關以辦法定之。

第 8 條　　　已有相關國際標準或我國團體標準存在，而其適用範圍、等級、條件及水準等均適合我國國情者，標準專責機關得據以轉訂為國家標準。

　　　　　　　依前項轉訂為國家標準時，得不經前條第一項第二款及第三款規定之程序。

第 9 條　　　國家標準自公布之日起五年內，無修訂之建議時，標準專責機關應加以確認。經確認之國家標準，亦同。

第 10 條　　　標準專責機關依職權或申請，經審查委員會審議，選定國家標準項目，實施驗證業務；必要時，並得經審查委員會審議，取消該選定。

　　　　　　　依前項選定及取消之國家標準項目，由標準專責機關公告之。

第 11 條　　　標準專責機關對前條選定之國家標準項目，得依廠商之申請實施驗證；經驗證合於驗證條件及程序者，得核准其使用正字標記。

　　　　　　　前項驗證條件、程序、正字標記圖式及其使用管理規則，由主管機關會商目的事業主管機關定之。

　　　　　　　正字標記之使用，除合於第一項規定外，不得為之。

使用正字標記違反第二項所定使用管理規則者，得撤銷其使用核准；經撤銷其使用核准者，不得繼續使用正字標記。

第 12 條　申請使用正字標記者，應繳納相關費用。

經核准使用正字標記，於使用期間須接受查核者，應繳納查核相關費用。

前二項費用之項目及費額，由主管機關定之。

第 13 條　主管機關為獎勵標準之制定及推行，得訂定獎勵辦法。

第 14 條　主管機關得委託非以營利為目的之標準化認證機構辦理認證業務。

前項標準化及認證實施辦法，由主管機關定之。

第 15 條　標準專責機關應設置或指定查詢單位，提供標準或驗證相關事項文件、資訊供應之服務。

第 16 條　違反第 11 條第三項或第四項規定，擅自使用正字標記，經標準專責機關限期改正，屆期仍未改正者，處新臺幣 10 萬元以上 50 萬元以下罰鍰，並得按次連續處罰至行為人改正時為止。

依前項規定所處之罰鍰，經通知限期繳納，屆期未繳納者，移送法院強制執行。

第 17 條　標準專責機關就擅自使用正字標記之違法情事，認為對消費者之生命、身體、健康或財產有所損害或有損害之虞時，應公告違法者之名稱、地址、商品或為其他必要之處置。

第 18 條　本法施行細則，由主管機關定之。

第 19 條　本法自公布日施行。

5.3　電業法

民國 36 年 12 月 10 日國民政府公布
民國 108 年 05 月 22 日總統令修正

第一章　總則

第 1 條　為開發及有效管理國家電力資源、調節電力供需，推動能源轉型、減少碳排放，並促進電業多元供給、公平競爭及合理經營，保障用戶權益，增進社會福祉，以達國家永續發展，特制定本法。

第 2 條　本法用詞，定義如下：

一、電業：指依本法核准之發電業、輸配電業及售電業。

二、發電業：指設置主要發電設備，以生產、銷售電能之非公用事業，包含再生能源發電業。

三、再生能源發電業：指設置再生能源發展條例第 3 條所定再生能源發電設備，以銷售電能之發電業。

四、輸配電業：指於全國設置電力網，以轉供電能之公用事業。

五、售電業：指公用售電業及再生能源售電業。

六、公用售電業：指購買電能，以銷售予用戶之公用事業。

七、再生能源售電業：指購買再生能源發電設備生產之電能，以銷售予用戶之非公用事業。

八、電業設備：指經營發電及輸配電業務所需用之設備。

九、主要發電設備：指原動機、發電機或其他必備之能源轉換裝置。

十、　自用發電設備：指電業以外之其他事業、團體或自然人，為供自用所設置之主要發電設備。

十一、再生能源：指再生能源發展條例第 3 條所定再生能源，或其他經中央主管機關認定可永續利用之能源。

十二、用戶用電設備：指用戶為接收電能所裝置之導線、變壓器、開關等設備。

十三、再生能源發電設備：指依再生能源發展條例第 3 條所定，取得中央主管機關核發認定文件之發電設備。

十四、電力網：指聯結主要發電設備與輸配電業之分界點至用戶間，屬於同一組合之導線本身、支持設施及變電設備，以輸送電能之系統。

十五、電源線：指聯結主要發電設備至該設備與輸配電業之分界點或用戶間，屬於同一組合之導線本身、支持設施及變電設備。

十六、線路：指依本法設置之電力網及電源線。

十七、用戶：指除電業外之最終電能使用者。

十八、電器承裝業：指經營與電業設備及用戶用電設備相關承裝事項之事業。

十九、用電設備檢驗維護業：指經營與用戶用電設備相關之檢驗、維護事項之事業。

二十、　需量反應：指因應電力系統狀況而為電力使用行為之改變。

二十一、輔助服務：為完成電力傳輸並確保電力系統安全及穩定所需採行之服務措施。

二十二、電力排碳係數：電力生產過程中，每單位發電量所產生之二氧
化碳排放量。

二十三、直供：指再生能源發電業，設置電源線，直接聯結用戶，並供
電予用戶。

二十四、轉供：指輸配電業，設置電力網，傳輸電能之行為。

第 3 條　本法所稱主管機關：在中央為經濟部；在直轄市為直轄市政府；在縣（市）
為縣（市）政府。

中央主管機關應辦理下列事項：

一、電業政策之分析、研擬及推動。

二、全國電業工程安全、電業設備之監督及管理。

三、電力技術法規之擬定。

四、電業設備之監督及管理。

五、電力開發協助金提撥比例之公告。

六、電價與各種收費費率及其計算公式之政策研擬、核定及管理。

七、其他電力技術及安全相關業務之監督及管理。

直轄市、縣（市）主管機關應辦理轄區內下列事項：

一、電業籌設、擴建及電業執照申請之核轉。

二、協助辦理用戶用電設備之檢驗。

三、電業與民眾間有關用地爭議之處理。

四、電力工程行業、電力技術人員及用電場所之監督及管理。

中央主管機關應指定電業管制機關，辦理下列事項：

一、電業及電力市場之監督及管理。

二、電業籌設、擴建及電業執照申請之許可及核准。

三、電力供需之預測、規劃事項。

四、公用售電業電力排碳係數之監督及管理。

五、用戶用電權益之監督及管理。

六、電力調度之監督及管理。

七、電業間或電業與用戶間之爭議調處。

八、售電業或再生能源發電設備設置爭議調處。

國營電業之組設、合併、改組、撤銷、重要人員任免核定管理及監督事
項，由電業管制機關辦理。

於中央主管機關指定電業管制機關前，前二項規定事項由中央主管機關
辦理之。

中央主管機關得邀集政府機關、學者專家及相關民間團體召開電力可靠度審議會、電業爭議調處審議會，辦理第四項第六款至第八款規定事項。

第 4 條　電業之組織，以依公司法設立之股份有限公司為限。但再生能源發電業之組織方式，由電業管制機關公告之。

以股份有限公司方式設立且達一定規模以上之電業，應設置獨立董事。獨立董事人數不得少於 2 人，且不得少於董事席次五分之一。

前項之一定規模與獨立董事資格、條件及其他相關事項之辦法，由電業管制機關定之。

第 5 條　輸配電業應為國營，以一家為限，其業務範圍涵蓋全國。

設置核能發電之發電業與容量在 20000 瓩以上之水力發電業，以公營為限。

但經電業管制機關核准者，不在此限。

前項所稱公營，指政府出資，或政府與人民合營，且政府資金超過百分之 50 者；由公營事業轉投資，其出資合計超過百分之 50 者，亦同。

第 6 條　輸配電業不得兼營發電業或售電業，且與發電業及售電業不得交叉持股。但經電業管制機關核准者，輸配電業得兼營公用售電業。

輸配電業兼營電業以外之其他事業，應以不影響其業務經營及不妨害公平競爭，並經電業管制機關核准者為限。

輸配電業應建立依經營類別分別計算盈虧之會計制度，不得交叉補貼。

輸配電業會計分離制度、會計處理之方法、程序與原則、會計之監督與管理及其他應遵行事項之準則，由電業管制機關定之。

為達成穩定供電目標，台灣電力股份有限公司之發電業及輸配電業專業分工後，轉型為控股母公司，其下成立發電及輸配售電公司。

第一項規定，自本法中華民國 106 年 1 月 11 日修正之條文公布後 6 年施行。但經電業管制機關審酌電力市場發展狀況，得報由行政院延後定其施行日期，延後以 2 次為限，第一次以 2 年為限；第二次以 1 年為限。

第二章　電力調度

第 7 條　電力調度，應本於安全、公平、公開、經濟、環保及能源政策等原則為之。

第 8 條　輸配電業應負責執行電力調度業務，於確保電力系統安全穩定下，應優先併網、調度再生能源。

輸配電業為執行前項業務，應依據電業管制機關訂定之電力調度原則，

擬訂電力調度之範圍、項目、程序、規範、費用分攤、緊急處置及資訊公開等事項之規定，送電業管制機關核定；修正時亦同。

第 9 條　為確保電力系統之供電安全及穩定，輸配電業應依調度需求及發電業、自用發電設備之申請，提供必要之輔助服務。

輸配電業因提供前項輔助服務，得收取費用。

前項輔助服務之費用，得依電力排碳係數訂定，並經電價費率審議會審議通過。

第 10 條　再生能源發電業或售電業所生產或購售之電能需用電力網輸送者，得請求輸配電業調度，並按其調度總量繳交電力調度費。

輸配電業應依其轉供電能數額及費率，向使用該電業設備之再生能源發電業或售電業收取費用。

前二項費用，得依電力排碳係數訂定，並經電價費率審議會審議通過。

前項費用，得依電力排碳係數予以優惠，其優惠辦法由中央主管機關定之。

第 11 條　輸配電業為電力市場發展之需要，經電業管制機關許可，應於廠網分工後設立公開透明之電力交易平台。

電力交易平台應充分揭露交易資訊，以達調節電力供需及電業間公平競爭、合理經營之目標。

第一項電力交易平台之成員、組織、時程、交易管理及其他應遵行事項之規則，由電業管制機關定之。

第 12 條　電業管制機關為維護公益或電業及用戶權益，得隨時命輸配電業提出財務或業務之報告資料，或查核其業務、財產、帳簿、書類或其他有關物件；發現有違反法令且情節重大者，並得封存或調取其有關證件。

輸配電業對於前項命令及查核，不得規避、妨礙或拒絕。

第三章　許可

第 13 條　發電業及輸配電業於籌設或擴建設備時，應填具申請書及相關書件，報經事業所屬機關或直轄市、縣（市）主管機關核轉電業管制機關申請籌設或擴建許可。

前項許可之申請，依環境影響評估法規定需實施環境影響評估者，並應檢附環境保護主管機關完成審查或認可之環境影響評估書件。

第一項籌設或擴建許可期間為 3 年。但有正當理由，得於期限屆滿前，申請延展一次；其延展期限不得逾 2 年。

第 14 條　電業管制機關為前條第一項許可之審查，除審查計畫之完整性，並應顧及能源政策、電力排碳係數、國土開發、區域均衡發展、環境保護、電業公平競爭、電能供需、備用容量及電力系統安全。

第 15 條　發電業及輸配電業應於籌設或擴建許可期間內，取得電業管制機關核發之工作許可證，開始施工，並應於工作許可證有效期間內，施工完竣。

前項工作許可證有效期間為 5 年。但有正當理由經電業管制機關核准延展者，不在此限。

發電業及輸配電業應於施工完竣後 30 日內，備齊相關說明文件，報經事業所屬機關或直轄市、縣（市）主管機關核轉電業管制機關申請核發或換發電業執照。

前項申請，應經電業管制機關派員查驗合格，並取得核發或換發之電業執照後，始得營業。

售電業應填具申請書，向電業管制機關申請核發電業執照後，始得營業。

第 16 條　發電業經核發籌設許可、擴建許可或工作許可證者，非經電業管制機關核准，不得變更其主要發電設備之能源種類、裝置容量或廠址。

前項變更之審查，準用第 14 條規定。

第 17 條　電業之電業執照有效期間為 20 年，自電業管制機關核發電業執照之發照日起算。期滿 1 年前，得向電業管制機關申請延展，每次延展期限不得逾 10 年。

發電業及輸配電業電業執照依前項規定申請延展之審查，準用第 14 條規定。

第 18 條　輸配電業對於發電業或自用發電設備設置者要求與其電力網互聯時，不得拒絕；再生能源發電業應優先併網。但要求互聯之電業設備或自用發電設備不符合第 25 條第一項、第三項、第二十六條、第 29 條至第 31 條、第 71 條準用上開規定或第 32 條規定者，不在此限。

第 19 條　電業不得擅自停業或歇業。但發電業及再生能源售電業經電業管制機關核准者，不在此限。

發電業及再生能源售電業應於停業前，檢具停業計畫，向電業管制機關申請核准，停業期間並不得超過 1 年。

電業應於歇業前，檢具歇業計畫，向電業管制機關申請核准，並於歇業

之日起算 15 日內，將電業執照報繳電業管制機關註銷；屆期未報繳者，電業管制機關得逕行註銷。

第 20 條　電業停業、歇業、未依第 17 條規定申請延展致電業執照有效期限屆滿，或經勒令停止營業或廢止電業執照者，電業管制機關為維持電力供應，得協調其他電業接續經營。協調不成時，得使用其電業設備繼續供電；使用發電業之電業設備，應給予合理補償。

前項協調不成，其發電業之電業設備無法供電，輸配電業應調度電力供電；電力調度費用由該發電業支付；輸配電業並得向供電用戶收取原電價之費用。

第 21 條　電業間依企業併購法規定進行併購者，應由擬併購之電業共同檢具併購計畫書，載明併購後之營業項目、資產、負債及其資本額，向電業管制機關申請核發同意文件。

電業管制機關審議一定規模以上併購案，應會同公平交易委員會，審核電業間之併購，並適用行政程序法聽證程序之規定召開聽證會，並得依職權辦理行政調查與專業鑑定事宜。

前項所稱一定規模，由電業管制機關公告之。

第 22 條　發電業執照所載主要發電設備之能源種類、裝置容量或廠址變更者，發電業應於變更前，準用第 13 條及第 15 條規定辦理。

發電業違反法令經勒令停工者，電業管制機關得廢止其原有電業執照之一部或全部。

電業執照所載事項有變更時，除本法另有規定外，電業應於登記變更後 30 日內，向電業管制機關申請換發電業執照。

第 23 條　電業有濫用市場地位行為，危害交易秩序，經主管機關裁罰者，電業管制機關得查核其營業資料，並令限期提出改正計畫。

電業有下列情形之一者，電業管制機關得廢止其電業執照：

一、濫用市場地位行為，危害交易秩序，經有罪判決確定。

二、有前項情形，經電業管制機關令限期提出改正計畫，逾期未提出或未依限完成改正。

三、違反法令，受勒令歇業處分，經處分機關通知電業管制機關。

第 24 條　電業籌設、擴建之許可、工作許可證、執照之核發、換發、應載事項、延展、發電設備之變更與停業、歇業、併購等事項之申請程序、應備書件及審查原則之規則，由電業管制機關定之。

第四章　工程

第 25 條　　發電業及輸配電業應依規定設置電業設備。

輸配電業應建立電力網地理資訊管理系統，記載電力網線路名稱、電壓、分布位置、使用狀況等相關資料，並適時更新；主管機關於必要時，得通知輸配電業提供電力網相關資料，並命其補充說明或派員檢查。

第一項電業設備之範圍、項目、配置、安全事項及其他應遵行事項之規則，由中央主管機關定之。

第 26 條　　電業應依規定之電壓及頻率標準供電。但其情形特殊，經中央主管機關核准者，不在此限。

前項電壓及頻率之標準，由中央主管機關定之。

第 27 條　　為確保供電穩定及安全，發電業及售電業銷售電能予其用戶時，應就其電能銷售量準備適當備用供電容量，並向電業管制機關申報。但一定裝置容量以下之再生能源發電業，不受此限。該容量除得依本法規定自設外，並得向其他發電業、自用發電設備設置者或需量反應提供者購買。

前項一定裝置容量，由電業管制機關定之。

第一項備用供電容量之內容、計算公式、基準與範圍、申報程序與期間、審查、稽核、管理及其他應遵行事項之辦法，由電業管制機關定之。

第 28 條　　公用售電業銷售電能予其用戶時，其銷售電能之電力排碳係數應符合電力排碳係數基準，並向電業管制機關申報。

前項電力排碳係數基準，由電業管制機關依國家能源及減碳政策訂定，並定期公告。

第一項電力排碳係數之計算方式、申報程序與期間、審查、稽核、管理及其他應遵行事項之辦法，由電業管制機關定之。

第 29 條　　電業應置各種必要之電表儀器，記載電量、電壓、頻率、功率因數、負載及其他有關事項。

第 30 條　　發電業及輸配電業應依規定於電業設備裝置安全保護設施。

前項安全保護設施之裝置處所、方法、維修、安全規定及其他應遵行事項之辦法，由中央主管機關定之。

第 31 條　　發電業及輸配電業應定期檢驗及維護其電業設備，並記載其檢驗及維護結果。

前項檢驗與維護項目、週期及其他應遵行事項之辦法，由中央主管機關定之。

第 32 條　輸配電業或自設線路直接供電之再生能源發電業對用戶用電設備，應依規定進行檢驗，經檢驗合格時，方得接電。輸配電業或再生能源發電業對用戶已裝置之用電設備，應定期檢驗，並記載其結果，如不合規定，應通知用戶限期改善；用戶拒絕接受檢驗或在指定期間未改善者，輸配電業或再生能源發電業得停止供電。

前項之檢驗，必要時直轄市或縣（市）主管機關應協助之。

直轄市或縣（市）主管機關對於第一項之檢驗及檢驗結果得通知輸配電業或再生能源發電業申報或提供有關資料；必要時，並得派員查核，輸配電業或再生能源發電業不得規避、妨礙或拒絕。

第一項檢驗，輸配電業或再生能源發電業得委託依法登記執業之專業技師，或依第 59 條規定登記之用電設備檢驗維護業辦理之。

第一項用戶用電設備之範圍、項目、要件、配置及其他安全事項之規則，及前項檢驗之範圍、基準、週期及程序之辦法，由中央主管機關定之。

第 33 條　用戶用電容量、建築物總樓地板面積或樓層，達一定基準者，應於其建築基地或建築物內設置適當之配電場所及通道，無償提供予輸配電業裝設供電設備；其未設置者，輸配電業得拒絕供電。

前項一定基準與配電場所及通道之設置方式、要件、施工程序、安全措施及其他相關事項之辦法，由中央主管機關會同中央建築主管機關定之。

第 34 條　發電業及輸配電業於其電業設備附近發生火災或其他非常災害時，應立即派技術員工攜帶明顯標誌施行防護；必要時，得停止一部或全部供電或拆除危險電業設備。

第 35 條　發電業及輸配電業發生各類災害、緊急事故或有前條所定情形時，應依中央主管機關所定應通報事項、時限、方式及程序之標準通報各級主管機關。

第 36 條　電業為營運、調度或保障安全之需要，得依電信法相關規定設置專用電信。

輸配電業為有效運用資源，得依第 6 條第二項及電信法相關規定，申請經營電信事業。

第 37 條　發電業及輸配電業設置線路與電信線路間有接近或共架需求時，得以平行、交叉或共架方式設置，並應符合間隔距離及施工規範等安全規定。

前項發電業及輸配電業之線路及電信線路平行、交叉或共架設置、間隔距離、施工安全等事項之規則，由中央主管機關會同國家通訊傳播委員會定之。

第 38 條　　　　發電業或輸配電業因設置、施工或維護線路工程上之必要，得使用或通行公有土地及河川、溝渠、橋樑、堤防、道路、綠地、公園、林地等供公共使用之土地，並應事先通知其主管機關，依相關規定辦理。

第 39 條　　　　發電業或輸配電業於必要時，得於公、私有土地或建築物之上空及地下設置線路，但以不妨礙其原有之使用及安全為限。除緊急狀況外，並應於施工 7 日前事先書面通知其所有人或占有人；如所有人或占有人提出異議，得申請直轄市或縣（市）主管機關許可先行施工，並應於施工 7 日前，以書面通知所有人或占有人。

輸配電業依前項規定申請許可先行施工，直轄市或縣（市）主管機關未依行政程序法第 51 條規定之處理期間處理終結者，電業得逕向中央主管機關申請許可先行施工。

發電業設置電源線者，其土地使用或取得，準用都市計畫法及區域計畫法相關法令中有關公用事業或公共設施之規定。

發電業因設置電源線之用地所必要，租用國有或公有林地時，準用森林法第 8 條有關公用事業或公共設施之規定。

發電業設置電源線之用地，設置於漁港區域者，準用漁港法第 14 條有關漁港一般設施之規定。

第 40 條　　　　為維護線路及供電安全，發電業及輸配電業對於妨礙線路之樹木，除其他法律另有規定外，應通知所有人或占有人於一定期間內砍伐或修剪之；於通知之一定期間屆滿後或無法通知時，電業得逕行處理。

第 41 條　　　　前三條所訂各事項，應擇其無損失或損失最少之處所及方法為之；如有損失，應按損失之程度予以補償。

第 42 條　　　　原設有供電線路之土地所有人或占有人，因需變更其土地之使用時，得申請遷移線路，其申請應以書面開具理由向設置該線路之發電業或輸配電業提出，經該發電業或輸配電業查實後，予以遷移，所需工料費用負擔辦法，由中央主管機關定之。

第 43 條　　　　發電業或輸配電業對於第 38 條至第 40 條所規定之事項，為避免特別危險或預防非常災害，得先行處置，且應於 3 日內申報所在地直轄市或縣（市）主管機關，及通知所有人或占有人。

第 44 條　　　　發電業或輸配電業對於第 39 條至前條所規定之事項，與所有人或占有人發生爭議時，得請所在地直轄市或縣（市）主管機關處理之。

直轄市或縣（市）主管機關處理發電業或輸配電業用地爭議方式、期間及協調之準則，由中央主管機關定之。

第五章 營業

第 45 條　發電業所生產之電能,僅得售予公用售電業,或售予輸配電業作為輔助服務之用。再生能源發電業,不受此限。

　　　　再生能源發電業設置電源線聯結電力網者,得透過電力網轉供電能予用戶。

　　　　再生能源發電業經電業管制機關核准者,得設置電源線聯結用戶並直接供電予該用戶。

　　　　前項再生能源發電業申請直接供電之資格、條件、應備文件及審查原則及其他相關事項之規則,由電業管制機關定之。

　　　　前三項規定,自本法中華民國 106 年 1 月 11 日修正之條文公布之日起一年內施行,並由行政院定其施行日期。但經電業管制機關審酌電力調度相關作業後,得報由行政院延後定其施行日期,延後以二次為限,第一次以 1 年為限;第二次以 6 個月為限。

第 46 條　輸配電業應規劃、興建與維護全國之電力網。

　　　　輸配電業對於用戶申請設置由電力網聯結至其所在處所之線路,不得拒絕。但有正當理由,並經電業管制機關核准者,不在此限。

　　　　輸配電業應依公平、公開原則提供電力網予發電業或售電業使用,以轉供電能並收取費用,不得對特定對象有不當之差別待遇。但有正當理由,並經電業管制機關核准者,不在此限。

　　　　第二項輸配電業所設置之線路,除偏遠地區家戶用電外,得對用戶酌收費用。

第 47 條　公用售電業為銷售電能予用戶,得向發電業或自用發電設備設置者購買電能,不得設置主要發電設備。

　　　　再生能源售電業為銷售電能予用戶,得購買再生能源發電設備生產之電能,不得設置主要發電設備。

　　　　公用售電業對於用戶申請供電,非有正當理由,並經電業管制機關核准,不得拒絕。

　　　　為落實節能減碳政策,售電業應每年訂定鼓勵及協助用戶節約用電計畫,送電業管制機關備查。電業管制機關應就售電業訂定之計畫,公布年度節約用電及減碳成果,以符合國家節能減碳目標。

第 48 條　公用售電業得訂定每月底度或依用戶所需容量收取一定費用。

　　　　公用售電業定有前項每月底度者,其用戶每月實際用電度數超過每月底度時,以實際用電度數計收。

第 49 條　公用售電業之電價與輸配電業各種收費費率之計算公式,由中央主管機關定之。

　　　　　公用售電業及輸配電業應依前項計算公式,擬訂電價及各種收費費率,報經中央主管機關核定後公告之;修正時亦同。

　　　　　中央主管機關訂定第一項電價及各種收費費率之計算公式前,應舉辦公開說明會;修正時亦同。

　　　　　中央主管機關為辦理電價、收費費率及其他相關事項之審議及核定,得邀集政府機關、學者專家及相關民間團體召開審議會。

第 50 條　公用售電業應擬訂營業規章,報經電業管制機關核定後公告實施;修正時亦同。

　　　　　售電予用戶之再生能源發電業及再生能源售電業訂定之營業規章,應於訂定後三十日內送電業管制機關備查;修正時亦同。

第 51 條　經由輸配電業線路供電之用戶,應無償提供場所,以裝設電度表。

　　　　　前項電度表由輸配電業備置及維護。

第 52 條　公用售電業供給自來水、電車、電鐵路等公用事業、各級公私立學校、庇護工場、立案社會福利機構及護理之家用電,其收費應低於平均電價,並以不低於供電成本為準。

　　　　　公用售電業供給使用維生器材及必要生活輔具之身心障礙者家庭用電,其維生器材及必要生活輔具用電之收費,應在實用電度第一段最低單價或供電成本中採最低價者計價。

　　　　　公用售電業供給公用路燈用電,其收費率應低於平均電價,並以不低於平均電燈價之半為準。

　　　　　第一項所稱庇護工場、立案社會福利機構及護理之家,應經各中央目的事業主管機關認定之。

　　　　　第一項收費辦法,由中央主管機關定之。

　　　　　第二項身心障礙者家庭之資格認定、維生器材及生活輔具之適用範圍及電費計算方式,由中央主管機關會同中央目的事業主管機關定之。

第 53 條　公用售電業依前條第一項至第三項規定減收之電費,得由各該目的事業主管機關編列經費支應。

第 54 條　公用售電業應全日供電。但因情況特殊,經電業管制機關核准者,得限制供電時間。

第 55 條　公用售電業因不得已事故擬對全部或一部用戶停電時，除臨時發生障礙，得事後補行報告外，應報請直轄市或縣（市）主管機關核准並公告之；其逾 15 日者，直轄市或縣（市）主管機關應轉報電業管制機關核准。

第 56 條　再生能源發電業及售電業對於違規用電情事，得依其所裝置之用電設備、用電種類及其瓦特數或馬力數，按電業之供電時間及電價計算損害，向違規用電者請求賠償；其最高賠償額，以 1 年之電費為限。

前項違規用電之查報、認定、賠償基準及其處理等事項之規則，由電業管制機關定之。

第 57 條　政府機關為防禦災害要求緊急供電時，發電業及自用發電設備設置者應優先供電，輸配電業應優先提供調度；其用電費用，由該機關負擔。

第六章　監督及管理

第 58 條　發電業及輸配電業應置主任技術員，其資格由中央主管機關定之。

第 59 條　電器承裝業及用電設備檢驗維護業，應向直轄市或縣（市）主管機關登記，並於 1 個月內加入相關工業同業公會，始得營業。相關工業同業公會不得拒絕其加入。

用戶用電設備工程應交由電器承裝業承裝、施作及裝修，並在向電業申報竣工供電時，應檢附相關電氣工程工業同業公會核發之申報竣工會員證明單，方得接電。但其他法規另有規定者，不在此限。

電業設備或用戶用電設備工程由依法登記執業之電機技師設計或監造者，其圖樣設計資料及說明書或竣工報告單送由電業審查核定時，應檢附電機技師公會核發之會員證明，方得審查核定或接電。

前項之技師，應加入執業所在地之技師公會後，始得執行電業設備或用戶用電設備工程之設計或監造等業務，技師公會亦不得拒絕其加入。

電器承裝業及用電設備檢驗維護業所聘僱從事電力工程相關工作人員，應具備下列資格之一：

一、電力工程相關科別技師考試及格，並領有技師證書者。

二、電力工程相關職類技能檢定合格取得技術士證者。

三、本法中華民國 96 年 3 月 5 日修正之條文施行前，依法考驗合格，取得證書之電匠。

本法中華民國 106 年 1 月 11 日修正之條文施行前已向直轄市或縣（市）主管機關登記擔任電氣技術人員之現職人員，或曾辦理登記且期間超過半年之人員，於修正施行後未符合前項資格者，仍具擔任其原登記級別之電氣技術人員資格。

電器承裝業與用電設備檢驗維護業之資格、要件、登記、撤銷或廢止登記及管理之規則，由中央主管機關定之。

第 60 條　裝有電力設備之工廠、礦場、供公眾使用之建築物及受電電壓屬高壓以上之用電場所，應置專任電氣技術人員或委託用電設備檢驗維護業，負責維護與電業供電設備分界點以內一般及緊急電力設備之用電安全，並向直轄市或縣（市）主管機關辦理登記及定期申報檢驗維護紀錄。

前項電力設備與用電場所之認定範圍、登記、撤銷或廢止登記、維護、申報期限、記錄方式與管理，專任電氣技術人員之認定範圍、資格、管理及其他應遵行事項之規則，由中央主管機關定之。

第 61 條　電業設備或用戶用電設備屬中央主管機關所定工程範圍者，其設計及監造，應由依法登記執業之電機技師或相關專業技師辦理。所定工程範圍外，應由電機技師或電器承裝業辦理。但該工程僅供政府機關或公營事業機構自用時，得由該政府機關或公營事業機構內，依法取得電機技師或相關專業技師證書者辦理設計及監造。

前項用戶用電設備工程範圍，應依本法中華民國 94 年 1 月 19 日修正施行前既有電業實施之工程範圍為準；其修正時，中央主管機關應會商全國性電機技師公會、相關電氣工程工業同業公會及其他相關公會定之。

電業或用戶未依第一項規定辦理者，其屬於電業設備者，中央主管機關應禁止電業使用該設備；其屬於用戶用電設備者，電業對該設備不得供電。

第 62 條　電器承裝業及用電設備檢驗維護業不得有下列行為：

一、使用他人之登記執照。

二、將登記執照交由他人使用。

三、於停業期間參加投標或承攬工程。

四、擅自減省工料。

五、將工程轉包、分包及轉託無登記執照之業者。

六、工程分包超過委託總價百分之 40。

七、對於受託辦理承裝、檢驗、維護為虛偽不實之報告。

主管機關基於健全電器承裝業及用電設備檢驗維護業管理、維護公共利益及安全，或因應查核前項行為及登記資格要件之需要，得通知電器承裝業及用電設備檢驗維護業申報或提供有關資料；必要時，並得派員查核，電器承裝業及用電設備檢驗維護業不得規避、妨礙或拒絕。

第 63 條　用電場所所置之專任電氣技術人員，因執行業務所為之陳述或報告，不得有虛偽不實之情事。

第 64 條　發電業於年度分派盈餘時，按其不含再生能源發電部分之全年純益超過實收資本總額，應優先依下列規定提撥相當數額，作為加強機組運轉維護與投資降低污染排放之設備及再生能源發展之用：

一、該全年純益超過實收資本總額百分之 10，未超過百分之 25 時，應提撥超過部分之半數數額。

二、該全年純益達實收資本總額百分之 25 以上時，應提撥超過部分之全數數額。

前項數額，其半數作為加強機組運轉維護、投資降低污染排放設備，其餘半數為投資再生能源發展之用。

第一項全年純益占實收資本總額百分之 10 以下時，中央主管機關應依第 31 條檢驗維護結果，要求其進行設備改善。

發電業生產電能之電力排碳係數優於電業管制機關依第 28 條第二項所定基準者，不適用第一項規定。

第一項加強機組運轉維護、投資降低污染排放之設備與投資再生能源發展等經費之認定、運用、管理及監督等事項之規則，由電業管制機關定之。

第 65 條　為促進電力發展營運、提升發電、輸電與變電設施周邊地區發展及居民福祉，發電業及輸配電業應依生產或傳輸之電力度數一定比例設置電力開發協助金，以協助直轄市或縣（市）主管機關推動電力開發與社區和諧發展事宜。

前項電力開發協助金使用方式、範圍及其監督等相關事項，由中央主管機關定之。必要時，直轄市或縣（市）主管機關得派員查核，發電業及輸配電業不得規避、妨礙或拒絕。

再生能源發電業除風力發電及一定裝置容量以上之太陽光電發電設備以外者，不適用本條之規定。

第一項電力開發協助金之提撥比例，第三項所稱一定裝置容量，由中央主管機關公告之。

直轄市或縣（市）主管機關應以季報方式上網公布電力開發協助金運用之相關資訊。

第 66 條　　為落實資訊公開，電業應按月將其業務狀況、電能供需及財務狀況，編具簡明月報，並應於每屆營業年度終了後 3 個月內編具年報，分送電業管制機關及中央主管機關備查，並公開相關資訊。

電業管制機關或中央主管機關對於前項簡明月報及年報，得令其補充說明或派員查核。第一項應公開之資訊、簡明月報、年報內容與格式，由電業管制機關公告之。

第 67 條　　主管機關對於電業設備及第 30 條第一項規定之安全保護設施，得隨時查驗；其不合規定者，應限期修理或改換；如有發生危險之虞時，並得命其停止其工作及使用。

發電業及輸配電業對於前項查驗，不得規避、妨礙或拒絕。

第七章　自用發電設備

第 68 條　　設置裝置容量 2000 瓩以上自用發電設備者，應填具用電計畫書，向電業管制機關申請許可；未滿 2000 瓩者，應填具用電計畫書，送直轄市或縣（市）主管機關申請許可，轉送電業管制機關備查。

前項自用發電設備之許可、登記、撤銷或廢止登記與變更等事項之申請程序、期間、審查項目及管理之規則，由電業管制機關定之。

第 69 條　　自用發電設備生產之電能得售予公用售電業，或售予輸配電業作為輔助服務之用，其銷售量以總裝置容量百分之 20 為限。但有下列情形者，不在此限：

一、能源效率達電業管制機關所定標準以上者，其銷售量得達總裝置容量百分之 50。

二、生產電能所使用之能源屬再生能源者，其生產之電能得全部銷售予電業。

前項購售之契約，設置裝置容量 2000 瓩以上自用發電設備者應送電業管制機關備查；未滿 2000 瓩者應送直轄市或縣（市）主管機關備查，並將副本送電業管制機關。

第 70 條　　　　自用發電設備設置者裝設之用戶用電設備，應在其自有地區內為之。但不妨害當地電業，並經第 68 條第一項之許可機關核准者，不在此限。

自用發電設備生產之電能符合下列條件者，得透過電力網轉供自用：

一、生產電能之電力排碳係數優於電業管制機關依第 28 條第二項所定基準。

二、屬申請共同設置自用發電設備時，共同設置人個別投資比例應達百分之 5 以上。

三、生產之電能不得售予公用售電業或輸配電業。

前項自用發電設備設置者申請電力網轉供自用者，準用第 10 條第一項及第 46 條第三項規定。

依第二項規定設置之自用發電設備之電源線準用第 39 條第三項至第五項、第 40 條至第 44 條之規定。

第 71 條　　　　自用發電設備之裝置、供電、設置、防護、通報、與電信線路共架及置主任技術員，準用第 25 條第三項、第 26 條、第 29 條至第 31 條、第 34 條、第 35 條、第 37 條及第 58 條規定。

第八章　罰則

第 72 條　　　　未依第 15 條規定取得電業執照而經營電業者，由電業管制機關處新臺幣 250 萬元以上 2500 萬元以下罰鍰，並限期改善，情節重大者得勒令停止營業；屆期未改善或經勒令停止營業而繼續營業者，得按次處罰。

第 73 條　　　　輸配電業有下列情形之一者，由電業管制機關處新臺幣 250 萬元以上 2500 萬元以下罰鍰，並得限期改善；屆期未改善者，得按次處罰：

一、未依第 8 條第一項規定負責執行電力調度。

二、未依第 8 條第二項規定擬訂電力調度規定，或未依核定之內容執行調度業務，且情節重大。

第 74 條　　　　電業有下列情形之一者，由電業管制機關處新臺幣 150 萬元以上 1500 萬元以下罰鍰，並得限期改善；屆期未改善者，得按次處罰：

一、無正當理由未依第 9 條第一項規定提供必要之輔助服務。

二、違反第 18 條規定，拒絕電力網互聯之要求。

三、違反第 19 條第一項規定，未經核准而擅自停業或歇業。

四、違反第 21 條規定，未經同意而進行併購。

五、未依第 27 條第一項規定準備適當備用供電容量。

六、未依第 28 條第一項規定符合公告之電力排碳係數基準。

七、違反第 45 條第三項規定，未經核准而設置電源線直接供電予用戶。

八、違反第 46 條第一項規定，未規劃、興建或維護全國之電力網。

九、違反第 46 條第二項規定，拒絕設置由電力網聯結至用戶之線路。

十、　違反第 46 條第三項規定，對特定對象有不當之差別待遇或未經許可而拒絕將電力網提供電業使用。

十一、違反第 47 條第一項及第二項規定，設置主要發電設備。

十二、違反第 47 條第三項規定，拒絕用戶之供電請求。

十三、未依第 54 條規定之時間供電。

十四、違反第 57 條規定，拒絕政府機關要求緊急供電。

十五、違反第 64 條第一項規定，未提撥相當數額，作為加強機組運轉維護與投資降低污染排放之設備及再生能源發展之用。

有前項第二款、第七款至第十五款情形之一經電業管制機關處罰，且依前項規定按次處罰達二次者，並得勒令停止營業 3 個月至 6 個月、撤換負責人或廢止其電業執照。

第 75 條　　電業有下列情形之一者，由電業管制機關處新臺幣 100 萬元以上 1000 萬元以下罰鍰，並得限期改善；屆期未改善者，得按次處罰：

一、未依第 4 條第二項規定設置獨立董事。

二、違反第 6 條第一項規定兼營其他電業、第二項規定未經核准而兼營其他事業、第三項規定未建立分別計算盈虧之會計制度或交叉補貼；或違反第四項所定準則中有關會計分離制度、會計處理之方法、程序與原則或會計監督及管理之規定，且情節重大。

三、違反第 15 條第一項規定，未取得工作許可證而施工。

四、違反第 16 條第一項規定，未經核准而變更其主要發電設備之能源種類、裝置容量或廠址且施工。

五、違反第 27 條第三項所定辦法中有關備用供電容量之申報程序及期間、管理之規定，且情節重大。

第 76 條　　電業有下列情形之一者，由中央主管機關處新臺幣 100 萬元以上 1000 萬元以下罰鍰，並得限期改善；屆期未改善者，得按次處罰：

一、未依第 25 條第三項所定規則中有關電業設備之範圍、項目、配置及安全事項之規定設置電業設備。

二、未依第 26 條第一項規定之電壓及頻率標準供電。

三、未依第 29 條規定置備各種必要之電表儀器。

四、未依第 30 條第一項規定裝置安全保護設施。

五、未依第 31 條第一項規定定期檢驗及維護其電業設備，並記載其檢驗及維護結果。

六、違反第 37 條第二項所定規則中有關線路設置、間隔距離、施工安全之規定。

七、未依第 49 條第二項規定核定之電價或收費費率收取費用。

八、未依第 58 條規定置主任技術員。

九、未依第 65 條第一項規定設置電力開發協助金。

電業未依第 49 條第二項規定公告電價或各種收費費率，由中央主管機關處新臺幣 50 萬元以上 500 萬元以下罰鍰，並得限期改善；屆期未改善者，得按次處罰。

第 77 條　電業未依第 66 條第一項規定送備查或公開相關資訊，或違反第二項規定，拒絕補充說明或接受查核，由電業管制機關或中央主管機關處新臺幣 100 萬元以上 1000 萬元以下罰鍰，並得限期改善；屆期未改善者，得按次處罰。

第 78 條　電業有下列情形之一者，由主管機關處新臺幣 100 萬元以上 1000 萬元以下罰鍰，並得限期改善；屆期未改善者，得按次處罰：

一、未依第 25 條第二項規定建立或更新電力網地理資訊管理系統、拒絕補充說明或接受檢查。

二、違反第 67 條第一項規定，未於期限內修理或改換不合規定之電業設備或安全保護設施。

三、違反第 67 條第二項規定，規避、妨礙或拒絕查驗。

第 79 條　電業有下列情形之一者，由電業管制機關處新臺幣 50 萬元以上 500 萬元以下罰鍰：

一、違反第 12 條第二項規定，規避、妨礙或拒絕電業管制機關之命令或查核。

二、未依第 17 條第一項規定期限辦理延展。

三、未依第 22 條第三項規定期限申請換發電業執照。有前項第一款及第三款之情形，得通知限期改善；屆期未改善者，得按次處罰。

第 80 條　發電業或輸配電業未依第 35 條規定通報，由主管機關處新臺幣 50 萬元以上 500 萬元以下罰鍰，並得限期改善；屆期未改善者，得按次處罰。

自用發電設備設置者未依第 71 條準用第 35 條規定通報，由主管機關處新臺幣 20 萬元以上 200 萬元以下罰鍰，並得限期改善；屆期未改善者，得按次處罰。

第 81 條　電業有下列情形之一者，由直轄市或縣（市）主管機關處新臺幣 50 萬元以上 500 萬元以下罰鍰，並得限期改善；屆期未改善者，得按次處罰：

一、未依第 32 條第一項規定檢驗、對未經檢驗合格用戶接電、未定期檢驗、未記載定期檢驗結果及未通知不合規定用戶限期改善。

二、違反第 32 條第三項規定，規避、妨礙或拒絕申報、提供有關資料或接受查核。

三、未依第 34 條規定立即派技術員工攜帶明顯標誌施行防護。

四、未依第 43 條規定期限申報或通知。

五、未依第 55 條規定報請核准或補行報告。

六、違反第 59 條第二項規定，未查明應檢附之申報竣工會員證明單，即允許接電。

七、違反第 59 條第三項規定，受理電業設備或用戶用電設備工程之審查核定時，未查明應檢附之電機技師公會核發之會員證明，即擅自審查核定或接電。

八、違反第 65 條第二項規定，未依中央主管機關訂定之方式及範圍使用電力開發協助金，或規避、妨礙、拒絕直轄市、縣（市）主管機關查核。

第 82 條　自用發電設備設置者有下列情形之一者，處新臺幣 20 萬元以上 200 萬元以下罰鍰，並得限期改善；屆期未改善者，得按次處罰：

一、違反第 68 條第一項規定，未經許可而設置；或違反第二項所定規則中有關自用發電設備管理之規定，且情節重大。

二、違反第 69 條第一項規定銷售電能。

三、違反第 70 條第一項規定設置用戶用電設備。

四、未依第 71 條準用第 34 條規定立即派技術員工攜帶明顯標誌施行防護。

自用發電設備設置者有前項第一款至第三款之情形者，其裝置容量為 2000 瓩以上者，由電業管制機關處罰；裝置容量未滿 2000 瓩者，由直轄市或縣（市）主管機關處罰。

自用發電設備設置者有第一項第四款之情形者，由直轄市或縣（市）主

管機關處罰。

第 83 條　未辦理登記而經營電器承裝業或用電設備檢驗維護業者，由直轄市或縣（市）主管機關處新臺幣 20 萬元以上 200 萬元以下罰鍰。

有前項之情形，直轄市或縣（市）主管機關得通知限期改善，情節重大者並得勒令停止營業；屆期未改善或不停止營業者，得按次處罰。

第 84 條　電器承裝業或用電設備檢驗維護業有下列情形之一者，由直轄市或縣（市）主管機關處新臺幣 10 萬元以上 100 萬元以下罰鍰：

一、未依第 59 條第一項規定加入相關工業同業公會。

二、聘僱不符第 59 條第五項或第六項規定資格之人員從事電力工程相關工作。

三、違反第 62 條第一項規定。

四、違反第 62 條第二項規定，規避、妨礙或拒絕申報、提供有關資料或查核。

有前項之情形，直轄市或縣（市）主管機關得通知限期改善；屆期未改善者，得按次處罰；有前項第一款之情形，情節重大者，並得勒令停止營業 3 個月至 6 個月或廢止登記。

第 85 條　同業公會違反第 59 條第一項規定，拒絕業者加入者，由中央主管機關處新臺幣 10 萬元以上 100 萬元以下罰鍰，並得限期改善；屆期未改善者，得按次處罰。

裝有電力設備之工廠、礦場、供公眾使用之建築物及受電電壓屬高壓以上用電場所之負責人，違反第 60 條第一項規定，未置專任電氣技術人員或未委託用電設備檢驗維護業者，負責維護與電業供電設備分界點以內電力設備之用電安全者，由直轄市或縣（市）主管機關處新臺幣 10 萬元以上 100 萬元以下罰鍰，並得限期改善；屆期未改善者，得按次處罰及會同電業停止供電。

第 86 條　自用發電設備設置者有下列情形之一者，由中央主管機關處新臺幣 5 萬元以上 50 萬元以下罰鍰，並得限期改善；屆期未改善者，得按次處罰：

一、未依第 71 條準用第 25 條第三項所定規則中有關電業設備之範圍、項目、配置及安全事項之規定裝置自用發電設備。

二、未依第 71 條準用第 26 條第一項規定之電壓及頻率標準供電。

三、未依第 71 條準用第 29 條規定置備各種必要之電表儀器。

四、未依第 71 條準用第 30 條第一項規定裝置安全保護設施。

五、未依第 71 條準用第 31 條第一項規定檢驗及維護其自用發電設備並記載其檢驗及維護結果。

六、未依第 71 條準用第 37 條第一項規定設置線路。

七、未依第 71 條準用第 58 條規定置主任技術員。

第 87 條　有下列情形之一者，由直轄市或縣（市）主管機關處新臺幣 1 萬元以上 10 萬元以下罰鍰，並得限期改善；屆期未改善者，得按次處罰：

一、不符第 59 條第五項或第六項規定資格者從事電力工程相關工作。

二、違反第 59 條第七項所定規則中，有關電器承裝業與用電設備檢驗維護業管理之規定。

三、裝有電力設備之工廠、礦場、供公眾使用之建築物及受電電壓屬高壓以上用電場所之負責人違反第 60 條第一項規定，未辦理登記或未定期申報檢驗紀錄；或違反第二項所定規則中有關電力設備與用電場所之記錄方式、管理或專任電氣技術人員之管理、其他應遵行事項之規定。

四、專任電氣技術人員違反第 63 條規定。

有前項第三款之情形，直轄市或縣（市）主管機關並得會同電業對該負責人未辦理登記或未定期申報檢驗紀錄之用電場所停止供電。

第九章　附則

第 88 條　為減緩電價短期大幅波動對民生經濟之衝擊，中央主管機關得設置電價穩定基金。

前項基金之來源如下：

一、公用售電業年度決算調整後稅後盈餘超過合理利潤數。

二、政府循預算程序之撥款。

三、電業捐助。

四、企業捐助。

五、基金之孳息。

六、其他有關收入。

第 89 條　發電業設有核能發電廠者，於其核能發電廠營運期間，應提撥充足之費用，充作核能發電後端營運基金，作為放射性廢棄物處理、運送、貯存、最終處置、除役及必要之回饋措施等所需後端處理與處置費經費。

前項費用之計算公式、繳交期限、收取程序及其他應遵行事項之辦法，由中央主管機關定之。

第 90 條　中央主管機關得成立財團法人電力試驗研究所，以專責進行電力技術規範研究、電力設備測試、提高電力系統可靠度及供電安全。

第 91 條　中央主管機關應就國家整體電力資源供需狀況、電力建設進度及節能減碳期程，提出年度報告並公開。

第 92 條　本法中華民國 106 年 1 月 11 日修正之條文施行前，取得電業執照者，應於修正施行後 6 個月內，申請換發電業執照；屆期未辦理或已辦理而仍不符本法規定者，其原領之電業執照，應由電業管制機關公告註銷之；經註銷後仍繼續營業者，依第 72 條規定處罰。

第 93 條　本法中華民國 106 年 1 月 11 日修正之條文施行前，經營發電業務，經核定為公用事業之發電業者，其因屬公用事業而取得之權利，得保障至原電業執照營業年限屆滿為止。

第 94 條　電業於本法中華民國 106 年 1 月 11 日修正之條文施行前訂立之營業規則及規章，與本法規定不符者，應於修正施行後 6 個月內修正之。

第 95 條　政府應訂定計畫，積極推動低放射性廢棄物最終處置相關作業，以處理蘭嶼地區現所貯放之低放射性廢棄物，相關推動計畫應依據低放射性廢棄物最終處置設施場址設置條例訂定。

第 96 條　自本法中華民國 106 年 1 月 11 日修正之條文施行日起，民營公用事業監督條例有關電力及其他電氣事業之規定，不再適用。

第 97 條　本法除已另定施行日期者外，自公布日施行。

六、參考資料

1. 全國法規資料庫，http://law.moj.gov.tw。
2. 經濟部能源局，http://moeaboe.gov.tw。
3. 經濟部標準檢驗局，http://bsmi.gov.tw。
4. 台灣電力公司，http://taipower.com.tw。
5. 勞動部勞動力發展署技能檢定中心 http://wdasec.gov.tw。

第 貳 篇

電工法規（工程類）

一、用戶用電設備裝置規則 110.03.17 修正

第一章　總　則

第一節　通　則

第 1 條　本規則依電業法第三十二條第五項規定訂定之。

第 2 條　用戶用電設備至該設備與電業責任分界點間之裝置，除下列情形外，依本規則規定：

一、不屬電業供電之用電設備裝置。

二、軌道系統中車輛牽引動力變壓器之負載側電力的產生、轉換、輸送或分配，專屬供車輛運轉用或號誌與通訊用之裝設。

三、其他法規另有規定者。

第 3 條　（刪除）

第 4 條　本規則所稱「電壓」係指電路之線間電壓。

第 5 條　本規則未指明「電壓」時概適用於六〇〇伏以下之低壓工程。

第 6 條　1. 本規則之用電設備應以國家標準 (CNS)、國際電工技術委員會 (International Electrotechnical Commission, IEC) 標準或其他經各該目的事業主管機關認可之標準為準。

2. 前項用電設備經商品檢驗主管機關或各該目的事業主管機關規定須實施檢驗者，應取得證明文件，始得裝用。

第二節　用詞釋義

第 7 條　1. 本規則除另有規定外，用詞定義如下：

一、接戶線：由輸配電業供電線路引至接戶點或進屋點之導線。依其用途包括下列用詞：

(一) 單獨接戶線：單獨而無分歧之接戶線。

(二) 共同接戶線：由屋外配電線路引至各連接接戶線間之線路。

(三) 連接接戶線：由共同接戶線分歧而出引至用戶進屋點間之線路，包括簷下線路。

(四) 低壓接戶線：以六〇〇伏以下電壓供給之接戶線。

(五) 高壓接戶線：以三三〇〇伏級以上高壓供給之接戶線。

二、進屋線：由進屋點引至用戶總開關箱之導線。

三、用戶用電設備線路：用戶用電設備至該設備與電業責任分界點間

之分路、幹線、回路及配線，又名線路。

四、接戶開關：凡能同時啟斷進屋線各導線之開關又名總開關。

五、用戶配線 (系統)：指包括電力、照明、控制及信號電路之用戶用電設備配線，包含永久性及臨時性之相關設備、配件及線路裝置。

六、電壓：

　　(一)標稱電壓：指電路或系統電壓等級之通稱數值，例如一一○伏、二二○伏或三八○伏。惟電路之實際運轉電壓於標稱值容許範圍上下變化，仍可維持設備正常運轉。

　　(二)電路電壓：指電路中任兩導線間最大均方根值 (rms)(有效值)之電位差。

　　(三)對地電壓：於接地系統，指非接地導線與電路接地點或接地導線間之電壓。於非接地系統，指任一導線與同一電路其他導線間之最高電壓。

七、導線：用以傳導電流之金屬線纜。

八、單線：指由單股裸導線所構成之導線，又名實心線。

九、絞線：指由多股裸導線扭絞而成之導線。

十、　可撓軟線：指由細小銅線組成，外層並以橡膠或塑膠為絕緣及被覆之可撓性導線，於本規則中又稱花線。

十一、安培容量：指在不超過導線之額定溫度下，導線可連續承載之最大電流，以安培為單位。

十二、分路：指最後一個過電流保護裝置與導線出線口間之線路。按其用途區分，常用類型定義如下：

　　(一) 一般用分路：指供電給二個以上之插座或出線口，以供照明燈具或用電器具使用之分路。

　　(二) 用電器具分路：指供電給一個以上出線口，供用電器具使用之分路，該分路並無永久性連接之照明燈具。

　　(三) 專用分路：指專供給一個用電器具之分路。

　　(四) 多線式分路：指由二條以上有電位差之非接地導線，及一條與其他非接地導線間有相同電位差之被接地導線組成之分路，且該被接地導線被接至中性點或系統之被接地導線。

十三、幹線：由總開關接至分路開關之線路。

十四、需量因數：指在特定時間內,一個系統或部分系統之最大需量
　　　　與該系統或部分系統總連接負載之比值。

十五、連續負載：指可持續達三小時以上之最大電流負載。

十六、責務：

　　　(一)連續責務：指負載定額運轉於一段無限定長之時間。

　　　(二)間歇性責務：指負載交替運轉於負載與無載,或負載與
　　　　　停機,或負載、無載與停機之間。

　　　(三)週期性責務：指負載具週期規律性之間歇運轉。

　　　(四)變動責務：指運轉之負載及時間均可能大幅變動。

十七、用電器具：指以標準尺寸或型式製造,且安裝或組合成一個具
　　　　備單一或多種功能等消耗電能之器具,例如電子、化學、加熱、
　　　　照明、電動機、洗衣機、冷氣機等。第三百九十六條之二十九
　　　　第二項第一款所稱用電設備,亦屬之。

十八、配線器材：指承載或控制電能,作為其基本功能之電氣系統單
　　　　元,例如手捺開關、插座等。

十九、配件：指配線系統中主要用於達成機械功能而非電氣功能之零
　　　　件,例如鎖緊螺母、套管或其他組件等。

二十、　壓力接頭：指藉由機械壓力連接而不使用銲接方式連結二條
　　　　以上之導線,或連結一條以上導線至一端子之器材,例如壓
　　　　力接線端子、壓接端子或壓接套管等。

二十一、帶電組件：指帶電之導電性元件。

二十二、暴露：

　　　(一)暴露(用於帶電組件時)：指帶電組件無適當防護、隔
　　　　　離或絕緣,可能造成人員不經意碰觸、接近或逾越安
　　　　　全距離。

　　　(二)暴露(用於配線方法時)：指置於或附掛在配電盤表面
　　　　　或背面,設計上為可觸及。

二十三、封閉：指被外殼、箱體、圍籬或牆壁包圍,以避免人員意外
　　　　碰觸帶電組件。

二十四、敷設面：用以設施電路之建築物面。

二十五、明管：顯露於建築物表面之導線管。

二十六、隱蔽：指利用建築物結構或其外部裝飾使成為不可觸及。在隱蔽式管槽內之導線，即使抽出後成為可觸及，亦視為隱蔽。

二十七、可觸及：指接觸設備或配線時，需透過攀爬或移除障礙始可進行操作。依其使用狀況不同分別定義如下：

　　（一）可觸及（用於設備）：指設備未上鎖、置於高處或以其他有效方式防護，仍可靠近或接觸。

　　（二）可觸及（用於配線方法）：指配線在不損壞建築結構或其外部裝潢下，即可被移除或暴露。

二十八、可輕易觸及：指接觸設備或配線時，不需攀爬或移除障礙，亦不需可攜式梯子等，即可進行操作、更新或檢查工作。

二十九、可視及：指一設備可以從另一設備處看見，或在其視線範圍內，該被指定之設備應為可見，且兩者間之距離不超過一五公尺，又稱視線可及。

三十、　防護：指藉由蓋板、外殼、隔板、欄杆、防護網、襯墊或平台等，以覆蓋、遮蔽、圍籬、封閉或其他合適保護方式，阻隔人員或外物可能接近或碰觸危險處所。

三十一、乾燥場所：指正常情況不會潮濕或有濕氣之場所，惟仍然可能有暫時性潮濕或濕氣情形。

三十二、濕氣場所：指受保護而不易受天候影響且不致造成水或其他液體產生凝結，惟仍然有輕微水氣之場所，例如在雨遮下、遮篷下、陽台、冷藏庫等場所。

三十三、潮濕場所：指可能受水或其他液體浸潤或其他發散水蒸汽之場所，例如公共浴室、商用專業廚房、冷凍廠、製冰廠、洗車場等，於本規則中又稱潮濕處所。

三十四、附接插頭：指藉由插入插座，使附著於其上之可撓軟線，與永久固定連接至插座上導線，建立連結之裝置。

三十五、插座：指裝在出線口之插接裝置，供附接插頭插入連接。按插接數量，分類如下：

　　（一）單連插座：指單一插接裝置。

　　（二）多連插座：指在同一軛框上有二個以上插接裝置。

三十六、照明燈具：指由一個以上之光源，與固定該光源及將其連接至電源之一個完整照明單元。

三十七、過載：指設備運轉於超過滿載額定或導線之額定安培容量，
　　　　　當其持續一段夠長時間後會造成損害或過熱之危險。

三十八、過電流：指任何通過並超過該設備額定或導線容量之電流，
　　　　　可能係由過載、短路或接地故障所引起。

三十九、過電流保護：指導線及設備過電流保護，在電流增加到某一
　　　　　數值而使溫度上升致危及導線及設備之絕緣時，能切斷該電
　　　　　路。

四十、　　過電流保護裝置：指能保護超過接戶設施、幹線、分路及設
　　　　　備等額定電流，且能啟斷過電流之裝置。

四十一、啟斷額定：指在標準測試條件下，一個裝置於其額定電壓下
　　　　　經確認所能啟斷之最大電流。

四十二、開關：用以「啟斷」、「閉合」電路之裝置，無啟斷故障電
　　　　　流能力，適用在額定電流下操作。按其用途區分，常用類型
　　　　　定義如下：

　　　　　（一）一般開關：指用於一般配電及分路，以安培值為額定，
　　　　　　　　　在額定電壓下能啟斷其額定電流之開關。

　　　　　（二）手捺開關：指裝在盒內或盒蓋上或連接配線系統之一
　　　　　　　　　般用開關。

　　　　　（三）分路開關：指用以啟閉分路之開關。

　　　　　（四）切換開關：指用於切換由一電源至其他電源之自動或
　　　　　　　　　非自動裝置。

　　　　　（五）隔離開關：指用於隔離電路與電源，無啟斷額定，須
　　　　　　　　　以其他設備啟斷電路後，方可操作之開關。

　　　　　（六）電動機電路開關：指在開關額定內，可啟斷額定馬力
　　　　　　　　　電動機之最大運轉過載電流之開關。

四十三、分段設備：指藉其開啟可使電路與電源隔離之裝置，又稱隔
　　　　　離設備。

四十四、熔線：指藉由流過之過電流加熱熔斷其可熔組件以啟斷電路
　　　　　之過電流保護裝置。

四十五、斷路器：指於額定能力內，當電路發生過電流時，其能自動
　　　　　跳脫，啟斷該電路，且不致使其本體失能之過電流保護裝置。
　　　　　按其功能，常用類型定義如下：

（一）可調式斷路器：指斷路器可在預定範圍內依設定之各種電流值或時間條件下跳脫。

（二）不可調式斷路器：指斷路器不能做任何調整以改變跳脫電流值或時間。

（三）瞬時跳脫斷路器：指在斷路器跳脫時沒有刻意加入時間延遲。

（四）反時限斷路器：指在斷路器跳脫時刻意加入時間延遲，且當電流愈大時，延遲時間愈短。

四十六、漏電斷路器：指當接地電流超過設備額定靈敏度電流時，於預定時間內啟斷電路，以保護人員及設備之裝置。漏電斷路器應具有啟斷負載及漏電功能。包括不具過電流保護功能之漏電斷路器 (RCCB)，與具過電流保護功能之漏電斷路器 (RCBO)。

四十七、漏電啟斷裝置 (GFCI 或稱 RCD)：指當接地電流超過設備額定靈敏度電流時，於預定時間內啟斷電路，以保護人員之裝置。漏電啟斷裝置應具有啟斷負載電流之能力。

四十八、中性點：指多相式系統 Y 接、單相三線式系統、三相△系統之一相或三線式直流系統等之中間點。

四十九、中性線：指連接至電力系統中性點之導線。

五十、　接地：指線路或設備與大地有導電性之連接。

五十一、被接地：指被接於大地之導電性連接。

五十二、接地電極：指與大地建立直接連接之導電體。

五十三、接地線：連接設備、器具或配線系統至接地電極之導線，於本規則中又稱接地導線。

五十四、被接地導線：指被刻意接地之導線。

五十五、設備接地導線：指連接設備所有正常非帶電金屬組件，至接地電極之導線。

五十六、接地電極導線：指設備或系統接地導線連接至接地電極或接地電極系統上一點之導線。

五十七、搭接：指連接設備或裝置以建立電氣連續性及導電性。

五十八、搭接導線：指用以連接金屬組件並確保導電性之導線，或稱為跳接線。

五十九、接地故障：指非故意使電路之非接地導線與接地導線、金屬
封閉箱體、金屬管槽、金屬設備或大地間有導電性連接。

六十、　雨線：指自屋簷外端線，向建築物之鉛垂面作形成四五度夾
角之斜面；此斜面與屋簷及建築物外牆三者相圍部分屬雨線
內，其他部分為雨線外。

六十一、耐候：指暴露在天候下不影響其正常運轉之製造或保護方式。

六十二、通風：指提供空氣循環流通之方法，使其能充分帶走過剩之
熱、煙或揮發氣。

六十三、封閉箱體：指機具之外殼或箱體，以避免人員意外碰觸帶電
組件，或保護設備免於受到外力損害。

六十四、配電箱：指具有框架、中隔板及門板，且裝有匯流排、過電
流保護或其他裝置之單一封閉箱體，該箱體崁入或附掛於牆
上或其他支撐物，並僅由正面可觸及。

六十五、配電盤：指具有框架、中隔板及門板，且裝有匯流排、過電
流保護裝置等之封閉盤體，可於其盤面或背後裝上儀表、指
示燈或操作開關等裝置，該盤體自立裝設於地板上。

六十六、電動機控制中心(MCC)：指由一個以上封閉式電動機控制單
元組成，且內含共用電源匯流排之組合體。

六十七、出線口：指配線系統上之一點，於該點引出電流至用電器具。

六十八、出線盒：指設施於導線之末端用以引出管槽內導線之盒。

六十九、接線盒：指設施電纜、金屬導線管及非金屬導線管等用以連
接或分接導線之盒。

七十、　導管盒：指導管或配管系統之連接或終端部位，透過可移動
之外蓋板，可在二段以上管線系統之連接處或終端處，使其
系統內部成為可觸及。但安裝器具之鑄鐵盒或金屬盒，則非
屬導管盒。

七十一、管子接頭：指用以連接導線管之配件。

七十二、管子彎頭：指彎曲形之管子接頭。

七十三、管槽：指專門設計作為容納導線、電纜或匯流排之封閉管道，
包括金屬導線管、非金屬導線管、金屬可撓導線管、非金屬
可撓導線管、金屬導線槽及非金屬導線槽、匯流排槽等。

七十四、人孔：指位於地下之封閉設施，供人員進出，以便進行地下設備及電纜之裝設、操作及維護。

七十五、手孔：指用於地下之封閉設施，具有開放或封閉之底部，人員無須進入其內部，即可進行安裝、操作、維修設備或電纜。

七十六、設計者：指依電業法規定取得設計電業設備工程及用戶用電設備工程資格者。

七十七、合格人員：指依電業法取得設計、承裝、施作、監造、檢驗及維護用戶用電設備資格之業者或人員。

七十八、放電管燈：指日光燈、水銀燈及霓虹燈等利用電能在管中放電，作為照明等使用。

七十九、短路啟斷容量 IC (Short-circuit breaking capacity)：指斷路器能安全啟斷最大短路故障電流 (含非對稱電流成分) 之容量。低壓斷路器之額定短路啟斷容量規定分為額定極限短路啟斷容量 (Icu) 及額定使用短路啟斷容量 (Ics)，以 Icu ／ Ics 標示之，單位為 kA：

(一) 額定極限短路啟斷容量 Icu(Rated ultimate short-circuit breaking capacity)：指按規定試驗程序及規定條件下所作試驗之啟斷容量，該試驗程序不包括連續額定電流載流性之試驗。

(二) 額定使用短路啟斷容量 Ics(Rated service short-circuit breaking capacity)：指依規定試驗程序及規定條件下所作試驗之啟斷容量，該試驗程序包括連續額定電流載流性之試驗。

2. 本規則所稱電氣設備或受電設備為用電設備之別稱。但第五章所稱電氣設備、用電設備泛指用電設備或用電器具。

第三節　電壓

第 8 條　　　(刪除)

第四節　電壓降

第 9 條　　　供應電燈、電力、電熱或該等混合負載之低壓幹線及其分路，其電壓降均不得超過標稱電壓百分之三，兩者合計不得超過百分之五。

第五節　導線

第 10 條　　　　屋內配線之導線依下列規定辦理：

一、除匯流排及另有規定外，用於承載電流導體之材質應為銅質者。

二、導體材質採非銅質者，其尺寸應配合安培容量調整。

三、除本規則另有規定外，低壓配線應具有適用於六〇〇伏之絕緣等級。

四、絕緣軟銅線適用於屋內配線，絕緣硬銅線適用於屋外配線。

五、可撓軟線之使用依第二章第二節規定辦理。

第 10-1 條　　　整體設備之部分組件包括電動機、電動機控制器及類似設備等之導線，或本規則指定供其他場所使用之導線，不適用本節規定。

第 11 條　　　　除本規則另有規定外，屋內配線應用絕緣導線。但有下列情形之一者，得用裸銅線：

一、電氣爐所用之導線。

二、乾燥室所用之導線。

三、電動起重機所用之滑接導線或類似性質者。

第 12 條　　　　一般配線之導線最小線徑依下列規定辦理：

一、電燈、插座及電熱工程選擇分路導線之線徑，應以該導線之安培容量足以承載負載電流，且不超過電壓降限制為準；其最小線徑除特別低壓設施另有規定外，單線直徑不得小於二·〇公厘，絞線截面積不得小於三·五平方公厘。

二、電力工程選擇分路導線之線徑，除應能承受電動機額定電流之一·二五倍外，單線直徑不得小於二·〇公厘，絞線截面積不得小於三·五平方公厘。

三、導線線徑在三·二公厘以上者，應用絞線。

四、高壓電力電纜之最小線徑如表一二。

表一二　二〇〇一至三五〇〇〇伏電力電纜最小線徑

電纜額定電壓（千伏）	最小線徑（平方公厘）
5	8
8	14
15	30
25	38
35	60

第 13 條　　　　（刪除）

第 13-1 條　　1. 導線除符合第二項規定或本規則另有規定外，不得使用於下列情況或場所。但經設計者確認適用者，不在此限：

一、濕氣場所或潮濕場所。

二、暴露於對導線或電纜有劣化影響之氣體、煙、蒸汽、液體等場所。

三、暴露於超過導線或電纜所能承受溫度之場所。

2. 導線符合下列情形者，依其規定辦理：

一、電纜具有濕氣不能滲透之被覆層，或絕緣導線經設計者確認有濕氣不能滲透之非金屬導線管、PF 管保護者，得適用於潮濕場所。

二、絕緣導線或電纜具耐日照材質，或有耐日照之膠帶、套管等絕緣材質包覆者，得暴露於陽光直接照射之場所。

第 13-2 條　　1. 導線之絕緣與遮蔽及接地依下列規定辦理：

一、工業廠區僅由合格人員維修及管理監督者，得使用無金屬遮蔽、絕緣體、最大相間電壓為五〇〇〇伏之裝甲電纜。若其絕緣體為橡膠者，應能耐臭氧。

二、除前款規定外，導線運轉電壓超過二〇〇〇伏者，應有遮蔽層及絕緣體。若其絕緣體為橡膠者，應能耐臭氧。

三、所有金屬絕緣遮蔽層應連接至接地電極導線、接地匯流排、設備接地導線或接地電極。

2. 電纜直埋應採用可供直埋者；其額定電壓超過二〇〇〇伏者，應有遮蔽層。

第 14 條　　導線之並聯依下列規定辦理：

一、導線之線徑五〇平方公厘以上者，得並聯使用，惟包含設備接地導線之所有並聯導線長度、導體材質、截面積及絕緣材質等均需相同，且使用相同之裝設方法。

二、並聯導線佈設於分開之電纜或管槽者，該電纜或管槽應具有相同之導線條數，且有相同之電氣特性。每一電纜或管槽之接地導線線徑不得低於表二六～二規定，且不得因並聯而降低接地導線線徑。

三、導線管槽中並聯導線安培容量應依表一六～三、表一六～四、表一六～六及表一六～七規定。

四、並聯導線裝設於同一金屬管槽內時，應以符合表二六～二規定之導線做搭接。

第 14-1 條　　電氣連接依下列規定辦理：

一、採用壓力接頭或熔銲接頭等電氣連接裝置，若使用不同金屬材質者，應確認適用於其導線材質，並依製造廠家技術文件安裝與使用。

二、銅及鋁之異質導體不得在同一端子或接續接頭相互混接。但該連接裝置使用銅鋁合金壓接套管者，不在此限。

三、連接超過一條導線之接頭，及連接鋁導體之接頭，應做識別。

四、與導線安培容量有關聯之溫度額定，應以其所連接端子、導線或其他裝置之溫度額定中最低者為準。

第 15 條　導線之連接及處理依下列規定辦理：

一、導線應儘量避免連接。

二、連接導體時，應將導體表面處理乾淨後始可連接，連接處之溫升，應低於導體容許之最高溫度。

三、導線之連接：

(一) 接續：導線互為連接時，應以銅套管壓接 (如圖一五～一)，或採用銅焊、壓力接頭連接，或經設計者確認之接續裝置或方法。

(二) 終端連接：連接導體至端子組件，應使用壓力接線端子 (包括固定螺栓型)、熔焊接頭或可撓線頭，並確保其連接牢固，且不會對導體造成損害。

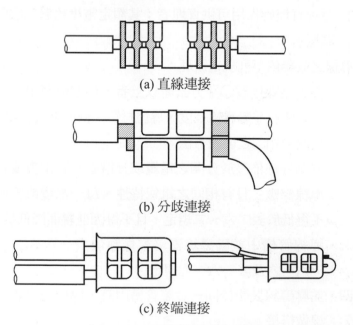

(a) 直線連接

(b) 分歧連接

(c) 終端連接

圖 15-1　導線之銅套管壓接

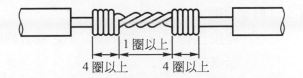

圖 15-2 實心線直接連接法

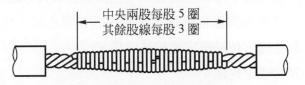

圖 15-3 絞線直接連接法

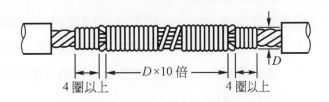

圖 15-4 絞線加紮線之延長連接法

四、導線之連接若不採用前款規定者，應按下列方式連接，且該連接部
分應加焊錫：

(一) 直線連接：

① 連接直徑二・六公厘以下之實心線時，依圖一五～二所
示處理。

② 絞線連接，以不加紮線之延長連接時，依圖一五～三處理；
七股絞線先剪去中心之一股，一九股絞線先剪去中心七
股，三七股絞線先剪去中心一九股後再連接。

③ 絞線連接，以加紮線之延長連接時，依圖一五～四所示處
理，中心股線剪去法同前述。

(二) 分歧連接：

① 連接直徑二・六公厘以下之實心線時，依圖一五～五所
示處理。

② 絞線連接，以不加紮線之分歧連接時，依圖一五～六所示
處理。

③ 絞線連接，以加紮線之分歧連接時，依圖一五～七或圖
一五～八所示處理。

(三) 終端連接：

① 連接直徑二‧六公厘以下之實心線時，依圖一五～九所示處理。

② 連接線徑不同之實心線時，依圖一五～十所示處理。

③ 連接絞線，以銅接頭焊接或壓接，依圖一五～十一處理。

五、連接兩種不同線徑之導線，應依線徑較大者之連接法處理。

六、可撓軟線與他種導線連接時，若為實心線，依實心線之連接法；若為絞線，依絞線之連接法處理。

七、連接處之絕緣：

(一) 所有連接處應以絕緣體或絕緣裝置包覆；其絕緣等級不得低於導線絕緣強度。

(二) 聚氯乙烯 (PVC) 絕緣導線應使用 PVC 絕緣膠帶纏繞連接處之裸露部分，使其與原導線之絕緣相同。纏繞時，應就 PVC 絕緣膠帶寬度二分之一重疊交互纏繞，並掩護原導線之絕緣外皮一五公厘以上。

八、裝設截面積八平方公厘以上之絞線於開關時，應將線頭焊接於銅接頭中或用銅接頭壓接。但開關附有銅接頭者，不在此限。

九、導線在導線管內不得連接。

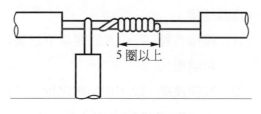

圖 15-5　實心線分歧連接法

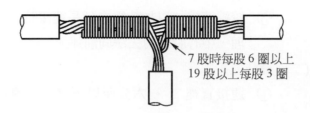

圖 15-6　絞線分歧連接法

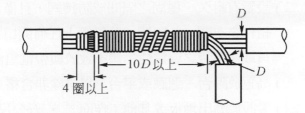

圖 15-7　絞線加紮線之分歧連接法（一）

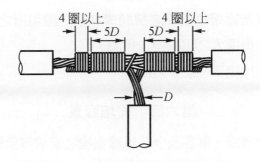

圖 15-8　絞線加紮線之分歧連接法（二）

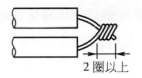

圖 15-9　實心線終端連接法　　　　圖 15-10　不同線徑之實心線終端連接法

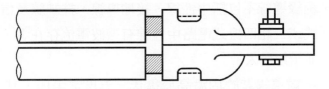

圖 15-11　絞線之終端連接法

第 15-1 條　　帶電組件之防護依下列規定辦理：

一、除另有規定外，運轉電壓在五○伏以上用電設備之帶電組件，應使
　　用下列方式之一防護：

　　（一）設置於僅合格人員可觸及之房間、配電室或類似之封閉箱體
　　　　　內。

　　　　　　　（二）設置有耐久、穩固之隔間或防護網，且僅合格人員可觸及帶電
　　　　　　　　　組件之空間。此隔間或防護網上任何開口之尺寸與位置應使人
　　　　　　　　　員或所攜帶之導電性物體不致於與帶電組件意外碰觸。

　　　　　　　（三）高置於陽台、迴廊或平台，以排除非合格人員接近。

　　　　　　　（四）裝設於高出地板或其他工作面二‧五公尺以上之場所。

　　二、用電設備可能暴露於受外力損傷之場所，其封閉箱體或防護體之位
　　　　置及強度應能避免外力損傷。

　　三、具有暴露帶電組件之房間或其他防護場所之入口，應標示禁止非合
　　　　格人員進入之明顯警告標識。

第 15-2 條　　未使用之比流器，應予短路。

第六節　安培容量

第 16 條　　低壓絕緣導線、單芯及多芯絕緣電纜之安培容量應符合下列規定：

　　一、導線絕緣物容許溫度依表一六～一規定。

　　二、金屬導線管配線者，其安培容量依表一六～三、表一六～四及表
　　　　一六～六規定選用。金屬可撓導線管配線之安培容量亦同。

　　三、PVC 管配線之安培容量依表一六～七規定選用。HDPE 管配線及非
　　　　金屬可撓導線管配線之安培容量亦同。

　　四、同一導線管內裝設十條以上載流導線，或十芯以上載流導線之絕緣
　　　　電纜，其安培容量應乘以表一六～八之修正係數。

　　五、絕緣導線不包括中性線、接地導線、控制線及信號線。但單相三線
　　　　式或三相四線式電路中性線有諧波電流存在者，應視為載流導線，
　　　　並予以計入。

　　六、絕緣導線裝於周溫高於攝氏三五度之場所，其安培容量應乘以表
　　　　一六～九所列之修正係數。

表一六～一　低壓絕緣導線之最高容許溫度表

絕緣電線之種類	絕緣物之種類	絕緣物容許溫度℃	備註
1. PVC 電線	1. 聚氯乙烯 (PVC)	60	
2. RB 電線	2. 橡膠 (Rubber)		
3. 耐熱 PVC 電線	3. 耐熱聚氯乙烯	75	
4. PE 電線 (Polyethylene)	4. 聚乙烯 (Polyethylene，PE)		
5. SBR 電線 (Styrene Butadiene Rubber)	5. 苯乙烯丁二烯 (Styrene Butadiene) 橡膠		
6. 聚氯丁二烯橡膠絕緣電線	6. 聚氯丁二烯 (Polychloroprene) 橡膠		
7. EP 橡膠電線 (Eteylene Propylene Rubber)	7. 乙丙烯 (Ethylene Prop- ylene) 橡膠	90	
8. 交連 PE 電線 (Crosslinked Polyethylene)	8. 交連聚乙烯 (Crosslinked Polyethylene，XLPE)		
9. 氯磺化聚乙烯橡膠絕緣電線	9. 氯磺化聚乙烯 (Chlorosulfumated Polyethylene) 橡膠		

表一六～三　金屬導線管配線導線安培容量表
（導線絕緣物溫度 60℃，周溫 35℃以下）

銅導線			同一導線管內之導線數／電纜芯數			
線別	公稱截面積 （平方公厘）	根數／直徑 （公厘）	3 以下	4	5-6	7-9
			安培容量（安培）			
單線		1.6	13	12	11	9
		2.0	18	16	14	12
		2.6	27	25	22	19
絞線	3.5	7/0.8	19	17	15	13
	5.5	7/1.0	28	25	22	20
	8	7/1.2	35	32	28	25
	14	7/1.6	51	46	41	36
	22	7/2.0	65	58	52	45
	30	7/2.3	80	72	64	56
	38	7/2.6	94	84	75	66
	50	19/1.8	108	97	87	76
	60	19/2.0	124	112	99	87
	80	19/2.3	145	130	116	101
	100	19/2.6	172	155	138	121
	125	19/2.9	194	175	156	136
	150	37/2.3	220	198	176	
	200	37/2.6	251	226	200	
	250	61/2.3	291	262		
	325	61/2.6	329	296		
	400	61/2.9	372			
	500	61/3.2	407			

註：本表適用於金屬可撓導線管配線及電纜配線。

表一六～四　金屬導線管配線導線安培容量表

（導線絕緣物溫度 75℃，周溫 35℃以下）

銅導線			同一導線管內之導線數 / 電纜芯數			
線別	公稱截面積（平方公厘）	根數 / 直徑（公厘）	3 以下	4	5-6	7-9
			安培容量（安培）			
單線		1.6	19	17	15	13
		2.0	23	21	18	16
		2.6	33	30	26	23
絞線	3.5	7/0.8	24	22	19	17
	5.5	7/1.0	34	30	27	24
	8	7/1.2	46	41	37	32
	14	7/1.6	63	57	50	44
	22	7/2.0	81	73	65	57
	30	7/2.3	101	90	80	70
	38	7/2.6	114	103	92	80
	50	19/1.8	134	121	107	94
	60	19/2.0	155	139	124	108
	80	19/2.3	181	163	145	127
	100	19/2.6	210	189	168	147
	125	19/2.9	238	214	191	167
	150	37/2.3	269	242	216	
	200	37/2.6	310	279	248	
	250	61/2.3	358	322		
	325	61/2.6	407	367		
	400	61/2.9	459			
	500	61/3.2	504			

註：本表適用於金屬可撓導線管配線及電纜配線。

表一六～六　金屬導線管配線導線安培容量表
(導線絕緣物溫度 90℃，周溫 35℃以下)

線別	銅導線		同一導線管內之導線數／電纜芯數			
	公稱截面積 (平方公厘)	根數／直徑 (公厘)	3 以下	4	5-6	7-9
			安培容量(安培)			
單線		1.6	24	21	19	17
		2.0	28	25	22	20
		2.6	39	35	31	27
絞線	3.5	7/0.8	30	27	24	21
	5.5	7/1.0	39	35	31	27
	8	7/1.2	51	46	41	36
	14	7/1.6	74	67	59	52
	22	7/2.0	93	84	74	65
	30	7/2.3	116	104	93	81
	38	7/2.6	130	117	104	91
	50	19/1.8	155	140	124	109
	60	19/2.0	176	159	141	123
	80	19/2.3	208	187	167	146
	100	19/2.6	242	218	194	170
	125	19/2.9	277	249	221	194
	150	37/2.3	309	278	247	
	200	37/2.6	359	323	287	
	250	61/2.3	413	372		
	325	61/2.6	471	424		
	400	61/2.9	531			
	500	61/3.2	581			

註：本表適用於金屬可撓導線管配線及電纜配線。

表一六～七　PVC 管配線導線安培容量表

（導線絕緣物溫度 60℃，周溫 35℃以下）

線別	銅導線		同一導線管內之導線數			
	公稱截面積 （平方公厘）	根數／直徑 （公厘）	3 以下	4	5-6	7-9
			安培容量（安培）			
單線		1.6	13	12	10	9
		2.0	18	16	14	12
		2.6	24	22	19	16
絞線	3.5	7/0.8	19	16	14	12
	5.5	7/1.0	25	23	20	17
	8	7/1.2	33	30	25	20
	14	7/1.6	50	40	35	30
	22	7/2.0	60	55	50	40
	30	7/2.3	75	65	55	50
	38	7/2.6	85	75	65	55
	50	19/1.8	100	90	80	65
	60	19/2.0	115	105	90	75
	80	19/2.3	140	125	105	90
	100	19/2.6	160	150	125	
	125	19/2.9	185	165	140	
	150	37/2.3	215	190		
	200	37/2.6	251	225		
	250	61/2.3	291			
	325	61/2.6	329			

註：1.　本表適用於 PVC 管配線、HDPE 管配線及非金屬可撓導線管配線。

2.　採 PVC 管配線者，超過 325 平方公厘導線安培容量參照表一六～三金屬導線管槽配線，絕緣物溫度 60℃規定。

表一六～八   十芯以上絕緣電纜或同一導線管內十條以上載流導線之安培容量修正係數

導線數 / 芯數	修正係數 (%)
10 ～ 20	50
21 ～ 30	45
31 ～ 40	40
41 以上	35

註：本表係以三條導線之安培容量為基準作修正。

表一六～九   絕緣導線於周溫超過 35℃時之修正係數

周圍溫度	絕緣物最高容許溫度		
(℃)	60℃	75℃	90℃
40	0.90	0.94	0.95
45	0.78	0.87	0.90
50	0.64	0.79	0.85
55	0.45	0.71	0.80
60		0.62	0.74
65		0.50	0.67
70		0.36	0.61
75			0.53
80			0.43
85			0.30

第 17 條   絕緣電纜之安培容量依下列規定辦理：

一、高壓交連 PE 電力電纜及 EP 橡膠電力電纜，其各種裝置法之安培容量如下：

(一) 依地下管路敷設者，其安培容量依表一七～一至表一七～三規定。

(二) 依直埋敷設者，其安培容量依表一七～四至表一七～六規定。

(三)　　　依空中架設者，其安培容量依表一七～七規定。

(四) 依暗渠敷設者，其安培容量依表一七～八規定。

二、高壓電力電纜裝設時如土壤溫度超過攝氏二〇度或空中周溫超過或低於四〇度，其安培容量應分別乘以表一七～九所列之修正係數。

表一七一　單芯交連 PE 及 EP 橡膠電力電纜（銅導體）地下管路敷設之安培容量表（單位：安培）

電纜額定電壓	管路數	公稱截面積（平方公厘）															
		8	14	22	30	38	50	60	80	100	125	150	200	250	325	400	500
601V～5,000V	3 孔管路每孔 1 條	80	104	135	176	202	231	264	301	345	379	406	461	564	632	706	823
	6 孔管路每孔 1 條	71	93	120	155	176	201	228	260	296	325	347	391	475	532	589	682
	9 孔管路每孔 1 條	68	87	112	145	165	188	213	242	275	301	321	362	438	490	541	625
5,001V～8,000V	3 孔管路每孔 1 條		106	137	178	204	233	265	302	345	379	406	460	561	632	702	816
	6 孔管路每孔 1 條		94	121	156	177	202	229	260	296	324	348	396	472	527	585	676
	9 孔管路每孔 1 條		88	144	146	166	188	213	242	274	300	320	360	435	486	537	619
8,001V～15,000V	3 孔管路每孔 1 條				179	204	232	265	302	344	378	404	457	557	626	695	807
	6 孔管路每孔 1 條				156	177	201	228	259	297	322	344	387	468	524	579	668
	9 孔管路每孔 1 條				146	165	188	212	241	273	296	318	357	431	481	531	611
15,001V～25,000V	3 孔管路每孔 1 條					202	231	262	298	340	372	398	450	546	613	680	786
	6 孔管路每孔 1 條					176	200	226	256	290	317	338	380	458	511	565	649
	9 孔管路每孔 1 條					163	186	210	238	268	293	312	350	421	468	516	594

註：1. 本表依土壤溫度 20℃，地熱電阻係數 (RHO)-90C-CM/W 為準。
　　2. 本表依導體溫度 90℃，負載因數 100% 為準。

表一七～二　三芯交連 PE 及 EP 橡膠電力電纜（銅導體）地下管路敷設之安培容量表（單位：安培）

電纜額定電壓	管路孔數	公稱截面積（平方公厘）															
		8	14	22	30	38	50	60	80	100	125	150	200	250	325	400	500
601V～5,000V	1 孔管路每孔 1 條	59	78	102	133	154	177	202	231	264	292	313	354	429	479	529	599
	3 孔管路每孔 1 條	53	69	89	116	133	151	172	196	223	245	261	294	354	392	430	484
	6 孔管路每孔 1 條	46	60	77	98	112	127	144	163	185	202	215	242	289	318	348	390
	9 孔管路每孔 1 條	43	55	71	91	104	117	133	150	170	185	197	221	263	290	317	354
5,001V～8,000V	1 孔管路每孔 1 條		88	114	147	163	192	218	248	282	310	331	373	449	497	545	612
	3 孔管路每孔 1 條		75	97	124	141	160	181	205	232	254	270	303	361	422	430	483
	6 孔管路每孔 1 條		63	81	103	116	132	149	168	189	206	219	244	289	317	344	382
	9 孔管路每孔 1 條		58	74	94	107	120	136	153	172	187	198	221	262	287	311	344
8,001V～15,000V	1 孔管路每孔 1 條				150	171·	194	220	250	284	311	332	374	449	497	545	613
	3 孔管路每孔 1 條				125	142	161	182	205	232	253	269	301	359	394	430	480
	6 孔管路每孔 1 條				103	116	131	148	167	188	204	216	241	285	312	339	377
	9 孔管路每孔 1 條				94	106	120	135	151	170	185	196	218	257	281	305	338
15,001V～25,000V	1 孔管路每孔 1 條					170	195	220	250	284	311	332	374	448	495	542	610
	3 孔管路每孔 1 條					142	161	182	205	232	353	269	300	357	392	426	475
	6 孔管路每孔 1 條					116	131	148	167	188	204	216	240	283	309	336	372

註：同表一七～一

表一七～三　單心芯條絞合交連 PE 及 EP 橡膠電力電纜（銅導體）地下管路敷設之安培容量表（單位：安培）

電纜 額定電壓	管路數	公稱截面積（平方公厘）															
		8	14	22	30	38	50	60	80	100	125	150	200	250	325	400	500
601V～5,000V	1孔管路每孔1條	64	85	111	146	168	193	220	252	290	319	362	387	471	528	585	670
	3孔管路每孔1條	56	73	95	123	141	161	183	208	237	260	288	313	376	419	461	523
	6孔管路每孔1條	48	62	80	103	117	133	150	170	193	211	225	252	301	333	365	412
	9孔管路每孔1條	45	58	74	95	107	122	137	155	176	192	204	229	273	302	330	372
5,001V～8,000V	1孔管路每孔1條		90	117	151	173	198	225	255	292	320	342	386	465	515	565	639
	3孔管路每孔1條		77	99	127	144	164	185	210	237	259	276	309	368	405	442	495
	6孔管路每孔1條		64	82	104	118	134	151	170	192	209	222	247	292	320	348	387
	9孔管路每孔1條		59	75	95	108	122	137	155	174	189	201	224	264	289	313	348
8,001V～15,000V	1孔管路每孔1條				155	176	201	228	260	295	323	344	387	465	515	565	637
	3孔管路每孔1條				128	145	165	186	210	238	259	276	309	366	403	439	490
	6孔管路每孔1條				105	118	133	150	169	190	207	219	244	288	312	343	380
	9孔管路每孔1條				95	108	121	136	153	172	187	198	220	259	283	307	340
15,001V～25,000V	1孔管路每孔1條					172	195	220	249	282	308	327	366	437	481	526	591
	3孔管路每孔1條					144	164	185	208	234	255	270	301	356	391	425	472
	6孔管路每孔1條					117	131	146	165	185	200	212	235	276	301	325	358

註：同表一七～一

表一七～四　單芯交連 PE 及 EP 橡膠電力電纜（銅導體）直埋敷設之安培容量表（單位：安培）

電纜 額定電壓	回線數	公稱截面積（平方公厘）																		
		8	14	22	30	38	50	60	80	100	125	150	200	250	325	400	500
601V～ 5,000V	一回線 3 條	108	139	180	231	261	297	337	384	434	472	504	569	690	769	847	980
	二回線 6 條	101	130	167	214	241	275	311	354	399	435	464	522	631	702	773	892
5,001V～ 8,000V	一回線 3 條		130	169	219	248	283	322	367	418	459	490	551	689	760	831	958
	二回線 6 條		122	158	204	232	264	300	340	387	424	452	507	614	687	760	874
8,001V～ 15,000V	一回線 3 條				210	240	274	312	354	403	442	473	534	649	727	805	932
	二回線 6 條				197	225	256	291	329	374	410	438	494	598	669	739	854
15,001V～ 25,000V	一回線 3 條					228	261	298	340	384	422	451	510	620	695	770	890
	二回線 6 條					214	244	278	315	359	394	421	474	571	640	709	815

註：1. 本表依土壤溫度 20℃，地熱電阻係數 (RHO)-90C-CM/W，埋設深度 915MM，電纜間距 190MM，二回線間距 610MM 為準。
　　2. 本表依導體溫度 90℃，負載因數 100% 為準。

表一七～五　單芯三條絞合交連 PE 及 EP 橡膠電力電纜（銅導體）直埋敷設之安培容量表（單位：安培）

電纜額定電壓	回線數	公稱截面積（平方公厘）															
		8	14	22	30	38	50	60	80	100	125	150	200	250	325	400	500
601V～ 5,000V	一回線 3 條	92	118	153	197	233	255	289	329	373	408	435	490	592	658	724	825
	二回線 6 條	85	109	141	181	205	233	264	300	339	370	395	444	534	592	649	738
5,001V～ 8,000V	一回線 3 條		115	149	192	218	249	282	321	365	399	425	477	572	633	693	780
	二回線 6 條		107	138	177	201	228	259	293	332	363	386	432	516	569	622	697
8,001V～ 15,000V	一回線 3 條				188	215	244	277	315	358	391	417	469	564	623	683	771
	二回線 6 條				174	198	225	254	288	327	357	380	426	509	561	613	689
15,001V～ 25,000V	一回線 3 條					208	237	270	306	348	381	406	456	548	607	665	750
	二回線 6 條					193	219	248	281	318	347	369	414	495	543	591	671

註：同表一七～四

表一七～六　三芯交連 PE 及 EP 橡膠電力電纜（銅導體）直埋敷設之安培容量表（單位：安培）

電纜額定電壓	回線數	公稱截面積（平方公厘）															
		8	14	22	30	38	50	60	80	100	125	150	200	250	325	400	500
601V～5,000V	一回線 3 條	83	106	137	178	201	229	260	297	335	367	392	442	531	590	648	729
	二回線 6 條	78	99	129	166	187	213	242	275	311	340	363	408	488	541	593	666
5,001V～8,000V	一回線 3 條		113	146	187	213	243	276	314	355	389	415	466	580	628	676	759
	二回線 6 條		105	135	173	197	224	254	268	325	356	379	425	509	560	611	683
8,001V～15,000V	一回線 3 條				184	209	238	270	307	348	382	407	458	549	608	667	752
	二回線 6 條				171	193	220	249	282	320	350	373	418	499	551	603	677
15,001V～25,000V	一回線 3 條					204	232	263	299	338	370	395	445	534	592	649	733
	二回線 6 條					189	214	243	274	311	340	362	405	485	536	587	661

註：同表一七～四。

表一七～七　交連 PE 及 EP 橡膠電力電纜（銅導體）空中架設之安培容量表（單位：安培）

芯數	電纜額定電壓	公稱截面積（平方公厘）															
		8	14	22	30	38	50	60	80	100	125	150	200	250	325	400	500
單芯	601～5,000V	83	109	145	192	223	258	298	345	400	445	481	552	695	796	898	1,076
	5,001～8,000V		112	148	195	225	260	299	345	400	444	479	549	688	789	889	1,061
	8,001～15,000V				195	225	259	298	343	397	440	474	543	678	775	872	1,040
	15,001～25,000V					220	254	292	336	387	427	460	526	655	747	840	998
三芯	601～5,000V	59	79	104	138	161	186	215	249	287	320	345	394	487	551	615	707
	5,001～8,000V		93	122	159	184	211	243	279	321	355	415	435	536	602	668	768
	8,001～15,000V				164	187	215	246	283	325	359	385	438	536	603	669	770
	15,001～25,000V					191	218	249	284	325	358	384	435	532	597	662	762
單芯	601～5,000V	66	89	117	158	185	214	247	287	335	374	404	464	580	663	747	879
	5,001～8,000V		97	127	167	194	223	257	296	342	379	408	467	578	653	728	847
三條絞合	8,001～15,000V				173	199	229	263	303	349	385	414	472	583	659	734	851
	15,001～25,000V					202	232	264	304	350	386	414	470	580	653	725	840

註：本表依導體溫度 90℃，空中溫度 40℃為準。

表一七～八　交連 PE 及 EP 橡膠電力電纜（銅導體）暗渠敷設之安培容量表（單位：安培）

芯數	電纜額定電壓	公稱截面積（平方公厘）															
		8	14	22	30	38	50	60	80	100	125	150	200	250	325	400	500
單芯	601～5,000V	55	75	97	130	156	179	204	242	278	317	339	384	477	538	598	689
	5,001～8,000V		83	108	144	165	188	221	252	287	314	339	388	473	526	579	657
三條絞合	8,001～15,000V				150	171	195	227	259	295	329	351	394	481	534	588	677
	15,001～25,000V					177	205	232	265	306	335	367	400	490	540	589	671
三芯	601～5,000V	52	69	91	123	141	166	190	218	255	282	304	348	425	475	524	590
	5,001～8,000V		83	107	143	163	186	212	247	280	313	334	376	458	514	571	630
	8,001～15,000V				147	167	194	220	251	289	317	340	386	473	517	560	649
	15,001～25,000V					173	201	229	260	295	324	348	396	475	525	576	641

註：本表依導體溫度 90℃，空中溫度 40℃為準。

表一七～九　高壓電纜安培容量修正係數

溫度（℃）	地下敷設	空中架設或暗渠敷設
20	1.000	1.20
25	0.965	1.16
30	0.925	1.11
35	0.883	1.05
40	0.825	1.00
45		0.95
50		0.89

第七節　電路之絕緣及檢驗試驗

第 18 條　　除下列各處所外，電路應與大地絕緣：

一、低壓電源系統或內線系統之接地。

二、避雷器之接地。

三、特高壓支撐物上附架低壓設備之供電變壓器負載側之一端或中性點。

四、低壓電路與一五〇伏以下控制電路之耦合變壓器二次側電路接地。

五、屋內使用接觸導線，作為滑接軌道之接觸導線。

六、電弧熔接裝置之被熔接器材及其與電氣連接固定之金屬體。

七、變比器之二次側接地。

八、低壓架空線路共架於特高壓支撐物之接地。

九、 X 光及醫療裝置。

十、陰極防蝕之陽極。

十一、電氣爐、電解槽等，技術上無法與大地絕緣者。

第 19 條　　低壓電路之絕緣電阻依下列規定之一辦理：

一、除下列各目規定外，低壓電路之導線間及導線與大地之絕緣電阻，於多芯電纜或多芯導線係芯線相互間及芯線與大地之絕緣電阻，於進屋線、幹線或分路之開關切開，測定電路絕緣電阻，應有表一九規定值以上。冬雨及鹽害嚴重地區，裝置二年以上電燈線路絕緣電阻不得低於〇・〇五 MΩ。

(一) 符合前條規定之須接地部分。

(二) 符合第七款升降機、起重機及類似可移動式機器，以及第八款規定之遊樂用電車部分。

(三) 旋轉機及整流器之電路。

(四) 符合第二十一條規定之變壓器部分。

(五) 開關、過電流保護裝置、電容器、感應型電壓調整器、變比器及其他器具之接線及匯流排之電路。

二、低壓導線間之絕緣電阻應隔離電機器具內之電路，僅測定低壓屋內線、移動電線及燈具線等之線間絕緣電阻。

三、低壓電路之導線與大地之絕緣電阻應為低壓屋內線、移動電線及電機器具內之電路與大地之絕緣電阻，即電機器具在使用狀態所測定之電路與大地之絕緣電阻。

四、新設時絕緣電阻，應在一 MΩ 以上。

五、既設線路之定期或非定期絕緣測定，以在接戶開關箱量測為原則。自接戶線至接戶開關間絕緣電阻測定有困難者，得僅測定洩漏電流。

六、低壓電路之絕緣電阻測定應使用五○○伏額定或二五○伏額定 (二二○伏以下電路用) 之絕緣電阻計或洩漏電流計。

七、升降機、起重機及類似可移動式機器，使用滑行導線供電者，除三○○伏以下，採用絕緣導線或由一次電壓三○○伏以下之絕緣變壓器供電或接地電阻一○ Ω 以下者外，導線與大地之絕緣電阻應保持表一九規定值以上。新設時之絕緣電阻，應在一 MΩ 以上。

八、遊樂用電車之電源、接觸導線及電車內部電路與大地之絕緣電阻，以洩漏電流測定者，依下列規定辦理：

(一) 接觸導線每一公里之洩漏電流，於使用電壓情形下，不得超過○‧一安 (一○○毫安)。

(二) 電車內部電路之洩漏電流，在使用電壓情形下不得大於其額定電流之五千分之一。

九、屋外配線之絕緣導線與大地之絕緣電阻，於多芯電纜或多芯導線芯線相互間及芯線與大地之絕緣電阻，在額定電壓情形下，各導線之洩漏電流不得大於額定電流之二千分之一。單相二線式電路，非接地導線與大地之絕緣電阻，於額定電壓情形下洩漏電流不得人於額定電流之二千分之一。

表一九　低壓電路之最低絕緣電阻

電路電壓		絕緣電阻 (MΩ)	使用洩漏電流計 洩漏電流毫安 (mA) 以下
300 伏以下	對地電壓 150 伏以下	0.1	1.0
	對地電壓超過 150 伏	0.2	1.0
超過 300 伏		0.4	1.0

第 20 條　　高壓旋轉機及整流器之絕緣耐壓依下列規定之一辦理：

一、發電機、電動機、調相機等旋轉機，不包括旋轉變流機，以最大使用電壓之一‧五倍交流試驗電壓加於繞組與大地，且應能耐壓一○分鐘。

二、旋轉變流機以其直流側最大使用電壓之交流試驗電壓加於繞組與大
　　地，應能耐壓一〇分鐘。

三、水銀整流器：以其直流側最大使用電壓之二倍交流試驗電壓加於主
　　陽極與外箱，以直流側最大使用電壓之交流試驗電壓加於陰極與外
　　箱及大地，應能耐壓一〇分鐘。

四、水銀整流器以外之整流器：以其直流側之最大使用電壓之交流試驗
　　電壓加於帶電部分與外箱，應能耐壓一〇分鐘。

第 21 條　　除管燈用變壓器、X 光管用變壓器、試驗用變壓器等特殊用途變壓器外，
　　　　　　以最大使用電壓之一・五倍交流試驗電壓加於變壓器各繞組之間、與鐵
　　　　　　心及外殼之間，應能耐壓一〇分鐘。

第 22 條　　高壓電路之高壓開關、斷路器、電容器、感應型電壓調整器、變比器、
　　　　　　匯流排及其他器具，以最大使用電壓之一・五倍交流試驗電壓加壓於帶
　　　　　　電部分與大地，應耐壓一〇分鐘。

第 23 條　　除管燈用變壓器、X 光管用變壓器、試驗用變壓器等之二次側配線外，
　　　　　　高壓配線部分以最大使用電壓之一・五倍交流試驗電壓加於導線與大地
　　　　　　之間，應能耐壓一〇分鐘。額定二五〇〇〇伏以下之交流電力電纜者，
　　　　　　得採用最大對地電壓之四倍 (4U0) 直流試驗電壓加壓，並耐壓一五分鐘
　　　　　　之試驗方式。

第 23-1 條　　1.　　用戶用電設備裝設完竣，除依本規則規定外，應依用戶用電設備
　　　　　　檢驗辦法第十五條規定辦理竣工試驗及定期檢驗。

　　　　　　2　現場竣工試驗及定期檢驗之耐壓試驗得採用直流或交流 (商用頻率、
　　　　　　　極低頻或阻尼交流電壓) 測試。

第八節　接地及搭接

第 23-2 條　　電氣系統之接地及搭接依本節規定辦理。

第 24 條　　接地系統之接地方式及搭接依下列規定之一辦理：

一、系統接地：電氣系統之接地方式應能抑制由雷擊、線路突波，或意
　　外接觸較高電壓線路所引起之異常電壓，且可穩定正常運轉時之對
　　地電壓。其接地方式如下：

　　(一) 內線系統接地：用戶用電線路屬於被接地導線之再行接地。

　　(二) 低壓電源系統接地：配電變壓器之二次側低壓線或中性線之接
　　　　　地。

　　　　　　　（三）設備與系統共同接地：內線系統接地與設備接地共用一接地導
　　　　　　　　　　線或同一接地電極。

　　　　二、設備接地：用電設備及用電器具之非帶電金屬部分應予接地。

　　　　三、設備搭接：用電設備及用電器具之非帶電金屬部分，或其他可能帶
　　　　　　電之非帶電導電體或設備，應連接至系統接地，建立有效接地故障
　　　　　　電流路徑。

　　　　四、有效接地故障電流路徑：

　　　　　　　（一）可能帶電之用電設備、用電器具、配線及其他導電體，應建立
　　　　　　　　　　低阻抗電路，使過電流保護裝置或高阻抗接地系統之接地故障
　　　　　　　　　　偵測器動作。

　　　　　　　（二）若配線系統內任一點發生接地故障時，該有效接地故障電流路
　　　　　　　　　　徑應能承載回流至電源之最大接地故障電流。

　　　　　　　（三）大地不得視為有效之接地故障電流路徑。

第 24-1 條　　設備接地及搭接之連接依下列規定辦理：

　　　　一、設備接地導線、接地電極導線及搭接導線，應以下列方式之一連接：

　　　　　　　（一）壓接接頭。

　　　　　　　（二）接地匯流排。

　　　　　　　（三）熱熔接處理。

　　　　　　　（四）其他經設計者確認之裝置。

　　　　二、不得僅以電銲作為連接之方式。

第 25 條　　1. 接地之種類及其接地電阻值依表二五規定。

　　　　2. 太陽光電發電系統之直流側得依第三百九十六條之四十七第三款規定
　　　　　　與交流內線系統共同接地，其接地電阻值適用表二五規定。

表二五　接地種類

種類	適用處所	電阻值
特種接地	電業三相四線多重接地系統供電地區，用戶變壓器之低壓電源系統接地，或高壓用電設備接地。	10Ω 以下
第一種接地	電業非接地系統供電地區，用戶高壓用電設備接地。	25Ω 以下
第二種接地	電業三相三線式非接地系統供電地區，用戶變壓器之低壓電源系統接地。	50Ω 以下
第三種接地	用戶用電設備： 低壓用電設備接地。內線系統接地。變比器二次線接地。支持低壓用電設備之金屬體接地。	1. 對地電壓 150V 以下：100Ω 以下。 2. 對地電壓 151V 至 300V：50Ω 以下。 3. 對地電壓 301V 以上：10Ω 以下。

註：裝用漏電斷路器，其接地電阻值可按表六二～二辦理。

第 26 條　接地及搭接導線之大小應符合下列規定之一辦理：

一、特種接地

（一）變壓器容量五○○千伏安以下接地電極導線應使用二二平方公厘以上絕緣線。

（二）變壓器容量超過五○○千伏安接地電極導線應使用三八平方公厘以上絕緣。

二、第一種接地應使用五‧五平方公厘以上絕緣線。

三、第二種接地：

（一）變壓器容量超過二○千伏安之接地電極導線應使用二二平方公厘以上絕緣線。

（二）變壓器容量二○千伏安以下之接地電極導線應使用八平方公厘以上絕緣線。

四、第三種接地：

（一）變比器二次線接地應使用三‧五平方公厘以上絕緣線。

（二）內線系統單獨接地或與設備共同接地之接地引接線，按表二六～一規定。

　　　　　　（三）用電設備單獨接地之接地線或用電設備與內線系統共同接地之
　　　　　　　　　連接線按表二六～二規定。

表二六～一　內線系統單獨接地或與設備共同接地之接地引接線線徑

接戶線中之最大截面積 (mm^2)	銅接地導線大小 (mm^2)
30 以下	8
38 ～ 50	14
60 ～ 80	22
超過 80 ～ 200	30
超過 200 ～ 325	50
超過 325 ～ 500	60
超過 500	80

表二六～二　用電設備單獨接地之接地線或用電設備與內線系統共同接地之連接線線徑

過電流保護器之額定或標置	銅接地導線大小
20A 以下	1.6mm(2.0mm^2)
30A 以下	2.0mm(3.5mm^2)
60A 以下	5.5mm^2
100A 以下	8mm^2
200A 以下	14mm^2
400A 以下	22mm^2
600A 以下	38mm^2
800A 以下	50mm^2
1,000A 以下	60mm^2
1,200A 以下	80mm^2
1,600A 以下	100mm^2
2,000A 以下	125mm^2
2,500A 以下	175mm^2
3,000A 以下	200mm^2
4,000A 以下	250mm^2
5,000A 以下	350mm^2
6,000A 以下	400mm^2
註：移動性電具，其接地線與電源線共同置於軟管或電纜內時，得與 　　電源線同等線徑。	

第 27 條　　接地系統應依下列規定施工：

一、低壓電源系統接地之位置應在接戶開關電源側之適當場所。

二、以多線式供電之用戶，其中性線應施行內線系統接地。

三、用戶自備電源變壓器，其二次側對地電壓超過一五○伏，採用設備與系統共同接地。

四、設備與系統共同接地，其接地導線之一端應妥接於接地極，另一端引至受電箱、表前開關箱或接戶開關箱任擇一處，再由該處引出設備接地連接線，施行內線系統或設備之接地。

五、三相四線多重接地供電地區，用戶低壓用電設備與內線系統共同接地時，其自備變壓器之低壓電源系統接地，不得與一次電源之中性線共同接地。

六、接地導線應使用銅導體，包括裸線、被覆線、絕緣線或匯流排。個別被覆或絕緣之設備接地導線，其外觀應為綠色或綠色加一條以上之黃色條紋者。

七、一四平方公厘以上絕緣被覆線或僅由電氣技術人員維護管理處所使用之多芯電纜之芯線，在施工時於每一出線頭或可接近之處以下列方法之一做永久識別時，可做為接地導線，接地導線不得作為其他配線。

（一）在露出部分之絕緣或被覆上加上條紋標誌。

（二）在露出部分之絕緣或被覆上著上綠色。

（三）在露出部分之絕緣或被覆上以綠色之膠帶或自黏性標籤作記號。

八、低壓電源系統應按下列原則接地：

（一）電源系統經接地後，其對地電壓不超過一五○伏，該電源系統除第二十七條之一另有規定外，必須加以接地。

（二）電源系統經接地後，其對地電壓不超過三○○伏者，除另有規定外應加以接地。

（三）電源系統經接地後，其對地電壓超過三○○伏者，不得接地。

（四）電源系統供應電力用電，其電壓在一五○伏以上，六○○伏以下而不加接地者，應加裝接地檢示器。

九、低壓用電器具及其配線應加接地者如下：

（一）低壓電動機之外殼。

(二) 金屬導線管及其連接之金屬箱。

(三) 非金屬導線管連接之金屬配件如配線對地電壓超過一五〇伏或配置於金屬建築物上，或人員可觸及之潮濕場所者。

(四) 電纜之金屬被覆。

(五) X 線發生裝置及其鄰近金屬體。

(六) 對地電壓超過一五〇伏之其他固定式用電器具。

(七) 對地電壓在一五〇伏以下之潮濕危險處所之其他固定式用電器具。

(八) 對地電壓超過一五〇伏移動式用電器具。但其外殼具有絕緣保護不為人所觸及者不在此限。

(九) 對地電壓一五〇伏以下移動式用電器具使用於潮濕處所或金屬地板上或金屬箱內者，其非帶電露出金屬部分需接地。

第 27-1 條　1. 五〇伏以上，低於六〇伏之交流電源系統，符合下列情形者，得免接地：

一、專用於供電至熔解、提煉、回火或類似用途之工業電爐。

二、獨立電源供電系統僅供電給可調速工業驅動裝置之整流器。

三、由變壓器所供電之獨立電源供電系統，其一次側額定電壓低於六〇〇伏，且符合下列條件者：

(一) 該系統專用於控制電路。

(二) 僅由合格人員監管及維護。

(三) 連續性之控制電源。

四、存在可燃性粉塵之危險場所運轉之電氣起重機。

2. 非接地系統電源處，或系統第一個隔離設備處，應有耐久明顯標示非接地系統。

第 28 條　用電器具及其配線應符合下列規定之一接地：

一、金屬盒、金屬箱或其他固定式用電器具之非帶電金屬部分，依下列之一施行接地：

(一) 妥接於被接地金屬導線管上。

(二) 在導線管內或電纜內多置一條接地導線與電路導線共同配裝，以供接地。該接地導線絕緣或被覆，應為綠色或綠色加一條以上之黃色條紋者。

(三) 個別裝設接地導線。

　　　　　　　（四）固定式用電器具牢固裝置於接地之建築物金屬構架上，且金屬
　　　　　　　　　 構架之接地電阻符合要求，並且保持良好之接觸者。
　　　　二、移動式用電器具之設備接地依下列方法接地：
　　　　　　　（一）採用接地型插座，且該插座之固定接地極應予接地。
　　　　　　　（二）移動式用電器具之引接線中多置一接地導線，其一端接於接地
　　　　　　　　　 插頭之接地極，另一端接於用電器具之非帶電金屬部分。

第 28-1 條　　非用電器具之金屬組件，屬下列各款之一者，應連接至設備接地導線：
　　　　一、電力操作起重機及吊車之框架及軌道。
　　　　二、有附掛電氣導線之非電力驅動升降機之車廂框架。
　　　　三、電動升降機之手動操作金屬移動纜繩或纜線。

第 28-2 條　　除地下金屬瓦斯管線系統及鋁材料外，符合下列規定者得做為接地電極：
　　　　一、建築物或構造物之金屬構架：
　　　　　　　（一）一個以上之金屬構架有三公尺以上直接接觸大地或包覆在直接
　　　　　　　　　 接觸大地之混凝土中。
　　　　　　　（二）以基礎螺栓牢固之結構鋼筋，該鋼筋連接至基樁或基礎之混凝
　　　　　　　　　 土包覆電極，且以熔接、熱熔接、一般鋼製紮線或其他經設計
　　　　　　　　　 者確認之方法連接至混凝土包覆電極。
　　　　二、混凝土包覆電極，且長度六公尺以上：
　　　　　　　（一）二二平方公厘以上裸銅導線、直徑一三公厘以上鍍鋅或其他導
　　　　　　　　　 電材料塗布之裸露鋼筋或多段鋼筋以一般鋼製紮線、熱熔接、
　　　　　　　　　 熔接或其他有效方法連接。
　　　　　　　（二）混凝土包覆之金屬組件至少五〇公厘，且水平或垂直放置於直
　　　　　　　　　 接接觸大地之混凝土基礎或基樁中。
　　　　　　　（三）建築物或構造物有多根混凝土包覆電極，得僅搭接一根至接地
　　　　　　　　　 電極系統。
　　　　三、直接接觸大地，環繞建築物或構造物之接地環，其長度至少六公尺，
　　　　　　 線徑大於三八平方公厘之裸銅導線。
　　　　四、棒狀及管狀電極，且長度不得小於二‧四公尺：
　　　　　　　（一）導管或管狀之接地電極之外徑不得小於一九公厘。
　　　　　　　（二）銅棒之接地電極直徑不得小於一五公厘。

五、板狀接地電極：

(一) 板狀接地電極任一面與土壤接觸之總面積至少〇·一八六平方公尺。

(二) 裸鐵板、裸鋼板或導電塗布之鐵板或鋼板作為接地電極板，其厚度至少六·四公厘。

第 29 條　（刪除）

第 29-1 條　1. 每一建築物或構造物有第二十八條之二規定之接地電極者，應將所有接地電極搭接形成接地電極系統。

2. 無前項規定之接地電極者，應加裝使用第二十八條之二第四款及第五款規定之一個以上接地電極。

3. 既有建築物或構造物中，非經破壞其混凝土無法連接至其鋼筋或鋼筋棒者，由混凝土包覆之電極，得免成為接地電極系統之一部分。

第 29-2 條　1. 交流供電系統連接至位於建築物或構造物之接地電極時，該接地電極應作為建築物或構造物內封閉箱體及設備之接地電極。

2. 供電至建築物之多個分離接戶設施及幹線或分路須連接至接地電極者，應使用共同之接地電極。

3. 被有效搭接之二個以上接地電極，視為一個單一接地電極系統。

第 29-3 條　接地電極系統之裝設依下列規定辦理：

一、棒狀、管狀及板狀接地電極：

(一) 接地電極以埋在恆濕層以下為原則，且不得有油漆或瑯質塗料等不導電之塗布。

(二) 接地電極之接地電阻大於表二五規定者，應增加接地電極

(三) 設置多根接地電極者，電極應間隔一·八公尺以上。

二、接地電極間隔：

(一) 使用一個以上棒狀、管狀或板狀接地電極之接地電極者，接地系統之每個接地電極，包括作為雷擊終端裝置之接地電極，與另一接地系統之任一接地電極之距離不得小於一·八公尺。

(二) 二個以上接地電極搭接視為單一接地電極系統。

三、連接接地電極以形成接地電極系統之搭接導線，其線徑應符合表二六～一規定，並依第二十九條之四規定裝設，且依第二十九條之五規定方式連接。

四、接地環埋設於地面下之深度應超過七五〇公厘。

五、安裝棒狀及管狀接地電極者，與土壤接觸長度應至少二・四公尺，並應垂直釘沒於地面下一公尺以上，在底部碰到岩石者，接地電極下鑽斜角不得超過垂直四五度。若斜角超過四五度時，接地電極埋設深度應在地面下至少一・五公尺。

六、板狀接地電極埋設深度應在地面下至少一・五公尺。

七、特種及第二種系統接地，設施於人員易觸及之場所時，自地面下〇・六公尺起至地面上一・八公尺，應以絕緣管或板掩蔽。

八、特種接地及第二種接地沿鐵塔或鐵柱等金屬物體設施者，除應依前款規定加以掩蔽外，接地導線應與金屬物體絕緣，同時接地電極應埋設於距離金屬物體一公尺以上。

九、第一種及第三種接地之埋設應避免遭受外力損傷。

第 29-4 條　建築物、構造物或獨立電源供電系統之接地電極導線依下列規定辦理：

一、應有免於外力損傷之保護措施：

（一）暴露在外者，接地電極導線或其封閉箱體應牢固於其裝置面。

（二）二二平方公厘以上之銅接地電極導線在易受到外力損傷處應予保護。

（三）一四平方公厘以下之接地電極導線應敷設於金屬導線管、非金屬導線管或使用裝甲電纜。

二、接地電極導線不得加裝開關及保護設備，且應為無分歧或接續之連續導線。但符合下列規定者，得予分歧或接續：

（一）使用得作為接地及搭接之不可回復式壓縮型接頭，或使用熱熔接方式處理之分歧或接續。

（二）分段匯流排得連接成為一個接地電極導體。

（三）建築物或構造物之金屬構架以螺栓、鉚釘或銲接連接。

三、接地電極導線及搭接導線線徑應符合表二六～一，並依下列規定裝設：

（一）有其他電極以搭接導線連接者，接地電極導線得接至接地電極系統中便於連接之接地電極。

（二）接地電極導線得分別敷設接至一個以上之接地電極。

（三）連接：

①　自接地電極引接之搭接導線得連接至六公厘乘五〇公厘以上之銅匯流排，惟其匯流排應牢固於可觸及處。

②　應以經設計者確認之接頭或熱熔接方式辦理。

第 29-5 條　接地導線及搭接導線連接至接地電極之方式，依下列規定辦理：

一、應使用熱熔接或經設計者確認之接頭、壓力接頭、線夾方式連接至接地電極，不得使用錫銲連接。

二、接地線夾應為經設計者確認適用於接地電極及接地電極導線。

三、使用在管狀、棒狀，或其他埋設之接地電極者，應為經設計者確認可直接埋入土壤或以水泥包覆者。

四、二條以上導線不得以單一線夾或配件連接多條導線至接地電極。

五、使用配件連接者，應以下列任一方式裝置：

(一) 管配件、管插頭，或其他經設計者確認之管配件裝置。

(二) 青銅、黃銅、純鐵或鍛造鐵之螺栓線夾。

第 29-6 條　搭接其他封閉箱體依下列規定辦理：

一、電氣連續性

(一) 金屬管槽、電纜架、電纜之鎧裝或被覆、封閉箱體、框架、配件及其他非帶電金屬組件，不論有無附加設備接地導線，皆應予搭接。

(二) 金屬管槽伸縮配件及套疊部分，應以設備搭接導線或其他方式使其具電氣連續性。

(三) 螺牙、接觸點及接觸面之不導電塗料、琺瑯或類似塗裝，應予清除。

二、隔離接地電路：

(一) 由分路供電之設備封閉箱體，為減少接地電路電磁雜訊干擾，得與供電至該設備電路之管槽隔離，且該隔離採用一個以上經設計者確認之非金屬管槽配件，附裝於管槽及設備封閉箱體之連接點處。

(二) 金屬管槽內部應附加一條設備接地導線，將設備封閉箱體接地。

第八節之一　分路與幹線

第 29-7 條　除低壓電動機、發電機、電熱裝置、電銲機、低壓變電器及低壓電容器外，分路與幹線之裝設依本節規定辦理。

第 29-8 條　分路之標稱電壓不得超過下列規定之容許值。但工業用紅外線電熱器具之燈座，不受第二款至第四款限制：

一、住宅及旅館或其他供住宿用場所之客房及客套房中，供電給下列負載之導線對地電壓應為一五〇伏以下：

（一）照明燈具、用電器具及插座分路。

（二）容量為一三二〇伏安以下，或四分之一馬力以下之附插頭可撓軟線連接負載。

（三）符合第三款規定者得超過一五〇伏至三〇〇伏。

二、對地電壓一五〇伏以下之電路得供電給下列各項負載：

（一）額定電壓之燈座端子。

（二）放電管燈之輔助設備。

（三）附插頭可撓軟線連接或固定式用電器具。

三、照明燈具、用電器具及插座分路符合下列各目規定者，其對地電壓得超過一五〇伏至三〇〇伏：

（一）燈具裝置距離地面二‧五公尺以上。但非螺紋型燈座或維修時不露出帶電組件者，得不受二‧五公尺高度限制。

（二）燈具上未裝操作開關。

（三）用電器具及插座分路加裝漏電斷路器。

（四）二〇安以下分路額定，且採用斷路器等不露出任何帶電組件之過電流保護裝置。

（五）放電管燈之安定器永久固定於燈具內。

四、對地電壓超過三〇〇伏，且為六〇〇伏以下之電路，得供電給下列各項負載：

（一）放電管燈輔助設備安裝於耐久性照明燈具，裝設於高速公路、道路、橋梁，或運動場、停車場等戶外區域，其高度不低於六‧七公尺。若裝設於隧道者，其高度得降低為五‧五公尺。

（二）直流電源系統供電之照明燈具，其直流安定器得隔離直流電源與燈泡或燈管電路，於更換燈泡或燈管時能防止感電者。

第 29-9 條　1. 各類場所內應有連續最低照明負載者，以不小於表二九之九所列場所之單位負載計算為原則。但目的事業主管機關規定建築物應依所頒布新建建築物節約能源設計標準設計者，其各指定場所之照明負載得依該設計標準所採用之照明單位負載計算。

2. 每一樓層之樓地板面積應自建築物、住宅或其他所含區域之外緣起算。所計算之住宅樓地板面積不得包括陽台、車庫，或未使用、未裝修且未預計改裝作為日後使用之空間。

3. 住宅及供住宿用途之客房，其所有二〇安以下之插座出線口，不得視作一般照明負載。

4. 其他照明負載依下列規定計算：

一、供重責務型燈座之出線口依每一出線口以六〇〇伏安計算。

二、供電氣招牌燈及造型照明出線口之計算值，最小應為一二〇〇伏安。

三、展示窗出線口以每三〇公分水平距離不小於二〇〇伏安，作為負載之計算。

表二九之九　一般照明負載計算

建築物種類	每平方公尺單位負載（伏安）
走廊、樓梯、廁所、倉庫、貯藏室	5
工廠、寺院、教會、劇場、電影院、舞廳、農家、禮堂、觀眾席	10
住宅（含商店、理髮店等之居住部分）、公寓、宿舍、旅館、大飯店、俱樂部、醫院、學校、銀行、飯館	20
商店、理髮店、辦公廳	30

第 29-10 條　一般插座及非用於一般照明之每一出線口，其最小負載不得小於依下列規定計算之值：

一、除第二款至第五款規定外，特殊用電器具或其他負載之出線口依該用電器具或所接負載之安培額定計算。其他特殊負載應依大型用電器具容量及數量決定。

二、住宅及供住宿用途之客房內，供電氣烘乾機之負載得依第二十九條之二十八規定計算；電爐及其他家用烹飪用電器具之負載，得依第二十九條之二十九規定計算。

三、供電動機負載之出線口依第一百五十七條及第一百五十八條規定計算。

四、一般插座出線口：

(一) 每一框架上之單插座或多連插座出線口，其計算值不得小於一八〇伏安。

(二) 同一插座出線口由四個以上插座組成之多聯式插座，每個插座之計算值不得小於九〇伏安。

第 29-11 條　分路所供應之負載不得超過分路額定容量及下列規定之最大負載：

一、分路同時供應八分之一馬力以上之固定電動機驅動設備及其他負載，其負載計算應以一·二五倍最大電動機負載加其他負載之總和計算。

二、分路供應有安定器、變壓器或自耦變壓器之電感性照明負載，其負載計算應以各負載額定電流之總和計算，而不以照明燈具之總瓦數計算。

三、電爐負載依表二九之二九規定，選用需量因數計算。

四、分路供應連續使用三小時以上之長時間負載，不得超過分路額定之百分之八〇。

第 29-12 條　分路導線之安培容量不得低於所供電之最大負載，並符合下列規定：

一、分路供電給連續負載，或包含連續與非連續之任何綜合負載，其分路導線之最小線徑所容許之安培容量不得小於非連續負載與一·二五倍連續負載之總和。

二、經設計者確認為以其全額定負載運作者，其分路導線之安培容量，不得低於連續負載與非連續負載之和。

三、供電給二個以上附插頭可撓軟線連接之可攜式負載用插座，其分路導線之安培容量不得低於該分路額定。

第 29-13 條　分路之設置規定如下：

一、分路額定應依過電流保護裝置所容許之最大安培額定或設定值決定。若使用具較高安培容量之導線者，其分路額定仍應由過電流保護裝置之安培額定或設定值決定。

二、供應移動性負載插座分路，其導線之安培容量不得小於分路額定。

三、分路額定五〇安以下採用金屬導線管配線時，應按表二九之一三選用；若採非金屬導線管配線或分路額定大於五〇安者，其最小分路導線線徑，應依第十六條規定選用。

表二九之一三　分路之設置

分路額定 (A)	15	20	30	40	50
最小線徑分路導線	2.0mm 或 3.5mm^2	5.5mm^2	8mm^2	14mm^2	14mm^2
燈具以外之引出導線	2.0mm	2.0mm	-	-	-
燈具引接線	1.0mm^2	1.0mm^2	-	-	-
過電流保護 (A)	15	20	30	40	50
最大裝接負載 (A)	15	20	30	40	50
出線口器具燈座型式	一般型式	一般型式	重責務型	重責務型	重責務型
插座額定 (A)	最大 15	15 或 20	30	40 或 50	50

註：本表適用於金屬導線管配線

第 29-14 條　多線式分路依下列規定辦理：

一、多線式分路之所有導線應源自同一配電箱。

二、每一多線式分路於分路起點應提供能同時開啟該分路之所有非接地導線之隔離設備。

三、多線式分路僅能供電給相線對中性線之負載。但符合下列規定者，不在此限：

(一) 僅供電給單一用電器具之多線式分路。

(二) 多線式分路之所有非接地導線，能被分路過電流保護裝置同時啟斷。

第 29-15 條　電弧故障啟斷器之保護依下列規定辦理：

一、供應住宅之客餐廳、臥室等房間或區域，額定電壓一五〇伏以下，分路額定二〇安以下之插座分路，得安裝經設計者確認之電弧故障啟斷器。

二、前款規定之區域，其分路配線更新或延伸時，分路得以下列方式之一保護：

(一) 經設計者確認之電弧故障啟斷器裝設於分路源頭。

(二) 經設計者確認之電弧故障啟斷器裝設於既設分路第一個插座出口。

第 29-16 條　分路之非接地導線之識別依下列規定辦理：

一、用戶配線系統中，具有一個以上標稱電壓系統供電之分路者，每一非接地導線應於分路配電箱標識其相、線及標稱電壓。

二、識別方法可採用不同色碼、標示帶、標籤或其他經設計者確認之方法。

三、引接自每一分路配電箱導線之識別方法，應以耐久標識貼於每一分路之配電箱內。

第 29-17 條　分路許可裝接負載依下列規定辦理：

一、以一五安及二〇安分路供電給照明裝置、其他用電器具或兩者之組合，應符合下列規定：

（一）附插頭可撓軟線連接之非固定式用電器具額定容量不得超過分路安培額定百分之八〇。

（二）供電給固定式用電器具，亦同時供電給照明裝置、附插頭可撓軟線連接之非固定式用電設備或兩者之分路，其固定式用電器具不含燈具之總額定容量，不得超過該分路安培額定百分之五〇。

二、三〇安之分路：供電給住宅以外之重責務型燈座之固定式照明裝置，或任何處所之用電器具。若僅供附插頭可撓軟線連接之任一用電器具者，其額定容量不得超過該分路安培額定百分之八〇。

三、四〇及五〇安之分路：供電給任何處所之固定式烹飪用電器具、住宅以外之重責務型燈座之固定式照明裝置、紅外線電熱裝置、電動車輛充電設備或其他用電器具。但普通電燈不得併用。

四、大於五〇安之分路應僅供電給非照明出線口負載。

第 29-18 條　照明裝置及以電動機驅動之用電器具，其分路應能供電給第二十九條之九及第二十九條之十規定之負載，並依下列規定辦理：

一、最少分路數應由總計算負載及分路額定決定，所設置分路應能承受所供應之負載。

二、住宅場所：

（一）住宅處所之廚房、餐廳及類似區域，應提供一個以上分路額定二〇安之小型用電器具分路。

（二）洗衣專用分路應提供一個以上二〇安分路，供應洗衣或烘乾用負載。

（三）浴室專用分路應提供一個以上二〇安分路，供應浴室插座負載。但該分路供電給單一浴室者，得依前條第一款規定，供電給浴室內其他用電器具負載。

三、其他特殊負載應依大型用電器具容量及數量決定。

第 29-19 條　分路出線口數及裝設位置依下列規定辦理：

一、住宅處所之臥房、書房、客廳、餐廳、浴室、廚房、走廊、樓梯，或供住宿用途之客房及浴室，應至少裝設一個壁式開關控制之照明出線口。

二、住宅處所之臥室、書房、客廳、餐廳、廚房或其他類似房間應至少裝設一個插座出線口，並依下列規定裝設：

（一）插座之裝設，自門邊沿牆壁水平量測不得超過一‧八公尺，插座沿牆壁（含轉角）水平量測之最大間距為三‧六公尺。

（二）地板插座出線口不得計入所規定插座出線口數量。但該插座出線口距牆面四五〇公厘以內者，不在此限。

三、設有中島式檯面或冷凍設備之廚房，得裝設專用插座出線口。

四、浴室中距任一洗手台外緣九〇〇公厘內，應裝設一個插座出線口。

五、住宅處所設有洗衣區域者，應至少裝設一個二〇安分路之洗衣、烘乾用插座出線口。

六、陽台及戶外走廊，應裝設一個以上之插座出線口，且高度不得超過二公尺。

七、除供特定用電器具之插座出線口外，地下室及車庫應裝設一個以上之插座出線口。

八、幼童活動區域之插座得為防觸電者，或具有鎖或扣之蓋板。

九、農村或分租用套房可視實際需要裝設燈具或插座出線口。

第 29-20 條　供住宿用途之客房，其插座裝設依下列規定辦理：

一、應依前條第二款及第四款規定裝設插座出線口。

二、裝有固定烹飪用電器具者，應裝設插座出線口。

三、插座出線口總數不得少於前條第二款至第七款規定。

四、應裝有二個以上可輕易觸及之插座出線口。

第 29-21 條　設置展示窗者，距展示窗上方四五〇公厘內，沿水平最大寬度每隔直線距離三‧六公尺處，或於展示區之主要部分上方，應至少裝設一個插座出線口。

第 29-22 條　出線口裝置之安培額定不得低於其所供應負載容量，並符合下列規定：

一、燈座：

（一）額定三〇安以上之燈座，該燈座應用重責務型者。

（二）重責務型燈座若為中型者，其額定不得低於六六〇瓦；若為其他型式者，其額定不得低於七五〇瓦。

二、插座：

（一）專用分路上之單插座，其安培額定不得低於該分路之安培額定。但符合下列規定者，不在此限：

① 三分之一馬力以下附插頭可攜式電動機之單一插座。

② 附插頭可撓軟線連接之電弧電銲機專用插座，其安培額定不低於電弧電銲機分路導線之最小安培容量。

（二）連接自供電給二個以上插座或出線口之一般分路者，供電給附插頭可撓軟線連接之負載總和，不得超過插座額定之百分之八〇最大者。

（三）插座連接至供電給二個以上插座或出線口之五〇安以下分路額定者，應符合表二九之一三所示值；分路額定超過五〇安者，其插座額定不得低於分路之額定。但符合下列規定者，不在此限：

① 供應一個以上附插頭可撓軟線連接電弧電銲機之插座，其安培額定得在分路導線之最小安培容量以上。

② 放電管燈所安裝之插座，其安培額定得低於分路之安培額定，惟不得低於燈具負載電流之一‧二五倍。

（四）電爐用插座之安培額定得以表二九之二九規定之單一電爐需量負載為依據。

第 29-23 條　幹線負載按第二十九條之九及第二十九條之十規定之各分路負載之總和乘以需量因數。

第 29-24 條　幹線之最小額定及線徑依下列規定辦理：

一、幹線導線之安培容量不得小於依本節計算所得之負載。

二、幹線應裝置過電流保護，其額定及導線安培容量不得小於連續負載之一‧二五倍與非連續負載之總和。但符合下列情況，不在此限：

（一）幹線之過電流保護裝置，經設計者確認以其全額定運轉者，其幹線導線安培容量，不得小於連續負載與非連續負載之總和。

（二）被接地導線未接過電流保護裝置者，其線徑得以百分之一百之連續負載與非連續負載之總和決定。

三、被接地導線之線徑不得小於第二十六條規定。

第 29-25 條　　表二九之二五中所列需量因數用於一般照明之總負載計算，但不得用於決定一般照明之分路數。

表二九之二五　照明負載需量因素

處所別	適用需量因數之照明負載部分 (W)	幹線需量因數 (%)
住宅	3000 以下部分	100
	3001 至 120,000 部分	35
	超過 120,000 部分	25
醫院註	50,000 以下部分	40
	超過 50,000 部分	20
飯店、旅館及汽車旅館，包括不提供房客烹飪用電器具之公寓式房屋註	20,000 以下部分	50
	自 20,001 至 100,000 部分	40
	超過 100,000 部分	30
大賣場 (倉儲)	12,500 以下部分	100
	超過 12,500 部分	50
其他	總伏安	100
註：供電給醫院、飯店、旅館及汽車旅館區域之幹線或受電設施之計算負載，其照明整體可能同時使用者 (如於手術室、舞廳或飯廳)，不得適用本表之需量因數。		

第 29-26 條　　非住宅處所之插座負載，其每一插座出線口負載最大以一八〇伏安計算。照明及插座幹線需量因數得應用表二九之二五或表二九之二六。

表二九之二六　非住宅處所之插座負載需量因數

適用需量因數之插座負載部分 (伏安)	需量因數 (%)
10kVA 以下部分	100
超過 10kVA 部分	50

第 29-27 條　　供應固定式電暖器之幹線，其由計算所得之負載應為所有分路上所連接之負載總和。但屬於下列情形之一者，不在此限：

一、負載係非連續性或不同時使用者，其幹線容量得小於所接之總負載，但所決定之幹線應有足夠負載容量。

二、電暖器及冷氣等二種不同負載若不致同時使用者，較小負載得省略不計。

三、幹線容量依第二十九條之三十三計算。

第 29-28 條　住宅處所之小型用電器具及洗衣器具負載依下列規定辦理：

一、小型用電器具分路負載：

（一）廚房、餐廳等由一一〇伏二〇安分路額定所供應之小型用電器具，其分路負載應以一五〇〇伏安計算。

（二）由二個以上之分路供應小型用電器具者，其幹線負載應以每一個分路不低於一五〇〇伏安計算。

（三）前二目負載得併入一般照明負載並得適用表二九之二五之需量因數。

二、每一洗衣用分路，應包含一五〇〇伏安以上之負載。該負載得併入一般照明負載計算，並得適用表二九之二五之需量因數。

三、每具衣物烘乾機負載容量以二瓩計算。但銘牌額定大於二瓩者，依銘牌額定計算，並得適用表二九之二八之需量因數。

表二九之二八　住宅用衣服乾燥器需量因數

衣服乾燥器數量	需量因數 (%)	衣服乾燥器數量	需量因數 (%)
1	100	11~13	45
2	100	14~19	40
3	100	20~24	30
4	100	25~29	32.5
5	80	30~34	30
6	70	35~39	27.5
7	65	40	25
8	60		
9	55		
10	50		

第 29-29 條　1. 住宅用之電爐及其他烹飪用電器具，其個別額定大於一‧七五瓩者，幹線負載得依表二九之二九計算。

2. 二具以上之單相電爐由三相四線式幹線供電者，其總負載之計算，應以任何二相線間所接最大電爐數之二倍需量值為準。

表二九之二九　額定超過 1.75kW 之電爐、壁爐及其他烹飪用電器具之需量負載表

器具之數量	最大需量 A 行（額定超過 8kW 而不超過 12kW 者）	需量因數（註 4）	
		B 行（額定低於 3.5kW 者）	C 行（額定在 3.5kW 至 8.75kW 者）
1		80%	80%
2	8kW	75%	65%
3	11kW	70%	55%
4	14kW	66%	50%
5	17kW	62%	45%
6	20kW	59%	43%
7	21kW	56%	40%
8	22kW	53%	36%
9	23kW	51%	35%
10	24kW	49%	34%
11	25kW	47%	32%
12	26kW	45%	32%
13	27kW	43%	32%
14	28kW	41%	32%
15	29kW	40%	32%
16	30kW	39%	28%
17	31kW	38%	28%
18	32kW	37%	28%
19	33kW	36%	28%
20	34kW	35%	28%
21	35kW	34%	26%
22	36kW	33%	26%
23	37kW	32%	26%
24	38kW	31%	26%
25	39kW	30%	26%
26-30	44kW	30%	24%
31-40	15kW ＋電爐數 ×1kW	30%	22%
41-50	25kW ＋電爐數 ×0.75kW	30%	20%
51-60		30%	18%
61 以上		30%	16%

表二九之二九　額定超過 l.75kW 之電爐、壁爐及其他烹飪用電器具之需量負載表（續）

> 註：
>
> 1. 超過 12kW 但小於 27kW，且額定相同之電爐：對於電爐其個別額定超過 12kW 小於 27kW 者，其最大需量計算，應將超過 l2kW 部份每超過 lkW，A 行之最大需量應加 5%。
>
> 2. 超過 12kW，但小於 27kW 而各台為不同額定之電爐：對超過 12kW 且小於 27kW 之不同額定容量之每個電爐其平均額定（其額定之平均值＝各個額定容置之總和除以電爐數（但 12kW 以下之電灶應以 12kW 計算））每超過 lkW 則 A 行之最大需量應加 5%。
>
> 3. 商業用電爐之需置，一般以銘牌上之最大額定為準。
>
> 4. 超過 1.75kW 而在 8.75kW 以下：對於超過 1.75kW 但在 8.75kW 以下，其最大需量係以所有負載之銘牌所列之額定之總和再乘 B 或 C 行中之相對應（即同台數）需量因數得之。
>
> 5. 分路負載之計算：分路僅供一個電爐者其分路負載，得依照本表計算之。至於供一個壁爐或一個櫃檯式烹飪用電器具者其分路負載應為該電器之銘牌上所列之額定。

第 29-30 條　除電爐、空調設備或電暖器外，住宅用之固定式用電器具在單獨或集合住宅，由同一幹線所供應四個以上之固定式用電器具，其幹線負載得以各用電器具銘牌額定總和之百分之七十五計算。

第 29-31 條　非住宅廚房用電器具如商業用烹飪用電器具、洗碗機、熱水器等，其幹線需量因數得依表二九之三一計算。

表二九之三一　非住宅用廚房電器需量因數

電器數量	需量因數 (%)
1	100
2	100
3	90
4	80
5	70
6 以上	65

第 29-32 條
1. 中性線最大負載即為中性線與任一非接地導線間之最大裝接負載。
2. 供應住宅用電爐、烤箱及烹飪用電器具之幹線，其最大不平衡負載應依表二九之二九規定之非接地導線上之負載再乘以百分之七〇。
3. 交流單相三線及三相四線，其不平衡負載超過二〇〇安以上部分，除所接負載為有第三諧波之放電管燈外，得用百分之七〇之需量因數計算。

第 29-33 條　　1. 以一一〇／二二〇伏單相三線供電之單獨住宅，其進屋線或幹線之安培容量達一〇〇安以上者，進屋線或幹線負載計算得依表二九之三三計算，其幹線中性線負載並得適用前條規定。

　　　　　　　　2. 前項表二九之三三之其他負載應包括如下：

　　　　　　　一、每一個二〇安之小型用電器具分路以一五〇〇伏安計算。

　　　　　　　二、一般電燈及插座，按每平方公尺三三伏安計算。

　　　　　　　三、所有固定式用電器具、電爐、烤箱及烹飪用電器具，按銘牌額定計算。

　　　　　　　四、電動機及低功率因數器具者，以千伏安表示。

　　　　　　　五、應用第二十九條之二十七不同時使用之負載規定者，以選用下列最大負載者計算。

　　　　　　　　　(一)空調設備負載。

　　　　　　　　　(二)中央電暖器負載之百分之六五需量因數。

　　　　　　　　　(三)少於四具之個別操作電暖器負載之百分之六五需量因數。

　　　　　　　　　(四)四具以上之個別操作電暖器負載。

表二九之三三　　單獨住宅幹線負載簡便計算法

負載 (kW 或 kVA)	需量因數 (%)
空調設備器及冷氣機 (包括熱唧筒壓縮器)	100
中央電暖器	65
少於四具之個別操作電暖器	65
所有其他負載之首 10kW	100
其他負載之剩餘部分	40

第 29-34 條　　集合住宅負載之幹線或接戶設施計算應依表二九之三四規定選用需量因數。

表二九之三四　集合住宅幹線負載之需量因數

住宅數量	需量因數（百分比）
3-5	45
6-7	44
8-10	43
11	42
12-13	41
14-15	40
16-17	39
18-20	38
21	37
22-23	36
24-25	35
26-27	34
28-30	33
31	32
32-33	31
34-36	30
37-38	29
39-42	28
43-45	27
46-50	26
51-55	25
56-61	24
62 以上	23

第八節之二　進屋導線

第 29-35 條　　進屋導線之控制、保護及裝置依本節規定辦理。

第 29-36 條　　進屋點應儘量選擇距離電度表或總開關最近處。

第 29-37 條　　除進屋導線外，其他導線不得敷設於同一進屋管槽或進屋用電纜內。但符合下列規定者，不在此限：

一、接地導線及搭接導線。

二、具備過電流保護之負載管理控制導線。

第 29-38 條　進屋管槽自地下配電系統引入建築物或其他構造物，應依第一百四十條之一規定予以密封。

第 29-39 條　進屋導線伸出壁外長度依下列規定辦理：

一、進屋導線為電纜者，其伸出壁外長度應為四〇公分以上。

二、進屋導線穿於導線管者，其伸出壁外長度應為一〇公分以上，且應於屋外一端加裝防水分線頭，其導線應伸出分線頭外三〇公分以上。

三、用戶房屋壁外尚有屏蔽者，其進屋導線應敷設至建築物之外側。

四、進屋點離地面高度不及二‧五公尺者，進屋導線應延長至距地面二‧五公尺以上，其在二‧五公尺以下露出導線須為完整之絕緣電線，且應加裝導線管保護。

第 29-40 條　進屋線路與其他管路之間隔依下列規定辦理：

一、進屋線路與電信線路、水管之間隔，應維持一五〇公厘以上。但有絕緣管保護者，不在此限。

二、進屋線路與天然氣輸氣管之間隔，應維持一公尺以上。

第 29-41 條　1. 並排磚構造或混凝土構造樓房，若分為數戶供電者，起造人應埋設共同接戶導線管。該管應考慮將來可能之最大負載，選用適當之管徑。

2. 共同接戶導線管採建築物橫梁埋設，且供電戶數為四戶以下者，最小管徑不得小於五二公厘；採地下埋設者，最小管徑不得小於八〇公厘。但經設計者確認負載較輕之供電戶，戶數得酌予增加。

第 29-42 條　1. 進屋導線之線徑應按用戶裝接之負載計算。

2. 進屋導線應按金屬導線管、非金屬導線管、金屬包封之銅匯流排槽、PVC電纜或符合有關標準之其他電纜配裝，其最小線徑不得小於五‧五平方公厘。

3. 前項電度表電源側至接戶點之全部線路應屬完整，無破損及無接頭，若按明管配裝者，應全部露出，不得以任何外物掩護。

第 29-43 條　1. 埋設於地下之進屋導線或電纜應依第一百八十九條規定予以保護，避免受外力損傷。

2. 除地下進屋導線外之其他進屋導線，應採用下列方法之一保護，以免遭受外力損傷：

一、進屋用電纜：

(一)金屬導線管。

（二）非金屬導線管。

二、除進屋用電纜外之個別開放式導線及電纜，不得敷設於距地面高度三公尺以下，或暴露於受外力損傷之處。但礦物絕緣金屬被覆電纜未暴露於受外力損傷處者，得位於距地面高度三公尺以下。

第 29-44 條　架空進屋導線進屋處依下列規定辦理：

一、進屋接頭：

（一）進屋管槽應有進屋接頭供連接進屋導線。

（二）進屋接頭應經設計者確認為潮濕場所使用者。

二、滴水環：

（一）個別導線應做成滴水環。

（二）進屋導線與架空接戶導線之連接位置，應為進屋接頭下方或進屋用電纜被覆之終端下方。

三、進屋導線應有使水無法進入進屋管槽或設備之防水配置。

四、進屋導線於貫穿建築物處，應使用導線管保護，且導線管外端應稍向下傾斜，以免雨水侵入。同時管之兩端，應使用膠帶纏裹以免滑動。

第九節　（刪除）

第 30 條～

第 46 條　（刪除）

第十節　過電流保護

第 47 條　（刪除）

第 48 條　裝設於住宅場所之二○安以下分路之斷路器及栓型熔線應為反時限保護。

第 49 條　栓型熔線及熔線座依下列規定辦理：

一、額定電壓不超過一五○伏，額定電流分為一至一五安、一六安至二○安及二一安至三○安共三級。

二、每一級之熔線應有不同之尺寸，使容量較大者，不能誤裝於容量較小之熔線座上。

三、每一栓型熔線及其熔線座應標示額定電壓、額定電流及廠家名稱或型號。

第 49-1 條　　筒型熔線及熔線座依下列規定辦理：

一、一〇〇〇安以下筒型熔線及其熔線座應依其電流及電壓分級為三
〇安、六〇安、一〇〇安、二〇〇安、四〇〇安、六〇〇安、一
〇〇〇安。

二、筒型熔線及其熔線座應按其分級做不同尺寸之設計，使某一級熔線
不能裝置於電流高一級或電壓較高之熔線座上。

三、每一筒型熔線應標示其額定電壓、額定電流、啟斷電流，及廠家名
稱或型號。

第 50 條　　　斷路器應符合下列規定：

一、熔線及斷路器裝設之位置或防護，應避免人員於操作時被灼傷或受
其他傷害。斷路器之把手或操作桿，可能因瞬間動作致使人員受傷
者，應予防護或隔離。

二、斷路器應能指示啟斷 (OFF) 或閉合 (ON) 電路之位置。

三、斷路器應有耐久而明顯之標識，標示其額定電壓、額定電流、啟斷
電流，及廠家名稱或型號。

第 51 條　　　積熱型熔斷器與積熱電驛，及其他非設計為保護短路或接地故障之保護
裝置，不得作為導線之短路或接地故障保護。

第 52 條　　　進屋導線之過電流保護依下列規定辦理：

一、每一非接地之進屋導線應有過電流保護裝置，其額定或標置，不得
大於該導線之安培容量。但斷路器或熔線之標準額定不能配合導線
之安培容量時，得選用高一級之額定值，額定值超過八〇〇安時，
不得作高一級之選用。

二、被接地之導線除其所裝設之斷路器能將該線與非接地之導線同時啟
斷者外，不得串接過電流保護裝置。

三、過電流保護裝置應為接戶開關整體設備之一部分。

四、進屋導線依第一百零一條之二規定設置三具以下之接戶開關時，該
進屋導線之過電流保護亦應有三具以下之斷路器或三組以下之熔
線。

第 52-1 條　　1. 照明燈具、用電器具及其他用電設備，或用電器具內部電路及元件之
附加過電流保護，不得取代分路所需之過電流保護裝置，或代替所需
之分路保護。

2. 附加過電流保護裝置不須為可輕易觸及。

第 52-2 條　　對地電壓超過一五〇伏，而相對相電壓不超過六〇〇伏之 Y 接直接接地系統，其額定電流在一〇〇〇安以上之每一過電流保護裝置，作為建築物或構造物之主要隔離設備時，應提供設備接地故障保護。但符合下列規定者，不在此限：

一、若未依序斷電將導致額外或增加危害之連續性工業製程。

二、受電設施或幹線因其他規定而設置之接地故障保護裝置。

三、消防幫浦。

第 53 條　　除可撓軟線、可撓電纜及燈具引接線外之絕緣導線，應依第十六條規定之導線安培容量裝設過電流保護裝置，其額定或標置不得大於該導線之安培容量。但本規則另有規定或符合下列情形者，不在此限：

一、物料吊運磁鐵電路或消防幫浦電路等若斷電會導致危險者，其導線應有短路保護，但不得有過載保護。

二、額定八〇〇安以下之過電流保護裝置，符合下列所有條件者，得採用高一級標準額定：

（一）被保護之分路導線非屬供電給附插頭可撓軟線之可攜式負載，且該分路使用二個以上之插座。

（二）導線安培容量與熔線或斷路器之標準安培額定不匹配，且該熔線或斷路器之過載跳脫調整裝置未高於導線安培容量。

（三）所選用之高一級標準額定不超過八〇〇安。

三、電動機因起動電流較大，其過電流保護額定或標置得大於導線之安培容量。

第 53-1 條　　可撓軟線、可撓電纜及燈具引接線之過電流保護裝置依下列規定之一辦理：

一、應有表九四規定安培容量之過電流保護裝置。

二、接於分路中之可撓軟線及可撓電纜或燈具引接線符合下列情形之一者，應視由分路之過電流保護裝置加以保護：

（一）一五安及二〇安分路：截面積為一平方公厘以上者。

（二）三〇安分路：截面積為二平方公厘以上者。

（三）四〇安及五〇安分路：截面積為三・五平方公厘以上者。

第 54 條　　非接地導線之保護依下列規定辦理：

一、電路中每一非接地之導線皆應有過電流保護裝置。

二、斷路器應能同時啟斷電路中之各非接地導線。但單相二線非接地電路或單相三線電路或三相四線電路不接三相負載者，得使用單極斷路器，以保護此等電路中之各非接地導線。

第 55 條　被接地導線之保護依下列規定辦理：

一、多線式被接地之中性線不得有過電流保護裝置。但該過電流保護裝置能使電路之各導線同時啟斷者，不在此限。

二、單相二線式或三相三線式之被接地導線若裝過電流保護裝置者，該過電流保護裝置應能使電路之各導線同時啟斷。

第 56 條　導線之過電流保護除有下列情形之一者外，應裝於該導線由電源受電之分接點。

一、進屋導線之過電流保護裝置於接戶開關之負載側。

二、自分路導線分接至個別出線口之分接線其長度不超過三公尺，且符合第一章第八節之一分路與幹線規定者，得視為由分路過電流保護裝置保護。

三、幹線之分接導線長度不超過三公尺而有下列之情形者，在分接點處得免裝過電流保護裝置：

　(一) 分接導線之安培容量不低於其所供各分路之分路額定容量之和，或其供應負載之總和。

　(二) 該分接導線係配裝在配電箱內，或裝於導線管內者。

四、幹線之分接導線長度不超過八公尺而有下列之情形者，得免裝於分接點：

　(一) 分接導線之安培容量不低於幹線之三分之一者。

　(二) 有保護使其不易受外物損傷者。

　(三) 分接導線終端所裝之一具斷路器或一組熔線，其額定容量不超過該分接導線之安培容量。

五、過電流保護裝設於屋內者，其位置除有特殊情形者外，應裝於可輕易觸及處、不得暴露於可能為外力損傷處以及不得與易燃物接近處，且不得置於浴室內。

第 57 條　1. 過電流保護裝置除其構造已有足夠之保護外，應裝置於封閉箱體內，打開箱門時不得露出帶電部分。

　2. 過電流保護裝置若裝於潮濕處所，其封閉箱體應屬防水型者。

第 57-1 條　　裝於非合格人員可觸及電路之筒型熔線，及對地電壓超過一五〇伏之熔線，應於電源側裝設隔離設備，使每一內含熔線之電路均可與電源單獨隔離。

第 58 條　　過電流保護裝置之額定與協調依下列規定辦理：

一、過電流保護裝置之額定電壓不得低於電路電壓。

二、過電流保護裝置之短路啟斷容量 (IC) 應能安全啟斷裝置點可能發生之最大短路電流。採用斷路器者，額定極限短路啟斷容量 (Icu) 不得低於裝置點之最大短路電流，其額定使用短路啟斷容量 (Ics) 值應由設計者選定，並於設計圖標示 Icu 及 Ics 值。

三、過電流保護得採用斷路器或熔線，但其保護應能互相協調。

四、低壓用戶按表五八選用過電流保護裝置者，得免計算其短路故障電流。

表五八　低壓用戶過電流保護裝置之額定極限短路啟斷容量表

主保護器之額定電流　　最低額定極限短路啟斷容量 (Icu)	單相 110V、220V 用戶			三相 220V 用戶			三相 380V 用戶		
	75A 以下	100A 以下	超過 100A	75A 以下	200A 以下	超過 200A	75A 以下	200A 以下	超過 200A
受電箱	35kA	35kA	35kA	35kA	35kA	35kA	35kA	35kA	35kA
集中(單獨)表箱	20kA	20kA	25kA	20kA	20kA	25kA	25kA	25kA	30kA
用戶總開關箱	10kA	15kA	20kA	10kA	15kA	20kA	15kA	20kA	25kA

註：1. 本表啟斷容量亦得依短路故障電流計算結果選用適當之額定極限短路啟斷容量 (Icu)。

　　2. 額定使用短路啟斷容量 (Ics) 值應由設計者選定，且為額定極限短路啟斷容量 (Icu) 之 50% 以上。

第十一節　漏電斷路器之裝置

第 59 條　　1. 漏電斷路器以裝設於分路為原則。裝設不具過電流保護功能之漏電斷路器 (RCCB) 者，應加裝具有足夠啟斷短路容量之無熔線斷路器或熔線作為後衛保護。

　　2. 下列各款用電設備或線路，應在電路上或該等設備之適當處所裝設漏電斷路器：

一、建築或工程興建之臨時用電設備。

二、游泳池、噴水池等場所之水中及周邊用電器具。

三、公共浴室等場所之過濾或給水電動機分路。

四、灌溉、養魚池及池塘等之用電設備。

五、辦公處所、學校及公共場所之飲水機分路。

六、住宅、旅館及公共浴室之電熱水器及浴室插座分路。

七、住宅場所陽台之插座及離廚房水槽外緣一‧八公尺以內之插座分路。

八、住宅、辦公處所、商場之沉水式用電器具。

九、裝設在金屬桿或金屬構架或對地電壓超過一五〇伏之路燈、號誌燈、招牌廣告燈。

十、人行地下道、陸橋之用電設備。

十一、慶典牌樓、裝飾彩燈。

十二、由屋內引至屋外裝設之插座分路及雨線外之用電器具。

十三、遊樂場所之電動遊樂設備分路。

十四、非消防用之電動門及電動鐵捲門之分路。

十五、公共廁所之插座分路。

第 60 條　（刪除）

第 61 條　（刪除）

第 62 條　漏電斷路器之選擇依下列規定辦理：

一、裝置於低壓電路之漏電斷路器，應採用電流動作型，且符合下列規定：

（一）漏電斷路器應屬表六二～一所示之任一種。

（二）漏電斷路器之額定電流，不得小於該電路之負載電流。

（三）漏電警報器之聲音警報裝置，以電鈴或蜂鳴式為原則。

表六二～一　漏電斷路器之種類

類別		額定靈敏度電流（毫安）	動作時間
高靈敏度型	高速型	5、10、15、30	額定感度電流 0.1 秒以內
	延時型		額定感度電流 0.1 秒以上 2 秒以內
中靈敏度型	高速型	50、100、200、	額定感度電流 0.1 秒以內
	延時型	300、500、1000	額定感度電流 0.1 秒以上 2 秒以內
註：漏電斷路器之最小動作電流，係額定靈敏度電流 50% 以上之電流值。			

表六二～二　漏電保護接地電阻值

漏電斷路器額定靈敏度動作電流（毫安）	接地電阻（歐姆）	
	潮溼處所	其它處所
30	500	500
50	500	500
75	333	500
100	250	500
150	166	333
200	125	250
300	83	166
500	50	100
1,000	25	50

二、漏電斷路器之額定靈敏度電流及動作時間之選擇，應依下列規定辦理：

（一）以防止感電事故為目的而裝置之漏電斷路器，應採用高靈敏度高速型。但用電器具另施行外殼接地，其設備接地電阻值未超過表六二～二之接地電阻值，且動作時間在〇‧一秒以內者（高速型），得採用中靈敏度型漏電斷路器。

（二）以防止火災及防止電弧損害設備等其他非防止感電事故為目的而裝設之漏電斷路器，得依其保護目的選用適當之漏電斷路器。

第 62-1 條　插座裝設於下列場所，應裝設額定靈敏度電流為一五毫安以下，且動作時間〇‧一秒以內之漏電啟斷裝置。但該插座之分路已裝有漏電斷路器者，不在此限：

一、住宅場所之單相額定電壓一五〇伏以下、額定電流一五安及二〇安之插座：

（一）浴室。

（二）安裝插座供流理台上面用電器具使用者及位於水槽外緣一‧八公尺以內者。

（三）位於廚房以外之水槽，其裝設插座位於水槽外緣一‧八公尺以內者。

（四）陽台。

（五）屋外。

二、非住宅場所之單相額定電壓一五〇伏以下、額定電流五〇安以下之插座：

（一）公共浴室。

（二）商用專業廚房。

（三）插座裝設於水槽外緣一‧八公尺以內者。但符合下列情形者，不在此限：

　　① 插座裝設於工業實驗室內，供電之插座會因斷電而導致更大危險。

　　② 插座裝設於醫療照護設施內之緊急照護區或一般照護區病床處，非浴室內之水槽。

（四）有淋浴設備之更衣室。

（五）室內潮濕場所。

（六）陽台或屋外場所。

第 63 條　（刪除）

第十一節之一　低壓突波保護裝置

第 63-1 條　六〇〇伏以下用戶配線系統若有裝設突波保護裝置 (SPD) 者，依本節規定辦理。

第 63-2 條　突波保護裝置不得裝設於下列情況：

一、超過六〇〇伏之電路。

二、非接地系統或阻抗接地系統。但經設計者確認適用於該等系統者，不在此限。

三、突波保護裝置額定電壓小於其安裝位置之最大相對地電壓。

第 63-3 條　1. 突波保護裝置裝設於電路者，應連接至每條非接地導線。

2. 突波保護裝置得連接於非接地導線與任一條被接地導線、設備接地導線或接地電極導線間。

3. 突波保護裝置應標示其短路電流額定，且不得裝設於系統故障電流超過其額定短路電流之處。

第 63-4 條　突波保護裝置裝設於電源系統端者，依下列規定辦理：

一、得連接至接戶開關或隔離設備之供電側。

二、裝設於接戶設施處，應連接至下列之一：

（一）被接地接戶導線。

（二）接地電極導線。

（三）接戶設施之接地電極。

（四）進屋導線端用電設備之設備接地端子。

第 63-5 條　突波保護裝置裝設於幹線端者，依下列規定辦理：

一、由接戶設施所供電之建築物或構造物，應連接於接戶開關或隔離設備過電流保護裝置負載側。

二、由幹線所供電之建築構造物，應連接於建築構造物之第一個過電流保護裝置負載側。

三、第二型突波保護裝置應連接於獨立電源供電系統之第一個過電流保護裝置負載側。

第 63-6 條　突波保護裝置得安裝於保護設備之分路過電流保護裝置負載側。

第十二節　（刪除）

第 64 條～　（刪除）
第 68 條

第十三節　導線之標示及運用

第 69 條　（刪除）

第 69-1 條　1. 標稱電壓六〇〇伏以下之電路，被接地導線絕緣等級應等同電路中任一非接地導線之絕緣等級。

2. 被接地導線之電氣連續性不得依靠金屬封閉箱體、管槽、電纜架或電纜之鎧裝。

第 70 條　被接地導線之識別依下列規定辦理：

一、屋內配線自接戶點至接戶開關之電源側屬於進屋導線部分，其中被接地之導線應整條加以識別。

二、多線式幹線電路或分路中被接地之中性導線應加以識別。

三、單相二線之幹線或分路若對地電壓超過一五〇伏時，其被接地之導線應整條加以識別。

四、礦物絕緣 (MI) 金屬被覆電纜之被接地導線於安裝時，於其終端應以明顯之白色或淺灰色標示。

五、耐日照屋外型單芯電纜，用於太陽光電發電系統之被接地導線者，安裝時於所有終端應以明顯之白色或淺灰色標示。

六、一四平方公厘以下之絕緣導線作為電路中之識別導線者，其外皮應為白色或淺灰色。

七、超過一四平方公厘之絕緣導線作為電路中之識別導線者，其外皮應為白色或淺灰色，或在裝設過程中，於終端附明顯之白色標示。

八、可撓軟線及燈具引接線作為被接地導線用之絕緣導線，其外皮應為白色或淺灰色。

第 71 條　　1. 內線系統之接地導線不得與未施接地之電業電源系統連接，惟電業電源系統已施行接地者，應與其相對應之被接地導線連接。

2. 用戶其他電源系統之被接地導線不得與電業之被接地導線相連接。

3. 併聯型變流器經設計者確認為用於太陽光電發電系統、燃料電池設備等分散型電源系統，且無被接地導線者，得與用戶或電業之接地系統連接。

第 71-1 條　除本規則另有規定外，二個以上同相分路或二組以上多線式分路不得共用中性線。

第 72 條　　分路由自耦變壓器供電時，其內線系統之被接地導線應與自耦變壓器電源系統附有識別之被接地導線直接連接。

第 73 條　　1. 接地型之插座及插頭，其供接地之端子應與其他非接地端子有不相同形體之設計以為識別，且插頭之接地極之長度應較其他非接地極略長。

2. 加識別之導線或被接地之導線應與燈頭之螺紋殼連接。

第 74 條　　白色或淺灰色之導線不得作為非接地導線使用。但符合下列情形之一者，不在此限：

一、附有識別之導線，於每一可視及且可接近之出線口處，以有效方法使其永久變成非識別之導線者，得作為非識別導線使用。

二、移動式用電器具引接之多芯可撓軟線含有識別導線者，其所插接之插座係由二非接地之導線供電者，得作為非識別導線使用。

第 75 條　　（刪除）

第 76 條　　一相繞組中點接地之四線式△或V接線系統，其對地電壓較高之導線或匯流排，應以橘色或其他有效耐久方式加以識別。該系統中有較高電壓與被接地導線同時存在時，較高電壓之導線均應有此標識。

第二章　電燈及家庭用電器具

第一節　（刪除）

第 77 條～　　　（刪除）
第 92 條

第二節　可撓軟線及可撓電纜

第 93 條　　　（刪除）
第 94 條　　　可撓軟線及可撓電纜之安培容量應符合表九四規定。

表九四　可撓軟線及可撓電纜之容量（周圍溫度 35℃以下）

截面積（平方公厘）	根數/直徑（根/公厘）	絕緣物種類	PVC、天然橡膠混合物	耐熱 PVC、PE(聚乙烯)、SBR(苯乙烯丁二烯橡膠)	EP(乙丙烯)、交連 PE(交連聚乙烯)
		最高容許溫度	60℃	75℃	90℃
1.00	40/0.18	安培容量(安)	9	10	12
1.25	50/0.18		11	12	15
2.0	37/0.26		15	18	22
3.5	45/0.32		21	25	29
5.5	70/0.32		32	38	44

第 95 條　　　可撓軟線及可撓電纜之個別導線應為可撓性絞線，其截面積應為一‧○平方公厘以上。但廠製用電器具之附插頭可撓軟線不在此限。

第 96 條　　　1. 可撓軟線及可撓電纜適用於下列情況或場所：
　　　　　　一、懸吊式用電器具。
　　　　　　二、照明燈具之配線。
　　　　　　三、活動組件、可攜式燈具或用電器具等之引接線。
　　　　　　四、升降機之電纜配線。
　　　　　　五、吊車及起重機之配線。
　　　　　　六、固定式小型電器經常改接之配線。
　　　　　　2. 附插頭可撓軟線應由插座出線口引接供電。

第 97 條　　　可撓軟線及可撓電纜不得使用於下列情況或場所：
　　　　　　一、永久性分路配線。

二、貫穿於牆壁、建築物結構體之天花板、懸吊式天花板或地板。

三、貫穿於門、窗或其他類似開口。

四、附裝於建築物表面。但符合第二百九十條第二款規定者，不在此限。

五、隱藏於牆壁、地板、建築物結構體天花板或位於懸吊式天花板上方。

六、易受外力損害之場所。

第 98 條　　（刪除）

第 99 條　　（刪除）

第 99-1 條
1. 可撓軟線及可撓電纜穿過蓋板、出線盒或類似封閉箱體之孔口時，應使用護套防護。

2. 設置場所之維護及監管條件僅由合格人員裝設者，可撓軟線與可撓電纜得裝設於長度不超過一五公尺之地面上管槽內，以防可撓軟線或可撓電纜受到外力損傷。

第 99-2 條　　插座、可撓軟線連接器，及可撓軟線附接插頭之構造，應設計使其不致誤接不同電壓、電流額定之裝置。

第 99-3 條
1. 插座出線口於分路中之位置應符合第一章第八節之一分路與幹線規定。

2. 插座之裝設型式及接地方式依下列規定選用：

一、接地型：一五安及二〇安低壓分路之插座應採用接地型，且僅能裝設於符合其額定電壓及額定電流之電路。但符合第二十九條之二十二規定者，不在此限。

二、被接地：插座及可撓軟線連接器具有設備接地導線之接點者，其接點應予連接至設備接地導線。

三、接地方式：插座及可撓軟線連接接頭之接地接點，應連接至其電源電路之設備接地導線。分路配線應有設備接地導線連接至插座或可撓軟線連接接頭之設備接地接點。

第 99-4 條　　隔離接地插座額定與型式依下列規定辦理：

一、隔離接地導線連接之插座，用於降低電氣雜訊干擾者，應具有橘色三角標識，標示於插座面板。

二、隔離接地插座裝設於非金屬線盒應使用非金屬面板。但該線盒內含可使面板有效接地之特性或配件者，得採用金屬面板。

第 99-5 條　　插座裝設之場所及位置依下列規定辦理：

一、非閉鎖型之二五〇伏以下之一五安及二〇安插座：

（一）裝設於濕氣場所應以附可掀式蓋板、封閉箱體或其他可防止濕氣滲入之保護。

（二）裝設於潮濕場所，應以水密性蓋板或耐候性封閉箱體保護。

二、插座不得裝設於浴缸或淋浴間之空間內部或其上方位置。

三、地板插座應能容許地板清潔設備之操作而不致損害插座。

四、插座裝設於嵌入建築物完成面，且位於濕氣或潮濕場所者，其封閉箱體應具耐候性，使用耐候性面板及組件組成，提供面板與完成面間之水密性連接。

第 99-6 條　移動式用電器具插座之額定電壓為二五〇伏以下者，額定電流不得小於一五安。但二五〇伏、一〇安之插座，使用於非住宅場所，而不作為移動式之手提電動工具、手提電燈及延長線者，得不受限制。

第 100 條　1. 可撓軟線及可撓電纜中間不得有接續或分歧。

2. 可撓軟線及可撓電纜連接於用電器具或其配件時，接頭或終端處不得承受張力。

第 101 條　（刪除）

第二節之一　低壓開關

第 101-1 條　除另有規定者外，運轉電壓為六〇〇伏以下之所有開關、開關裝置及作為開關使用之斷路器，依本節規定辦理。

第 101-2 條　接戶開關之裝設依下列規定辦理：

一、每一戶應設置接戶開關，能同時啟斷進屋之各導線。同一用戶在其範圍內有數棟房屋者，各棟應備有隔離設備以切斷各導線。

二、接戶開關應採用不露出帶電之開關或斷路器。

三、接戶開關應裝設於最接近進屋點之可輕易到達處，其距地面高度以一‧五公尺至二公尺間為宜，且應在電度表之負載側。

四、接戶開關應有耐久且清楚標示啟斷 (OFF) 或閉合 (ON) 位置之標識。

五、一組進屋導線供應數戶用電時，各戶之接戶開關、隔離設備，得裝設於同一開關箱，或共裝於一處之個別開關箱；接戶開關數在三具以下者，得免裝設表前總接戶開關或隔離設備。

六、多線式電路之接戶開關無法同時啟斷被接地導線者，被接地導線應以壓接端子固定於端子板或匯流排作為隔離設備。

第 101-3 條　　接戶開關之額定不得低於依第一章第八節之一規定所計得之負載，及下列之額定值：

一、僅供應一分路者，其接戶開關額定值不得低於二〇安。

二、僅供應單相二線式分路二路者，其接戶開關額定值不得低於三〇安。

三、進屋導線為單相三線式，計得之負載大於一〇千瓦或分路在六路以上者，其接戶開關額定值不得低於五〇安。

四、前三款規定以外情形，接戶開關額定值不得低於三〇安。

第 101-4 條　　接戶開關之接線端子應採用有壓力之接頭或線夾，或其他安全方法裝接。但不得用錫銲銲接。

第 101-5 條　　分路中被接地導線裝有開關或斷路器者，須與非接地之導線同時啟斷。該被接地導線未裝開關或斷路器時，被接地導線應以壓接端子固定於端子板或接地匯流排作為隔離設備。

第 101-6 條　　手捺開關之連接依下列規定辦理：

一、三路及四路開關之配線應僅作為啟斷電路之非接地導線。以金屬管槽裝設者，開關與出線盒間之配線，應符合第一百八十七條之十三第一款規定。

二、開關不得啟斷電路之被接地導線。但開關可同時啟斷全部導線者，不在此限。

第 101-7 條　　1. 在隱蔽處所不得裝設開關、熔線及其他用電器具。

2. 開關及斷路器應裝設於外部可操作封閉箱體內。開關封閉箱體內應留存配線彎曲空間。

3. 裝設開關之封閉箱體，應避免作為導線之接線盒管槽，穿越或分歧至其他開關或過電流保護裝置。但封閉箱體符合第一百零一條之二十九規定者，不再此限。

第 101-8 條　　開關或斷路器裝設於濕氣或潮濕場所者，依下列規定辦理：

一、露出型裝設之開關或斷路器應包封於耐候型封閉箱體或配電箱內。

二、嵌入型裝設之開關或斷路器應裝設耐候型覆蓋。

三、開關不得裝設於浴缸或淋浴空間內。但開關係組裝成浴缸或淋浴設備組件之一部分，且經設計者確認者，不在此限。

第 101-9 條　　開關之位置與連接依下列規定辦理：

一、單投刀型開關裝置方式，不得使開啟之刀片因其本身之重量，而自行閉合電路。

二、雙投刀型開關之裝置方式，得使刀片之投切操作為垂直或水平方向。開關若為垂直方向操作者，當開關之操作係設定在開路時，其整體機械結構應可使其刀片固定不動，保持在啟斷之位置。

三、開關連接至具有逆送電力之電路或用電設備者，應於開關封閉箱體上或於緊鄰開放式開關處裝設如下警語之永久性標示：

> 警告
> 負載側端子可能有逆送電源加壓中。

第 101-10 條　開關及作為開關使用之斷路器之裝設依下列規定辦理：

一、附有突出柄或把手以供操作之斷路器，若其極數適合要求者，可作為開關使用。

二、所有開關應裝設於可輕易觸及並方便操作之處，且操作開關 (如手捺開關) 應儘量將數個集中一處。

三、開關之裝設應使其操作最高位置離地面或工作平台不得超過二公尺。但符合下列規定者，不在此限：

　　(一) 附熔線開關及斷路器裝設於匯流排槽，且可從地面操作開關之把手等裝置者，得與匯流排槽相同之高度。

　　(二) 可用操作桿操作之隔離開關得裝設在較高之高度。

四、一般用多極手捺開關不可由二個以上之分路引接供電。

第 101-11 條　手捺開關之裝設依下列規定辦理：

一、手捺開關全部露出於敷設面者，應裝於厚度至少一三公厘之絕緣物上。

二、嵌入型手捺開關裝設在牆壁線盒時，線盒前緣與牆壁表面齊平。

三、嵌入型手捺開關，如裝於不加接地之金屬開關盒內，且該處之地板係屬能導電者，該開關之蓋板應使用不導電及耐熱者。

第 101-12 條　1. 開關、斷路器及無熔線開關應明確指示其啟斷 (OFF) 或閉合 (ON) 之位置。若垂直裝置於配電盤或配電箱上，其操作鍵向上時，應表示閉合之位置。但有下列情形之一者，不在此限：

一、垂直之雙投開關操作把手得向上或向下者，皆表示閉合位置。

二、匯流排槽裝設分接開關者，其操作把手得向上或向下，表示啟斷或閉合。開關啟斷或閉合應明白標示，並可從地面或操作點清楚視及。

2. 單切手捺開關之裝置應使電路閉合或啟斷時有明顯之標誌。

第 101-13 條　1. 裝設開關或斷路器之金屬封閉箱體，應依第一章第八節規定連接至設備接地導線。

2. 供裝設開關或斷路器之金屬封閉箱體作為進屋導線端用電設備使用時，應依第一章第八節規定搭接。

3. 金屬管槽或裝甲電纜與非金屬封閉箱體配裝時，應保持其電氣連續性。

第 101-14 條　刀型開關電壓在二五〇伏以下，額定電流在一五〇安以上，或電壓在六〇〇伏以下而額定電流在七五安以上者，僅可作為隔離開關使用，不得在有負載之下啟斷電路。

第 101-15 條　一般用手捺開關之使用依下列規定辦理：

一、電阻性負載不得超過開關電壓範圍內之安培額定。

二、電動機及電感性負載，包括放電管燈，不得超過手捺開關安培額定值之百分之八〇。

三、一般用分路上，以手捺開關控制附插頭可撓軟線連接用電器具者，每一手捺開關控制插座出線口或可撓軟線連接器，其額定不得低於分路過電流保護裝置最大容許安培額定或標置。

第二節之二　配電盤及配電箱

第 101-16 條　配電箱之額定容量不得低於第一章第八節之一規定計得之最小幹線之容量，且應標示額定電壓、額定電流、相數、單線圖、製造及承裝廠商名稱。

第 101-17 條　匯流排與導線之支撐及配置，依下列規定辦理：

一、匯流排及導線裝設於配電盤或配電箱：

（一）匯流排與導線之裝置，應使其不受外力損傷，並應予牢固於適當之位置。

（二）接戶配電盤內應配置中隔板，使未絕緣、未接地之接戶匯流排或接戶端子不致暴露，避免人員不經意碰觸。

二、匯流排及導線之配置應避免因感應作用造成過熱。

三、進屋導線端之配電盤或配電箱，在盤上或箱內應有符合表二六～一規定之接地導線裝置，以供接戶線電源側被接地導線與配電盤或配電箱之構架連接。所有配電盤或配電箱應以符合表二六～一規定適當線徑之設備搭接導線搭接一起。

四、配電盤及配電箱內負載端子，包括被接地電路端子，及設備接地導線連接至接地匯流排之配置，其接線不得跨越或穿過無絕緣之非接地導線匯流排。

五、三相匯流排 A、B、C 相之安排，面向配電盤或配電箱應由前到後，由頂到底，或由左到右排列。在三相四線△接線系統，B 相應為對地電壓較高之一相。

六、配電盤或配電箱內裝設符合第二十七條之一規定之非接地系統者，現場應予清楚且永久性地標示如下：

```
注意
非接地系統
線間電壓為　伏特。
```

第 101-18 條　配電盤及配電箱之現場標識依下列規定辦理：

一、電路標識：

（一）每一電路應有清楚而明顯之標識其用途，且標識內容應明確。

（二）備用之過電流保護裝置或開關應予標示。

（三）配電箱箱門內側應放置單線圖或結線圖，並在配電盤內每一開關或斷路器處應標識負載名稱及分路編號。

二、配電盤及配電箱應有明顯標示電源回路名稱。

第 101-19 條　配電盤及配電箱裝置場所依下列規定辦理：

一、有任何帶電組件露出之配電盤及配電箱，應裝於永久乾燥場所，並應受到充分之監控且僅合格人員可觸及之場所。

二、配電盤及配電箱如裝於潮濕場所或在戶外，應屬防水型者。

三、配電盤及配電箱之裝置位置不得接近易燃物。

四、配電盤及配電箱因操作及維護需接近之部分應留有適當工作空間。

五、管路或管槽從底部進入配電盤及配電箱或類似之箱體，箱內應有足夠之導線配置空間，且不得小於表一〇一之一九所示，包含終端配件在內，管路或管槽不得高出封閉箱體底部七五公厘。

表一○一之一九   導線進入匯流排封閉箱體內之間隔

導線	封閉箱體底部與匯流排、導線支撐或其他阻礙物之最小間隔 (公厘)
絕緣匯流排、導線支撐或其他阻礙物	200
非絕緣匯流排	250

第 101-20 條　未完全封閉之配電盤，其頂部與可燃材質天花板間必須至少有○‧九公尺之間隔，否則應在配電盤與天花板之間另設置不可燃之遮蔽物。

第 101-21 條　配電盤或配電箱供備用開關或斷路器使用之盲蓋開口應予封閉。

第 101-22 條　配電盤及配電箱之接地裝置依下列規定辦理：

一、配電盤框架及支持固定開關設備之構架均應接地。

二、配置於配電盤上之計器、儀表、電驛及儀表用變比器，應依下列規定加以接地：

　（一）變比器一次側接自對地電壓超過三○○伏以上線路時，其二次側回路均應加以接地。

　（二）變比器之二次側依前目接地時，其電路及變比器、儀表、計器及電驛外殼之設備接地導線線徑，應為三‧五平方公厘以上。

　（三）非合格人員可接近之變比器外殼或框架均應加以接地。

　（四）運轉電壓小於一○○○伏之儀表、電驛及計器等之外殼，應依下列規定接地：

　　　① 未裝於配電盤上之儀表、計器及電驛，對地電壓三○○伏以上之繞組或工作組件，且非合格人員可觸及者，其外殼及其他暴露之金屬組件應連接至設備接地導線。

　　　② 裝置於配電盤面板上之儀表、計器及電驛，不論接於變比器或直接接於供電回路，其非帶電組件外殼應予接地。

　（五）計器、儀表及電驛之電流引接端子對地電壓超過一○○○伏時，應以昇高隔離或以適當之柵網、被接地之金屬或絕緣蓋子保護時，此等儀器之外殼可不接地。

　（六）變比器、儀表、計器及電驛之外殼，直接裝於被接地封閉箱體之金屬表面或被接地金屬開關盤面板者，視為已被接地。

三、配電箱箱體與框架屬金屬製成者，應連結牢固，並予以接地。配電箱配裝非金屬管路或電纜時，供作個別接地導線連接用之接地端子板，應確實固定在配電箱內。接地端子板應與金屬箱體及框架連接，否則應與此配電箱電源之設備接地導線連接。

四、每一被接地導線應分別接至配電箱內之個別端子，不得多條導線併接一個端子。

第 101-23 條　配電箱之過電流保護依下列規定辦理：

一、配電箱之過電流保護裝置，其額定不得大於配電箱之額定。但符合下列規定者，不在此限：

（一）進屋導線端之配電箱裝設多個隔離設備，且符合第一百零一條之二規定者，得免裝設主過電流保護裝置。

（二）配電箱之電源幹線過電流保護裝置額定，不大於該配電箱之額定值者，配電箱得不裝設主過電流保護裝置。未裝設主過電流保護裝置之配電箱，其裝設之分路過電流保護裝置不得超過四二極。

二、配電箱之分路過電流保護裝置採用三〇安以下額定之附熔線手捺開關者，應裝設二〇〇安以下之主過電流保護裝置。三、配電箱內之任何過電流保護裝置，負載正常狀態下連續滿載三小時以上者，該負載電流不得超過過電流保護裝置額定之百分之八〇。

第 101-24 條　配電箱內任何型式之熔線，均應裝設於開關之負載側。

第 101-25 條　配電盤及配電箱之裝置依下列規定辦理：

一、配電盤、配電箱應由不燃性材質所製成。

二、箱體若採用鋼板者，其厚度應在一‧二公厘以上；若採用不燃性之非金屬板者，應具有相當於本款規定之鋼板強度。

三、匯流排若能牢固架設，得用裸導體製成。

四、儀表、指示燈、比壓器及其他附有電壓線圈之用電設備，應由另一電路供應，且該電路之過電流保護裝置額定值為一五安以下之回路。但此等用電設備因該過電流保護裝置動作，而可能產生危險者，該項過電流保護額定值得容許超過一五安培。

五、裸露之金屬部分及匯流排等，其異極間之間隔應符合表一〇一之二五規定。但符合下列規定者，不在此限：

（一）經設計者確認緊鄰配置不致引起過熱者，開關、封閉型熔線等之同極配件得容許儘量緊靠配置。

（二）裝設於配電盤及配電箱之斷路器、開關及經設計者確認之組件，其異極間之間隔得小於表一〇一之二五所示值。

表一○一之二五　　裸露導電部分異極間之間隔（公厘）

電壓	異極間		帶電體對地
	架於同一敷設面者	保持於自由空間者	不超過 125 伏者
19	13	13	不超過 250 伏者
32	19	13	不超過 600 伏者
50	25	25	

第 101-26 條　　配電箱及配電盤之封閉箱體應留設上部及底部之配線彎曲空間，作為最大導線穿入或引出封閉箱體之用。側邊亦應留設配線彎曲空間作為最大導線終端接入封閉箱體之用。

第 101-27 條　　1. 配電箱露出裝設於濕氣場所或潮濕場所者，應防止濕氣或水份進入或聚積於箱盒內，且箱盒與牆面或其他固定表面間，應保持六公厘以上之空間。但非金屬箱盒裝設於混凝土、石造結構、瓷磚或類似表面者，得免留空間。

　　　　　　　　2. 配電箱裝設於潮濕場所者，應為耐候型。管槽或電纜進入其內部之帶電組件上方時，應使用經設計者確認適用於潮濕場所之配件。

第 101-28 條　　導線進入配電箱或電表之插座箱應予保護，防止遭受磨損，並依下列規定辦理：

一、導線進入箱盒之開孔空隙應予封閉。

二、若採用吊線支撐配線方法者，導線進入配電箱或電表之插座箱應以絕緣護套保護。

三、電纜：

　　（一）採電纜配線者，電纜進入配電箱或電表之插座箱，於箱盒開孔處應予固定。

　　（二）電纜全部以非金屬被覆，於符合下列所有規定者，得穿入管槽，進入露出型箱體頂部：

　　　　① 每條電纜於管槽出口端沿被覆層三○○公厘範圍內有固定。

　　　　② 管槽之每一終端裝有配件，保護電纜不受磨損，且於裝設後其配件位於可觸及之位置。

　　　　③ 管槽之管口使用經設計者確認方法予以密封或塞住，防止外物經管槽進入箱體。

　　　　④ 管槽之出口端有固定。

　　　　　　　　⑤　電纜穿入管槽之截面積總和不超過表二二二之七導線管截
　　　　　　　　　面積容許之百分比值。

第 101-29 條　開關或過電流保護裝置用之封閉箱體供導線穿過、接續、分接至其他箱
　　　　　　　體，其配線空間應符合下列所有規定：

一、裝設於封閉箱體內之所有導線，在配線空間之任何截面積總和，不
　　超過配線空間截面積之百分之四〇。

二、裝設於封閉箱體內之所有導線、接續頭及分接頭，在配線空間之任
　　何截面積總和，不超過配線空間截面積之百分之七五。

三、封閉箱體上有標識，以識別穿過該封閉箱體導線之上游隔離設備。

第 101-30 條　配電箱內部應有符合下列規定之空間，以供裝設導線及開關組件：

一、用電設備裝設於任何配電箱，該設備基座與箱盒壁間至少保持一・
　　六公厘之間隔。

二、任何帶電金屬組件與箱門間，至少保持二五公厘之間隔。但箱門之
　　襯墊為絕緣材質者，間隔得縮減至保持一二・五公厘以上。

三、箱壁、箱背、配線槽金屬隔板或箱門，與箱內電氣裝置最接近暴露
　　帶電組件之間隔：

　　(一) 電氣裝置電壓二五〇伏以下者，少保持一二・五公厘之間隔。

　　(二) 電氣裝置電壓超過二五〇伏至六〇〇伏者，至少保持二五公
　　　　厘之間隔。但箱門之襯墊為絕緣材質者，間隔得縮減至保持
　　　　一二・五公厘以上。

第二節之三　照明燈具

第 101-31 條　一般用電場所、臨時用電場所及可攜式等照明燈具之配線及裝置，依本
　　　　　　　節規定辦理。

第 101-32 條　1. 照明燈具、燈座、燈泡及燈管不得露出帶電組件。

　　　　　　　2. 燈座及開關內可觸及之暴露端子，不得裝設在燈具之金屬蓋板內，或
　　　　　　　　活動式桌子之柱腳內，或落地燈具內。但陶瓷型燈座裝置於離地高度
　　　　　　　　二・五公尺以上者，不在此限。

第 101-33 條　衣櫥內之照明燈具裝置依下列規定辦理：

一、得適用於衣櫥內者須為：

　　(一) 具有完全密封型光源之ＬＥＤ照明燈具。

　　(二) 吸頂式或嵌入式之螢光燈具。

二、吊燈或燈座不得裝用於衣櫥內。

第 101-34 條　裝設於可燃物附近之照明燈具，應具防護裝置，使可燃物遭受之溫度不超過攝氏九〇度。

第 101-35 條　展示窗內之照明燈具，不得使用外部配線之型式。

第 101-36 條　照明燈具若裝於可燃物上方，應使用無開關型之燈座。但設有個別開關且燈座裝於離地面二・五公尺以上或燈座裝有保護設施使燈泡不容易被取下者，不在此限。

第 101-37 條　螺旋燈座之照明燈具，其被接地導線應確實連接至螺旋套筒上。

第 101-38 條　照明燈具之配線應使用適合於環境條件、電流、電壓及溫度之絕緣導線。

第 101-39 條　燈具引接線應依下列規定辦理：

一、燈具引接線截面積應為一平方公厘以上。

二、燈具引接線之容許安培容量應依表九四規定，運轉溫度不得超過其絕緣物最高容許溫度。

三、燈具引接線僅得連接至其供電之分路導線，不得作為分路導線用。

第 101-40 條　照明燈具配線之導線與絕緣保護依下列規定辦理：

一、導線應予固定，且不會割傷或磨損破壞其絕緣。

二、導線通過金屬物體時，應保護使其絕緣不受到磨損。

三、在照明燈具支架或吊桿內，導線不得有接續及分接頭。

四、照明燈具不得有非必要之導線接續或分接頭。

五、附著於照明燈具鏈上及其可移動或可撓部分之配線，應使用絞線。

六、導線應妥為配置，不得使照明燈具重量或可移動部分，對導線產生張力。

第 101-41 條　1. 移動式單具展示櫃，得使用可撓軟線連接至永久性裝設之插座。

2. 六具以下之組合展示櫃間，得以可撓軟線及可分離之閉鎖型連接器互連，由其中一具展示櫃以可撓軟線連接到永久性裝設之插座，其裝設依下列規定辦理：

一、可撓軟線截面積不得小於分路導線，且其安培容量至少等於分路之過電流保護器額定，並具有一條設備接地導線。

二、插座、接頭及附接插頭應為接地型，且額定為一五安或二〇安。

三、可撓軟線應牢固於展示櫃下方，並符合下列各條件：

(一)配線不得暴露。

　　　　　（二）展示櫃間之距離，不得超過五〇公厘，且第一個展示櫃與供
　　　　　　　　電插座間之距離不得超過三〇〇公厘。

　　　　　（三）組合展示櫃之最末端一具展示櫃，其引出線不得再向外延伸
　　　　　　　　供其他展示櫃或設備連接。

　　四、展示櫃不得引接供電給其他用電器具。

　　五、可撓軟線連接之展示櫃，其每一放電管燈安定器之二次電路，僅
　　　　能連接於該展示櫃。

第 101-42 條　可撓軟線連接之燈座及照明燈具依下列規定辦理：

　　一、燈座：

　　　　　（一）附加可撓軟線之金屬燈座，其燈座入口應裝設絕緣護套。燈座
　　　　　　　　入口之線孔大小應適合可撓軟線線徑，且表面應為平滑狀。

　　　　　（二）直徑為七公厘之護套孔，得使用於普通垂吊用可撓軟線；直徑
　　　　　　　　為一一公厘之護套孔，得使用於加強型可撓軟線。

　　二、放電管燈及 LED 燈具符合下列條件者，得以可撓軟線連接：

　　　　　（一）燈具設置在出線盒或匯流排槽之正下方。

　　　　　（二）連接之可撓軟線皆為可視及者。

　　　　　（三）不遭受應力或外力損害之可撓軟線。

　　　　　（四）可撓軟線終端接於接地型附接插頭或匯流排槽插頭，或廠製連
　　　　　　　　接接頭，或具有抑制應力之燈具組件及燈罩。

　　三、具有大型基座、螺旋型燈座之放電管燈，得以可撓軟線連接於五〇
　　　　安以下之分路。其插座及附接插頭之安培額定得低於分路之安培額
　　　　定，惟不得低於燈具滿載電流之一・二五倍。

　　四、具有凸緣型表面開口 (flanged surface inlet) 之放電管燈，得由具連接
　　　　器之懸吊可撓軟線連接供電。

第 101-43 條　1　幹線及分路導線距離安定器、LED 驅動元件、電源供應器或變壓器等
　　　　　　在七五公厘以內者，其絕緣溫度額定不得低於攝氏九〇度。

　　　　2　照明燈具導線之絕緣應使用適合於運轉溫度者。分路導線之絕緣適合
　　　　　於運轉溫度者，得連接至照明燈具內之終端。

第 101-44 條　照明燈具之支撐依下列規定辦理：

　　一、照明燈具及燈座應確實固定，但照明燈具重量超過三公斤或尺寸超
　　　　過四〇〇公厘之燈具，不得利用燈座支撐。

二、以金屬或非金屬燈桿支撐照明燈具，且當作供電導線之管槽者，依下列規定辦理：

　　(一) 於燈桿或燈桿基座，應有面積不小於五〇公厘乘以一〇〇公厘之手孔及防雨罩，以作為燈桿或燈桿基座內導線之終端處理。

　　(二) 金屬燈桿應具有接地端子。

　　(三) 金屬管槽應予以接地。

　　(四) 作為管槽用之垂直燈桿內之導線，其固定應依第一百八十七條之十二規定辦理。

第 101-45 條　照明燈具之支撐設施依下列規定辦理：

一、支撐照明燈具之懸吊式天花板系統之構造物框架，應互相固定，且在適當之間隔內牢固於建築結構上。

二、照明燈具之固定螺栓應使用鋼、可鍛鐵或其他適用材質。

三、支撐照明燈具之管槽配件，應能支撐整組照明燈具之重量。

四、出線盒作為照明燈具之支撐者，應符合第一百九十六條之九規定。

第 101-46 條　特殊場所之照明燈具裝設依下列規定辦理：

一、潮濕或濕氣場所：照明燈具不得讓水氣進入或累積於配線盒、燈座或其他電氣部位。裝設於潮濕或濕氣場所之照明燈具，應使用有標示適用於該場所者。

二、腐蝕性場所：照明燈具應使用有標示適用於該場所者。

三、商業用烹調場所：符合下列各目規定者，得於烹調抽油煙機罩內裝設照明燈具：

　　(一) 燈具應經設計者確認適用於商業用烹調抽油煙機，且不超過其使用材質之溫度極限。

　　(二) 燈具之構造，能使所有排出之揮發氣、油脂、油狀物，或烹調揮發氣不會進入電燈及配線盒。散光罩能承受熱衝擊。

　　(三) 抽油煙機罩範圍內暴露之燈具配件，為耐腐蝕性或有防腐蝕保護，表面為平滑且易清潔者。

　　(四) 燈具之配線未暴露於抽油煙機罩範圍內。

四、浴缸及淋浴區域：

　　(一) 燈具連接可撓軟線、鏈條、電纜，或可撓軟線懸吊燈具、燈用軌道或天花板吊扇等，不得位於浴缸外緣水平距離九〇〇公厘及自浴缸外緣頂部或淋浴間門檻垂直距離二‧五公尺範圍內。

（二）位於浴缸外緣水平距離九〇〇公厘及自浴缸外緣頂部或淋浴間門檻垂直距離二‧五公尺範圍外使用之燈具，若容易遭受淋浴水沫者，應使用有標示適用於潮濕場所，其餘應使用有標示適用於濕氣場所。

第三節（刪除）

第 102 條　　（刪除）
～第 123 條

第四節　放電管燈

第 124 條　　（刪除）

第 125 條　　開路電壓一〇〇〇伏以下放電管燈照明系統依下列規定辦理：

一、二次開路電壓在三〇〇伏以上之放電管燈，除特殊設計使燈管插入或取出時不露出帶電部分外，不得使用於住宅處所。

二、附屬變壓器不得使用油浸型。

三、高強度放電管燈 (HID) 照明燈具：

（一）嵌入式高強度放電管燈照明燈具，應具有經設計者確認之積熱保護。

（二）嵌入式高強度放電管燈照明燈具，其設計、施作及積熱性能，等同於積熱保護照明燈具之本質保護者，得免積熱保護。

（三）嵌入式高強度之放電管燈照明燈具經設計者確認適合裝設於澆灌混凝土內者，得免積熱保護。

（四）高強度放電管燈照明燈具之遠端嵌入式安定器，應具有經設計者確認與安定器整合之積熱保護。

（五）除採厚玻璃拋物線型反射燈泡者外，使用金屬鹵素燈泡之放電管燈照明燈具，應有隔板以包封燈泡，或使用有外物設施保護之燈泡。

四、隔離設備：

（一）住宅以外之室內場所及其附屬構造物，螢光放電管燈照明燈具使用雙終端燈泡或燈管，且裝有安定器者，應在照明燈具內部或外部裝設隔離設備。但符合下列規定者，不在此限：

① 裝設於經分類為危險處所之放電管燈照明燈具，得免裝設隔離設備。

　　　　　　　　　　② 緊急照明燈得免裝設隔離設備。

　　　　　　　　　　③ 由可撓軟線附插頭連接之放電管燈照明燈具，有可觸及之
　　　　　　　　　　　分離個別接頭，或可觸及之個別插頭及插座，得作為隔離
　　　　　　　　　　　設備。

　　　　　　　　　　④ 若多具放電管燈照明燈具非由多線式分路供電，且在設計
　　　　　　　　　　　裝設時已含有隔離設備，能使照明空間不會造成全黑狀況
　　　　　　　　　　　者，得免在每一照明燈具裝設隔離設備。

　　　　　　　(二) 放電管燈照明燈具連接於多線式分路時，其隔離設備應能同時
　　　　　　　　　　啟斷所有接至安定器之供電導線，包括被接地導線。

　　　　　　　(三) 隔離設備應裝設於合格人員可觸及處所。若隔離設備不在放電
　　　　　　　　　　管燈照明燈具內，該隔離設備應為單一裝置，且附裝於放電管
　　　　　　　　　　燈照明燈具上，或應位於隔離設備視線可及範圍內。

第 125-1 條　　放電管燈照明燈具之裝設依下列規定辦理：

　　　　　　一、放電管燈照明燈具暴露之安定器、變壓器、LED 驅動器或電源供應
　　　　　　　　器不得與可燃性材質接觸。

　　　　　　二、附有安定器、變壓器、LED 驅動器或電源供應器之放電管燈照明燈
　　　　　　　　具，裝設於可燃性低密度纖維板平面時，其燈具應為經標示適用於
　　　　　　　　此情況者，或距纖維板表面有三八公厘以上之空間。

第 125-2 條　　直流電路之放電管燈照明燈具，應配裝有專為直流運轉而設計之輔助設
　　　　　　　　備及電阻器。放電管燈照明燈具上應標示供直流用。

第 126 條　　　非與照明燈具整體組裝之用電器具依下列規定辦理：

　　　　　　一、放電管燈照明燈具之輔助設備含電抗器、電容器、電阻器等，若與
　　　　　　　　照明器具分開裝設時，該輔助設備應裝於可觸及之金屬箱內。

　　　　　　二、安定器、變壓器、LED 驅動器或電源供應器，若經設計者確認為可
　　　　　　　　直接連接至配線系統者，得免另加封裝。

第 126-1 條　　自耦變壓器用於提升電壓至三○○伏以上，且作為放電管燈照明燈具安
　　　　　　　　定器之一部分者，應由被接地之電源系統供電。

第 126-2 條　　開路電壓超過一○○○伏之放電管燈照明系統依下列規定辦理：

　　　　　　一、放電管燈照明系統之用電器具應為經設計者確認，且裝設時須與確
　　　　　　　　認規格一致。

　　　　　　二、住宅場所不得裝設開路電壓超過一○○○伏之放電管燈照明系統。

　　　　　　三、放電管燈之端子應被視為帶電組件。

第 127 條　　　超過一〇〇〇伏放電管燈照明系統之變壓器依下列規定辦理：

一、變壓器應予包封，並經設計者確認為適用者。

二、在任何負載狀況之下，變壓器二次側電路電壓不得超過標稱電壓
一五〇〇伏，變壓器之二次側電路任何輸出端子之對地電壓不得
超過七五〇〇伏。

三、變壓器開路電壓超過七五〇〇伏，其二次側短路電流額定不得大於
一五〇毫安。變壓器開路電壓額定七五〇〇伏以下，其二次側短路
電流額定不得大於三〇〇毫安。

四、變壓器二次側電路輸出不得並聯或串聯連接。

第 128 條　　　開路電壓在一〇〇〇伏以上之放電管燈，其二次線路裝置除依前條規定
外，應按下列規定處理：

一、應按金屬導線管及裝甲電纜裝設。

二、導線應選用適當絕緣之電線或電纜。

三、霓虹燈懸吊於地面上二‧五公尺以上空間或裝於櫥窗內，如其管極
間距離不超過五〇〇公厘，管極間導線得用裸銅線代用，並應以玻
璃管包裝之。

四、二次線路之導線應避免過分曲折，以免損傷導線之絕緣。

五、以金屬導線管配裝單芯導線，其長度不得超過六公尺。

第 128-1 條　　超過一〇〇〇伏放電管燈照明系統之變壓器位置依下列規定辦理：

一、變壓器應裝於可檢視及不易碰觸之處所。

二、變壓器與燈管之距離應儘量縮短。

三、變壓器裝設位置，應使鄰近之可燃物所承受溫度不超過攝氏九〇度。

第 128-2 條　　超過一〇〇〇伏放電管燈照明之燈管，依下列規定辦理：

一、燈管應有適當支撐。

二、更換燈泡或燈管時須移除照明燈具組件者，應有絞鏈或支撐物繫住
照明燈具組件。

三、燈泡、燈管或燈座之設計，使燈泡或燈管插接或移除時，應無暴露
之帶電組件。

第 128-3 條　　開路電壓超過一〇〇〇伏放電管燈系統之照明燈具或燈管，其控制依下
列規定辦理：

一、照明燈具或燈管之裝設，應以單獨或群組方式由外部操作之開關或
斷路器控制，以啟斷所有一次側非接地導線。

二、開關或斷路器應設置於可視及照明燈具或燈管之範圍，但開關或斷路器之啟斷位置，附有可閉鎖設施者，得設置於可視及範圍外，上鎖裝置必須留在開關或斷路器處，且不得外加可攜式閉鎖設施。

第 129 條　　（刪除）

第五節　屋外照明裝置工程

第 130 條　　（刪除）

第 131 條　　屋外照明之配線依下列規定辦理：

一、應盡量避免與配電線路、電信線路跨越交叉。

二、電桿、鐵塔、水泥壁等處所裝置者，應按導線管或電纜裝置法施工。

三、距地面應保持五公尺以上。但不妨礙交通或無危險之處所，得距地面三公尺以上施設之。

四、不得使用懸吊式線盒及可撓軟線，燈頭應使用瓷質防水或其他相同功能者。燈頭朝上裝置者，應有遮雨防水燈罩或採用特殊防水燈具。

五、在易受外力損傷之處所，以採用金屬導線管裝置法施工為原則。

六、屋外照明應依第一章第八節之一分路規定設置專用分路，並裝設過電流保護裝置。

第 132 條　　（刪除）
～第 137 條

第 137-1 條　　以支桿作為幹線或分路之最終跨距支撐者，應具足夠強度，或由斜撐或支線支撐，以安全承受架空引下線之張力。

第 137-2 條　　屋外照明採用多芯電纜，並以架空方式跨越者，其對地高度應符合下列規定：

一、三公尺以上：對地電壓一五〇伏特以下，且僅得跨越行人可到達之地面及人行道。

二、三・七公尺以上：對地電壓三〇〇伏以下，跨越住宅區及其車道，及卡車不得通行之商業區。

三、四・五公尺以上：位於前款所列區域，其對地電壓超過三〇〇伏特者。

四、五・五公尺以上：跨越巷道、道路、卡車停車區域、農地、牧場、森林及果園等非住宅區車道及有車輛行經之其他區域。

第 138 條　　（刪除）

第 139 條　　屋外照明配線之導線線徑及支撐依下列規定辦理：

一、架空個別導線：

（一）架空跨距一五公尺以下：導線線徑不得小於五‧五平方公厘。

（二）架空跨距一五公尺至五〇公尺：導線線徑不得小於八平方公厘。

（三）架空跨距超過五〇公尺：導線線徑不得小於一四平方公厘。

（四）附有吊線裝置時，兩支撐點距離不限制，得使用線徑三‧五平方公厘以上之絕緣導線。

（五）吊線兩端支撐點應加裝拉線礙子。

二、節慶彩燈照明：

（一）除使用吊線支撐外，用於燈串照明之導線不得小於三‧五平方公厘。

（二）架空跨距超過一二公尺時，導線應由吊線支撐。

（三）吊線應由拉線礙子支撐。

（四）導線或吊線不得附掛於火災逃生門、落水管或給排水管路。

第 139-1 條　裝設於建築物、構造物或電桿上之導線保護應符合第二十九條之四十三規定。

第 140 條　　1. 建築物或其他構造物外側之管槽應設計可排水且適用於潮濕場所。

2. 金屬導線管垂直裝置時，其管口應裝設防水分線頭，以防水氣進入。

第 140-1 條　1. 管槽自地下配電系統引入建築物或其他構造物時，應依第一百八十九條規定密封。

2. 備用或未使用之管槽應予密封。

3. 密封材料應可與電纜之絕緣、遮蔽或其他元件一併使用。

第 141 條　　（刪除）

第 142 條　　1. 位於建築物或構造物外之屋外照明，應使用絕緣導線或電纜。

2. 屋外電纜或管槽內之絕緣導線，除 MI 電纜外，應為橡膠被覆型或熱塑型；其位於潮濕場所者，應具有濕氣不能滲透之金屬被覆或經設計者確認適用於此場所者。

第 143 條　　屋外照明燈具對地電壓不得超過一五〇伏。但裝設於下列場所者，得不超過三〇〇伏：

一、燈具裝設於離地二‧五公尺以上之建築物或構造物外或電桿上。但非螺紋型燈座或維修時不露出帶電組件者，得不受二‧五公尺高度限制。

二、裝設於距離門窗、陽台或安全門梯九○○公厘以上之處所。

三、供公眾使用之路燈裝置於離地三‧五公尺以上之人行道，或裝置於離地四公尺以上之車行道。

第 144 條　（刪除）

第 145 條　（刪除）

第 146 條　（刪除）

第五節之一　特別低壓設施

第 146-1 條
1. 特別低壓設施係指電壓在三○伏以下並使用隔離變壓器及相關設備組成者。
2. 隔離變壓器應以最大電流二○安以下之分路供電，一次側電壓在二五○伏以下，其輸出電路最大額定為三○伏及二五安。

第 146-2 條　特別低壓設施之電路依下列規定辦理：

一、二次側電路不得接地。

二、隔離變壓器：

（一）二次側電路與其電源分路應以隔離變壓器予以隔離，且不得使用自耦變壓器。

（二）銘牌上應註明一次側及二次側電壓，二次側短路電流及原製造廠家名稱等。

（三）一次側端子應附加防護設備，使人不易觸及。

（四）一次側及二次側端子應附加明顯標誌以資識別。

（五）一次側非接地導線應裝置過電流保護裝置。

（六）二具以上之隔離變壓器同時使用者，其二次側不得並聯連接。

三、暴露之二次側電路絕緣導線：

（一）導線、可撓軟線或電纜應裝設距地面二‧一公尺以上之處。

（二）導線之線徑不得小於○‧八公厘。

（三）二次側可撓軟線之長度不受三公尺以下之限制。

第 146-3 條　特別低壓線路配線方法依下列規定辦理：

一、線路與其他用電線路、水管、煤氣管等應距離一五○公厘以上。

二、在易受外力損害之處設施線路時，應以導線管保護。

三、供應用戶用電之電源，對地電壓超過一五○伏時，該戶之電鈴應按本節規定辦理。

第五節之二　用電器具

第 146-4 條　住宅或其他場所用電器具之裝設，依本節規定辦理。

第 146-5 條　用電器具不得露出帶電組件。但如電爐之電熱線及其他類似情形，不在此限。

第 146-6 條　用電器具之分路額定選用依下列規定辦理：

一、專用分路：

（一）專用分路之電流額定不得低於用電器具標示額定。以電動機驅動之用電器具未標示額定者，其專用分路之電流額定應符合本章第二節規定。

（二）除以電動機驅動之用電器具外，連續運轉之用電器具，其分路電流額定不得小於用電器具標示額定之一‧二五倍。但經設計者確認可在滿載額定下連續運轉者，其分路電流額定不得小於用電器具標示額定值。

二、供應二個以上負載之電路：供電給用電器具及其他類負載之分路，其電流額定應依第二十九條之十七規定辦理。

第 146-7 條　用電器具之過電流保護應符合前條及下列規定：

一、分路應依第五十三條規定裝設過電流保護。用電器具有標示其保護裝置之額定者，分路過電流保護額定不得超過該標示值。

二、附有表面加熱元件之用電器具依表二九之二九算出之最大需量負載電流大於六〇安時，應由二個以上之分路供電，並分別裝設額定值不超過五〇安之過電流保護裝置。

三、未標示保護裝置額定之非以電動機驅動之單一用電器具，其分路依下列規定辦理：

（一）用電器具之額定電流在一五安以下者，其過電流保護額定不得超過二〇安。

（二）用電器具之額定電流超過一五安者，其過電流保護額定不得超過用電器具額定電流之一‧五倍。若無對應之標準安培額定時，得使用次高一級之標準額定。

四、額定電流超過四八安之工廠組裝電阻型加熱元件電熱器具，其加熱元件負載應予分割，每一分割後之負載分路不得超過四八安，且應分別裝設額定不超過六〇安之過電流保護裝置。

五、使用遮蔽型加熱元件之商用廚房及烹飪用電器具符合下列條件之一者，加熱元件負載得予分割，分割後負載電流不得超過一二〇安，且裝設之過電流保護裝置額定不超過一五〇安：

（一）加熱元件與烹飪料理台為整體組裝。

（二）加熱元件完全裝在經設計者確認適合作為此用途之箱體內。

六、電動機驅動之用電器具，其過電流保護裝置與用電器具分開裝設者，其保護裝置之選用數據應標示於用電器具上。

第 146-8 條　除固定式電暖器外，中央電暖器應以專用分路供電。但符合下列情況者，不在此限：

一、與電暖器結合之幫浦、閥、加濕器或靜電空氣清淨器等輔助設備得連接於同一分路。

二、與空調設備永久性連接之中央電暖器得共接於同一分路。

第 146-9 條　固定貯備型電熱水器容量在四五〇公升以下者，應視為連續負載並據以選用分路。

第 146-10 條　1. 工業用電場所之紅外線燈電熱器具，其串聯後之燈座額定電壓超過電路電壓者，得使用於對地電壓超過一五〇伏之電路。

2. 由數個紅外線燈座，含其內部配線區段、面板等組裝而成者，應視為一個用電器具，其終端連接端子應視為一專用出線口。

第 146-11 條　工業用紅外線電熱燈具依下列規定辦理：

一、紅外線電熱燈具之額定為三〇〇瓦以下者，得使用中型無附開關瓷製燈座或其他經設計者確認適用之燈座。

二、紅外線電熱燈其額定超過三〇〇瓦，非經設計者確認者，不得使用螺旋型燈座。

第 146-12 條　中央集塵器出線口組件依下列規定辦理：

一、經設計者確認之中央集塵器出線口組件，得連接於依第二十九條之十七第一款規定之分路上。

二、連接導線之安培容量不得小於其連接分路導線之安培容量。

三、中央集塵器出線口組件之非載流金屬配件，應接於設備接地導線。

第 146-13 條　1. 電動廚餘處理機、洗碗機、抽油煙機使用可撓軟線連接者，依下列規定辦理：

一、終端應使用接地型附插頭可撓軟線。

二、插座位置應避免外力損傷可撓軟線，並設置於可觸及之處。

2. 整套型壁裝烤箱及流理台烹飪用電器具得採用永久性電氣連接，或以附插頭可撓軟線連接。

第 146-14 條　固定式用電器具之隔離設備依下列規定辦理：

一、額定在三〇〇伏安或八分之一馬力以下之固定式用電器具，其分路過電流保護裝置得作為隔離設備。

二、額定超過三〇〇伏安之固定式用電器具，若其分路開關或斷路器在用電器具可視及之範圍內，或位於啟斷位置可閉鎖，或具加鎖裝置者，其分路開關或斷路器得作為隔離設備。隔離設備之加鎖裝置應留置於開關或斷路器處。

三、以額定超過八分之一馬力電動機驅動之用電器具，若分路開關或斷路器在可視及之範圍內者，得作為隔離設備。

第 146-15 條　附插頭可撓軟線用電器具之隔離設備依下列規定辦理：

一、可分離式接頭或插頭與插座：

（一）使用可觸及之可分離式接頭或插頭與插座，得作為隔離設備用。

（二）可分離式接頭或插頭與插座非可觸及者，應依前條規定裝設隔離設備。

二、家用電爐之附插頭可撓軟線與插座，由其抽屜式箱體打開後即可觸及者，得作為隔離設備。

三、插座或可分離式接頭，其額定不得小於連接用電器具之額定。有需量因數者，其額定得以需量決定。

第 146-16 條　電熱器具之裝設依下列規定辦理：

一、除住宅場所外，電熱器具或群組之電熱器具使用於可燃性材質場所，應裝設警示信號器或整體組裝之溫度限制器。

二、電熨斗、電鍋或其他電熱器具，其額定容量達五〇瓦以上及於該等器具表面產生溫度超過攝氏一二一度者，應使用耐熱可撓軟線。

三、附插頭可撓軟線連接電熱器具使用於可燃性材質場所時，應配有適用之放置台，該放置台得為分開裝置或為電熱器具本體之一部分。

第 146-17 條　固定式電暖器之分路依下列規定辦理：

一、供電給二具以上之固定式電暖器，其分路額定應為一五安、二〇安、二五安或三〇安者。

二、除單一住宅外，固定式紅外線電暖器，得由額定不超過五〇安之分路供電。

三、固定式電暖器及電動機應視為連續負載。

第 146-18 條　固定式電暖器供電導線之絕緣體溫度有超過攝氏六〇度需求者，其接線箱處應有永久清楚標識。

第 146-19 條　固定式電暖器之裝置場所依下列規定辦理：

一、裝設於可能遭受外力損傷之場所者，應予以保護。

二、裝設於濕氣或潮濕場所者，其構造及裝置不得使水氣或其他液體滲入，或累積於電氣配件或管線槽內。

第 146-20 條　1. 固定式電暖器之電源電路應裝設隔離設備，以隔離電源所有非接地導線。

2. 固定式電暖器有一個以上之電源者，其隔離設備應予分組並有標識。

3. 固定式電暖器之隔離設備加鎖裝置應留置於開關或斷路器處。

4. 固定式電暖器之隔離設備，其安培額定不得小於內含電動機及電熱器合計負載之一・二五倍，且其裝設依下列規定辦理：

一、裝有過電流保護裝置者，隔離設備應位於過電流保護裝置可視及範圍之電源側。

二、以熔線作為過電流保護裝置者，依下列規定辦理：

(一)內含額定八分之一馬力以下電動機之電暖器，其隔離設備位於從電動機操作器及電熱器處可視及之範圍，或可閉鎖於啟斷位置者，得作為電動機操作器及電暖器之隔離設備。

(二)內含超過額定八分之一馬力電動機之電暖器，其隔離設備位於從電動機操作器及電熱器處可視及之範圍內，且符合電動機隔離設備規定者，得作為電動機操作器及電暖器之隔離設備。

三、未裝有過電流保護者，依下列規定辦理：

(一)不含電動機或內含額定八分之一馬力以下電動機之電暖器，其分路開關或斷路器位置從電暖器處可視及之範圍內或可閉鎖於啟斷位置者，該分路開關或斷路器得作為隔離設備。

(二)內含超過額定八分之一馬力電動機之電暖器，其隔離設備應位於從電動機操作器處可視及之範圍內。

第 146-21 條　固定式電暖器之過電流保護依下列規定辦理：

一、固定式電暖器得由其供電分路之過電流保護裝置予以保護。

二、電暖器內之電阻型加熱元件，應裝設額定六〇安以下之過電流保護裝置。負載額定超過四八安者，加熱元件負載應予分割，每一分割後之負載分路額訂不得超過四八安。

三、依前款規定負載分割後之過電流保護裝置，應符合下列規定：

（一）由工廠組裝在電熱器控制箱，或由工廠提供之過電流保護分開裝置。

（二）可觸及。

（三）適合分路保護。

（四）若使用筒型熔線作為分割負載之過電流保護，數個分割負載得共用一具隔離設備。

四、電暖器之額定在五〇瓩以上，並由溫度驅動裝置控制電暖器之週期性運轉者，其分路導線線徑應不小於電暖器銘牌百分之百額定。

第三章　低壓電動機、電熱及其他電力工程

第一節　（刪除）

第 147 條　　　（刪除）

第 148 條　　　（刪除）

第 149 條　　　（刪除）

第 150 條　　　（刪除）

第二節　低壓電動機

第一款　一般規定

第 150-1 條　　電動機及其分路與幹線之故障保護、過載保護、控制線路、操作器及電動機控制中心之裝置，依本節規定辦理。

第 150-2 條　　本節用詞，定義如下：

一、調速驅動器：指電力轉換器、電動機及其附裝輔助裝置之組合。如編碼計、轉速計、積熱開關及偵測器、鼓風機、電熱器及振動感測器。

二、調速驅動系統：指相互連接設備之組合，可調整電動機耦合之機械負載速度，通常由調速驅動器及輔助設備所組成。

三、操作器：指作為起動或停止電動機之任何開關或設備。

四、電動機控制線路：指控制設備或系統中，承載操作器信號之電路，而非承載主要電力電流。

五、系統隔離設備：指可由多組監視遙控接觸器隔離系統，此系統在多個遠端處，均可利用閉鎖開關提供分段／隔離功能，且該閉鎖開關，於啟斷位置時，應具有鎖扣裝置。

六、電動閥組電動機 (VAM)：指工廠組裝由驅動電動機及其他組件，如操作器、轉矩開關、極限開關及過載保護裝置等，驅動一個閥件。

第 151 條
1. 電動機工程應按金屬導線管、非金屬導線管、導線槽、匯流排及電纜等配線方法。

2. 電動機、電動機操作器或其他工廠組裝之操作器等整套型設備之配線，不適用第一章第八節、第二章第二節及第二節之一規定。

第 152 條　（刪除）

第 152-1 條　電動機及相關設備所使用供電之導線線徑，應依第十六條規定選用，並符合下列規定。但使用可撓軟線者，其安培容量應依表九四選定：

一、一般用電動機：

(一) 導線之安培容量、開關、分路過電流保護之安培額定依表一六三之七～一至表一六三之七～三所列之電動機滿載電流值，而不得使用電動機銘牌上標示之電流額定。電動機以安培標示不用馬力標示者，依表一六三之七～一至表一六三之七～三所列值換算。

(二) 每分鐘轉速低於一二〇〇轉之低速 (高轉矩) 電動機，且有較高之滿載電流及滿載電流隨速率變動之多段速電動機，採用銘牌之電流額定。

(三) 多段速電動機依第一百五十七條第二款及第一百五十九條規定辦理。

(四) 用電器具有標示電動機型式之蔽極式或永久分相電容式風扇或鼓風機者，以其銘牌上所標示之滿載電流替代馬力額定，以決定隔離設備、分路導線、操作器、分路過電流保護及個別過載保護之額定或安培容量。其銘牌之標示電流不得小於風扇或鼓風機銘牌所標示電流。

(五) 用電器具同時標示電動機馬力及滿載電流者，以所標示之滿載電流決定隔離設備、分路導線、操作器、分路過電流保護及個別過載保護之安培容量或額定。

(六) 個別電動機過載保護依電動機銘牌標示之電流額定值為基準。

二、轉矩電動機之額定電流為其堵轉電流，以銘牌標示電流，並依第一百五十七條及第一百五十八條規定決定分路導線之安培容量，依第一百五十九第二款規定選用電動 機過載保護、分路過電流保護之安培額定。

三、使用於交流、可調電壓、可調轉矩驅動系統之電動機，其導線安培容量、開關或分路過電流保護及其他器具之安培額定，依電動機或操作器銘牌所標示之最大操作運轉電流，或兩者中較大者為基準。銘牌未標示最大運轉電流者，得依表一六三之七～三規定電動機滿載電流值之一‧五倍設定。

四、電動閥組電動機之額定電流為銘牌之滿載電流，且該電流得作為電動機分路過電流保護裝置之最大電流額定或標置，並據以決定導線之安培容量。

第 153 條　標準電動機分路應包括下列各部分 (如圖一五三所示)：

一、幹線分接線路 (W1)：自幹線分接點至分路過電流保護裝置之配線與保護。

二、分路配線 (W2)：自分路過電流保護裝置至電動機之線路裝置。

三、電動機控制線路 (W3)：該控制線路應有適當過電流保護裝置。

四、二次線 (W4)：繞線型電動機自轉子至二次操作器間之二次線配線。其載流量應不低於二次全載電流之一‧二五倍。但非連續性負載，得以溫升限制為條件，選擇較小導線。

五、分路過電流保護裝置 (P1)：該保護器用以保護分路配線、操作器及電動機之過電流、短路及接地故障。

六、隔離設備 (SM)：其主要用途係當電動機或操作器檢修時，用以隔離電路。

七、電動機過載保護器 (P2)：用以保護電動機及分路導線，避免因電動機過載而燒損。

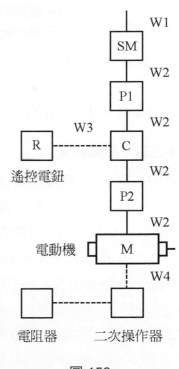

圖 153

八、操作器 (C)：用以控制電動機之起動、停止、反向或變速，宜裝於鄰近電動機，俾操作者能視及電動機之運轉。

第 153-1 條　　1. 部分繞組電動機，其每一繞組應有分路過電流保護；其額定不得大於表一五九規定之二分之一。

2. 過電流保護之裝置允許電動機起動者，該裝置得使用於兩繞組。使用延時性熔線者，額定得不超過電動機滿載電流之一‧五倍。

第 153-2 條　　電動機裝設於可能被滴到或噴到油、水及其他液體之場所者，其暴露帶電組件及其引出線絕緣部分，應有防護或封閉箱體保護。但電動機設計適用於該安裝場所者，不在此限。

第 153-3 條　　電動機裝設位置依下列規定辦理：

一、電動機裝設場所應通風良好並易於軸承潤滑或電刷更換等之維修。但沉水式電動機或無需通風者，不在此限。

二、附有整流子或集電環之開放型電動機，應有防範措施使所發生之火花達不到附近可燃性物質。

三、裝置於有危險性物質、多粉塵及飛絮等特殊場所，應按第五章有關規定辦理。

第 153-4 條　　設置於非危險場所，且安裝處之灰塵或漂浮物易累積於電動機上，嚴重影響電動機之通風或冷卻，致有危險高溫之虞者，應選用防塵式電動機。

第 154 條　　（刪除）

第二款　隔離設備

第 155 條　　隔離設備 (SM) 之位置依下列規定辦理：

一、每一操作器應有可啟閉且裝設於操作器可視及處之隔離設備。但有下列情形者，不在此限：

(一) 單一機器由數具可協調之操作器群組驅動者，其操作器得使用單一隔離設備，並應設於操作器可視及處，且隔離設備及操作器應裝設於機器可視及處。

(二) 電動閥組電動機之隔離設備，其裝設位置會增加對人員或財產危害者，若符合下列條件得不裝設於可視及處。

① 標示隔離設備位置之警告標識。

② 隔離設備之開關或斷路器處裝設加鎖裝置，並留在現場。

二、隔離設備應裝設於個別電動機及其驅動之機械可視及處。

三、符合第一款規定之操作器隔離設備，且裝設於個別電動機及其驅動之機械可視及處者，得作為電動機之隔離設備。

四、符合下列任一情況，且依第一款裝設之操作器隔離設備，其啟斷位置能個別閉鎖者，電動機得免裝隔離設備。但隔離設備之開關或斷路器處應裝設加鎖裝置，並留置於開關或斷路器處。

　　(一) 電動機之隔離設備裝設位置為不可行或裝設後對人員或財產會增加危害性者。

　　(二) 裝設於工廠之隔離設備，訂有安全操作程序書，且僅由合格人員維修及監督者。

五、單一用戶僅有一具電動機者，該用戶之接戶開關得兼作隔離設備。

第 155-1 條　1. 隔離設備應有明顯之「啟斷」或「閉合」位置標示。

2. 隔離設備應能同時啟斷所有非接地導線，且設計使其無法單極操作啟斷電路。

3. 隔離設備設計應使其無法自動閉合，並得與操作器裝於同一封閉箱體內。

第 155-2 條　1. 隔離設備之型式應符合下列規定：

一、以馬力為額定之電動機電路開關。

二、模殼式斷路器。

三、模殼式開關。

四、瞬時跳脫斷路器為組合電動機操作器之一部分。

五、自我保護之組合型操作器。

六、標示有「適用於電動機隔離」之手動電動機操作器得作為下列情況之隔離設備：

　　(一) 電動機分路短路保護裝置與電動機間之隔離設備。

　　(二) 固態電動機操作器系統之電力電子裝置依表一五九規定選定之額定熔線作為個別電動機電路之保護額定，該熔線應視為後衛保護，其手動操作器電源側應裝設分路過電流保護裝置。

2. 八分之一馬力以下固定式電動機之分路過電流保護裝置得作為隔離設備。

3. 額定二馬力以下且電壓三〇〇伏以下固定式電動機之隔離設備應為下列之一：

一、安培額定不小於電動機滿載電流額定二倍之一般用開關。

二、交流電路中，僅適用於電動機滿載電流額定不大於此開關安培額定百分之八〇之交流一般用手捺開關。

三、經設計者確認為手動電動機操作器，其馬力額定不小於電動機額定，且標示「適用於電動機隔離」者。

4. 額定超過二馬力至一〇〇馬力之自耦變壓器型電動機操作器，其個別隔離設備符合下列所有規定者，得使用一般用開關：

一、電動機驅動發電機裝有過載保護者。

二、操作器可啟斷電動機之堵轉電流，具有無電壓釋放及不超過電動機滿載電流額定之一・二五倍之過載保護者。

三、電動機分路具有個別熔線或反時限斷路器，其額定或標置不超過電動機滿載電流之一・五倍者。

5. 額定超過四〇馬力之直流固定式電動機或超過一〇〇馬力之交流固定式電動機，標示「有載下不得操作」之一般用開關或隔離開關者，得作為其隔離設備。

6. 附插頭可撓軟線之電動機，其附接插頭及插座之馬力額定不小於電動機額定者，得作為隔離設備。但有下列情形者，不在此限：

一、第一百四十六條之十五規定之附插頭可撓軟線連接用電器具。

二、額定在三分之一馬力以下之可攜式電動機。

7. 一般用開關得作為轉矩電動機之隔離設備。

第 155-3 條

1. 電動機電路之隔離設備安培額定不得小於電動機滿載電流額定之一・一五倍。但經設計者確認之電動機電路開關，其馬力額定不小於電動機馬力者，不在此限。

2. 轉矩電動機隔離設備之安培額定，應至少為電動機銘牌電流之一・一五倍。

3. 二具以上電動機同時使用，或一具以上電動機與其他類負載同時使用之組合負載，且使用單一隔離設備者，此組合負載之安培及馬力額定，依下列規定選定：

一、隔離設備之額定，應依滿載條件及電動機堵轉之所有電流總和決定，其計算方式如下：

(一)每一電動機馬力額定之等值滿載電流，應依第一百六十三條之七規定選定，加上其他類負載安培額定之總和。

(二)等值堵轉電流：

① 每一電動機馬力額定之等值堵轉電流，應依第一百六十三條之八規定選定。

② 二具以上電動機，以會同時起動之電動機或群組電動機之最大堵轉電流決定等值堵轉電流。

③ 部分同時使用之負載為電阻性，且隔離設備以馬力及安培為額定之開關者，該開關安培額定不小於電動機堵轉電流加上電阻性負載者，所使用之開關得具有不小於電動機組合負載之馬力額定。

二、隔離設備之安培額定應符合前款所定滿載條件之電流總和之一・一五倍以上。但馬力額定大於組合負載之等值馬力，且依前款規定決定經設計者確認非熔線電動機電路開關時，其安培額定得小於滿載條件下電流總和之一・一五倍。

三、第一百六十三條之八未規定之小型電動機，其堵轉電流應假設為滿載電流之六倍。

第 155-4 條　每一電動機應有個別之隔離設備。但單一隔離設備之額定符合前條第三項組合負載規定，且符合下列任一條件者，得使用於群組電動機：

一、數具電動機同時驅動單一機器或設備數個部分時，如金屬或木工機、起重機及吊車。

二、群組電動機依第一百五十九條之一第一款規定，由一組分路保護裝置保護。

三、群組電動機位於自隔離設備處可視及之同一房間內。

第 155-5 條　1. 電動機及電動機操作設備由一個以上之電源供電者，每一電源之隔離設備應緊鄰所供電之設備，且每一電源得使用個別隔離設備。使用多具隔離設備者，應於每具隔離設備上或鄰近處設置耐久之警告標識。

2. 電動機由一個以上電源供電，且電動機操作器之隔離設備能在啟斷位置閉鎖者，其主電源之隔離設備得免緊鄰電動機。

第三款　電動機配線

第 156 條　（刪除）

第 157 條　連續責務之單具電動機分路導線 (W2) 安培容量，不得小於表一六三之七〜一至表一六三之七〜三電動機滿載電流額定之一・二五倍或下列規

定值：

一、整流器供電之直流電動機：

（一）整流器電源側之導線安培容量不得小於整流輸入電流之一‧二五倍。

（二）由單相半波整流器供電之直流電動機，整流器之配線輸出端子與電動機間之導線，其安培容量不得小於電動機滿載電流額定之一‧九倍。但由單相全波整流器供電者，其安培容量不得小於電動機滿載電流額定之一‧五倍。

二、多段速電動機：

（一）操作器電源側之分路導線安培容量，應依電動機銘牌之最大滿載電流額定選定。

（二）操作器與電動機間之分路導線安培容量，不得小於繞組電流額定之一‧二五倍。

三、Y-△起動運轉電動機：

（一）操作器電源側分路導線安培容量，不得小於表一六三之七～一至表一六三之七～三電動機滿載電流之一‧二五倍。

（二）操作器與電動機間之導線安培容量，不得小於表一六三之七～一至表一六三之七～三電動機滿載電流之百分之七二。

四、部分繞組電動機：

（一）操作器電源側分路導線安培容量不得小於表一六三之七～一至表一六三之七～三電動機滿載電流之一‧二五倍。

（二）操作器與電動機間之導線安培容量，不得小於表一六三之七～一至表一六三之七～三電動機滿載電流之百分之六二‧五。

五、供應短時、間歇性、週期性或變動責務負載電動機者，其導線安培容量，不得小於表一五七所列之電動機銘牌電流額定百分比。

六、小型電動機之導線不得小於三‧五平方公厘。但符合下列規定之一者，不在此限：

（一）小型電動機裝設於封閉箱體內，電動機電路之滿載電流額定在五安以下，並具備過載及過電流保護，得使用〇‧九平方公厘銅導線。

（二）小型電動機裝設於封閉箱體內，電動機電路之滿載電流額定超過五安至八安，並具備過載及過電流保護者，得使用一‧二五平方公厘銅導線。

七、電動機個別並聯電容器以改善功率因數者，其導線安培容量可依實際計算所得選擇適當導線。

表一五七　非連續運轉電動機責務週期與額定電流百分比

運轉分類	電動機銘牌電流額定百分比 (%)			
	5 分鐘額定	15 分鐘額定	30 及 60 分鐘額定	連續額定
短時間責務運轉值 (電動閥、軋延機等)	110	120	150	—
間歇性責務幫浦 (客貨電梯、電動工具幫浦、轉盤等)	85	85	90	140
週期性責務轉動 (礦坑用機械等)	85	90	95	140
變動責務	110	120	150	200

第 158 條　1. 供應多具電動機或電動機與其他負載之導線 (W1)，其安培容量不得小於下列負載之總和：

一、最大電動機額定滿載電流之一‧二五倍。

二、所有同組之其他電動機額定滿載電流之總和。

三、除電動機外之非連續性負載之額定滿載電流。

四、除電動機外之連續性負載額定滿載電流之一‧二五倍。

2. 符合下列規定者，不受前項限制：

一、多具電動機中，有一具以上為短時、間歇性、週期性或變動責務使用者，電動機安培額定應依表一五七規定計算電流總和；最大電動機額定之選定，以表一五七規定所得結果與最大連續責務電動機滿載電流之一‧二五倍，兩者中取較大者列入計算。

二、電動機操作之固定式電暖器應視為連續性負載。

三、供應電路係為防止電動機或其他負載同時運轉而互鎖者，該電路導線之安培容量，得依可能同時運轉之電動機及其他負載之最大總電流選定。

第 158-1 條　繞線型轉子電動機二次側導線安培容量，依下列規定辦理：

一、連續責務之繞線型轉子電動機，其二次側至操作器之導線安培容量不得小於電動機二次側滿載電流之一‧二五倍。

二、非連續責務之繞線型轉子電動機，其二次側至操作器之導線安培容量，不得小於表一五七規定之額定電流百分比。

三、二次側電阻器與操作器分離者，操作器與電阻器間之導線安培容量
不得小於表一五八之一規定之滿載電流百分比。

表一五八之一　繞線型電動機二次導線

電阻器責務分類	導線安培容量為 滿載二次電流之百分比
輕起動責務	35
重起動責務	45
超重起動責務	55
輕間歇責務	65
中間歇責務	75
重間歇責務	85
連續責務	110

第 158-2 條　供應多具電動機及組合負載之整套型設備導線安培容量，不得小於設備
上標示之最小導線安培容量。設備非原製造廠家配線者，導線安培容量
應依前條規定選定。

第 158-3 條　電動機為責務週期、間歇性或非同時運轉者，其幹線之安培容量經設計
者確認得小於第一百五十八條規定，但導線之安培容量仍應足夠承載依
電動機容量、具數，與其負載及責務特性所決定之最大負載。

第 158-4 條　幹線分接導線終端應接至分路保護裝置，並符合下列規定之一：

一、分接導線裝置於封閉之操作器或管槽中，且長度在三公尺以下者，
幹線過電流保護器額定或標置不得超過分接導線安培容量十倍。

二、分接導線裝置於可防止外力損傷之處所或封閉之管槽內，且長度不
超過八公尺者，其安培容量不得低於幹線安培容量三分之一。

三、分接導線長度超過八公尺者，應與幹線具有同等安培容量。

第四款　過電流保護

第 159 條　電動機之分路過電流保護裝置 (P1)，應具有承載電動機起動電流之能力。
除轉矩電動機外，電路之額定或標置依下列規定辦理：

一、電動機電路保護裝置之額定或標置，其計算值不得超過表一五九規
定值。但有下列情形者，不在此限：

(一) 依表一五九所決定分路過電流保護裝置之額定或標置值，不能
對應至熔線、斷路器、積熱保護裝置之額定，得使用較高一級
之額定或可標置值。

　　（二）依前目更動之額定值若仍不足以承受電動機之起動電流者，得
　　　　　採用更高之額定值，並應符合下列規定：

　　　　　① 六○○安以下非延時性熔線，其額定值不得超過滿載電流
　　　　　　 之四倍。

　　　　　② 延時性熔線之額定值不得超過滿載電流之二‧二五倍。

　　　　　③ 滿載電流一○○安以下者，反時限斷路器額定值不得超過
　　　　　　 滿載電流之四倍；滿載電流超過一○○安者，反時限斷路
　　　　　　 器額定值不得超過滿載電流之三倍。

　　　　　④ 超過六○○至六○○○安熔線額定值不得超過滿載電流之
　　　　　　 三倍。

二、依原製造廠家之過載電驛表搭配電動機操作器或用電器具上標示值
　　選用之最大分路過電流保護裝置額定，不得超過前款之容許值。

三、瞬時跳脫斷路器僅可調式及經設計者確認之電動機操作器組合方得
　　使用，其與動電機過載、過電流保護應可協調，且標置不得超過表
　　一五九規定值。但符合下列規定者，不在此限：

　　（一）表一五九規定之標置不足以承受電動機起動電流時，得選用較
　　　　　高一級之標置，但不得超過滿載電流之一三倍。

　　（二）電動機滿載電流為八安以下，瞬時跳脫斷路器之連續電流額定
　　　　　為一五安以下，經設計者確認之組合式電動機操作器，且電動
　　　　　機分路過載與過電流保護裝置間可協調者，得將操作器銘牌標
　　　　　示值予以加大。

四、多段速電動機之保護依下列規定辦理：

　　（一）二個以上繞組之多段速電動機，得以單獨之過電流保護裝置作
　　　　　為保護，但保護裝置之額定不得超過被保護最小繞組銘牌額定
　　　　　依表一五九適用之百分比。

　　（二）符合下列所有規定者，多段速電動機得以單獨之過電流保護裝
　　　　　置作為保護，其額定依最高電流繞組之滿載電流選定：

　　　　　① 每一繞組之個別過載保護，依其滿載電流選定。

　　　　　② 供電各繞組之分路導線大小，依最高電流繞組之滿載電流
　　　　　　 選定。

　　　　　③ 電動機各繞組之操作器，其馬力額定不得小於繞組之最大
　　　　　　 馬力額定。

五、固態電動機操作器系統之電力電子裝置，得以表一五九規定之適當額定熔線替代。

六、經設計者認可之自我保護組合式操作器，可用以替代表一五九之保護裝置。但可調式瞬時跳脫標置不得超過電動機滿載電流之一三倍。

七、經設計者確認之組合式電動機短路保護器，其與分路過電流及過載保護可協調者，該電動機短路保護器可用以替代表一五九之過電流保護裝置。該短路保護器於短路電流超過電動機滿載電流一三倍時需能開啟電路。

表一五九　電動機分路過電流保護裝置之最大額定或標置

電動機種類	滿載電流之百分比 (%)			
	非延時性熔線	雙元件（延時性）熔線	瞬時跳脫斷路器	反時限斷路器
單相電動機	300	175	800	250
交流多相電動機（繞線型轉子除外）鼠籠型	300	175	800	250
同步型[註]	300	175	800	250
繞線型轉子	150	150	800	150
直流（定電壓）	150	150	250	150

註：使用於驅動壓縮機或幫浦往復之低轉矩低轉速（通常為 450rpm 以下）之同步電動機起動時無負載，故不須超過滿載電流額定二倍之熔線額定或斷路器標置。

第 159-1 條　二具以上電動機，或一具以上電動機與其他負載，連接於同一分路者，應符合第四款規定及第一款至第三款規定之一。分路保護裝置應採用熔線或反時限斷路器。

一、數具額定不超過一馬力之電動機，標稱電壓一五〇伏以下，分路保護額定不超過二〇安，或標稱電壓六〇〇伏以下，分路保護額定不超過一五安，並符合下列所有條件者：

（一）每具電動機之滿載額定電流不超過六安。

（二）分路過電流保護裝置之額定未超過任一操作器上之標示值。

（三）個別過載保護符合第一百六十條規定。

二、分路過電流保護裝置之額定，不超過前條規定最小額定電動機保護之值者，具有個別過載保護之二具以上電動機或一具以上電動機與其他負載，若能確定正常運轉下，分路過電流保護裝置在最壞情況下不會啟開電路者，得連接於同一分路。

三、其他群組安裝之電動機有下列第三目及第一目或第二目之個別過載
　　保護者，得連接於同一分路：
　（一）電動機操作器與過載裝置係經設計者確認為工廠組裝，且電動
　　　　機分路過電流保護裝置為組合之一部分。
　（二）電動機分路過電流保護裝置、操作器與過載裝置經設計者確認
　　　　為依原製造廠家使用說明書於現場組裝。
　（三）符合下列所有條件者：
　　　①　個別電動機過載保護裝置符合下列規定之一：
　　　　　經設計者確認作為群組安裝之個別電動機過載保護裝置具
　　　　　有最大額定之熔線、反時限斷路器，或兩者之組合。
　　　　　選定之電動機分路過電流保護安培額定不超過前條之個別
　　　　　電動機過載保護裝置。
　　　②　個別電動機操作器符合下列規定之一：
　　　　　經設計者確認作為群組安裝之個別電動機操作器具有最大
　　　　　額定之熔線、斷路器，或兩者之組合。
　　　　　選定之電動機分路過電流保護安培額定不超過前條之個別
　　　　　電動機操作器。
　　　③　斷路器為經設計者確認為反時限者。
　　　④　分路以熔線或反時限斷路器保護，其額定不得超過分路連
　　　　　接之最大電動機額定，加上其他電動機滿載電流及其他
　　　　　負載電流之總和。若選定之額定小於供電導線之安培容
　　　　　量者，得提高熔線或斷路器之最大額定，但不得超過第
　　　　　五十三條第二款規定。
　　　⑤　分路熔線或反時限斷路器之額定不大於第一百六十條之五
　　　　　規定之額定，以作為保護群組中最小額定電動機過載電驛
　　　　　之標置。
四、電動機群組安裝中，由任一分接點供電之單一電動機符合下列規定
　　之一者，得免配裝個別分路過電流保護裝置：
　（一）連接電動機之導線安培容量不小於分路導線。
　（二）分接電動機之導線安培容量不小於分路導線安培容量之三分之
　　　　一，電動機分接之導線距離其過載保護裝置不超過八公尺，且
　　　　裝設於不受外力損傷之管槽內。

　　　　　　　（三）分接分路過電流保護裝置至經設計者確認之手動電動機操作器
　　　　　　　　　之導線安培容量，不小於分路過電流保護裝置之額定或標置
　　　　　　　　　之十分之一。連接操作器至電動機之導線安培容量應符合第
　　　　　　　　　一百五十七條規定。連接分路過電流保護裝置至操作器之導
　　　　　　　　　線，符合下列規定之一：
　　　　　　　　　① 被保護不受外力損傷且置於封閉之操作器或管槽中，長度
　　　　　　　　　　不超過三公尺。
　　　　　　　　　② 安培容量不小於分路導線之安培容量。

第 159-2 條　　電動機分路過電流保護用之熔線，其熔線座大小不得小於表一五九指定
　　　　　　　之熔線。

第 159-3 條　　電動機幹線過電流保護裝置依下列規定辦理：
　　　　　　　一、供電給固定式電動機之幹線，其導線大小依第一百五十八條導線安
　　　　　　　　　培容量規定選用者，幹線應有過電流保護裝置，其額定或標置不得
　　　　　　　　　大於表一五九任一電動機分路過電流保護裝置之最大額定或標置，
　　　　　　　　　加上群組中其他電動機之滿載電流之和。幹線供電給二個以上分路，
　　　　　　　　　其最大分路過電流保護裝置有二個以上相同額定或標置者，以其中
　　　　　　　　　一個保護裝置視為最大者。
　　　　　　　二、供電給其他裝置之幹線，其導線線徑大於第一百五十八條導線安培
　　　　　　　　　容量者，幹線過電流保護裝置之額定或標置得依幹線之安培容量決
　　　　　　　　　定。

第 159-4 條　　供電給電動機與其他負載之幹線，其保護裝置之額定或標置，不得小於
　　　　　　　其他負載加上下列負載之總和：
　　　　　　　一、單一電動機依第一百五十九條規定。
　　　　　　　二、二具以上電動機依前條規定。

第五款　過載保護

第 160 條　　連續責務電動機之過載保護 (P2) 依下列規定辦理：
　　　　　　　一、額定超過一馬力之電動機，依下列規定之一辦理：
　　　　　　　　　（一）與電動機分離之過載保護裝置，應選定之跳脫值或額定動作電
　　　　　　　　　　　流值不得超過下列電動機銘牌所標示滿載電流額定之百分比。
　　　　　　　　　　　但 Y-△起動等之過載保護裝置者，其過載保護裝置之選定或
　　　　　　　　　　　標置電流值相對於銘牌電流之百分比，應清楚標示於電動機
　　　　　　　　　　　上。

　　　　① 電動機標示負載係數在一‧一五以上：百分之一二五。

　　　　② 電動機標示溫升在攝氏四〇度以下：百分之一二五。

　　　　③ 不屬於上列之其他電動機：百分之一一五。

　（二）整合於電動機之積熱保護器，應於過載或起動失敗時保護電動機，以防止危險性之過熱。積熱保護器之最大跳脫電流，不得超過第一百六十三條之七所定電動機滿載電流再乘上下列規定之百分比。但電磁開關等電動機啟斷裝置與電動機分開裝設，其控制回路由整合於電動機內之積熱保護器所控制者，當積熱保護器啟斷控制回路時，該分離裝設之啟斷裝置應能自動切斷電動機之負載電流。

　　　　① 電動機滿載電流九安以下：百分之一七〇。

　　　　② 電動機滿載電流大於九安至二〇安：百分之一五六。

　　　　③ 電動機滿載電流大於二〇安：百分之一四〇。

　（三）與電動機合為一體之保護裝置，經設計者確認能防止電動機起動失敗所導致之損壞，得作為保護電動機使用。

二、額定一馬力以下自動起動之電動機過載保護依下列規定之一辦理：

　（一）與電動機分離之過載保護裝置應符合前款第一目規定。

　（二）積熱保護器：

　　　　① 整合於電動機之積熱保護器，應於過載或起動失敗時保護電動機，以防止危險性之過熱。

　　　　② 電磁開關等電動機啟斷裝置與電動機分開裝設，其控制回路由整合於電動機內之積熱保護器所控制者，當積熱保護器啟斷控制回路時，該分離裝設之啟斷裝置應能自動切斷電動機之負載電流。

　（三）與電動機合為一體之保護裝置，能防止電動機起動失敗所導致之損壞，且符合下列情形之一者，得作為保護電動機使用：

　　　　① 電動機為設備組合之一部分，該組合不會使電動機過載。

　　　　② 設備組合裝有安全控制，能防止電動機起動失敗所生之損害者，該設備組合之安全控制應標示於銘牌上，且置於可視及範圍內。

　（四）阻抗保護：電動機繞組之阻抗足以防止因起動失敗導致過熱者，電動機以手動起動時，得依第四款第二目保護，但電動機

須為設備組合之一部分，且可使電動機自行限制不發生危險過
熱。

三、過載裝置之選定：

（一）依第一款第一目及第二款第一目選擇感測元件或過載保護裝置
之標置或額定，不足以使電動機完成起動或承載負載者，得使
用高一級之感測元件或將過載保護裝置之標置或額定調高。但
過載保護裝置之跳脫電流值，不得超過下列電動機銘牌滿載電
流額定之百分比。

① 電動機標示負載係數在一‧一五以上：百分之一四○。

② 電動機標示溫升在攝氏四○度以下：百分之一四○。

③ 不屬於上列之其他電動機：百分之一三○。

（二）第一百六十條之二規定電動機於起動期間過載保護裝置被旁路
者，過載保護裝置應有足夠之時間延遲，以利電動機之起動及
加速至正常負載。

四、額定一馬力以下非自動起動之電動機，且為永久裝置者，其過載保
護應符合第二款規定。但非永久裝置之電動機，依下列規定辦理：

（一）電動機裝設於操作器處可視及範圍內者，得由分路過電流保護
裝置作為其過載保護，且該裝置不得大於第一百五十九條至第
一百五十九條之二規定。但電動機在標稱電壓一五○伏以下分
路，其額定保護電流不超過二○安者，不在此限。

（二）電動機裝設於操作器處者可視及範圍外者，其過載保護應符合
第二款規定。

五、繞線型轉子交流電動機之二次電路，包括導線、操作器、電阻器等，
應以電動機過載保護裝置作為過載保護。

六、連續責務電動機容量在一五馬力以上者，應有低電壓保護。但屬灌
溉用電、危險物質處所、可燃性粉塵或飛絮處所者，電動機雖在
一五馬力以下容量，亦應具「低電壓保護」。

第 160-1 條　1. 表一五七所列使用於短時、間歇性、週期性或變動責務運轉之電動機，
其保護裝置之額定或標置值未超過表一五九所列規定值者，得以分路
過電流保護裝置保護以防止其過載。

2. 除電動機驅動之用電器具無法使電動機連續運轉外，電動機在任何使
用狀況下，應視為連續責務。

第 160-2 條　電動機起動期間之旁路依下列規定辦理：

一、非自動起動之電動機：分路熔線或反時性斷路器之額定或標置不超
　　過電動機滿載電流之四倍時，電動機起動期間，其過載保護裝置得
　　予旁路或切離電路。

二、自動起動之電動機：於電動機起動期間，其過載保護裝置，不得旁
　　路或切離電路。但電動機起動時間超過電動機過載保護裝置之時間
　　延遲設定者，得予旁路或切離電路。

第 160-3 條　1. 除熔線或積熱保護器外，電動機之過載保護裝置，應能同時啟斷各非
　　接地導線，以啟斷電動機電流。

2. 三相三線電動機之過載保護應接於每一非接地導線及被接地導線，單
　　相二線及單相三線之電動機過載保護應接於每一非接地導線。

第 160-4 條　電動機操作器之過載元件符合前條規定，其過載元件可在電動機起動及
運轉位置動作者，該電動機操作器得作為過載保護裝置。

第 160-5 條　以過載電驛及其他裝置作為電動機過載保護，而無法啟斷故障電流時，
應以熔線或斷路器保護，其額定或標置須符合第一百五十九條規定，或
以符合第一百五十九條規定之電動機過電流保護裝置保護。

第 160-6 條　電動機連接於一般用分路之過載保護依下列規定辦理：

一、一具以上無個別過載保護之一馬力以下電動機得連接於一般用分路，
　　其安裝應符合第一百六十條第二款與第四款，及第一百五十九條之
　　一第一款第一目與第二目之限制條件。

二、數具超過一馬力之電動機，其過載保護依第一百六十條規定選定者，
　　得接於一般用分路。但依第一百五十九條之一規定選定之過電流保
　　護裝置，得與操作器及電動機過載保護裝置群組裝設。

三、附插頭可撓軟線連接：

　　(一) 電動機以附插頭可撓軟線連接於分路，且符合第一款規定無個
　　　　別過載保護者，其插頭及插座或連接器之額定電壓在二五〇伏
　　　　以下時，不得超過一五安。

　　(二) 電動機或電動機操作之用電器具，以附插頭可撓軟線連接至分
　　　　路，依前款規定裝設之個別過載保護，應為電動機或用電器具
　　　　之一部分。插頭及插座或連接器之額定應大於電動機連接電路
　　　　之額定。

四、電動機或電動機操作之用電器具，其連接之分路過電流保護裝置，應有符合其特性之時間延遲，以利電動機之起動及加速至正常負載。

第 160-7 條　電動機自動再起動有造成人員傷害之虞者，不得裝設有自動再起動功能之過載保護裝置。

第 160-8 條　電動機過載保護動作自動停機有危害人員之虞，或電動機需繼續運轉使設備或製程安全停機時，得以電動機過載感測裝置，連接至可監視之警報裝置，以啟動應變措施或依序停機，替代立即啟斷電動機。

第 160-9 條　消防幫浦、電動機驅動之消防設備等停電會造成災害之設備，不需過載保護裝置。

第 160-10 條　用電器具於電源欠相時，有失效或損傷之虞者，應裝設欠相保護裝置；於電源反相時，有失效或損傷之虞者，應裝設反相保護裝置。

第 161 條　（刪除）

第六款　電動機控制線路

第 161-1 條　電動機控制線路 (W3) 之過電流保護，依下列規定辦理：

一、電動機控制線路由分路過電流保護裝置之負載側分接，作為連接至該分路電動機之控制用，其過電流保護應符合本條規定。引接至控制線路之分接線，不得視為分路，應由該分路過電流保護裝置或另裝設保護裝置予以保護。

二、導線保護應符合下列規定：

(一) 電動機分路過電流保護裝置未能依第二目規定提供保護者，應使用個別過電流保護，其額定不得超過表一六一之一第一欄所示值。

(二) 導線得以電動機分路過電流保護裝置保護。導線在控制設備封閉箱體內者，其過電流保護裝置之額定不得超過表一六一之一第二欄所示值。導線延伸出控制設備封閉箱體外者，其過電流保護裝置之額定不得超過表一六一之一第三欄所示值。

(三) 消防幫浦電動機或類似設備之控制線路僅能有短路保護，或以電動機分路過電流保護裝置保護。

(四) 單相變壓器二次側僅有單一電壓二線供應之導線，得以變壓器一次側之過電流保護裝置保護，惟此保護不得超過表一六一之一所示二次側導線過電流保護裝置之最大額定與二次側對一次

側電壓比相乘之值。變壓器二次側導線除二線式外，不得由一次側過電流保護裝置保護。

三、裝有控制變壓器者，其控制線路之過電流保護裝置應符合下列規定：

（一）控制變壓器依第一百七十七條規定裝設過電流保護裝置。

（二）額定容量小於五〇伏安之控制變壓器為電動機操作器整體之一部分者，且裝置於電動機操作器封閉箱體內，得以一次側過電流保護裝置或其他內藏式保護裝置加以保護。

（三）控制變壓器一次側額定電流小於二安者，其一次側電路得使用額定或標置不大於一次側額定電流值五倍之過電流保護裝置。

（四）經設計者確認之其他過電流保護方式。

（五）控制線路如消防幫浦等用電器具，在開路時有導致危險之虞者，得省略過電流保護裝置。

表一六一之一　電動機控制線路過電流保護裝置最大額定（單位：安培）

| 控制線路導線大小
（平方公厘） | 第一欄
（提供個別保護） | 由電動機分路保護裝置保護 | |
		第二欄 （封閉箱體內導線）	第三欄 （延伸出封閉箱體外之導線）
1.25	10	40	10
2.0	（註1）	100	45
3.5	（註1）	120	60
5.5	（註1）	160	90
大於 5.5	（註1）	（註2）	（註3）

註：1. 依第十六條規定之導線安培容量選用。

2. 以 60℃絕緣物導線安培容量之 4 倍選用。

3. 以 60℃絕緣物導線安培容量之 3 倍選用。

第 161-2 條　電動機控制線路之隔離依下列規定辦理：

一、電動機控制線路之隔離設備在啟斷位置時，該控制線路應與所有供電電源隔離。隔離設備得由二個以上個別裝置組成，其一可將電動機及操作器與電源隔離，另者則可將電動機控制線路與其電源隔離。該等隔離設備應裝設於緊鄰位置。

二、使用控制變壓器或其他裝置降低電動機控制線路電壓，並置於操作器封閉箱體內者，該控制變壓器或其他裝置應接至電動機控制線路隔離設備之負載側。

第七款　電動機操作器

第 161-3 條　所有電動機應選定適用之操作器 (C)。但有下列情形者，不在此限：

一、八分之一馬力以下之固定式電動機，如計時電動機或類似用電器具，運轉時不因過載或起動失敗而導致損害者，得以分路之隔離設備作為操作器。

二、三分之一馬力以下之可攜式電動機得以附插頭可撓軟線與插座作為操作器。

第 161-4 條　電動機操作器之設計依下列規定辦理：

一、每一操作器應具有起動及停止其所控制電動機之能力，且能啟斷電動機之堵轉電流。

二、自耦變壓起動器應具有「啟斷」、「運轉」及至少一個「起動」之位置，並使其不能持續停留於起動位置，或使電路之過載保護裝置失效之位置。

三、變阻器：

（一）電動機起動變阻器之設計應使接觸臂不得停留於中間段。操作器於起動位置時，接觸臂所停留位置不得與電阻器有電氣性連接。

（二）定電壓供電之直流電動機所使用之起動變阻器，應有自動裝置，使電動機轉速降至正常速率三分之一以下時啟斷供電電源。

第 161-5 條　1. 電動機操作器之額定應符合下列規定：

一、反時限斷路器及模殼式開關外之操作器，在使用電壓下之馬力額定，不得低於電動機之馬力額定。

二、以安培為額定之分路反時限斷路器或模殼式開關，得作為所有電動機之操作器。三、任兩導線間之標稱電壓不得超過電動機操作器之電壓額定。

2. 二馬力以下且電壓三〇〇伏以下固定式電動機之操作器得為下列任一種：

一、安培額定不小於電動機滿載電流額定二倍之一般用開關。

二、僅適用於交流之一般用手捺開關，且電動機滿載電流額定不大於此開關安培額定之百分之八〇。

3. 轉矩電動機之操作器應為連續責務，且其滿載電流額定不得小於電動機銘牌電流額定。以馬力為額定而未標示上述電流額定之電動機操作器，其等值電流額定應依第一百六十三條之七規定之馬力額定決定。

第 161-6 條　每一具電動機應有個別操作器。但符合下列規定者，不在此限：

一、電動機額定為六〇〇伏以下，單一操作器額定不小於群組中所有電動機依第一百五十五條之四第三項第一款規定決定之等值馬力，符合下列任一條件者，得控制群組電動機：

（一）數具電動機同時驅動單一機器之數個部分，例如金屬及木工機、起重機、吊車或類似裝置。

（二）群組電動機有第一百五十九條之一第一款規定之過電流保護裝置之保護。

（三）群組電動機設於同一房間且位於操作器可視及範圍內。

二、分路之隔離設備符合第一百六十一條之三規定者，得控制一具以上之電動機。

第 161-7 條　1. 下列型式之機器，應有速率限制裝置或其他速率限制設施：

一、他激直流電動機。

二、串激電動機。

三、當電流逆向或減載時，於直流測可能超速驅動之電動發電機組及換流機。

2. 符合下列情況之一者，得免使用分離速率限制裝置或設施：

一、機器、系統或負載及機械連接之固有特性，可安全限制速度者。

二、機器由合格人員手動控制者。

第 162 條　三相電動機起動電流不得超過下列之限制，否則應使用降壓型操作器。

一、二二〇伏供電，每具容量不超過一五馬力者，不加限制。

二、三八〇伏供電，每具容量不超過五〇馬力者，不加限制。

三、低壓供電每具容量超過前二款之限制者，不超過該電動機額定電流之三·五倍。

四、高壓供電之低壓電動機，每台容量不超過二〇〇馬力者，不加限制。超過此限者，應不超過該電動機額定電流之三·五倍。

第八款　電動機控制中心

第 162-1 條　電動機控制中心應有過電流保護，其安培額定或標置不得超過電源公共

母線 (common power bus) 之額定。該過電流保護應為電動機控制中心電源端之過電流保護裝置，或電動機控制中心之主過電流保護裝置。

第 162-2 條　1. 多排式電動機控制中心，應符合表二六～二規定之設備接地導線或等值接地匯流排搭接一起。

2. 設備接地導線應連接至接地匯流排或單排式電動機控制中心之接地端子。

第 162-3 條　電動機控制中心之匯流排及導線配置依下列規定辦理：

一、匯流排支撐及配置應依第一百零一條之十七第一款及第五款規定辦理。

二、電動機控制中心內端子處應留有足夠之導線彎曲空間及線槽空間。

三、電動機控制中心匯流排端子與其他裸露金屬部分之最小間隔，應符合表一〇一之二五規定。

第九款　可調速驅動系統

第 162-4 條　可調速驅動系統導線之最小線徑及安培容量依下列規定辦理：

一、可調速驅動系統之電力轉換設備導線，其分路或幹導線之安培容量不得小於電力轉換設備額定輸入電流之一‧二五倍。

二、可調速驅動系統使用之旁路裝置，其導線安培容量不得小於第一百五十二條之一條規定。電力轉換設備為使用旁路裝置之可調速驅動系統中之一部分者，其電路導線之安培容量應選定下列兩者中較大者：

(一) 電力轉換設備額定輸入電流之一‧二五倍。

(二) 依第一百五十二條之一規定選定電動機滿載電流額定之一‧二五倍。

第 162-5 條　可調速驅動系統之電動機過載保護依下列規定辦理：

一、電力轉換設備已標示內含電動機過載保護者，得免另裝設過載保護。

二、可調速驅動系統之旁路裝置，容許電動機在額定滿載速度運轉者，該旁路電路應裝設符合本節電動機及分路規定之過載保護。

三、使用多具電動機者，個別電動機應裝設符合本節電動機及分路規定之過載保護。

第 162-6 條　電動機過熱保護依下列規定辦理：

一、可調速驅動系統之電動機運轉於非銘牌額定電流，且超出所要求之

速度範圍者，應符合連續責務電動機之過載保護，並應依下列任一方式施予過熱保護。

（一）依第一百六十條規定裝設整合於電動機之積熱保護器。

（二）可調速驅動系統具有負載及速度感測過載保護，且在停機或停電時有熱記憶保留功能。但連續責務負載者無需具有此功能。

（三）過熱保護電驛係利用嵌入於電動機之熱感測器偵測溫度而動作，以達到電動機之過熱保護功能。

（四）嵌入於電動機之熱感測器，其信號可由可調速驅動系統接收及動作者。

二、多具電動機之應用，應裝設符合前款規定之個別電動機過熱保護。

三、自動重新起動之電動機過熱保護裝置應符合第一百六十條之七規定；依序停止運轉之電動機過熱保護裝置應符合第一百六十條之八規定。

第 162-7 條　　可調速驅動系統隔離設備得裝設於轉換設備之電源側，其額定不得小於轉換單元額定輸入電流之一・一五倍。

第十款　帶電組件之保護

第 162-8 條　　1. 電動機及操作器之暴露帶電組件端電壓在五〇伏以上者，應以封閉箱體或下列方式防護：

一、裝設於僅限合格人員可觸及之房間或封閉箱體。

二、裝設於適當高度之陽台、走廊或平台，防止非合格人員接近。

三、裝設在高於地板二・五公尺以上之處所。

2. 電動機運轉時端電壓五〇伏以上，電動機為固定式，並於電動機終端托架內配置有換向器、集電器及電刷，且不與對地電壓一五〇伏以上之供電電路相連者，其端子間之帶電組件，得免另加防護。

第 163 條　　　（刪除）

第 163-1 條　　電動機或操作器運轉於對地電壓超過一五〇伏時，須符合前條規定之裝設位置，且設備操作運轉過程中需調整或維修者，應提供人員站立之絕緣墊或絕緣平台。

第十一款　接地

第 163-2 條　　電動機及操作器非帶電金屬組件應予以接地。特定情況下採用絕緣、隔離或防護等措施者，可替代電動機之接地。

第 163-3 條　1. 固定式電動機之框架在下列任一情況下，應予接地：

一、以金屬管配線供電者。

二、裝置於潮濕場所，未予隔離或防護者。

三、裝置於經分類為危險場所者。

四、運轉於對地電壓超過一五〇伏。

2. 電動機之框架未予接地者，應永久且有效與大地絕緣。

第 163-4 條　運轉於對地電壓超過一五〇伏之可攜式電動機，其框架應予接地或防護。但符合下列規定者，得免接地：

一、經設計者確認以電動機操作之工具設備及用電器具，以雙重絕緣或等效之系統保護。雙重絕緣設備應明顯標示。

二、經設計者確認以電動機操作之工具設備及用電器具，採用附插頭可撓軟線連接。

第 163-5 條　電動機操作器之封閉箱體不分電壓，均應連接至設備接地導線。操作器封閉箱體應配置供設備接地導線終端連接之設施。但封閉箱體附裝於非接地之移動式用電器具者，得免接地。

第 163-6 條　電動機操作器裝置之儀表用變比器二次側、非帶電金屬組件、其他導電部分或儀表用變比器、計器、儀表及電驛等之外殼皆應予以接地。

第十二款　附表

第 163-7 條　各種電動機滿載電流依下列規定辦理：

一、直流電動機滿載電流依表一六三之七～一。

二、交流單相電動機之滿載電流值依表一六三之七～二。

三、交流三相電動機滿載電流依表一六三之七～三。

表一六三之七～一　直流電動機滿載電流 (單位：安培)

下列數值為運轉於基準速率電動機之滿載電流值：

馬力	電樞電壓額定 *						
	90 伏特	120 伏特	180 伏特	220 伏特	240 伏特	500 伏特	550 伏特
1/4	4.0	3.1	2.0	1.7	1.6	—	—
1/3	5.2	4.1	2.6	2.2	2.0	—	—
1/2	6.8	5.4	3.4	2.9	2.7	—	—
3/4	9.6	7.6	4.8	4.1	3.8	—	—
1	12.2	9.5	6.1	5.1	4.7	—	—

表一六三之七～一　直流電動機滿載電流（續）　　（單位：安培）

馬力	電樞電壓額定 *						
	90 伏特	120 伏特	180 伏特	220 伏特	240 伏特	500 伏特	550 伏特
1 1/2	－	13.2	8.3	7.2	6.6	－	－
2	－	17	10.8	9.3	8.5	－	－
3	－	25	16	13.3	12.2	－	－
5	－	40	27	22	20	－	－
7 1/2	－	58	－	32	29	13.6	12.2
10	－	76	－	41	38	18	16
15	－	－	－	60	55	27	24
20	－	－	－	79	72	34	31
25	－	－	－	97	89	43	38
30	－	－	－	116	106	51	46
40	－	－	－	153	140	67	61
50	－	－	－	189	173	83	75
60	－	－	－	225	206	99	90
75	－	－	－	278	25 5	123	111
100	－	－	－	372	341	164	148
125	－	－	－	464	425	205	185
150	－	－	－	552	506	246	222
200	－	－	－	736	675	330	294

* 上列數值為平均直流值

表一六三之七～二　交流單相電動機之滿載電流值（單位：安培）

下列數值為運轉於通常速率及正常轉矩特性之電動機滿載電流值，表列電壓為電動機額定電壓。

表列電流得為系統電壓範圍在 110 伏特至 120 伏特及 220 伏特至 240 伏特特間：

電壓馬力	115 伏特	200 伏特	208 伏特	220 伏特	230 伏特
1/6	4.4	2.5	2.4	2.3	2.2
1/4	5.8	3.3	3.2	3.0	2.9
1/3	7.2	4.1	4.0	3.8	3.6
1/2	9.8	5.6	5.4	5.1	4.9
3/4	13.8	7.9	7.6	7.2	6.9
1	16	9.2	8.8	8	8.0
1 1/2	20	11.5	11.0	10	10

表一六三之七～二　交流單相電動機之滿載電流值　（單位：安培）

電壓馬力	115 伏特	200 伏特	208 伏特	220 伏特	230 伏特
2	24	13.8	13.2	13	12
3	34	19.6	18.7	18	17
5	56	32.2	30.8	29	28
7 1/2	80	46.0	44.0	42	40
10	100	57.5	55.0	52	50

表一六三之七～三　交流三相電動機滿載電流　（單位：安培）

下列數值為附有皮帶電動機及正常轉矩特性之電動機，於通常速率運轉時之典型滿載電流值。表列電壓為電動機額定電壓。表列電流得為系統電壓範圍在 110 伏特至 120 伏特、220 伏特至 240 伏特、440 伏特至 480 伏特及 550 伏特至 600 伏特間。

電壓馬力	鼠籠型及繞線型感應電動機									功率因數為 1* 之同步型電動機				
	115 伏	200 伏	208 伏	220 伏	230 伏	380 伏	460 伏	575 伏	2300 伏	230 伏	380 伏	460 伏	575 伏	2300 伏
1/2	4.4	2.5	2.4	2.3	2.2	1.3	1.1	0.9	—	—	—	—	—	—
3/4	6.4	3.7	3.5	3.3	3.2	1.9	1.6	1.3	—	—	—	—	—	—
1	8.4	4.8	4.6	4.3	4.2	2.5	2.1	1.7	—	—	—	—	—	—
1 1/2	12.0	6.9	6.6	6.2	6.0	3.6	3.0	2.4	—	—	—	—	—	—
2	13.6	7.8	7.5	7.1	6.8	4	3.4	2.7	—	—	—	—	—	—
3	—	11.0	10.6	10.0	9.6	6	4.8	3.9	—	—	—	—	—	—
5	—	17.5	16.7	15.8	15.2	9	7.6	6.1	—	—	—	—	—	—
7 1/2	—	25.3	24.2	22.9	22	13	11	9	—	—	—	—	—	—
10	—	32.2	30.8	29.1	28	17	14	11	—	—	—	—	—	—
15	—	48.3	46.2	43.7	42	25	21	17	—	—	—	—	—	—
20	—	62.1	59.4	56.2	54	33	27	22	—	—	—	—	—	—
25	—	78.2	74.8	70.7	68	41	34	27	—	53	32	26	21	—
30	—	92	88	83	80	48	40	32	—	63	38	32	26	—
40	—	120	114	108	104	63	52	41	—	83	50	41	33	—
50	—	150	143	135	130	79	65	52	—	104	63	52	42	—
60	—	177	169	160	154	93	77	62	16	123	74	61	49	12
75	—	221	211	199	192	116	96	77	20	155	94	78	62	15
100	—	285	273	258	248	150	124	99	26	202	122	101	81	20

表一六三之七～三　交流三相電動機滿載電流（續）　（單位：安培）

電壓 馬力	鼠籠型及繞線型感應電動機									功率因數為 1* 之同步型電動機				
	115 伏	200 伏	208 伏	220 伏	230 伏	380 伏	460 伏	575 伏	2300 伏	230 伏	380 伏	460 伏	575 伏	2300 伏
125	—	359	343	324	312	189	156	125	31	253	153	126	101	25
150	—	414	396	374	360	218	180	144	37	302	183	151	121	30
200		552	528	499	480	291	240	192	49	400	242	201	161	40
250	—	—	—	—	—	—	302	242	60	—	—	—	—	—
300	—	—	—	—	—	—	361	289	72	—	—	—	—	—
350	—	—	—	—	—	—	414	336	83	—	—	—	—	—
400	—	—	—	—	—	—	477	382	95	—	—	—	—	—
450	—	—	—	—	—	—	515	412	103	—	—	—	—	—
500	—	—	—	—	—	—	590	472	118	—	—	—	—	—

* 功率因數若為 0.9 及 0.8 時，表列數值應分別乘以 1.1 及 1.25

第 163-8 條　　1. 馬力及電壓額定選用隔離設備及操作器之單相堵轉電流轉換表依表一六三之八～一。

2. 馬力及電壓額定選用隔離設備及操作器之三相堵轉電流轉換表依表一六三之八～二。

表一六三之八～一　以馬力及電壓額定選用隔離設備及操作器之單相堵轉電流轉換表

電壓 馬力額定	單相最大堵轉電流（安培）			
	115 伏特	208 伏特	220 伏特	230 伏特
1/2	58.8	32.5	30.7	29.4
3/4	82.8	45.8	43.3	41.4
1	96	53	50	48
1 1/2	120	66	63	60
2	144	80	75	72
3	204	113	107	102
5	336	186	176	168
7 1/2	480	265	251	240
10	600	332	314	300

表一六三之八～二　以馬力及電壓額定選用隔離設備及操作器之三相堵轉電流轉換表

電壓 額定馬力	三相電動機最大堵轉電流（安培）							
	115 伏	200 伏	208 伏	220 伏	230 伏	380 伏	460 伏	575 伏
1/2	40	23	22.1	20.9	20	12	10	8
3/4	50	28.8	27.6	26.1	25	15	12.5	10
1	60	34.5	33	31	30	18	15	12
1 1/2	80	46	44	42	40	24	20	16
2	100	57.5	55	52	50	30	25	20
3	—	73.6	71	67	64	39	32	25.6
5	—	105.8	102	96	92	56	46	36.8
7 1/2	—	146	140	132	127	77	63.5	50.8
10	—	186.3	179	169	162	98	81	64.8
15	—	267	257	243	232	141	116	93
20	—	334	321	303	290	176	145	116
25	—	420	404	382	365	221	183	146
30	—	500	481	455	435	263	218	174
40	—	667	641	606	580	351	290	232
50	—	834	802	758	725	439	363	290
60	—	1001	962	910	870	527	435	348
75	—	1248	1200	1135	1085	657	543	434
100	—	1668	1603	1516	1450	878	725	580
125	—	2087	2007	1898	1815	1098	908	726
150	—	2496	2400	2269	2170	1314	1085	868
200	—	3335	3207	3032	2900	1755	1450	1160
250	—	—	—	—	—	—	1825	1460
300	—	—	—	—	—	—	2200	1760
350	—	—	—	—	—	—	2550	2040
400	—	—	—	—	—	—	2900	2320
450	—	—	—	—	—	—	3250	2600
500	—	—	—	—	—	—	3625	2900

第 164 條　　電梯及送物機之配線，應按下列規定：

　　　　　　一、施設於昇降道內、機房內、控制室及昇降體之配線，除下列各點外
　　　　　　　　應按金屬管裝置法，非金屬管裝置法，導線槽裝置法，匯流排槽裝

置法及電纜裝置法 (可能侵油損壞電線場所，禁止使用橡皮外皮) 施設。

(一) 配線終端至各機器間可以撓管施設。

(二) 至電梯門之自動反轉裝置以可撓電纜施設。

二、昇降道內之配線，應妥於裝置以免遭受外傷。

三、昇降道內之接線箱或控制盤端子至昇降體接線箱之電路，應使用經指定或核可用為昇降機之電纜者 (以下簡稱為活動電纜)。

四、接線箱內之電線與活動電纜之連接應使用端子盤或適當之接續器。

五、活動電纜之移動部分不得有接頭。

六、活動電纜應使用適當之絕緣性支持物支持，並應防範因昇降體運轉所引起之振動或與其他機器碰觸而損傷。但裝甲電纜不必使用絕緣支持物支持。

七、施設於昇降道或昇降體之電線或活動電纜，其線徑應符合表一六四規定。

八、各回路導線，雖使用目的及供電方式有所不同，如使用相當絕緣電線而導線相互間另有識別者，可共用一管槽或電纜。

九、由主電動機回路分歧之分路 (如電動門用電動機昇降體內電燈回路或控制回路)，應裝置過電流保護器。但控制電磁回路等不宜裝設過電流保護器者不在此限。

十、　　連接於溫度上升至攝氏六〇度以上之電阻器等之導線應使用耐熱性電線。

十一、昇降體內所使用之電燈及電具之額定電壓不得超過二〇〇伏。

十二、昇降機由多相交流電動機樞動者，應備有一種保護設備以遇相序相反或單相運轉時，能防止電動機起動。

表一六四　電梯及送物機電線及活動電纜之線徑

電線種類及導體構造		導體尺寸
絕緣電線	單線	1.2mm 以上
	絞線	1.4mm² 以上
電纜	單線	※0.8mm 以上
	絞線	※0.75mm² 以上
活動電纜		0.75mm² 以上
註：※ 所示，限用於裝有過電流保護器可自動啟斷過電流之控制或信號用回路。		

第 165 條　　電扶梯之配線，應按下列規定施設：

一、施設於電扶梯之配線，除下列規定應按金屬管裝置法，非金屬管裝
　　置法，導線槽裝置法及電纜裝置法 (橡皮絕緣鉛皮電纜除外) 施設。

　　(一) 接線箱至各機器間以可撓管施設。但於不受外傷處，以塑膠外
　　　　　皮電纜施設。

　　(二) 有侵油可能之處，不得使用橡膠絕緣者。

二、配線應牢固裝置於建築物，避免與移動機槽碰觸而損傷。

三、導線線徑應符合表一六四之規定。

四、由主電動機回路分歧之分路，應按第一百六十四條第九款之規定裝
　　置過電流保護器。

第二節之一　備用發電機

第 165-1 條　　非與電業供電電源併聯運轉之備用發電機，包括依建築技術相關法規規
　　　　　　　定作為緊急電源之備用發電機，其配線與保護裝置依本節規定辦理。

第 165-2 條　　備用發電機之過電流保護，除定電壓交流發電機之勵磁機外，其過載保
　　　　　　　護應由原廠或經設計者設計，並以斷路器、熔線、保護電驛或其他經確
　　　　　　　認之過電流保護裝置予以保護。

第 165-3 條　　由備用發電機輸出端子至第一個過電流保護裝置之導線安培容量，不得
　　　　　　　小於發電機銘牌電流額定之一‧一五倍，其中性線大小得依第二十九條
　　　　　　　之三十二規定以非接地導線負載之百分之七〇選用。

第 165-4 條　　導線通過封閉箱體、導管盒或隔板等開口處，有銳利邊緣開口者，應裝
　　　　　　　設護套以保護導線。

第 165-5 條　　備用發電機應裝設可閉鎖在啟斷位置之隔離設備，該隔離設備應可隔離
　　　　　　　由發電機供電電路引供之所有保護裝置及控制設備。

第 165-6 條　　備用發電機應裝設雙投自動切換開關 (ATS)，或開關間具有電氣性與機
　　　　　　　械性之互鎖裝置，於使用備用發電機時能同時啟斷原由電業供應之電源。
　　　　　　　但經電業同意併聯者，不在此限。

第三節　工業用電熱裝置

第 165-7 條　　工業用電熱裝置依其功能定義如下：

一、電熱裝置：指製造、加工或修理用之電熱器、感應電爐、紅外線燈
　　或高週波加熱裝置等。

二、感應電爐：利用電磁感應方式加熱金屬之電爐，依其頻率可分為下
列三種：

（一）低週波感應電爐：使用商用頻率者。

（二）中頻感應電爐：使用超過商用頻率，且在一〇千赫以下者。

（三）高週波感應電爐：頻率超過一〇千赫者。

第 166 條　電熱裝置之分路及幹線依下列規定辦理：

一、電熱裝置分路：

（一）供應額定電流為五〇安以下電熱裝置，其過電流保護裝置之額
定電流在五〇安以下者，導線線徑應按第二十九條之十三規定
施設。

（二）供應額定電流超過五〇安單具電熱裝置，其過電流保護裝置之
額定電流不得超過電熱裝置之額定電流。但其額定電流不能配
合時，得使用高一級之額定值，其導線安培容量應超過電熱裝
置及過電流保護裝置之額定電流以上，並不得連接其他負載。

二、電熱裝置幹線：

（一）導線安培容量應大於所接電熱裝置額定電流之合計。若已知需
量因數及功率因數，得按實際計算負載電流選擇適當導線，並
使用安培容量不低於實際計算負載電流之導線。

（二）幹線之過電流保護裝置額定電流不得大於幹線之安培容量。

第 167 條　電熱裝置應按金屬導線管、非金屬導線管、導線槽、匯流排槽、電纜架
及電纜等裝置法施工。

第 168 條　電熱裝置依下列規定辦理：

一、電熱裝置額定電流超過一二安者，除第二款之情形外，應設置專用
分路。

二、小容量電熱裝置符合下列規定者，可與大容量電熱裝置共用分路：

（一）最大電熱裝置容量二〇安以上，其他電熱裝置合計容量在一五
安以下，並為最大電熱裝置容量之二分之一以下。

（二）分路容量應視合計負載容量而定，且須為三〇安以上。

（三）各分歧點裝設過電流保護裝置。

三、電熱操作器應裝於可觸及處。但符合下列規定之一者，不在此限：

（一）附有開關之電熱器由插座接用。

（二）一・五瓩以下之電熱器由插座接用。

　　　　　　　　　（三）分路開關兼作電熱操作器。

　　　　　　四、固定式電熱裝置與可燃性物質或受熱而變色、變形之物體間應有充
　　　　　　　　分之間隔，或有隔熱裝置。

第 169 條　　高週波加熱裝置之裝設依下列規定辦理：

　　　　　　一、分路應按第一百六十六條規定施設。

　　　　　　二、裝設位置：

　　　　　　　　（一）應裝設於僅合格人員得以進入之處。但危險之帶電部分已封閉
　　　　　　　　　　者不在此限。

　　　　　　　　（二）不得裝設於第五章規定之危險場所。但特別為該場所設計者不
　　　　　　　　　　在此限。

　　　　　　三、引至電極或加熱線圈之導線，若有碰觸之虞，應以絕緣物掩蔽或防
　　　　　　　　護。

　　　　　　四、高週波發生裝置應裝設於不可燃封閉箱體內。箱體內露出帶電部分，
　　　　　　　　電壓超過六〇〇伏者，其箱門於打開時應有連動裝置啟斷電源；電
　　　　　　　　壓超過三〇〇伏且在六〇〇伏以下者，其箱門於打開時應有明顯之
　　　　　　　　危險標識。

　　　　　　五、高週波加熱裝置之電極部分應以不可燃封閉箱體或隔離設備予以防
　　　　　　　　護。箱門於打開時應有連動裝置啟斷電源。

　　　　　　六、控制盤正面應不帶電。

　　　　　　七、腳踏開關之帶電部分不得外露，並附有防止誤操作之外蓋。

　　　　　　八、可由二處以上遙控者，應附有連鎖裝置使其無法同時由二處以上操
　　　　　　　　作。

第 170 條　　高週波及低週波感應電爐依下列規定辦理：

　　　　　　一、電源裝置應加以隔離以免非合格人員接近並防止由電爐產生之熱及
　　　　　　　　塵埃之危害。

　　　　　　二、感應電爐之電源裝置端子至電爐間導線或至電容器組之導線，應按
　　　　　　　　下列規定裝設：

　　　　　　　　（一）有危害人體之帶電部分應予隔離。

　　　　　　　　（二）導線線徑及配置應避免過熱短路及接地等故障。

　　　　　　　　（三）導線之接續應避免過熱。

　　　　　　　　（四）導線及其支持物應有絕緣及機械強度，避免短路或接地故障時
　　　　　　　　　　危害操作人員。

（五）導線溫升過高部分應裝設冷卻設備，且其絕緣應採用耐熱性
　　　者。

三、感應電爐之爐體應有絕緣及機械強度，避免於短路或接地故障時危
　　害操作人員，並應採用耐熱及防塵埃之器材。

四、感應電爐冷卻裝置故障會引起該電爐失效者，應有保護措施。

第 171 條　　工業用紅外線燈電熱裝置依下列規定辦理：

一、供應工業用紅外線燈電熱裝置之分路，其對地電壓不得超過一五〇
　　伏。但紅外線燈具之裝設符合下列規定者，電路對地電壓得超過
　　一五〇伏，並在三〇〇伏以下：

（一）燈具裝置於不易觸及之處。

（二）燈具不附裝以手操作之開關。

（三）燈具直接裝置於分路。

二、分路應按第一百六十六條規定裝設。分路最大電流額定應在五〇安
　　以下。

三、紅外線燈電熱裝置用之燈頭不得附裝以手操作之開關，其材質應為
　　瓷質或具有同等以上之耐熱及耐壓性能者。

四、紅外線燈電熱裝置之帶電部分不得裝設於可觸及之處。但裝設於僅
　　有合格人員出入之場所者不在此限。

五、紅外線燈電熱裝置之內部配線，其導線應使用一‧六公厘以上石棉、
　　玻璃纖維等耐熱性絕緣電線，或套有厚度一公厘以上之瓷套管並固
　　定於瓷質或具有同等以上效用之耐熱絕緣銅線。

六、紅外線燈電熱裝置內部配線之接續應使用溫升在攝氏四〇度以下之
　　接續端子。

七、紅外線燈電熱裝置不得裝設於第五章規定之危險場所。

第四節　電焊機

第 172 條　　供應電弧電焊機，電阻電焊機及其他相似之焊接設備之電路應按本節規
　　　　　　定施設。

第 173 條　　附變壓器之電弧電焊機應符合下列規定：

一、電焊機分路之導線安培容量應符合下列規定：

（一）供應個別電焊機之導線安培容量不得小於電焊機名牌所標示之
　　　一次額定電流乘下表之乘率。

（二）電路之供應數台電焊機用電者，其安培容量得小於根據第一款第一目所求得電流之和，其值為最大兩台電焊機流值之和，加上第三大一台電流值之百分之八五，再加第四大一台電流值之百分之七〇，再加其餘電焊機電流值之和之百分之六〇。電焊機之實際責務週期未達名牌上所標示者，可比照降低。

二、過電流保護器之電流額定或標置應按下列規定辦理，如有跳脫現象，得選用高一級者。

（一）電焊機應有之過電流保護器，其額定或標置不得大於該電焊機一次側額定電流之二倍。當保護導線之過電流保護器之額定電流不超過該電焊機一次額定電流之二倍時，該電焊機不必再裝設過電流保護器。

（二）電路之供應一台或多台電焊機者，其過電流保護器之電流額定或標置應不超過導線安培容量之二倍。

三、電焊機未附裝分段設備者，應於一次側加裝開關或斷路器作為分段設備。該分段設備之電流額定不得低於電焊機一次額定電流之二倍。

表一七三

責務週期 (Duty cycle %)	100	90	80	70	60	50	40	30	20 以下
乘率	1.0	0.95	0.89	0.84	0.78	0.71	0.63	0.55	0.45
註：1 小時之時間額定之電焊機，其乘率為 0.75									

第 174 條　電動發電機供應之電弧電焊器應符合下列規定：

一、電焊機分路之導線，其安培容量應符合下列規定：

（一）使用個別電焊機之導線，其安培容量不得小於電焊機名牌所標示之一次額定電流乘以下表之乘率。

（二）電路之供應數臺電焊機者，其導線安培容量得小於根據第一款第一目所求得電流之和，其值可比照第一百七十三條第一款第二目求得。

二、電焊機應有之過電流保護器，其額定或標置不得大於該電焊機一次側額定電流之二倍。當保護導線之過電流保護器之額定電流不超過該電焊機一次額定電流之二倍時，該電焊機不必再裝過電流保護器。如有跳脫現象得選用高一級者。

三、每一電動發電電焊機應裝設開關或斷路器作為分段設備，其額定電流值不得低於第一款第一目所規定者。

表一七四

責務週期 (Duty cycle %)	100	90	80	70	60	50	40	30	20 以下
乘率	1.0	0.96	0.91	0.86	0.81	0.75	0.69	0.62	0.55
註：1 小時之時間額定之電焊機，其乘率為 0.8									

第 175 條　電阻電焊機應符合下列規定：

一、電降電焊機分路之導線，其安培容量應符合下列規定：

（一）供應自動點焊機者，其安培容量不得低於電焊機一次額定電流之百分之七〇。供應人工點焊機者，其安培容量不得低於電焊機一次額定電流之百分之五〇。

（二）電阻電焊機之實際一次電流及責務週期 (Duty cycle) 已固定時，供應該電阻電焊機之導線，其安培容量不得小於其實際一次電流與下表所求之乘積。

（三）分路供應數台電阻電焊機者，其安培容量不得小於最大電阻電焊機根據第二目求得之電流值與其他電焊機根據第二目求得電流值之百分之六〇之和。

二、過電流保護器之電流額定或標置應按下列規定選用，如有跳脫現象，得選用高一級者。

（一）電焊機應有之過電流保護器，其額定或標置不得大於該電焊機一次側額定電流之三倍，當保護導線之過電流保護器之額定電流不超過該電焊機一次額定電流之三倍時，該電焊機不必再裝設過電流保護器。

（二）供應一台或多台電阻電焊機之分路，其過電流保護器之電流額定或標置應不超過導線安培容量之三倍。

（三）每一電阻電焊機應裝設開關或斷路器作為分段設備，其額定電流值不得低於第一款第一目及第二目所規定。

表一七五

責務週期 (Duty cycle %)	50	40	30	25	20	15	10	7	5 以下
乘率	0.71	0.63	0.55	0.50	0.45	0.39	0.32	0.27	0.22

第五節　低壓變壓器

第 176 條　　低壓變壓器之裝設除下列情形外，依本節規定辦理：

一、比流器。

二、作為其他用電機具部分組件之乾式變壓器。

三、作為 X 光、高週波或靜電式電鍍機具整合組件之變壓器。

四、電氣標示燈及造型照明之變壓器。

五、放電管燈之變壓器。

六、作為研究、開發或測試之變壓器。

七、適用於第五章規定危險場所之變壓器。

第 177 條　　低壓變壓器應有過電流保護裝置，其最大電流額定依表一七七辦理。

表一七七　低壓變壓器過電流保護裝置最大額定電流 (以變壓器額定電流之倍數表示)

保護方式類型	一次側過電流保護裝置			二次側過電流保護裝置[註2]	
	變壓器額定電流 9 安以上	變壓器額定電流 2 安以上未達 9 安	變壓器額定電流未達 2 安	變壓器額定電流 9 安以上	變壓器額定電流未達 9 安
僅裝設一次側過電流保護裝置	1.25[註1]	1.67	3	得免裝設	得免裝設
裝設一次側及二次側過電流保護裝置	2.5[註3]	2.5[註3]	2.5[註3]	1.25[註1]	1.67

註：1. 若一‧二五倍之額定電流值與保護裝置之標準額定電流值不能配合時，得採高一級者。

2. 二次側過電流保護得由六具以下之斷路器或六組以下之熔線裝置在一處所組成，惟全部過電流保護裝置合計電流額定值，不得超過表列單一過電流保護裝置最大容許電流值。

3. 變壓器裝置可啟斷一次側電流之過載保護裝置時，若變壓器百分阻抗在百分之六以下，其一次側過電流保護裝置得不超過六倍變壓器額定電流值；若變壓器百分阻抗介於超過百分之六至百分之十之間，其一次側過電流保護裝置得不超過四倍變壓器額定電流值。

第 177-1 條　低壓變壓器之防護依下列辦理：

一、變壓器暴露於可能受到外力損害之場所時，應有防撞措施。

二、乾式變壓器應配備不可燃防潮性外殼或封閉箱體。

三、僅供變壓器封閉箱體內用電設備使用之低壓開關等，僅由合格人員可觸及者，該低壓開關等得裝置於變壓器封閉箱體內；其所有帶電組件應依第十五條之一規定予以防護。

四、變壓器裝置暴露之帶電組件，其運轉電壓應明顯標示於用電設備或結構上。

第 177-2 條　低壓變壓器之裝設規定如下：

一、變壓器應有通風措施，使變壓器滿載損失產生之熱溫升，不致超過變壓器之額定溫升。

二、變壓器通風口裝置應有適當間隔，不得使其受到牆壁或其他阻礙物堵住。

三、變壓器裝設之接地及圍籬、防護設施等暴露非帶電金屬部分之接地及搭接，應依第一章第八節規定辦理。

四、變壓器應能使合格人員於檢查及維修時可輕易觸及。

五、變壓器應具有隔離設備，裝設於變壓器可視及處。裝設於遠處者，其隔離設備應為可閉鎖。

第六節　低壓電容器、電阻器及電抗器

第 178 條　低壓電容器、電阻器及電抗器應按本節規定裝設。本節亦包括第五章危險場所規定之電容器裝置。但附裝於用電器具之電容器或突波保護電容器不適用本節規定。

第 179 條　低壓電容器之封閉及掩護依下列規定辦理：

一、含有超過一一公升可燃性液體之電容器應裝設於變電室內，或裝設於室外圍籬內。

二、非合格人員可觸及之電容器應予封閉、裝設於適當場所或妥加防護，避免人員或其攜帶之導電物碰觸帶電組件。

第 180 條　低壓電容器應附裝釋放能量之裝置，於回路停電後，釋放殘留電壓依下列規定辦理：

一、電容器於斷電後一分鐘內，其殘留電壓應降至五〇伏以下。

二、放電電路應與電容器或電容器組之端子永久連接，或裝設自動裝置連接至電容器組之端子，以消除回路殘留電壓，且不得以手動方式啟閉裝置或連接放電電路。

第 181 條　低壓電容器容量之決定依下列規定辦理：

一、電容器之容量以改善功率因數至百分之九五為原則。

二、電容器以個別裝設於電動機操作器負載側為原則，且須能與該電動機同時啟斷電源。

三、電動機操作器負載側個別裝設電容器者，其容量以能提高該電動機之無負載功率因數達百分之百為最大值。

四、電動機以外之負載若個別裝設電容器時，其改善後之功率因數以百分之九五為原則。

第 182 條　低壓電容器裝置依下列規定辦理：

一、導線安培容量不得低於電容器額定電流之一・三五倍。電容器配裝於電動機分路之導線，其安培容量不得低於電動機電路導線安培容量之三分之一，且不低於電容器額定電流之一・三五倍。

二、每一電容器組之非接地導線，應裝設斷路器或安全開關配裝熔絲作為過電流保護裝置，其過電流保護裝置之額定或標置，不得大於電容器額定電流之一・三倍。三、除電容器連接至電動機操作器負載側外，引接每一電容器組之每一非接地導線，應依下列規定裝設隔離設備：

(一) 隔離設備應能同時啟斷所有非接地導線。

(二) 隔離設備必須能依標準操作程序將電容器從線路切離。

(三) 隔離設備之額定不得低於電容器額定電流之一・三五倍。

(四) 低壓電容器之隔離設備得採用斷路器或安全開關。四、電容器若裝設於電動機過載保護設備之負載側，得免再裝過電流保護裝置及隔離設備。

第 183 條　(刪除)

第 184 條　(刪除)

第 185 條　(刪除)

第 185-1 條　1. 低壓電容器裝設於電動機過載保護裝置之負載側時，電動機過載保護設備之額定或標置，應依電動機電路改善後之功率因數決定。

2. 依表一六三之七～一至表一六三之七～三電動機滿載電流之一・二五倍，及表一五七電動機動作責務週期與額定電流百分比決定電動機電路導線額定時，不考慮電容器之影響。

第 185-2 條　1. 低壓電阻器及電抗器應裝設於不受外力損傷之場所。

2. 低壓電阻器及電抗器與可燃性材質之間隔若小於三〇〇公厘者，應於兩者之間裝設隔熱板。

3. 電阻元件與控制器間連接之導線，應採用導線絕緣物容許溫度為攝氏溫度九〇度以上者。

第六節之一　定置型蓄電池

第 185-3 條　本節用詞定義如下：

一、蓄電池系統：指由一具以上之蓄電池與電池充電器及可能含有變流器、轉換器，及相關用電器具所組合之互聯蓄電池系統。

二、蓄電池標稱電壓：指以蓄電池數量及型式為基準之電壓。

三、蓄電池：指由一個以上可重複充電之鉛酸、鎳鎘、鋰離子、鋰鐵電池，或其他可重複充電之電化學作用型式電池單元構成者。

四、密封式蓄電池：指蓄電池為免加水或電解液，或無外部測量電解液比重及可能裝有釋壓閥者。

第 185-4 條　若供應原動機起動、點火或控制用之蓄電池，其額定電壓低於五十伏特者，導線得免裝設過電流保護裝置。但第一百八十七條之一規定導線之配線不適用於本條。

第 185-5 條　由超過五〇伏之蓄電池系統供電之所有非接地導線，應裝設隔離設備，並裝設於可輕易觸及且蓄電池系統可視及範圍內。

第 185-6 條　由電池單元組合為標稱電壓二五〇伏以下之蓄電池組絕緣，依下列規定辦理：

一、封裝於非導電且耐熱材質容器內並具有外蓋之多具通氣式鉛酸蓄電池組，得免加裝絕緣支撐托架。

二、封裝於非導電且耐熱材質容器內，並具有外蓋之多具通氣式鹼性蓄電池，得免加裝絕緣支撐托架。在導電性材質容器內之通氣式鹼性蓄電池組，應裝置於非導電材質之托架內。

三、裝於橡膠或合成物容器內，其所有串聯電池單元之總電壓為一五〇伏以下時，得免加裝絕緣支撐托架。若總電壓超過一五〇伏時，應將蓄電池分組，使每組總電壓在一五〇伏以下，且每組蓄電池均應裝置於托架上。

四、以非導電且耐熱材質構造之密封式蓄電池及多室蓄電池組，得免加裝絕緣支撐托架。裝置於導電性容器內之蓄電池組，若容器與大地間有電壓時，應具有絕緣支撐托架。

第 185-7 條　1. 作為支撐蓄電池或托架之硬質框架應堅固且以下列之一材質製成：

一、金屬經處理具抗電蝕作用，及以非導電材質直接支撐電池或導電部分以非油漆之連續絕緣材質被覆或支撐。

二、其他結構如玻璃纖維，或其他適用非導電材質。

2. 以木頭或其他非導電材質製成托架，得作為蓄電池之支撐。

第 185-8 條　蓄電池之裝設位置應能充分通風並使氣體散逸，避免蓄電池產生易爆性混合氣體之累積且帶電部分之防護應符合第十五條之一規定。

第四章　低壓配線方法及器材

第一節　通則

第 186 條　除本規則另有規定外，所有低壓配線裝置之配線方法，依本章規定辦理。

第 186-1 條
1. 線路佈設依下列規定辦理：
   一、線路應佈設於不易觸及且不易受外力損傷之處所。
   二、在有震動及可能發生危險之地點，不得佈設線路。
   三、絕緣導線除電纜另有規定外，不得與敷設面直接接觸，亦不得嵌置壁內。
   四、線路貫穿建築物或金屬物時，應有防護導線擦傷之裝置。
2. 用電設備裝在建築物之表面時，應予固定。
3. 若在圓木、屋櫞上裝設平底型之吊線盒、插座、手捺開關等應附設木座。

第 186-2 條　屋內線路與其他管路、發熱構造物之容許間隔依下列規定辦理：
   一、屋內線路與電信線路、水管、煤氣管及其他金屬物間，應保持一五〇公厘以上之間隔。若無法保持前述規定間隔，其間應加裝絕緣物隔離，或採用金屬導線管、電纜等配線方法。
   二、屋內線路與煙囪、熱水管或其他發散熱氣之物體，應保持五〇〇公厘以上之間隔。但其間有隔離設備者，不在此限。
   三、若與其他地下管路交叉時，電纜以埋入該管路之下方為原則。

第 187 條　導線分歧之施工應避免有張力。

第 187-1 條
1. 交流電路使用管槽時，應將同一電路之所有導線及設備接地導線，佈設於同一管槽、電纜架或電纜內。
2. 前項同一電路之所有導線指單相二線式電路中之二線、單相三線式及三相三線式電路中之三線及三相四線式電路中之四線。
3. 不同系統之導線配線依下列規定辦理：
   一、標稱電壓六〇〇伏以下交流電路及直流電路之所有導線，絕緣額定至少等於所在封閉箱體、電纜或管槽內導線之最高電路電壓者，得佈設於同一配線封閉箱體、電纜或管槽內。

二、標稱電壓超過六〇〇伏之電路導線，與標稱電壓六〇〇伏以下之電路導線，不得佈設於同一配線封閉箱體、電纜或管槽內。

第 187-2 條　管槽、電纜架、電纜之鎧裝、電纜被覆、線盒、配電箱、配電盤、肘型彎管、管子接頭、配件及支撐等器材，依下列規定辦理：

一、鐵磁性金屬器材：

(一) 器材內外面應鍍上防腐蝕材質保護。

(二) 若需防腐蝕，且金屬導線管在現場作絞牙者，該絞牙應塗上導電性防腐蝕材料。

(三) 以琺瑯作防腐蝕保護之設備，不得使用於建築物外或潮濕場所。

(四) 具有防腐蝕保護之設備，得使用於混凝土內或直埋地下。

二、非金屬器材：

(一) 裝設於陽光直接照射處，應具耐日照特性者。

(二) 裝設於有化學氣體或化學溶劑等場所時，應具耐化學特性者。

三、潮濕場所暴露之全部配線系統包含線盒、配件、管槽及電纜架，與牆壁或支持物表面間之間隔，應保持六公厘以上。但非金屬管槽、線盒及配件裝設於混凝土、瓷磚或類似表面者，不在此限。

四、線盒及連接配件等不得受濕氣侵入，否則應採用防水型。

第 187-3 條　雨線外之配管依下列規定辦理：

一、使用有螺紋之管子接頭將金屬導線管相互接續應予防水處理，其配件亦應使用防水型，必要時加裝橡皮墊圈。

二、在潮濕場所施工時，管路應避免造成 U 型之低處。

三、在配管中較低處位置應設排水孔。

四、在垂直配管之上端應使用防水接頭。

五、在水平配管之終端應使用終端接頭或防水接頭。

第 187-4 條　管槽、電纜組件、出線盒、拉線盒、接線盒、導管盒、配電箱及配件等之固定及支撐，依下列規定辦理：

一、應以獨立且牢固之支撐固定，不得以天花板支架或其他配管作為支撐。

二、管槽之線盒或管盒依第一百九十六條之六規定裝設，並經設計者確認適用者，管槽得作為其他管槽、電纜或非用電設備之支撐。

三、電纜不得作為其他電纜、管槽或設備之支撐。

第 187-5 條　　　1. 電氣導線之管槽或電纜架，不得再佈設蒸汽管、水管、空調管、瓦斯管、排水管或非電氣之設施。

2. 弱電電線不得與電氣導線置於同一導線管內。

第 187-6 條　　　導線之金屬管槽、電纜之鎧裝及其他金屬封閉箱體，應作金屬連接形成連續之電氣導體，且連接至所有線盒、配電箱及配件，提供有效之電氣連續性。但符合下列規定之一者，不在此限：

一、由分路供電之設備封閉箱體，為減少接地電路電磁雜訊干擾，得與供電至該設備電路之管槽隔離，此隔離係採用一個以上經設計者確認之非金屬管槽配件，附裝於管槽與設備封閉箱體之連接點處。

二、金屬管槽內部附加一條具絕緣之設備接地導線，將設備封閉箱體接地。

第 187-7 條　　　金屬或非金屬管槽、電纜之鎧裝及被覆，於配電箱、線盒、配件或其他封閉箱體或出線口之間，應有機械連續性。但符合下列規定之一者，不在此限：

一、使用短節管槽支撐，或保護電纜組件避免受外力損傷者。

二、管槽及電纜裝置進入開關盤、電動機控制中心或亭置式變壓器等設備底部開口者。

第 187-8 條　　　導線之機械連續性及電氣連續性依下列規定辦理：

一、管槽內之導線，於出線口、線盒及配線裝置等之間，應有機械連續性。

二、多線式分路被接地導線之配置應有電氣連續性。

第 187-9 條　　　導線除不需作中間接續或終端處理外，於每一出線口、接線盒及開關點，應預留未來連接照明燈具、配線裝置所需接線長度。

第 187-10 條　　　導線管、非金屬被覆電纜、MI 電纜、裝甲電纜或其他電纜等配線方法，於每一條導線接續點、進出點、開關點、連接點、終端點或拉線點，應使用出線盒、拉線盒、接線盒或導管盒等。但符合下列情形，不在此限：

一、導線槽附有可拆卸式蓋板，且蓋板裝設於可觸及處者。

二、屬於整套型設備之接線盒或配線箱得以替代線盒者。

三、電纜進出之導線管已提供電纜支撐或保護，且於導線管終端使用避免電纜受損之配件者。

四、非金屬被覆電纜配線採整套型封閉箱體之配線裝置，且以支架將設施固定於牆壁或天花板者。

五、MI 電纜直線接續使用可觸及之配件者。

六、中間接續、開關、終端接頭或拉線點位於下列之一者：

(一) 配電箱內。

(二) 裝有開關、過電流保護裝置或電動機控制器之封閉箱體內，且有充足之容積者。

(三) 電動機控制中心內。

第 187-11 條　管槽之裝設依下列規定辦理：

一、除匯流排槽，或具有鉸鏈、可打開蓋子之暴露式管槽外，於導線穿入管槽前，管槽應配裝完妥。

二、除有特別設計或另有規定外，金屬管槽不得以焊接方式支撐、固定或連接。

三、在鋼筋混凝土內配管時，以不減損建築物之強度為原則，並符合下列規定：

(一) 集中配置時，不超過混凝土厚度三分之一。但配置連接接戶管者，不在此限。

(二) 不可對建材造成過大之溝或孔。

第 187-12 條　垂直導線管內導線之支撐依下列規定辦理：

一、導線垂直佈設之支撐間隔不得超過表一八七之一二規定。若有需超過者，垂直導線管內之導線應增加中間支撐。

二、導線、電纜於垂直導線管之頂端或靠近頂端處，應予支撐。三、使用下列方式之一支撐：

(一) 導線管終端使用夾型裝置，或採用絕緣楔子。

(二) 在不超過第一款規定之間隔設置支撐之線盒，並以能承受導線重量之方式予以支撐，且該線盒須有蓋板。

(三) 在線盒內，使電纜彎曲不小於九〇度，平放電纜之距離不小於電纜直徑之二倍，並以二個以上絕緣物支撐。若有需要，得再以紮線綁住。電纜於線盒前後上述方式之支撐間隔不超過表一八七之一二所示值之百分之二〇。

表一八七之一二　垂直導線管內導線支撐最大間隔

導線線徑（平方公厘）	最大間隔（公尺）
50 以下	30
100	25
150	20
250	15
超過 250	12

第 187-13 條　1. 鐵磁性金屬封閉箱體或金屬管槽之感應電流依下列規定處理：

一、交流電路之導線佈設於鐵磁性金屬封閉箱體或金屬管槽內，應將同一回路之相導線、被接地導線及設備接地導線綑綁成束，以保持電磁平衡。

二、交流電路之單芯導線，穿過鐵磁性金屬板時，應依下列方式之一：

(一)個別導線穿過金屬板時，其開孔與開孔間切一溝槽。

(二)提供絕緣壁，面積足夠容納電路所有導線穿過。

2. 真空或電氣放電燈系統，或 X 光檢測器之電路導線，若配置於金屬箱體內，或通過金屬體者，其感應效應得予忽略。

第 187-14 條　用戶配線系統中分路及幹線之非被接地導線識別依下列規定辦理：

一、用戶配線系統若有超過一個以上標稱電壓者，其分路及幹線之非被接地導線所有終端、連接點及接續點，應標示其相電壓或線電壓及系統標稱電壓。

二、識別方法可採用不同色碼、標示帶、標籤或其他經設計者確認之方法。

三、引接自每一分路配電箱或類似分路配電設備之導線之識別方法，應以書面置於可輕易觸及處，或耐久貼於每一分路配電箱或類似分路配電設備內。

第 188 條　（刪除）

第 189 條　1. 地下配線應使用絕緣電纜穿入管路、管溝或直埋方式施設。但絕緣導線使用於建築物或構造物內之地下管路者，不在此限。

2. 地下配線之施設依下列規定辦理：

一、埋設於地下之電纜或絕緣導線及其連接或接續，應具有防潮性。

二、以管路或電纜裝設者，其埋設深度應符合表一八九規定。

三、建築物下面埋設電纜時，應將電纜穿入導線管內，並延伸至建築物牆外。

四、直埋之 MI 電纜由地下引出地面時，應以配電箱或導線管保護，保護範圍至少由地面起達二‧五公尺及自地面以下達四六〇公厘。

五、纜線引出：

(一)地下線路與架空線路連接，其露出地面之纜線，應裝設於不會妨礙交通之位置。

(二)若纜線裝設於人員可能觸及之場所或易受損傷之場所者，應採用金屬導線管或非金屬導線管防護。

六、回填料：

(一)含有大塊岩石、鋪路材料、煤渣、大塊或尖角物料，或腐蝕性材料等，不得作為挖掘後之回填料。

(二)管路或直埋電纜之溝底應平滑搗實，並應於管路或電纜上方覆蓋砂粒、加標示帶，或採其他經設計者確認方法，防護其免遭受外力損傷。

七、水氣會進入而碰觸帶電組件之導線管，其一端或兩端，應予封閉或塞住。

八、纜線引上之地下裝置連接至導線管或其他管槽終端時，應有整套型封塞之套管或終端配件。具有外力保護特性之密封護套，得替代上述套管。

表一八九　低壓管路或電纜最小埋設深度

配線方法 / 線路地點	厚金屬導線管	PVC 管、MI 電纜
公厘 (mm)		
道路、街道及停車場	600	600
住宅範圍內車道、建築物外停車場	450	450
不屬上述欄位之其他場所	150	450

註：1. 最小埋設深度指導線管上緣與地面之最小距離。
　　2. PVC 管指適於直埋而可不加蓋板者。
　　3. 埋設地點有岩石者，導線管上面應以厚度 50 公厘以上之混凝土板覆蓋。

第 190 條　　　（刪除）

第 190-1 條　　　地下配線採用管路或管溝方式施設於可能需承受車輛或其他重物壓力之處者，其管路或管溝應有耐受其壓力之強度。

第 190-2 條　地下線路用之人孔及手孔依下列規定辦理：

一、人孔及手孔應堅固能耐受車輛或其他重物之壓力，且有防止浸水結構。

二、人孔及手孔應有排除積水之結構。

三、人孔及手孔不宜設置在爆炸性或易燃性氣體可能侵入之場所。

第 190-3 條　地下配線裝置之非帶電金屬部分、金屬接線箱或接線盒，及電纜金屬被覆層，應依有關規定接地。

第 190-4 條　導線管裝配於不能檢視之隱蔽處所或建築結構內者，應於部分或全部裝配完成埋設前，由電器承裝業會同建築監工或監造技師負責檢查，作成紀錄。

第 191 條　（刪除）

第二節（刪除）

第 192 條　（刪除）

～第 196 條

第二節之一　出線盒、拉線盒、接線盒、導管盒、手孔及配件

第 196-1 條　出線盒、拉線盒或接線盒、導管盒、手孔，及管槽連接配件、連接管槽或電纜至線盒及導管盒配件等之裝設，依本節規定辦理。

第 196-2 條　1. 非金屬線盒僅適用於非金屬被覆電纜配線、可撓軟線及非金屬管槽配線。

2. 採用非金屬導線管配線，其接線盒及裝接線配件應有足夠之強度。

第 196-3 條　線盒、導管盒及配件裝設於濕氣場所或潮濕場所者，其放置及配裝應能防止水份進入或滯留於盒內；裝設於潮濕場所者，應為適用於潮濕場所者。

第 196-4 條　導線進入出線盒、接線盒、接線盒、導管盒或配件應有防止遭受磨損之保護，並依下列規定辦理：

一、導線進入線盒之開孔空隙應予封閉。

二、金屬線盒或管盒：

（一）採用吊線支撐配線者，導線進入金屬線盒或管盒應以絕緣護套保護，其內部配線應牢固於線盒或管盒。

（二）管槽或電纜以金屬線盒或管盒裝設者，應予固定於盒上。

三、二二平方公厘以上之導線進入、引出線盒或管盒者，應以圓滑絕緣
　　表面之配件防護，或以固定之絕緣材質與該配件隔開。

第 196-5 條　由嵌入式之線盒表面延伸配管時，應另裝延伸框，以延伸及固定於既設
　　　　　　線盒，且延伸框應以蓋板蓋住出線口。設備接地應符合第一章第八節規
　　　　　　定。

第 196-6 條　出線盒、拉線盒、接線盒、導管盒、手孔及配件之封閉箱體支撐依下列
　　　　　　一種以上之方式辦理：

一、封閉箱體設置於建築物或其他表面者，應牢固於裝設位置。

二、封閉箱體應直接以建築物結構構件或地面作支撐，或以支架支撐於
　　建築物結構構件或地面，並符合下列規定：

　　（一）若使用釘子及螺絲固定者，以其穿過背板固定時，與箱體內部
　　　　　側面應保持六公厘以內。螺絲不得穿過箱體內部。

　　（二）金屬支架應具有防腐蝕性，且由厚度○・五公厘以上（不含
　　　　　塗層）之金屬製成。

三、封閉箱體設置於牆面或木板之完成面者，應以適用之固定夾、螺栓
　　或配件予以牢固。

四、封閉箱體設置於懸吊式天花板之結構或支持物者，箱體容積不得超
　　過一六五○立方公分，並依下列方式之一予以牢固：

　　（一）箱體應以螺栓、螺絲釘、鉚釘或夾子固定於框架組件上，或以
　　　　　其他適用於天花板框架組件及箱體牢固之方法。

　　（二）支撐線應以獨立且牢固之支撐固定，而不用天花板支架或其他
　　　　　配管作為支撐。以支撐線作為封閉箱體之支撐者，每一個端點
　　　　　應予固定。

五、以管槽支撐封閉箱體：

　　（一）箱體容積不得超過一六五○立方公分。

　　（二）箱體應具有螺紋入口或適用之插孔，且有二根以上導線管穿入
　　　　　或插入箱體，每根導線管於箱體四五○公厘範圍內予以固定。

六、封閉箱體埋入混凝土或磚石作支撐者，應具有防腐蝕性，且牢固埋
　　入混凝土或磚石。

七、懸吊式線盒或管盒依下列規定之一辦理：

　　（一）若由多芯可撓導線或電纜支撐者，應以張力釋放接頭穿入盒內
　　　　　旋緊等方式，保護導線免於承受張力。

　　　　　　　　（二）以導線管作支撐：

　　　　　　　　　　① 若為燈座或照明燈具之支撐線盒或管盒應以四五〇公厘以
　　　　　　　　　　　　下之金屬導線管節支撐。在照明燈具末端，其導線管應穿
　　　　　　　　　　　　入盒內或配線封閉箱體旋緊。

　　　　　　　　　　② 若僅由單一導線管支撐者：

　　　　　　　　　　　❶ 螺紋穿入連接處應使用螺絲釘固定，或以其他方法防
　　　　　　　　　　　　 止鬆脫。

　　　　　　　　　　　❷ 照明燈具距離地面應為二‧五公尺以上，且距離窗
　　　　　　　　　　　　 戶、門、走廊、火災逃生通道或類似場所高度二‧五
　　　　　　　　　　　　 公尺以上，水平距離九〇〇公厘以上。

第 196-7 條　出線盒、拉線盒、接線盒及導管盒及配線器材之封閉箱體應有符合下列
　　　　　　規定之深度，以妥適容納所裝設備，並應有足夠之強度，使其配裝在混
　　　　　　凝土內或其他場所時，不致造成變形或傷及箱盒內之導線。

　　　　一、箱盒內未裝有配線器材或用電設備者，內部深度至少有一二‧五公
　　　　　　厘，並加裝蓋子。

　　　　二、箱盒裝有配線器材或用電設備者，內部至少有下列規定之深度，且
　　　　　　其最小深度能容納設備後部突出部分及供電至該設備之導線。

　　　　　　（一）配線器材或用電設備突出於安裝面板後面超過四八公厘者，箱
　　　　　　　　　盒深度為該裝置或設備厚度再加六公厘。

　　　　　　（二）依配線器材或用電設備所接之電源導線線徑規定如下：

　　　　　　　　① 線徑超過二二平方公厘：接線盒及拉線盒容積得為超過
　　　　　　　　　 一六五〇立方公分。

　　　　　　　　② 線徑八平方公厘至二二平方公厘：箱盒深度為五二公厘以
　　　　　　　　　 上。

　　　　　　　　③ 線徑三‧五平方公厘至五‧五平方公厘：箱盒深度為三
　　　　　　　　　 〇公厘以上。

　　　　　　　　④ 線徑二公厘以下：箱盒深度為二五公厘以上。

第 196-8 條　全部裝設完成後，每一出線盒、拉線盒、接線盒及導管盒應有蓋板、面
　　　　　　板、燈座或燈具罩，並依下列規定辦理：

　　　　一、蓋板及面板使用金屬材質者，應予接地。

　　　　二、暴露於燈具罩邊緣及線盒或管盒間之任何可燃性牆壁或天花板，應
　　　　　　以非可燃性材質覆蓋。

第 196-9 條　　　出線盒之使用依下列規定辦理：

一、在照明燈具及插座等裝設位置應使用出線盒。但明管配線之末端或類似之情況得使用木台。

二、出線盒之設計可供支撐，且裝設符合第一百九十六條之六規定者，得作為照明燈具、燈座或用電器具之支撐，並依下列規定辦理：

（一）牆壁上照明燈具或燈座之出線盒應在其內部標示所能承受之最大重量，且燈具未超過二三公斤，可由線盒支撐於牆壁。若壁掛式照明燈具、燈座或用電器具重量未超過三公斤者，得以其擴充線盒或其他線盒支撐。

（二）照明專用天花板出線口應有出線盒供照明燈具或燈座附掛，並能支撐燈具重量至少二三公斤。燈具重量超過二三公斤者，除出線盒經設計者確認並標示有最大支撐重量者外，應有與出線盒無關之獨立且牢固之支撐。

三、以出線盒或出線盒系統作為天花板懸吊式電扇唯一支撐者，應為製造廠標示適合此用途者，且吊扇重量不得超過三二公斤。若出線盒或出線盒系統設計可支撐超過一六公斤者，應標示其可支撐之最大重量。

四、出線盒供地板內插座使用者，應為經設計者確認適用於地板者。

第 196-10 條　　　拉線盒、接線盒及導管盒之使用依下列規定辦理：

一、二二平方公厘以上導線之導線管或電纜佈設時，其線盒及管盒最小容積依下列規定辦理：

（一）直線拉線：線盒或管盒之長度不得小於導線管中最大標稱管徑之八倍。

（二）轉彎、U 型拉線或接續：

① 導線管進入側轉彎至另一側之線盒或管盒距離，不得小於導線管最大標稱管徑之六倍。有其他導線管進入時，其距離應再增加同一側同一排所有導線管直徑之總和。

② 每一排導線管應個別計算，再取其中一排算出之最大距離者為基準。

二、線盒之長度、寬度或高度若超過一‧八公尺者，盒內所有導線應予綁住或放在支架上。

三、所有線盒及管盒應有蓋板，其材質應與線盒或管盒具相容性，且適合其使用條件。若為金屬材質者，應予接地。

四、若盒內裝有耐久隔板加以區隔者，每一區間應視為個別線盒或管盒。

五、線盒或管盒容積大於一六五〇立方公分，且依下列規定裝設者，其內部得裝設配線端子板供導體接續用：

(一) 配線端子板尺寸不小於其裝用說明書規定。

(二) 配線端子板於盒內不會暴露任何未絕緣帶電組件。

第 196-11 條　出線盒、拉線盒、接線盒、導管盒及手孔之裝設應使作業人員可觸及其內部配線，無需移開建築物任何部分，或挖開人行道、舖設地面或其他舖設地面之物體。但線盒、管盒及手孔以碎石、輕質混凝土或無粘著力之粒狀泥土覆蓋，且其設置場所能有效識別及可觸及挖掘者，不在此限。

第 196-12 條　金屬材質出線盒、拉線盒、接線盒、導管盒及管槽配件之選用依下列規定辦理：

一、應為耐腐蝕性者，或內外面鍍鋅、上釉或使用其他防腐蝕處理。

二、應有足以承受所裝設備或導線之強度及硬度。

三、每一具金屬製線盒或管盒應有可供連接設備接地導線用之設施；該設施得採用螺紋孔或同等方式。

第 196-13 條　1. 金屬蓋板之材質應與其所裝用之出線盒、拉線盒、接線盒、導管盒相同，或襯以厚度〇・八公厘以上之絕緣物。

2. 金屬蓋板厚度應與其所裝用之線盒或管盒相同。

第 196-14 條　1. 出線盒及導管盒之蓋板上有孔洞供可撓軟線引出者，應使用護套予以保護。

2. 若個別導線通過金屬蓋孔時，每條導線應使用個別孔洞，且使用絕緣材質護套予以保護。該個別孔洞應以符合第一百八十七條之十三規定之溝槽連接。

第 196-15 條　金屬導線管、金屬可撓導線管、非金屬導線管及非金屬可撓導線管彎曲依下列規定辦理：

一、彎曲時不得使導線管遭受損傷，且其管內直徑不得因彎曲而減少。

二、於兩線盒或管盒間，金屬導線管、金屬可撓導線管、非金屬導線管轉彎不得超過四個，非金屬可撓導線管轉彎不得超過三個；其每一內彎角不得小於九〇度。

三、彎曲處內側半徑不得小於導線管內徑之六倍。

四、液密型金屬可撓導線管裝設於暴露場所或能夠點檢之隱蔽場所而可
　　將導線管卸下者，其彎曲處內側半徑不得小於導線管內徑之三倍。

第三節（刪除）

第 197 條　　　（刪除）
～第 207 條

第四節（刪除）

第 208 條　　　（刪除）
～第 218 條

第五節　金屬導線管配線

第 218-1 條　　金屬導線管配線及其相關配件之使用及裝設，依本節規定辦理。

第 218-2 條　　金屬導線管為鐵、鋼、銅、鋁及合金等製成品。常用導線管按其形式及
　　　　　　　管壁厚度如下：

一、厚金屬導線管、薄金屬導線管：指有螺紋、圓形鋼製之金屬管，按
　　管壁厚度而有厚薄之分。

二、無螺紋金屬導線管 (Electric Metallic Tubing, EMT)：指無螺紋、薄壁
　　之圓形金屬管。

第 218-3 條　　1. 金屬導線管不得使用於下列情形或場所：

一、有發散腐蝕性物質之場所。

二、含有酸性或腐蝕性之泥土中。

三、潮濕場所。但所有支撐物、螺栓、護管帶、螺絲等配件具耐腐蝕
　　材質，或另有耐腐蝕材質保護者，不在此限。

2. 薄金屬導線管及無螺紋金屬導線管亦不得使用於下列情形或場所：

一、第二百九十四條第一款至第五款規定之場所。但另有規定者，不
　　在此限。

二、有重機械碰傷場所。

三、六○○伏以上之高壓配管工程。

3. 無螺紋金屬導線管亦不得使用於照明燈具或其他設備之支撐。

第 219 條　　　（刪除）

第 220 條　　　（刪除）

第 220-1 條　　不同材質金屬導線管之間應避免互相接觸，以免可能之電蝕效應產生。

第 221 條　金屬導線管之選用依下列規定辦理：

一、金屬導線管應有足夠之強度，其內部管壁應光滑，以免損傷導線之
　　絕緣。

二、金屬導線管內外表面應鍍鋅。但施設於乾燥之室內及埋設於不受潮
　　濕之建築物或構造物內者，其內外表面得塗有其他防鏽之物質。

第 222 條　金屬導線管徑之選定依下列規定辦理：

一、線徑相同之導線穿在同一管內時，管徑之選定應依表二二二～一至
　　表二二二～三規定。

表二二二～一　厚金屬導線管之選定

線徑		導線數									
單線 （公厘）	絞線 （平方公厘）	1	2	3	4	5	6	7	8	9	10
		導線管最小管徑（公厘）									
1.6		16	16	16	16	22	22	22	28	28	28
2.0	3.5	16	16	16	22	22	22	28	28	28	28
2.6	5.5	16	16	22	22	28	28	28	36	36	36
	8	16	22	22	28	28	36	36	36	36	42
	14	16	22	28	28	36	36	36	42	42	54
	22	16	28	28	36	42	42	54	54	54	54
	30	16	36	36	36	42	54	54	54	70	70
	38	22	36	36	42	54	54	54	70	70	70
	50	22	36	42	54	54	70	70	70	70	82
	60	22	42	42	54	70	70	70	70	82	82
	80	28	42	54	54	70	70	82	82	82	92
	100	28	54	54	70	70	82	82	92	92	104
	125	36	54	70	70	82	82	92	104	104	
	150	36	70	70	82	82	92	104	104		
	200	36	70	70	82	92	104				
	250	42	82	82	92	104					
	325	54	82	92	104						
	400	54	92	92							
	500	54	104	104							

註：1. 導線 1 條適用於設備接地導線及直流電路。

　　2. 厚金屬導線管之管徑根據 CNS 規定以內徑表示。

表二二二～二　薄金屬導線管、無螺紋金屬導線管之選定

線徑		導線數									
單線 （公厘）	絞線 （平方公厘）	1	2	3	4	5	6	7	8	9	10
		導線管最小管徑（公厘）									
1.6		15	15	15	25	25	25	25	31	31	31
2.0	3.5	15	19	19	25	25	25	31	31	31	31
2.6	5.5	15	25	25	25	31	31	31	31	39	39
	8	15	25	25	31	31	39	39	39	51	51
	14	15	25	31	31	39	39	51	51	51	51
	22	19	31	31	39	51	51	51	51	63	63
	30	19	39	39	51	51	51	63	63	63	63
	38	25	39	39	51	51	63	63	63	63	75
	50	25	51	51	51	63	63	75	75	75	75
	60	25	51	51	63	63	75	75	75		
	80	31	51	51	63	75	75	75			
	100	31	63	63	75	75					
	125	39	63	63	75						
	150	39	63	75	75						
	200	51	75	75							
	250	51	75								
	325	51									
	400	51									
	500	63									

註：1.　導線一條適用於設備接地導線及直流電路。

　　2.　薄金屬導線管、無螺紋金屬導線之管徑根據 CNS 規定以外徑表示。

表表二二二～三　金屬導線管最多導線數 (超出 10 條者)

線徑		厚金屬導線管徑 (公厘)								薄金屬導線管徑、無螺紋金屬導線管徑 (公厘)				
單線 (公厘)	絞線 (平方公厘)	28	36	42	54	70	82	92	104	31	39	51	63	75
1.6		12	21	28	45	76	106	136	177	12	19	35	55	81
2.0	3.5		18	25	39	66	92	118	154	11	16	30	48	71
2.6	5.5		13	17	28	47	66	85	111		11	22	34	51
	8			13	21	35	49	63	82			16	25	38
	14				15	26	36	47	61			12	19	28

註：1. 厚金屬導線管之管徑按 CNS 規定以內徑之偶數表示。

2. 薄金屬導線管、無螺紋金屬導線之管徑按 CNS 規定以外徑之奇數表示。

二、管長六公尺以下且無顯著彎曲及導線容易更換者，若穿在同一管內之線徑相同且在八平方公厘以下應依表二二二～四選定，其餘得依絞線與絕緣皮截面積總和不大於表二二二～五或表二二二～六導線管截面積之百分之六〇選定。

三、線徑不同之導線穿在同一管內時，得依絞線與絕緣皮截面積總和不大於表二二二～五或表二二二～六導線管截面積之百分之四〇選定。

四、除依前三款選定外，單芯電纜、多芯電纜或其他絕緣導線之管徑選用得依表二二二～七選定。

表二二二～四　金屬導線管最多導線數 (管長 6 公尺以下)

線徑		厚金屬導線管徑 (公厘)		薄金屬導線管徑、無螺紋金屬導線管徑 (公厘)		
單線 (公厘)	絞線 (平方公厘)	16	22	15	19	25
1.6		9	15	6	9	15
2.0	3.5	6	11	4	6	11
2.6	5.5	4	7	3	4	7
	8	2	4	1	2	4

註：1. 厚金屬導線管之管徑按 CNS 規定以內徑之偶數表示。

2. 薄金屬導線管、無螺紋金屬導線之管徑按 CNS 規定以外徑之奇數表示。

表二二二～五　厚金屬導線管截面積之 40% 及 60%

管徑（公厘）	截面積之 40%（平方公厘）	截面積之 60%（平方公厘）
16	84	126
22	150	225
28	251	376
36	427	640
42	574	862
54	919	1,373
70	1,520	2,281
82	2,126	3,190
92	2,756	4,135
104	3,554	5,331
註：在二二二～四中未列之 14 平方公厘以上導線適用於本表截面積之 60% 欄。		

表二二二～六　薄金屬導線管、無螺紋金屬導線管截面積之 40% 及 60%

管徑（公厘）	截面積之 40%（平方公厘）	截面積之 60%（平方公厘）
15	57	85
19	79	118
25	154	231
31	256	385
39	382	573
51	711	1,066
63	1,116	1,667
75	1,636	2,455
註：在二二二～四中未列之 14 平方公厘以上導線適用於本表截面積之 60% 欄。		

表二二二～七　單芯電纜、多芯電纜或其他絕緣導線截面積總和占
導線管截面積之容許百分率

導線數量	容許百分率
1	53
2	31
超過 2	40

註：1. 計算導線管內島線之最多數量係以所有相同線徑之導線 (總截面積包括絕緣體) 可穿入使用之導線管管徑內計算，且計算結果的小數點後為 0.8 以上者，應採用進位整數來決定導線之最多數量。

2. 計算導線管之容積應包括設備接地導線或搭接導線。設備接地導線或搭接導線 (絕緣或裸導線) 應以實際截面積計算。

3. 單芯或多芯電纜、光纖電纜應使用其實際截面積。

4. 由兩條以上導線組成之多芯電纜，應當作單一導線計算占用導線管空間之百分比。電纜有橢圓形之截面積時，其截面積之計算應使用橢圓形之主直徑作為圖形直徑之基準。

第 223 條　　　(刪除)

第 224 條　　　(刪除)

第 224-1 條　　1. 金屬導線管終端切斷處，應予整修或去除粗糙邊緣，使導線出入口平滑，不得有損傷導線被覆之虞。金屬導線管若於現場絞牙，應使用絞牙模具處理。

2. 無螺紋金屬導線管不得絞牙。但使用其原製造廠製之整體絞牙連接接頭，並設計能防止導線管絞牙彎曲者，不在此限。

第 225 條　　　金屬導線管以明管敷設時之固定及支撐依下列規定辦理：

一、固定：

(一) 於每一個出線盒、拉線盒、接線盒、導管盒、配電箱或其他導線管終端九○○公厘內，應以護管鐵固定。

(二) 若結構構件不易固定於九○○公厘以內時，得於一‧五公尺以內處固定。

二、支撐：

(一) 金屬導線管每隔二公尺內，應以護管鐵或其他有效方法支撐。

(二) 從工業機器或固定式設備延伸之暴露垂直導線管，若中間為絞牙連接，導線管最頂端及底端有支撐及固定，且無其他有效之中間支撐方法者，得每隔六公尺以內作支撐。

第 226 條　　　　　（刪除）

～第 228 條

第 229 條　　　　　金屬導線管之連接依下列規定辦理：

一、金屬導線管間以管子接頭連接時，其絞牙應充分絞合。

二、金屬導線管與其配件之連接，其配件之兩側應用制止螺絲圈銜接或以其他方式妥為連接。

三、金屬導線管與其配件應與建築物確實固定。

四、金屬導線管進入線盒、配件或其他封閉箱體，管口應有護圈或護套，以防止導線損傷。但線盒、配件或封閉箱體之設計有此保護者，不在此限。

第 230 條　　　　　（刪除）

～第 237 條

第 238 條　　　　　隱蔽於建築物內部之配線工程竣工後，應繪製詳細圖面，指明金屬導線管線盒或管盒及其他配件之位置，以便檢修。

第五節之一　金屬可撓導線管配線

第 238-1 條　　　金屬可撓導線管及其相關配件之使用及裝設，依本節規定辦理。

第 238-2 條　　　金屬可撓導線管按其構造分類，常用類型如下：

一、一般型：由金屬片捲成螺旋狀製成者。

二、液密型：由金屬片與纖維組合製成之緊密且有耐水性者。

第 238-3 條　　　1. 金屬可撓導線管不得使用於下列情形或場所：

一、易受外力損傷之場所。但有防護裝置者，不在此限。

二、升降機之升降路。但配線終端至各機器間之可撓導線管配線，不在此限。

三、第二百九十四條第一款至第五款規定之場所。但另有規定者，不在此限。

四、直埋地下或混凝土中。但液密型金屬可撓導線管經設計者確認適用並有標示者，得直埋地下。

五、長度超過一・八公尺者。

六、周溫及導線運轉溫度超過導線管耐受溫度之場所。

　2. 一般型金屬可撓導線管除用於連接發電機、電動機等旋轉機具有可撓必要之接線部分外，不得使用於下列情形或場所：

　　一、隱蔽場所。但可點檢者，不在此限。

　　二、潮濕場所。

　　三、蓄電池室。

　　四、暴露於石油或汽油之場所，對所裝設導線有劣化效應者。

第 238-4 條　1. 金屬可撓導線管厚度應在〇‧八公厘以上。

　　　　　　2. 金屬可撓導線管、接線盒等管與管相互連接及導線管終端連接，應選用適當材質之配件，並維持其電氣連續性。

第 238-5 條　金屬可撓導線管徑之選定依下列規定辦理：

　　一、線徑相同之絕緣導線穿在同一一般型金屬可撓導線管之管徑，應依第五節金屬管配線之厚金屬導線管表二二二～一選定。

　　二、線徑相同之絕緣導線穿在同一液密型金屬可撓導線管內時，其管徑應依下列規定選定：

　　　（一）管內穿設絕緣導線數在一〇條以下者，按表二三八之五～一選定。

　　　（二）管內穿設絕緣導線數超過一〇條者，按表二三八之五～二選定。

　　三、金屬可撓導線管若彎曲不多，導線容易穿入及更換者，得免按第一款規定選用。若線徑相同且在八平方公厘以下者，得按表二三八之五～三選定。其餘得按表二三八之五～四、表二三八之五～五，及參考表二三八之五～六由導線與絕緣及被覆截面積總和不大於導線管內截面積之百分之四八選定。

　　四、線徑不同之絕緣導線穿在同一金屬可撓管內時，得按表二三八之五～四、表二三八之五～五及表二三八之五～六導體與絕緣被覆總截面積總和不大於導線管內截面積之百分之三二選定。

表二三八之五～一　液密型金屬可撓導線管之選定

線徑		導線數									
單線 （公厘）	絞線 （平方公厘）	1	2	3	4	5	6	7	8	9	10
		導線管最小管徑（公厘）									
1.6		10	15	15	17	24	24	24	24	30	30
2.0	5.5	10	17	17	24	24	24	24	30	30	30
2.6	8	10	17	24	24	24	30	30	30	38	38
3.2	14	12	24	24	24	30	30	38	38	38	38
	22	15	24	24	30	38	38	38	50	50	50
	38	17	30	30	38	38	50	50	50	50	63
	60	24	38	38	50	50	63	63	63	63	76
	100	24	50	50	63	63	63	76	76	76	83
	150	30	50	63	63	76	76	83	101	101	101
	200	38	63	76	76	101	101	101			
	250	38	76	76	101	101	101				
	325	50	76	83	101						
		50	101	101							

註：1. 導線一條適用於接地導線及直流電路之電線。

　　2. 本表係依據實驗及經驗訂定。

表二三八之五～二　液密型金屬可撓導線管最多導線數（超過 10 條者）

線徑		導線管最小管徑（公厘）			
單線 （公厘）	絞線 （平方公厘）	30	38	50	63
1.6		13	21	37	61
2.0			17	30	49
2.6	5.5		14	25	41
3.2	8			18	29

表二三八之五～三　液密型金屬可撓導線管最多導線數
（導線管彎曲少，導線容易穿入及更換者）

線徑		導線管最小管徑（公厘）		
單線（公厘）	絞線（平方公厘）	15	17	24
1.6		4	6	13
2.0		3	5	10
2.6	5.5	3	4	8
3.2	8	2	3	6

表二三八之五～四　液密型金屬可撓導線管之導線（含絕緣被覆）截面積

線徑		截面積（平方公厘）
單線（公厘）	絞線（平方公厘）	1.6
	8	2.0
	10	2.6
5.5	20	3.2
8	28	
14	45	
22	66	
38	104	
60	154	
100	227	
150	346	
200	415	
250	531	

表二三八之五～五　液密型金屬可撓導線管之絕緣導線數校正係數

線徑		校正係數
單線（公厘）	絞線（平方公厘）	1.6
	2.0	2.0
	2.0	2.6
5.5	1.2	3.2
8	1.2	
14 以上	1.0	

表二三八之五～六　液密型金屬可撓導線管截面積之 32% 及 48%

管徑 （公厘）	截面積 之 32% （平方公厘）	截面積 之 48% （平方公厘）	管徑 （公厘）	截面積 之 32% （平方公厘）	截面積 之 48% （平方公厘）
10	21	31	38	345	518
12	32	48	50	605	908
15	49	74	63	984	1476
17	69	103	76	1450	2176
24	142	213	83	1648	2472
30	215	323	101	2522	3783

第 238-6 條　金屬可撓導線管及附屬配件之所有管口，應予整修或去除粗糙邊緣，使導線出入口平滑，不得有損傷導線被覆之虞。但其具螺紋之配件可以旋轉進入導線管內者，不在此限。

第 238-7 條　金屬可撓導線管以明管敷設時，於每一個出線盒、拉線盒、接線盒、導管盒、配電箱或導線管終端三〇〇公厘內，應以護管鐵固定，且每隔一‧五公尺以內，應以護管鐵支撐。

第 238-8 條　金屬可撓導線管及附屬配件之連接依下列規定辦理：

一、導線管及附屬配件之連接應有良好之機械性及電氣連續性，並確實固定。

二、導線管相互連接時，應以連接接頭妥為接續。

三、導線管與接線盒或配電箱連接時，應以終端接頭接續。

四、與金屬導線管配線、金屬導線槽配線等相互連接時，應使用連接接頭或終端接頭互相連接，並使其具機械性及電氣連續性。

五、轉彎接頭不得裝設於隱蔽處所。

第 238-9 條　1. 金屬可撓導線管與設備之連接，其接地應依第一章第八節規定辦理。

2. 金屬可撓導線管應採用線徑一‧六公厘以上裸軟銅線或截面積二平方公厘以上裸軟絞線作為接地導線，且此添加之裸軟銅線或裸軟絞線應與金屬可撓導線管兩端有電氣連續性。

第六節　非金屬導線管配

第 238-10 條　非金屬導線管配線及其相關配件之使用、裝設及施作，依本節規定辦理。

第 239 條　非金屬導線管按其材質分類，常用類型如下：

一、硬質聚氯乙烯導線管 (簡稱 PVC 管)：指以硬質聚氯乙烯製成之電氣用圓形非金屬導線管。

二、高密度聚乙烯導線管 (簡稱 HDPE 管)：指以高密度聚乙烯製成之電氣用圓形非金屬導線管。

第 240 條　(刪除)

第 241 條　1. 非金屬導線管不得使用於下列情形或場所：

一、第二百九十四條第一款至第五款規定之場所。但另有規定者，不在此限。

二、周溫超過攝氏五〇度之場所。但經設計者確認適用者，不在此限。

三、導線及電纜絕緣物之額定耐受溫度高於導線管。但實際運轉溫度不超過導線管之額定耐受溫度，且符合表一六～七安培容量規定者，不在此限。

2. PVC 管亦不得使用於下列情形或場所：

一、於潮濕場所配置之管路系統不能防止水份侵入管中，及所有支撐物、螺栓、護管帶、螺絲等配件不具耐腐蝕材質，或無耐腐蝕材質保護者。

二、作為照明燈具或其他設備之支撐。

三、易受外力損傷之場所。

3. HDPE 管亦不得使用於下列情形或場所：

一、暴露場所。

二、建築物內。

三、直埋於混凝土厚度小於五〇公厘。

第 242 條　(刪除)

第 243 條　(刪除)

第 243-1 條　非金屬導線管之選用依下列規定辦理：

一、PVC 管：

(一) 佈設於地上，應能耐燃、耐壓縮及耐衝擊；使用遇熱時，應能耐歪曲變形、耐低溫；暴露於陽光直接照射時，應能耐日照。

（二）佈設於地下，應能耐濕、耐腐蝕，及具有足夠強度使其於搬運、佈設期間能耐壓縮及耐衝擊。

二、HDPE 管：

（一）應能耐濕、耐腐蝕，及具有足夠強度使其於搬運、佈設期間能耐壓縮及耐衝擊。

（二）非直埋於混凝土內者，應能承受佈設後持續之荷重。

第 244 條　非金屬導線管徑之選定依下列規定辦理：

一、線徑相同之導線穿在同一管內時，管徑之選定應依表二四四～一及表二四四～二規定。

二、管長六公尺以下且無顯著彎曲及導線容易更換者，若穿在同一管內之線徑相同且在八平方公厘以下應依表二四四～三選定，其餘得依絞線與絕緣皮截面積總和不大於表二四四～四中導線管截面積之百分之六〇選定。

三、線徑不同之導線穿在同一管內時，得依絞線與絕緣皮截面積總和不大於表二四四～四導線管截面積之百分之四〇選定。

四、除依前三款選定外，單芯電纜、多芯電纜或其他絕緣導線之管徑選用得依表二二二～七選定。

表二四四～一　非金屬導線管徑之選定

線徑		導線數									
單線（公厘）	絞線（平方公厘）	1	2	3	4	5	6	7	8	9	10
		導線管最小管徑（公厘）									
1.6		12	12	12	16	16	20	20	28	28	28
2.0	3.5	12	12	16	16	20	20	28	28	28	28
2.6	5.5	12	16	16	20	28	28	28	35	35	35
	8	12	20	20	28	28	35	35	35	41	41
	14	12	20	28	28	35	35	41	41	41	52
	22	16	28	35	35	41	41	52	52	52	65
	30	16	35	35	41	41	52	52	52	65	65
	38	16	35	35	41	52	52	52	65	65	65
	50	20	41	41	52	52	65	65	65	80	80
	60	20	41	52	52	65	65	65	80	80	80
	80	28	52	52	65	65	65	80	80		

表二四四〜一　非金屬導線管徑之選定 (續)

線徑		導線數									
單線 (公厘)	絞線 (平方公厘)	1	2	3	4	5	6	7	8	9	10
		導線管最小管徑 (公厘)									
	100	28	52	65	65	80	80				
	125	35	65	65	65	80					
	150	35	65	65	80						
	200	41	65	80	80						
	250	41	80	80							
	325	52									
	400	52									
	500	65									

註：管徑根據 CNS 規定以內徑表示。

表二四四〜二　非金屬導線管最多導線數 (超過 10 條者)

線徑		最小管徑 (公厘)					
單線 (公厘)	絞線 (平方公厘)	28	35	41	52	65	80
1.6		12	19	26	42	70	95
2.0	3.5		16	22	36	61	83
2.6	5.5		12	16	26	44	59
	8			12	19	32	44
	14				14	24	33

註：管徑根據 CNS 規定以內徑表示。

表二四四〜三　非金屬導線管最多導線數 (管長 6 公尺以下)

線徑		非金屬管徑 (公厘)		
單線 (公厘)	絞線 (平方公厘)	12	16	20
1.6		6	10	15
2.0	3.5	4	7	11
2.6	5.5	3	5	7
	8	1	2	4

註：管徑根據 CNS 規定以內徑表示。

表二四四～四　非金屬導線管截面積之 40% 及 60%

管徑（公厘）	截面積之 40%(平方公厘)	截面積之 60%(平方公厘)
12	61	91
16	101	152
20	152	228
28	246	369
35	384	577
41	502	753
52	816	1225
65	1410	2115
80	1892	2808

註：在二四四～三中未列之 14 平方公厘以上導線適用於本表截面積之 60% 欄。

第 245 條　　非金屬導線管之配管依下列規定辦理：

一、導線管之所有管口內外應予整修或去除粗糙邊緣，使導線出入口平滑，不得有損傷導線被覆之虞。

二、導線管互相連接，或與接線盒連接，應考慮溫度變化，在連接處裝設伸縮配件。

三、在混凝土內集中配管不得減少建築物之強度。

第 245-1 條　　非金屬導線管進入線盒、配件或其他封閉箱體，管口應裝設護套或施作喇叭口、擴管等，以保護導線免受磨損。

第 246 條　　1. PVC 管以明管敷設時，應依表二四六規定值予以支撐，且距下列位置三〇〇公厘內，裝設護管帶固定。

一、配管之兩端。

二、管與配件連接處。

三、管與管相互間連接處。

2. PVC 管相互間及管與配件相接之長度，應為管徑之一・二倍以上，且其連接處應牢固。若使用粘劑者，相接長度得降低至管徑之〇・八倍。

表二四六　PVC 管最大支撐間隔

標稱管徑		最大支撐間隔
公厘	英吋	公尺
16 ～ 28	1/2 ～ 1	0.9
35 ～ 52	1 1/4 ～ 2	1.5
65 ～ 80	2 1/2 ～ 3	1.8
100 ～ 125	4 ～ 5	2.1
150	6	2.4

第 247 條　　　（刪除）

第 248 條　　　（刪除）

第六節之一　非金屬可撓導線管配線

第 248-1 條　非金屬可撓導線管及其相關配件之使用及裝設，依本節規定辦理。

第 248-2 條　非金屬可撓導線管指由合成樹脂材質製成，並搭配專用之接頭及配件，作為電氣導線及電纜裝設用，按其特性分類，常用類型如下：

一、PF(plastic flexible) 管：具有耐燃性之塑膠可撓管，其內壁為圓滑狀、外層為波浪狀之單層管。

二、CD(combined duct) 管：非耐燃性之塑膠可撓管，其內壁為圓滑狀、外層為波浪狀之單層管。

第 248-3 條　1. 非金屬可撓導線管不得使用於下列情形或場所：

一、導線之運轉溫度高於導線管之承受溫度者。

二、電壓超過六〇〇伏者。

三、第二百九十四條第一款至第五款規定之場所。

四、作為照明燈具及其他設備之支撐。

五、周溫超出導線管承受溫度之場所。

2. PF 管亦不得使用於下列情形或場所：

一、易受外力損傷之場所。

二、隱蔽場所。但可點檢者，不在此限。

3. CD 管亦不得使用於鋼筋混凝土以外之場所。

第 248-4 條　非金屬可撓導線管以絕緣導線配線時，其導線安培容量應依表一六～七選定。

第 248-5 條　　非金屬可撓導線管之管徑選定依下列規定辦理：

一、線徑相同之導線穿在同一管內時，其導線數在一〇條以下者，應依表二四八之五～一選定；導線數超過一〇條者，應依表二四八之五～二選定。

二、管線裝置時彎曲較少，且容易拉線及換線者，若穿在同一管內之線徑相同且在八平方公厘以下應依表二四八之五～三選定；其餘得依表二三八之五～四及表二四八之五～四，及參考表二四八之五～五由導體、絕緣及被覆截面積總和不大於導線管內截面積之百分之四八選定。

三、線徑不同之導線穿在同一管內時，得依表二三八之五～四、表二四八之五～四及參考表二四八之五～五由導體、絕緣及被覆截面積總和不大於導線管截面積之百分之三二選定。

表二四八之五～一　非金屬可撓導線管徑之選定 (10 條以下者)

線徑		導線數									
單線 （公厘）	絞線 （平方公厘）	1	2	3	4	5	6	7	8	9	10
		最小管徑 (公厘)									
1.6		14	14	14	14	16	16	22	22	22	22
2.0	3.5	14	14	14	16	22	22	22	22	22	28
2.6	5.5	14	16	16	22	22	22	28	28	28	36
	8	14	22	22	22	28	28	28	36	36	36
	14	14	22	28	28	36	36	42	42		
	22	16	28	36	36	42	42				
	38	22	36	42							
	60	22	42								
	100	28									

註：1. 導線一條適用於設備接地導線及直流電路。
　　2. 管徑根據 CNS 規定以內徑表示。

表二四八之五～二　非金屬可撓導線管之最多導線數（超過 10 條者）

線徑		最小管徑（公厘）	
單線（公厘）	絞線（平方公厘）	22	28
1.6		11	18
2.0	3.5		15

註：管徑根據 CNS 規定以內徑表示。

表二四八之五～三　非金屬可撓導線管之最多導線數（管長 6 公尺以下）

線徑		最小管徑（公厘）	
單線（公厘）	絞線（平方公厘）	16	22
1.6		9	17
2.0	3.5	7	14
2.6	5.5	4	9
	8	3	6

註：管徑根據 CNS 規定以內徑表示。

表二四八之五～四　非金屬可撓導線管之絕緣導線數校正係數

線徑		校正係數
單線（公厘）	絞線（平方公厘）	1.6
	1.3	2.0
3.5	1.3	2.6
5.5	1.0	
8	1.0	
14 以上	1.0	

表二四八之五～五　非金屬可撓導線管截面積之 32% 及 48%

標稱管徑（公厘）	截面積之 32%（平方公厘）	截面積之 48%（平方公厘）
14	49	73
16	64	96
22	121	182
28	196	295
36	325	488
42	443	664

第 248-6 條　1. 非金屬可撓導線管之管口處理、伸縮，及於混凝土內集中配管，應依第二百四十五條規定。

2. 非金屬可撓導線管相互間不得直接連接，連接時應使用接線盒、管子接頭或連接器。

第 248-7 條　非金屬可撓導線管進入線盒、配件或其他封閉箱體，管口應裝設護套，以保護導線免受磨損。

第 248-8 條　採用非金屬可撓導線管配線，其導管盒、接線盒及裝接線配件，應有足夠之強度。

第 248-9 條　1. PF 管以明管敷設時，應於導線管每隔九〇〇公厘處或距下列位置三〇〇公厘以內處，裝設護管帶固定：

一、配管之二端。

二、管及配件連接處。

三、管及管連接處。

2. 非金屬可撓導線管相互間與管及接線盒相接之長度，應依第二百四十六條第二項規定。

第七節　電纜架裝置

第 249 條　1. 電纜架係一個以上單元或區段組合，組成一個結構系統，在電纜數量較多時，用於固定或支撐電纜及導線管。

2. 電纜架若直接暴露於陽光直接照射下，其纜線應為耐日照者。

3. 電纜架不得裝設於吊車或易受外力損傷之場所。

第 250 條　（刪除）

第 251 條　電纜架之選用依下列規定辦理：

一、應有足夠強度及硬度，以支撐所有配線。

二、不得有尖銳邊緣、鋸齒狀或突出物，以免損傷纜線之絕緣或外皮。

三、電纜架系統應有耐腐蝕性。以鐵磁性材料製成者，應有防腐蝕保護。

四、應有邊欄或同等結構之構造。

五、應有配件或以其他方式改變電纜架系統之方向及高度。

六、非金屬電纜架應以耐燃性之材質製成。

第 251-1 條　電纜架使用依下列規定辦理：

一、MI 電纜、裝甲電纜、非金屬被覆電纜、金屬導線管、金屬可撓導線管、PVC 管、非金屬可撓導線管，得敷設於電纜架系統。

二、用電設備場所依規定由專任電氣技術人員或合格人員維修及管理監督之電纜架系統，符合下列規定者，得敷設單芯電纜：

(一) 五〇平方公厘以上之單芯電纜。

(二) 小於五〇平方公厘單芯電纜敷設於堅實底板型、實底槽型電纜架，或依第二百五十二條之三第二項第一款第五目規定敷設於梯型或通風底板型電纜架。

(三) 一〇〇平方公厘以下單芯電纜敷設於梯型電纜架者，電纜架容許橫桿間隔為二二五公厘以下。

三、設備接地導線得採用單芯之絕緣導線、被覆導線或裸導線敷設。

四、電纜架裝設於危險場所者，應依第五章規定。

五、除另有規定外，非金屬電纜架得使用於腐蝕性場所及有作電壓隔離之場所。

第 252 條　電纜架之裝設依下列規定辦理：

一、電纜架裝設應為完整之系統，現場彎曲或整修，應維持電纜架系統之電氣連續性。

二、電纜架必要時應採用非易燃性之蓋板或封閉箱體加以保護。

三、電纜架得橫穿隔板及牆壁，或垂直穿過潮濕場所或乾燥場所之台架及地板，惟須加以隔離，且具有防火延燒之裝置。

四、除前款規定外，電纜架應為暴露且可觸及者。

五、電纜架應有足夠空間，以供電纜敷設及維護。

六、若為僅由合格人員維修及管理監督工業廠區內之電纜架，且電纜架系統可承載荷重者，得支撐導線管、電纜、線盒及導管盒。若線盒及導管盒附掛於電纜架系統之底部或側面，其固定及支撐應符合第一百九十六條之六規定。

七、電纜架內之電纜超過六〇〇伏者，應具有耐久明顯之警告標識，標示危險高壓電勿近等字樣，並置於電纜架系統可視及位置，且警告標識之間隔不超過三公尺。

第 252-1 條　金屬電纜架之接地及搭接依下列規定辦理：

一、金屬電纜架不得作為設備接地導線使用。

二、敷設於電纜架之幹線，其設備接地導線線徑應依表二六～一規定選用。若個別電纜之導線截面積有五〇〇平方公厘以上者，其設備接地導線截面積不得小於電纜架上最大電纜之導線截面積百分之一二・五。

三、敷設於電纜架之分路，其設備接地導線之線徑應依表二六～二規定選用。

四、金屬電纜架搭接至接地系統應採用二二平方公厘搭接導線。

五、金屬電纜架系統連接處或機械性中斷處，其電氣連續性應以搭接導線將兩區段之電纜架，或電纜架與金屬導線管或設備間予以搭接，其搭接導線線徑不得小於二二平方公厘。

第 252-2 條　電纜架內電纜之敷設依下列規定辦理：

一、六〇〇伏以下之電纜，得敷設於同一電纜架。

二、不同電壓等級電纜敷設於同一電纜架時，應符合下列規定之一：

(一) 超過六〇〇伏之電纜為裝甲電纜。

(二) 超過六〇〇伏之電纜與六〇〇伏以下之電纜敷設於同一電纜架者，以電纜架相容材質之硬隔板予以隔開。

三、電纜得在電纜架內連接，其連接位置為可觸及，且不易受外力損傷，惟不得凸出電纜架之邊欄。

第 252-3 條　1. 六〇〇伏以下之多芯電纜敷設於單一電纜架之數量不得超過下列規定：

一、梯型或通風底板型電纜架：

(一)敷設電力、控制混合之電纜者，電纜最多數量規定如下：

① 電纜單條芯線截面積為一〇〇平方公厘以上者，其所有電纜直徑總和不超過電纜架內之淨寬度，且所有電纜僅可單一層敷設。

② 電纜單條芯線截面積小於一〇〇平方公厘者，所有電纜截面積總和不超過表二五二之三～一電纜架內淨寬度所對應第一欄最大容許敷設截面積。

③ 電纜單條芯線截面積一〇〇平方公厘以上與小於一〇〇平方公厘敷設於同一電纜架，而小於一〇〇平方公厘之所有電纜截面積總和，不超過表二五二之三～一電纜架內淨寬度所對應第二欄最大容許敷設截面積。電纜單條芯線截面積一〇〇平方公厘以上者，僅可單一層敷設。

(二)敷設控制或信號電纜者，電纜最多數量規定如下：

① 電纜架內部深度為一五〇公厘以下者，在任何區段之所有電纜截面積總和，不超過電纜架內部截面積百分之五〇

② 電纜架內部深度超過一五〇公厘者，以一五〇公厘計算電纜架內部容許截面積。

表二五二之三～一　六〇〇伏以下之多芯電纜在單一電纜架之最大容許敷設截面積

電纜架內淨寬度(公厘)	多芯電纜最大容許敷設截面積 (平方公厘)			
	梯型或通風底板型電纜架		堅實底板型電纜架	
	電纜單條芯線截面積小於 100 平方公厘（第 1 欄）	電纜單條芯線截面積 100 平方公厘以上與小於 100 平方公厘在同一電纜架（第 2 欄）	電纜單條芯線截面積小於 100 平方公厘（第 3 欄）	電纜單條芯線截面積 100 平方公厘以上與小於 100 平方公厘在同一電纜架（第 4 欄）
50	1,500	1,500-(30sd)	1,200	1,200-(25sd)
100	3,000	3,000-(30sd)	2,300	2,300-(25sd)
150	4,500	4,500-(30sd)	3,500	3,500-(25sd)
200	6,000	6,000-(30sd)	4,500	4,500-(25sd)
225	6,800	6,800-(30sd)	5,100	5,100-(25sd)
300	9,000	9,000-(30sd)	7,100	7,100-(25sd)
400	12,000	12,000-(30sd)	9,400	9,400-(25sd)
450	13,500	13,500-(30sd)	10,600	10,600-(25sd)
500	15,000	15,000-(30sd)	11,800	11,800-(25sd)
600	18,000	18,000-(30sd)	14,200	14,200-(25sd)
750	22,500	22,500-(30sd)	17,700	17,700-(25sd)
900	27,000	27,000-(30sd)	21,300	21,300-(25sd)

註：第 2 欄及第 4 欄之電纜最大容許敷設截面積規定為計算公式，例如 1,500-(30×sd)，sd 指單條芯線截面積 100 平方公厘以上電纜之所有外徑總和。

二、堅實底板型電纜架：

(一)敷設電力、控制混合之電纜者，電纜最多數量規定如下：

① 電纜單條芯線截面積一〇〇平方公厘以上者，所有電纜直徑總和不超過電纜架內淨寬度百分之九〇，且電纜僅可單一層敷設。

② 電纜單條芯線截面積小於一〇〇平方公厘者，所有電纜截面積總和不超過表二五二之三～一電纜架內淨寬度所對應第三欄最大容許敷設截面積。

③ 電纜單條芯線截面積一〇〇平方公厘以上與小於一〇〇平方公厘敷設於同一電纜架者，小於一〇〇平方公厘之所有電纜截面積總和不超過表二五二之三～一電纜架內淨寬度所對應第四欄最大容許敷設截面積。電纜單條芯線截面積一〇〇平方公厘以上者，僅可單一層敷設。

(二) 敷設控制或信號電纜者，電纜最多數量規定如下：

① 電纜架內部深度為一五〇公厘以下者，在任何區段之所有電纜截面積總和，不超過電纜架內部截面積百分之四〇。

② 電纜架內部深度超過一五〇公厘者，以一五〇公厘計算電纜架內部之容許截面積。

三、通風槽型電纜架敷設任何型式電纜：

(一) 電纜架僅敷設一條多芯電纜者，電纜截面積不超過表二五二之三～二電纜架內淨寬度所對應第一欄最大容許敷設截面積。

(二) 電纜架敷設超過一條多芯電纜者，電纜截面積總和不超過表二五二之三～二電纜架內淨寬度所對應第二欄最大容許敷設截面積。

四、實底槽型電纜架敷設任何型式電纜：

(一) 電纜架僅敷設一條多芯電纜者，電纜截面積不超過表二五二之三～三電纜架內淨寬度所對應第一欄最大容許敷設截面積。

(二) 電纜架敷設超過一條多芯電纜者，電纜截面積總和不超過表二五二之三～三電纜架內淨寬度所對應第二欄最大容許敷設截面積。

表二五二之三～二　六〇〇伏以下任何型式多芯電纜在通風槽型電纜架之最大容許敷設截面積

電纜架內淨寬度	多芯電纜最大容許敷設截面積（平方公厘）	
（公厘）	一條電纜（第 1 欄）	超過一條電纜（第 2 欄）
75	1,500	850
100	2,900	1,600
150	4,500	2,450

表二五二之三～三　六○○伏以下任何型式多芯電纜在實底槽型電纜架之
最大容許敷設截面積

電纜架內淨寬度 （公厘）	多芯電纜最大容許敷設截面積（平方公厘）	
	一條電纜（第 1 欄）	超過一條電纜（第 2 欄）
50	850	500
75	1,300	700
100	2,400	1,400
150	3,600	2,100

2. 六○○伏以下單芯電纜之單芯導線或導線配件應平均配置於電纜架，
且敷設於單一電纜架區段之數量不得超過下列規定：

一、梯型或通風底板型電纜架：

(一)電纜芯線截面積為五○○平方公厘以上者，其直徑總和不超
過電纜架寬度，且所有電纜僅可單一層敷設。惟每一回路之
所有導線綁紮一起者，得免以單一層敷設。

(二)電纜芯線截面積為一二五平方公厘至四五○平方公厘者，其
截面積總和不超過表二五二之三～四電纜架內淨寬度所對應
第一欄最大容許敷設截面積。

(三)電纜芯線截面積五○○平方公厘以上與小於五○平方公厘敷
設於同一電纜架者，所有小於五○○平方公厘電纜芯線截面
積之總和不超過表二五二之三～四電纜架內淨寬度所對應第
二欄最大容許敷設截面積。

(四)電纜芯線截面積為五○平方公厘至一○○平方公厘者：

① 應以單層敷設。但每一回路單芯電纜綑綁成一束者，不需
單層敷設。

② 所有電纜直徑之總和不超過電纜架寬度。

(五)電纜芯線截面積小於五○平方公厘，每一回路以三條一束或
四條一束綁紮一起採單一層敷設，且須有二・一五倍之最
大一條直徑之維護間隔，固定之間隔應為一・五公尺以下。

二、通風槽型電纜架寬度為五○公厘、七五公厘、一○○公厘或一五
○公厘者，所有單芯電纜直徑總和不超過通風槽內之淨寬度。

表二五二之三～四　六〇〇伏以下之單芯電纜在電纜架之最大容許敷設截面積

電纜架內淨寬度（公厘）	多芯電纜最大容許敷設截面積（平方公厘）	
	電纜芯線截面積為 125 平方公厘至 450 平方公厘（第 1 欄）	電纜芯線截面積為 500 平方公厘以上與小於 500 平方公厘在同一電纜架（第 2 欄）
50	1,400	1,400-(28sd)
100	2,800	2,800-(28sd)
150	4,200	4,200-(28sd)
200	5,600	5,600-(28sd)
225	6,100	6,100-(28sd)
300	8,400	8,400-(28sd)
400	11,200	11,200-(28sd)
450	12,600	12,600-(28sd)
500	14,000	14,000-(28sd)
600	16,800	16,800-(28sd)
750	21,000	21,000-(28sd)
900	25,200	25,200-(28sd)

註：第 2 欄之電纜最大容許敷設截面積規定為計算公式，例如 1,400-(28×sd)，sd 指單條芯線截面積 500 平方公厘以上電纜之所有外徑總和。

第 252-4 條　六〇〇伏以下之電纜敷設於電纜架之安培容量依下列規定辦理：

一、多芯電纜依前條第一項規定敷設於梯型或通風底板型電纜架之安培容量應依表二五二之四～一選定，並依下列規定辦理：

（一）多芯電纜芯數大於三者，應依表二五二之四～二之修正係數修正，且僅限於電纜之芯數而非在電纜架內之導線數。

（二）電纜架蓋有堅實不透風蓋板長達一‧八公尺以上者，表二五二之四～一安培容量數值應調降至百分之九五以下。

二、單芯電纜依前條第二項規定敷設於同一電纜架之安培容量，或單芯電纜與三條一束或四條一束之單芯電纜依前條第二項規定敷設於同一電纜架之安培容量依下列規定辦理：

（一）三〇〇平方公厘以上之單芯電纜：

    1. 敷設於無蓋板之電纜架者，其容許安培容量不得超過表二五二之四～三之百分之七五。

    2. 敷設於有連續一‧八公尺以上之堅實不透風蓋板者，其容許安培容量不得超過表二五二之四～三之百分之七〇。

（二）五〇平分公厘至二五〇平方公厘之單芯電纜：

    1. 敷設於無蓋板之電纜架者，其容許安培容量不得超過表二五二之四～三之百分之六五。

    2. 敷設於有連續一‧八公尺以上之堅實不透風蓋板者，其容許安培容量不得超過表二五二之四～三之百分之六〇。

（三）五〇平方公厘以上單芯電纜單層敷設於無蓋板之電纜架，且每條電纜間之間隔達電纜直徑以上者，電纜安培容量應依表二五二之四～三規定。敷設於有堅實不透風蓋板之電纜架者，電纜安培容量不得超過表二五二之四～三之百分之九二。

（四）單芯電纜以三條一束或四條一束敷設於無蓋板電纜架，該結構彼此間隔超過最大電纜直徑二‧一五倍者，電纜安培容量應依表二五二之四～四規定。敷設於有堅實不透風蓋板之電纜架者，電纜安培容量不得超過表二五二之四～四之百分之九二。

表二五二之四～一　六〇〇伏以下三芯以下多芯電纜敷設於梯型或通風底板型電纜架之安培容量表　　　　　　　　　　　　　　　　（周溫 35℃）

線徑 （平方公厘）	銅導線絕緣體溫度		
	60℃	75℃	90℃
	安培容量（安培）		
3.5	19	24	30
5.5	29	34	39
8	36	46	51
14	52	63	74
22	65	82	93
30	81	101	116
38	94	115	130
50	108	134	155
60	125	155	176
80	145	182	208

表二五二之四～一　六○○伏以下三芯以下多芯電纜敷設於梯型或通風底板型電纜架之安培容量表 （周溫 35℃）

線徑 （平方公厘）	銅導線絕緣體溫度		
	60℃	75℃	90℃
	安培容量（安培）		
100	173	210	241
125	195	239	276
150	220	270	308
200	251	311	358
250	292	359	412
325	330	409	469
400	373	461	530
500	409	505	579

表二五二之四～二　多芯電纜超過三條載流導線敷設於電纜架之安培容量修正係數

導線數	修正係數 (%)
4	90
5 ～ 6	80
7 ～ 9	70
10 ～ 20	50
21 ～ 30	45
31 ～ 40	40
41 以上	35

表二五二之四～三　六○○伏以下單芯電纜敷設於無蓋板電纜架之安培容量表 （周溫 35℃）

線徑 （平方公厘）	銅導線絕緣體溫度		
	60℃	75℃	90℃
	安培容量（安培）		
3.5	28	34	39
5.5	37	48	54
8	53	64	75
14	75	92	103
22	98	120	137
30	119	149	169

表二五二之四～三　六〇〇伏以下單芯電纜敷設於無蓋板電纜架之安培容量表

（周溫 35℃）

線徑 （平方公厘）	銅導線絕緣體溫度		
	60℃	75℃	90℃
	安培容量（安培）		
38	141	172	197
50	169	206	237
60	193	235	270
80	229	282	323
100	266	329	376
125	309	380	433
150	344	422	481
200	409	505	579
250	471	585	671
325	542	671	771
400	619	766	879
500	700	867	994

表二五二之四～四　六〇〇伏以下三條絞合單芯電纜單層敷設且間隔大於電纜直徑
之安培容量表　　　　　　　　　　　　　　　　　　（周溫 35℃）

線徑	導線額定溫度		線徑	導線額定溫度	
平方公厘	75℃	90℃	平方公厘	75℃	90℃
8	89	67	100	398	341
14	84	96	125	340	390
22	110	125	150	386	442
30	134	154	200	452	519
38	159	182	250	531	609
50	186	213	300	610	700
60	213	244	400	704	809
80	252	290	500	787	907

第 253 條　　電纜架及其內部電纜應予固定及支撐，並依下列規定辦理：

一、電纜架之固定及支撐間隔應設計能承擔纜架上之荷重。

二、水平裝置以外之電纜應確實固定於電纜路徑之電纜架橫桿。

三、電纜由電纜架系統進入管槽時，應予支撐以防止電纜遭受應力。

四、電纜架支撐個別電纜由一電纜架通過另一電纜架，或由電纜架至管槽，或由電纜架至設備者，在電纜架之間，或電纜架與管槽或設備之間，其間隔不得超過一・八公尺。

五、電纜在轉換位置應固定於電纜架，並應有防護設施，或選擇於不致受外力損傷之位置。

第七節之一　以吊線支撐配線

第 253-1 條　以吊線支撐配線係指使用吊線支撐電纜之一種暴露配線支撐系統，並採用下列方式之一裝設者：

一、使用有吊環及托架之吊線作電纜之支撐。

二、使用吊線現場綁紮電纜之支撐方式。

三、工廠組裝之架空電纜。

第 253-2 條　1. 以吊線支撐配線不得使用於下列情況或場所：

一、支撐 MI 電纜及裝甲電纜以外之電纜。

二、非僅由合格人員維修及管理監督之工業廠區內。

三、升降機之升降路。

四、易受外力損傷之場所。

2. 以吊線支撐之電纜選用依下列規定辦理：

一、若暴露於風雨者，電纜應經設計者確認得使用於潮濕場所。

二、若暴露於陽光直接照射者，電纜應為耐日照者。

第 253-3 條　以吊線支撐依下列規定辦理：

一、支撐：吊線應在末端與中間位置予以支撐。電纜不得與支撐吊線或任何結構構件、牆壁或導管等接觸。

二、間隔：利用吊線架設電纜，其支持點間隔應為一五公尺以下，且能承受該電纜重量。該吊線架設之電纜不得受有張力，應使用吊鉤或用紮線紮妥架設，且其間隔應保持五〇〇公厘以下。

第 253-4 條　吊線及吊設電纜所連結之封閉箱體，於電氣系統為接地系統時，應連接至被接地系統導線，而為非接地系統時，應連接至接地電極導線。

第八節　非金屬被覆電纜配線

第 253-5 條　非金屬被覆電纜係由絕緣導線及非金屬材質被覆所組成之電纜，按其特性分類，常用類型如下：

一、一般型：包括低壓 PVC 電纜、低壓 XLPE 電纜，低壓 EPR 電纜或低壓 PE 電纜、低煙無毒電纜、耐燃電纜、耐熱電纜。

二、耐腐蝕型：以耐腐蝕性非金屬材質被覆，包括低壓 XLPE 電纜、低壓 EPR 電纜。

第 253-6 條　1. 非金屬被覆電纜不得使用於下列情形或場所：

一、第二百九十四條第一款至第五款規定之場所。

二、非防火構造之戲院及類似場所。

三、電影攝影棚。

四、蓄電池儲存室。

五、升降機及其升降路或電扶梯。

2. 一般型非金屬被覆電纜不得使用於下列情形或場所：

一、暴露於腐蝕性氣體或揮發氣場所。

二、埋入於石造建築、泥磚、填方或灰泥。

三、潮濕場所或濕氣場所。

第 253-7 條　非金屬被覆電纜之安培容量應依表一六～三至表一六～六規定選定。

第 254 條　非金屬被覆電纜佈設依下列規定辦理：

一、暴露裝設時，除有獨立且牢固之支撐固定，且非以天花板支架或其他配管作為支撐者外，依下列規定：

(一) 應緊靠並沿建築物完成表面敷設。

(二) 穿過或平行於建築結構構架時，應予保護。

(三) 外力損傷保護：

① 應採用金屬導線管、非金屬導線管，或其他經設計者確認之方法保護。

② 佈設於樓地板內，應採用金屬導線管、非金屬導線管或其他經設計者確認之方法予以包封，並延伸於樓地板上方至少一五〇公厘。

③ 採用導線管保護時，其內徑應大於電纜外徑一‧五倍。若導線管很短且無彎曲，電纜之更換施工容易者，其外徑得小於電纜外徑一‧五倍。

④ 佈設於建築物外，在用電設備場所範圍內，電纜自地面引上至少一‧五公尺高度應加保護；在電力設備場所範圍外，自地面引上至少二公尺高度應加保護。

⑤ 耐腐蝕型非金屬被覆電纜裝設於石造建築、混凝土或泥磚之淺溝槽內時，應予保護，且以溝槽構造材料之類似品包覆。

二、不得直接埋設於樓地板、牆壁、天花板、梁柱等。但符合下列規定者，不在此限：

（一）將電纜穿入足夠管徑之金屬導線管、PVC 管內。

（二）很短之貫穿處有孔道可通過。

（三）埋設於木造房屋之牆壁內，在可能受釘打之部分以鍍鋅鋼板或同等強度保護電纜。

（四）在施工上選擇在牆壁、屏蔽、門等由水泥、磚、空心磚等石材之建築物外面，應挖溝埋入或穿過空心磚之空洞部分，並有防止水份滲入措施。

三、保護用之金屬導線管、PCV 管等管口應處理光滑，以防止穿設時損傷電纜。

四、電纜穿入金屬接線盒時，應使用橡皮套圈等防止損傷電纜。

五、電纜引入用戶之裝有用電設備場所範圍內時，應以管路引入方式施工。但門燈、庭園燈及儲倉間等之配線，不受重物壓力者，得在電纜上面覆蓋保護板，且無受損傷之慮者，得埋厚度三〇〇公厘以上之土質。

六、易燃性之 PE 電纜不得暴露裝設。

第 255 條　非金屬被覆電纜之固定及支撐依下列規定辦理：

一、應採用騎馬釘、電纜繫帶、護管帶、吊架或類似之配件予以固定及支撐。裝設於管槽內之部分，得免固定。

二、於每一個出線盒、拉線盒、接線盒、配電箱、配件或電纜終端三〇〇公厘內，及每隔一・五公尺內，應予固定及支撐。若水平敷設時，穿過孔洞或缺口且在一・五公尺內，亦視為已有固定及支撐。

三、在暴露場所，沿建築物佈設導線線徑八平方公厘以下之電纜，其支撐間隔依表二五五規定。

四、電纜在隱蔽處所配線時，若電纜不受張力時，得免固定。

五、電纜用線架裝設時，該線架應予牢固且能承受電纜重量；其線架之間隔以電纜不易移動並加以適當支撐。

六、若電纜不沿建築物施工，而建築物間隔二公尺以上者，應以木板等物將電纜固定或用吊線架設。

表二五五　非金屬被覆電纜支撐間隔

裝設處所	最大間隔（公尺）
建築物或構造物之側面或下面以水平裝設	1
人員可觸及處所	1
其他處所	2
電纜接頭、接線盒、器具等之連接處所	連接點起 0.3

第 256 條　　　非金屬被覆電纜於彎曲時，不得損傷其絕緣，其彎曲處內側半徑應為電纜外徑之六倍以上。但製造廠家另有規定者，不在此限。

第 257 條　　　非金屬被覆電纜之連接除依導線接續規定外，不得傷及導體或絕緣，並依下列方式辦理：

一、電纜相互間之連接應在接線盒、出線盒或封閉箱體內施行，且接續部分不得露出。

二、電纜與器具引線接線時，應在接線盒或出線盒等內接續。但牆壁之空洞部分、天花板內或類似處所，器具端子若有堅固之耐燃性絕緣物所密封，且電纜之導體絕緣物與建築物有充分隔離者，不在此限。

三、接線盒在其裝設位置，應考慮以後能便利點檢。

四、大線徑之電纜互相連接時，無法在接線盒等連接時，應有絕緣及保護。

第 258 條　　　電纜與絕緣導線連接時，應依絕緣導線相互連接規定施工，在雨線外，應將電纜末端向下彎曲，避免雨水侵入。

第 259 條　　　（刪除）

第九節（刪除）

第 260 條～　　（刪除）
第 265 條

第九節之一　扁平導體電纜配線

第 265-1 條　　扁平導體電纜 (Flat Conductor Cable, FCC) 及其相關組件組成分路之現場裝設配線系統，作為地毯覆蓋下之配線系統者，依本節規定辦理。

第 265-2 條　　本節用詞定義如下：

一、扁平導體電纜：指由三條以上之個別絕緣扁平銅導線並排後，再將其組合被覆之電纜。

二、扁平導體電纜系統：指包括扁平導體電纜及其遮蔽物、接頭、終端接頭、轉接器、線盒及插座等完整之分路配線系統。

三、頂部遮蔽物：指覆蓋於扁平導體電纜系統，保護電纜免受外力損傷之被接地金屬遮蔽物。

四、底部遮蔽物：指裝設於地面與扁平導體電纜間，保護電纜免受外力損傷之保護物，其得為電纜整體之一部分。

五、轉接組件：指使扁平導體電纜系統易於連接至其他配線系統，並結合電氣互聯設施及合適之線盒或蓋板，提供電氣安全保護之組件。

第 265-3 條　扁平導體電纜應使用於堅硬、平滑、連續之地板，且不得使用於下列情形或場所：

一、分路額定：

(一) 電壓：相間電壓超過三〇〇伏，相對地電壓超過一五〇伏。

(二) 電流：一般用分路及用電器具分路之電流額定超過二〇安。專用分路之電流額定超過三〇安。

二、建築物外或潮濕場所。

三、腐蝕性揮發氣場所。

四、第二百九十四條第一款至第五款規定之場所。

五、住宅。

六、學校及醫院。但其辦公室區域不在此限。

第 265-4 條　1. 扁平導體電纜系統之金屬組件應具有耐腐蝕性、採用耐腐蝕材質塗層，或與腐蝕性物質之接觸面隔離。

2. 扁平導體電纜之絕緣材質應具有耐濕性及耐燃性。

第 265-5 條　扁平導體電纜內應有一條扁平導線作為設備接地導線。

第 265-6 條　於任何地點不得有三條以上之扁平導體電纜交叉配置。

第 265-7 條　扁平導體電纜系統之組件應使用適用之黏著劑或機械性鐵閂系統，錨固於地板或牆壁上。

第 265-8 條　扁平導體電纜之連接依下列規定辦理：

一、電纜連接及終端絕緣：

(一) 電纜之連接應採專用連接接頭，且於裝設後具有電氣連續性、絕緣及密封，並能防止濕氣及液體滲入。

(二) 電纜裸露之終端，應使用終端接頭予以絕緣及密封，且能防止濕氣及液體滲入。

　　二、導線遮蔽：

　　　　(一) 頂部遮蔽：扁平導體電纜、連接接頭及電纜終端之上方，應裝有金屬材質頂部遮蔽物，並應完全覆蓋所有電纜敷設路徑、轉角、連接接頭及終端接頭。

　　　　(二) 底部遮蔽：扁平導體電纜、連接接頭及絕緣終端接頭之下方，應裝有底部遮蔽物。

　　三、扁平導體電纜系統應以專用轉接組件與其他配線系統之電力饋供、接地連接及遮蔽系統連接。

　　四、金屬遮蔽物應以金屬遮蔽接頭相互連接，並以該接頭連接至線盒、插座盒、內建式裝置及轉接組件。

第 265-9 條　扁平導體電纜、連接接頭及絕緣終端接頭裝設於地板表面時，應以可拆式遮蔽物覆蓋，黏著或固定於地板。

第 265-10 條　扁平導體電纜之插座、插座盒及配線器材依下列規定辦理：

　　一、扁平導體電纜系統之所有插座、插座盒及內建式配線器材，應連接至扁平導體電纜及金屬遮蔽物。

　　二、於每個插座處，扁平導體電纜之接地導線應連接至金屬遮蔽系統。

　　三、插座及內建式配線器材應符合第九十九條之三規定。

第 265-11 條　扁半導體電纜系統之所有金屬遮蔽物、線盒、插座盒及內建式配線器材等，應與供電分路之設備接地導線連接，以保持電氣連續性。

第 265-12 條　1. 扁平導體電纜中間接續及分接時，每一轉接組件應有與電纜結合之設施，並使電纜連接至被接地導體，及使組件至金屬電纜遮蔽物及設備接地導體間有電氣連續性。

　　2. 扁平導體電纜系統得予改裝，並依下列規定辦理：

　　　　一、新電纜連接處接頭使用新的扁平電纜連接接頭。

　　　　二、已敷設而未使用之電纜及相關連接接頭，得保留於方便連接之位置並帶有電壓，且電纜終端予以絕緣包覆。

第十節　礦物絕緣金屬被覆電纜配線

第 266 條　礦物絕緣金屬被覆電纜 (Mineral-Insulated,Metal-Sheathed Cable，簡稱 MI 電纜) 係由工廠組裝，以高度壓縮耐火礦物質為絕緣體，導體間有適當間隔，並以具有液密性、氣密性之銅或鋼合金為被覆之單芯或多芯電纜。

第 267 條　(刪除)

第 268 條　MI 電纜不得使用於下列情形或場所：

一、腐蝕處所。但有防腐蝕者，不在此限。

二、易受機械損傷之地下線路。但有防護機械損傷者，不在此限。

第 269 條　1. MI 電纜之導體應為實心銅質、鎳或鎳包銅者。

2. MI 電纜之外層被覆為銅質者，應有供設備接地用足夠容量之路徑；為鋼質者，應另裝一條分離之設備接地導線。

3. MI 電纜之外層被覆應為連續結構，提供機械性保護，並應有防濕氣進入及防水保護措施。

第 269-1 條　1. 單芯 MI 電纜之安培容量應依表二五二之四～三銅導線絕緣體溫度為攝氏九十度規定選用。

2. 單芯 MI 電纜三條絞合之安培容量應依表二五二之四～四導線額定溫度為攝氏九十度規定選用。

第 270 條　MI 電纜通過間柱、屋梁、屋緣或類似之處所，應有防止外力損傷之保護。

第 271 條　MI 電纜每間隔一‧八公尺以內，應以騎馬釘、護管鐵、護管帶、吊架或類似之配件固定。但電纜穿在管內者，不在此限。

第 272 條　MI 電纜彎曲時，不得使電纜受到損傷，且其彎曲處內側半徑依下列規定辦理：

一、電纜外徑一九公厘以下者，其彎曲處內側半徑，應為電纜外徑之五倍以上。

二、電纜外徑大於一九公厘，而在二五公厘以下者，其彎曲處內側半徑，應為電纜外徑之一〇倍以上。

三、電纜外徑超過二五公厘者，其彎曲處半徑依製造廠家技術規範辦理。

第 273 條　1. MI 電纜應使用專用之接線盒、配電箱或其他配線器材予以連接，以保持電氣連續性。

2. 單芯 MI 電纜之配置，應將同一回路之所有相線、中性線裝設一起，以降低金屬被覆之感應電壓。

第 274 條　MI 電纜之配件及終端依下列規定辦理：

一、用以連接電纜至線盒、配電箱或其他設備之配件，應為專用者。

二、電纜之終端處經削除後，應立即密封，防止濕氣進入；其露出被覆之導線，應以絕緣物予以絕緣。

第十節之一　裝甲電纜配線

第 274-1 條　　裝甲電纜 (Metal Clad Cable) 指單芯或多芯絕緣導線，其外層以鎧裝型連鎖金屬帶、平滑或螺旋狀之金屬被覆、金屬線被覆或金屬編織被覆。

第 274-2 條　　1. 裝甲電纜不得使用於下列情形或場所：

一、易受外力損傷之場所。

二、埋入混凝土。

三、暴露於煤堆、氯化物、氯氣、強鹼或強酸場所。

四、潮濕場所。

五、直埋地下。

2. 前項場所使用裝甲電纜之金屬被覆，經設計者確認可適用於此場所或予以防護者，不在此限。

第 274-3 條　　裝甲電纜穿過或附掛於構造物構件時，不得使電纜之被覆受到損壞。

第 274-4 條　　裝甲電纜彎曲時，不得損壞電纜；其彎曲處內側半徑依下列規定辦理：

一、平滑金屬被覆：

(一) 電纜外徑十九公厘以下者，其彎曲處內側半徑，應為電纜外徑之十倍以上。

(二) 電纜外徑超過十九公厘，而在三十八公厘以下者，其彎曲處內側半徑，應為電纜外徑之十二倍以上。

(三) 電纜外徑超過三十八公厘者，其彎曲處內側半徑，應為電纜外徑之十五倍以上。

二、鎧裝型連鎖金屬帶或螺旋狀金屬被覆之電纜彎曲處內側半徑，應為電纜外徑之七倍以上。

三、金屬線被覆或金屬編織被覆之單芯電纜彎曲處內側半徑，應為電纜外徑之十二倍以上；多芯電纜彎曲處內側半徑，應為電纜外徑之七倍以上。

第 274-5 條　　裝甲電纜裝設時應以騎馬釘、電纜帶、護管帶、掛鉤或類似配件予以固定及支撐，以防電纜損壞，並依下列規定辦理：

一、除有其他措施外，每條電纜固定及支撐之間隔，應為一‧八公尺以下。

二、電纜為四芯以下，且截面積為五‧五平方公厘以下者，應於每一出線盒、拉線盒、接線盒、配電箱、配件或電纜終端三〇〇公厘內予以固定。

　三、電纜水平裝置於木質或金屬構造物之構件或類似支撐上，若支撐間
　　　隔為一‧八公尺以下，視為有支撐。

第 274-6 條　連接裝甲電纜至線盒、配電箱或其他設備之配件，應為經設計者確認適
　　　　　　用者。

第 274-7 條　裝甲電纜之安培容量應依表二五二之四～四選用。

第十一節　金屬導線槽配線

第 275 條　金屬導線槽指以金屬板製成，以供配裝及保護導線或電纜用之管槽；其
　　　　　蓋板應為可拆卸式或絞鏈式者，俾於整個導線槽系統裝設完成後得以移
　　　　　開而放置導線。

第 276 條　金屬導線槽不得使用於下列情形或場所：
　一、隱蔽場所。
　二、易受重機械外力損傷之場所。
　三、發散腐蝕性物質場所。
　四、第二百九十四條第一款至第五款規定之場所。但另有規定者，不在
　　　此限。
　五、潮濕場所。但經設計者確認適用者，不在此限。

第 276-1 條　金屬導線槽配置於建築物時依下列規定辦理：
　一、若暴露裝設，而延伸敷設於建築物外者，其構造應具有防水效能。
　二、若穿過牆壁，貫穿牆壁部分應連續不中斷，且牆壁之兩側應設置維
　　　修孔，以維修導線。

第 277 條　佈設於金屬導線槽內之有載導線數不得超過三〇條，且各導線截面積之
　　　　　和不得超過該線槽內截面積百分之二〇。該線槽內導線之安培容量應按
　　　　　表一六～三至表一六～六中導線數「三以下」之數值計算。但有下列情
　　　　　形之一者，導線槽內之導線數不受上列之限制：
　一、升降機、電扶梯或電動步道之配線若按導線槽裝設，且其導線槽內
　　　各導線截面積之和不超過該導線槽截面積百分之五〇者。
　二、導線若作為訊號線或電動機與操作器間之控制線，僅於起動時有電
　　　流通過者，概視為無載之導線。
　三、導線之安培容量按表一六～三至表一六～六中導線「三以下」之數
　　　值再乘以表二七七之修正係數時，裝設導線數可不加限制，惟各導
　　　線截面積之和仍不得超過該導線槽內截面積百分之二〇。

表二七七　導線槽內導線安培容量修正係數

導線數	修正係數
31～42	0.6
43 以上	0.5

第 277-1 條　絕緣導線裝設於金屬導線槽依下列規定辦理：

一、於導線槽終端、導線管及連接組件、管槽、電纜進出金屬線槽時，金屬導線槽內絕緣導線若需轉折，或金屬導線槽轉折角度大於三〇度者，對應於導線大小及導線數，其導線之最小彎曲空間及最小配線寬度，應符合表二七七之一之每一終端導線欄位數值。

二、金屬導線槽若作為二二平方公厘以上絕緣導線之拉線盒者，其與內含相同線徑之管槽或電纜銜接處之距離，以直線引拉者，不得小於導線槽標稱寬度八倍；以轉彎引拉者，不得小於導線槽標稱寬度六倍。

表二七七之一　金屬導線槽內導線最小彎曲空間

導線截面積 (平方公厘)	每一終端導線數				
	1	2	3	4	5
	導線槽最小寬度 (公厘)				
2～5.5	不指定				
8～14	38				
22～30	51				
38	64				
50	76				
60~80	89	127	178		
100	102	152	203		
125	114	152	203	254	
150	127	203	254	305	
200～250	152	203	254	305	356

註：終端處之彎曲空間應從導線終端或接頭至末端(導線離間終端之延伸方向)起算，直線量測至箱壁之距離。

第 278 條　　　金屬導線槽內導線之接續組件、分接頭或端子板之裝設依下列規定辦理：

一、接續組件及分接頭：

(一) 導線得在金屬導線槽內可觸及處接續或分接，其連接方法限用壓接或採用壓力接頭夾接，並須妥加絕緣。

(二) 各導線包括接續組件及分接頭所佔截面積，不得超過該處金屬導線槽截面積之百分之七五。

二、端子板：

(一) 除前款之配線空間規定外，端子板裝設於導線槽內者，導線槽之空間不得小於端子板安裝說明書之規範。

(二) 不論導線槽是否加蓋，端子板於導線槽內，不得暴露未絕緣之帶電組件。

第 279 條　　　金屬導線槽之固定及支撐依下列規定辦理：

一、水平裝設：於每一終端處及距終端處一‧五公尺內，或超過一‧五公尺之獨立線槽終端處或接續處，應予固定及支撐。若裝置法確實牢固者，最大距離得放寬至三公尺。

二、垂直裝設：每隔四‧五公尺內應予固定及支撐，且兩支撐點間不得有超過一處之連接。金屬導線槽鄰接區段，應拴緊固定。

第 279-1 條　　（刪除）

第 280 條　　　（刪除）

第 281 條　　　金屬導線槽之裝設依下列規定辦理：

一、金屬導線槽之施作及裝設應確保全系統電氣及機械之連續性。

二、金屬導線槽應為完整之封閉箱體，以完全包封導線。導線槽之表面、內部及外部，應有腐蝕防護。

三、導線穿過導線槽、通過隔板，繞過彎曲處，在導線槽與配電箱或接線盒間及其他需避免磨損之處所時，應使用平滑導圓角，以防止導線絕緣受到磨損。

四、金屬導線槽之蓋板應固定於導線槽。

五、金屬導線槽之終端應予封閉。

第 282 條　　　1. 由金屬導線槽延伸而引出之配線，應裝設懸吊繩索，使導線不致承受張力，或按金屬導線管、使用金屬被覆電纜等方法裝設。

2. 若有分離之設備接地導線連接於金屬導線槽，應依第一章第八節規定接地。

第 282-1 條　　（刪除）

第 283 條　　（刪除）

第 284 條　　金屬導線槽裝設後，應於明顯處標示其製造廠家名稱或商標，及其內部
　　　　　　截面積。

第十一節之一　非金屬導線槽配線

第 284-1 條　非金屬導線槽指以耐燃性非金屬材質製成，以供配裝及保護導線或電纜
　　　　　　用之管槽；其蓋板應為可拆卸式者，俾於整個導線槽系統裝設完成後得
　　　　　　以移開而放置導線。

第 284-2 條　非金屬導線槽不得使用於下列情形或場所：

一、易受外力損傷之場所。

二、第二百九十四條第一款至第五款規定之場所。

三、暴露於陽光直接照射之場所。但經設計者確認並標示適用者，不在
　　此限。

四、周溫超過製造廠家指定使用溫度之場所。

五、絕緣導線額定溫度高於非金屬導線槽之耐受溫度者。但實際運轉溫
　　度不超過非金屬導線管之額定耐受溫度，且符合表一六～七安培容
　　量規定者，不在此限。

第 284-3 條　非金屬導線槽配置於建築物時，應依第二百七十六條之一第一款及第二
　　　　　　款規定辦理。

第 284-4 條　佈設於非金屬導線槽內之有載導線數不得超過三〇條，且各導線截面積
　　　　　　之和不得超過該線槽內截面積百分之二〇。該線槽內導線之安培容量應
　　　　　　按表一六～七中導線數「三以下」之數值計算。但有下列情形之一者，
　　　　　　導線槽內之導線數不受上列之限制：

一、升降機、電扶梯或電動步道之配線若按導線槽裝設，且其導線槽內
　　各導線截面積之和不超過該導線槽截面積百分之五〇者。

二、導線若作為訊號線或電動機與操作器間之控制線，僅於起動時有電
　　流通過者，概視為無載之導線。

三、導線之安培容量按表一六～七中導線「三以下」之數值再乘以表
　　二七七之修正係數時，裝設導線數可不加限制，惟各導線截面積之
　　和仍不得超過該導線槽內截面積百分之二〇。

第 284-5 條　絕緣導線裝設於非金屬導線槽，應依第二百七十七條之一第一款及第二
　　　　　　款規定辦理。

第 284-6 條　非金屬導線槽之固定及支撐依下列規定辦理：

一、水平裝設：於終端處或連接處九〇〇公厘內，及每隔三公尺內，應予固定及支撐。

二、垂直裝設：每隔一‧二公尺內，應予固定及支撐，且兩支撐點間不得有超過一處之連接。非金屬導線槽鄰接區段，應拴緊固定。

第 284-7 條　直線配置之非金屬導線槽，依其膨脹特性預計六公厘以上時，應提供伸縮配件，以補償受到溫度變化之膨脹及收縮。

第 284-8 條　1. 非金屬導線槽內導線之接續或分接，應依第二百七十八條第一款規定辦理。

2. 非金屬導線槽之終端應予封閉。

第 284-9 條　1. 由非金屬導線槽延伸而引出之配線，應裝設懸吊繩索，使導線不致承受張力，或按非金屬導線管、使用非金屬被覆電纜等方法裝設。

2. 非金屬導線槽應依不同配線方法，配置一條分離之設備接地導線。

第 284-10 條　非金屬導線槽應於明顯處標示其內部截面積。

第十一節之二　懸吊型管槽配線

第 284-11 條　懸吊型管槽係裝設於建築結構表面，或懸吊於建築結構，搭配相關配件，作為導線及電纜裝設用之金屬管槽。

第 284-12 條　懸吊型管槽得使用於下列情形或場所：

一、暴露裝設。

二、乾燥場所。

三、管槽若有保護，得使用於發散腐蝕性物質場所。

四、除嚴重之腐蝕性場所外，鐵磁性管槽及配件有琺瑯作為腐蝕防護，得使用於建築物內。

第 284-13 條　懸吊型管槽之選用依下列規定辦理：

一、管槽及配件應為鋼、不銹鋼或鋁材質者。

二、鋼質管槽及配件應鍍鋅或有防止腐蝕之塗裝。

第 284-14 條　1. 懸吊型管槽內之容許導線數量不得超過表二八四之一四～一所示管槽尺寸對應內部截面積之百分比。

2. 符合下列所有情況者，懸吊型管槽所裝設之導線不需使用表二八四之一四～二之修正係數：

一、管槽截面積超過二五〇〇平方公厘者。

二、有載導線數量不超過三〇條者。

三、管槽內導線截面積總和不超過懸吊型管槽內截面積之百分之二
〇。

表二八四之一四～一　懸吊型管槽之尺寸及內部截面積

管槽尺寸 （公厘）	截面積 平方公厘	40% 截面積 (1) 平方公厘	25% 截面積 (2) 平方公厘
50×100	5,000	2,000	1,250
75×100	7,500	3,000	1,875
100×100	10,000	4,000	2,500

註：1. 管槽內連接採外部連接配件者，應使用管槽內 40% 配線截面積計算，已決定
容許導線數量。

　　2. 管槽內連接採內部連接配件者，應使用管槽內 25% 配線截面積計算，已決定
容許導線數量。

表二八四之一四～二　在同一管槽內超過三條載流導線之安培容量修正係數

導線數	修正係數 (%)
4	90
5 ～ 6	80
7 ～ 9	70
10 ～ 20	50
21 ～ 30	45
31 ～ 40	40
41 以上	35

第 284-15 條　懸吊型管槽之固定及支撐依下列規定辦理：

一、壁掛式：於每一個出線盒、拉線盒、接線盒、配電箱或管槽終端九
〇〇公厘內，及每隔三公尺內，應予固定及支撐。

二、懸吊式：於管槽終端九〇〇公厘內，及每隔三公尺內，應予固定及
支撐。

第 284-16 條　1. 導線接續組件及分接頭，得裝設於懸吊型管槽，惟該管槽蓋板須為可
打開且可觸及者。

　　2. 導線、導線接續及分接頭在懸吊型管槽內所占截面積，不得超過該處
管槽截面積百分之七五。

第 284-17 條　懸吊型金屬管槽及其彎管、連接接頭及配件之裝設，應使其電氣及機械妥為耦合，並使導線不會遭受磨損。

第十一節之三　地板管槽配線

第 284-18 條　地板管槽係指專門供電線及電纜裝設於地板表面下，或與地板表面齊平之管槽。

第 284-19 條　地板管槽不得使用於下列情形或場所：

一、發散腐蝕性物質場所。但金屬地板管槽有腐蝕防護者，不在此限。

二、第二百九十四條第一款至第五款規定之場所。

第 284-20 條　地板管槽上方之混凝土覆蓋依下列規定辦理：

一、半圓型與平頂型之管槽寬度一○○公厘以下者，管槽上面混凝土或木質覆蓋厚度，應為二○公厘以上。但平頂型管槽符合第三款規定者，不在此限。

二、平頂型管槽寬度大於一○○公厘，小於二○○公厘，且管槽間之間隔，至少為二五公厘者，管槽上面混凝土覆蓋厚度，應為二五公厘以上。管槽間隔小於二五公厘者，混凝土覆蓋厚度應為三八公厘以上。

三、槽溝型管槽上面附有可打開之蓋板，且蓋板有機械保護，並與接線盒之蓋板硬度相同者，得與地板表面齊平。

第 284-21 條　1. 地板管槽內所有導線或電纜之總截面積，不得超過地板管槽內部截面積之百分之四○。

2. 地板管槽內導線之安培容量應按表一六～三至表一六～六數值選用。

第 284-22 條　1. 導線之接續組件及分接頭應在地板管槽之接線盒內施作。但導線裝設於平頂型管槽，裝設後可打開蓋板，且可觸及接續或分接者，不在此限。

2. 地板管槽內導線含接續接頭及分接頭之截面積不得超過該處管槽截面積之百分之七五。

第 284-23 條　每一直線地板管槽之終端或接近終端處應有明顯之標識。

第 284-24 條　1. 地板管槽之接線盒應與地板齊平，且應予密封。

2. 金屬管槽之接線盒應為相同金屬材質，且應與金屬管槽作電氣性連接。

3. 地板管槽終端應予封閉。

第十二節　匯流排槽配線

第 285 條　　1. 匯流排槽指一組銅匯流排或鋁匯流排以金屬板製成之金屬槽或以樹脂加以包覆而成為一體之裝置，該匯流排相間，及與外包金屬體間，或與大氣間應互為絕緣。

2. 匯流排槽得裝設插入式分接器，以分接較小容量導線。

第 286 條　　匯流排槽不得使用於下列情形或場所：

一、易受重機械外力損傷之場所。

二、發散腐蝕性物質之場所。

三、起重機或升降機之升降路。

四、第二百九十四條第一款至第五款規定之場所。

五、建築物外或潮濕場所。但其構造適合建築物外且防水者，不在此限。

第 287 條　　1. 匯流排槽水平裝設者，每隔一‧五公尺內，應予固定及支撐。若裝置法確實牢固者，其最大距離得放寬至三公尺。

2. 匯流排槽垂直裝設者，應於各樓地板處予以固定及支撐，其最大距離不得超過五公尺。

第 288 條　　匯流排槽配置依下列規定辦理：

一、牆壁：若穿過乾燥牆壁，貫穿牆壁部分應連續不中斷。

二、樓地板：

　　（一）若垂直穿過乾燥樓地板，該樓地板上方一‧八公尺內應有避免外力損傷之保護，且穿過處應採用全密閉型匯流排槽。

　　（二）除在工業廠區外，若垂直上升匯流排槽貫穿兩個以上乾燥樓地板者，依下列規定：

　　　　① 應在樓地板所有貫穿之開口周圍裝設至少一〇〇公厘高之止水墩 (curb)，以防止液體流入開口。

　　　　② 止水墩應安裝在地板開口之三〇〇公厘以內。

　　　　③ 附近用電設備應位於不會受止水墩保留液體傷害之處。

第 289 條　　匯流排槽之終端應予封閉。

第 290 條　　匯流排槽之分路依下列規定辦理：

一、由匯流排引接之分路，得依下列任一種配線方法裝設。若設備接地導線分開裝設，連接至匯流排槽之設備接地導線應依第一章第八節規定裝設。

　　（一）匯流排槽。

（二）MI 電纜。

（三）裝甲電纜。

（四）金屬導線管。

（五）金屬可撓導線管。

（六）PVC 管。

（七）懸吊型管槽。

二、以可撓軟線或可撓電纜作為匯流排槽引下線，引接供電給移動式設備或固定式設備，符合下列情形者，得作為分路：

（一）可撓軟線或可撓電纜附掛於建築物。

（二）可撓軟線或可撓電纜由匯流排分接器至該纜線固定處之長度，不超過一‧八公尺。

三、滑接式匯流排槽 (Trolley-Type Busways) 以可撓軟線或可撓電纜作為其引下線，引接供電給移動式設備者，得視為分路。

第 291 條　匯流排槽之過電流保護依下列規定辦理：

一、作為幹線或次幹線之匯流排槽，其容許安培容量與過電流保護額定值不能配合時，得採用較高一級之保護額定值。

二、自匯流排槽引出之分歧匯流排槽長度不超過一五公尺，其安培容量為其前端過電流保護額定值或標置三分之一以上，且不與可燃性物質接觸者，得免在分歧點處另設過電流保護設備。

三、以匯流排槽為幹線而分路藉插入式分接器自匯流排槽引出者，應在該分接器內附裝過電流保護設備以保護該分路。

第 291-1 條　匯流排槽之金屬槽應連接至設備接地導線或搭接導線。

第 292 條　每節匯流排槽應在外部明顯處標示其所設計之額定電壓、額定電流及製造廠家名稱或商標。

第十三節　燈用軌道

第 292-1 條　燈用軌道係同時作為供電及支持照明燈具之裝置；其長度可由增減軌道節數改變。

第 292-2 條　1. 燈用軌道應屬固定裝置，並妥善連接於分路。

2. 燈用軌道應裝用其專用照明燈具，使用一般插座之照明燈具不得裝用。

第 292-3 條　燈用軌道連接之負載不得超過軌道額定容量；其供電分路保護額定容量不得超過燈用軌道額定容量。

第 292-4 條　燈用軌道不得使用於下列情形或場所：

一、易受外力損傷之場所。

二、潮濕場所或濕氣場所。

三、發散腐蝕性物質場所。

四、存放電池場所。

五、第二百九十四條第一款至第五款規定之場所。

六、隱蔽場所。

七、穿過牆壁。

八、距地面一‧五公尺以下。但有保護使其不受外力損傷者，不在此限。

第 292-5 條　燈用軌道專用照明燈具應直接以相極及被接地電極分別妥為連接在燈用軌道上。

第 292-6 條　燈用軌道分路負載依每三○○公厘軌道長度以九○伏安計算。

第 292-7 條　分路額定超過二○安之燈用軌道；其照明燈具應有個別之過電流保護。

第 292-8 條　1. 燈用軌道應予固定，使每一固定點均能支持其所可能裝設之照明燈具最大重量。

2. 燈用軌道單節一‧二公尺以下者，應有兩處支撐。燈用軌道之延長部分，每一單節未超過一‧二公尺者，應增加一處支撐。

第 292-9 條　1. 燈用軌道應有堅固之軌槽。軌槽內應可裝設導體及插接照明燈具，並須考慮防止外物填塞及意外碰觸帶電部分之設計。

2. 不同電壓之燈用軌道器材不得互用。

3. 燈用軌道之銅導體應採用五‧五平方公厘以上，軌道末端應有絕緣及加蓋。

第 292-10 條　燈用軌道應依第二十六條及第二十七條規定接地，軌節應連接以維持電氣連續性。

第十四節（刪除）

第 292-11 條～（刪除）
第 292-18 條

第十五節（刪除）

第 292-19 條～（刪除）
第 292-35 條

第五章　特殊場所

第一節　通則

第 293 條　　1. 有關特殊場所用電設備之裝置，應依本章規定。本章未規定者，應依其他章節之規定辦理。

2. 本規則施行後取得建築許可之新建工程，其場所應依「區」分類方式辦理，並適用相關規定；既有設施之維修，其場所係依「類」分類方式辦理者，得依原分類方式辦理，並適用相關規定。

第 294 條　　特殊場所分為下列八種：

一、存在易燃性氣體、易燃性或可燃性液體揮發氣(以下簡稱爆炸性氣體)之危險場所，包括第一類或以 0 區、1 區、2 區分類之場所。

二、存在可燃性粉塵之危險場所，包括第二類或以 20 區、21 區、22 區分類之場所。

三、存在可燃性纖維或飛絮之危險場所，包括第三類或以 20 區、21 區、22 區分類之場所。

四、有危險物質存在場所。

五、火藥庫等危險場所。

六、散發腐蝕性物質場所。

七、潮濕場所。

八、公共場所。

第 294-1 條　場所區域劃分應由具有製程、設備知識、安全、電氣及其他工程背景人員參與劃分，其劃分結果應作成書圖或文件，並提供給經授權從事該場所設計、裝設、檢查、維修或操作電氣設備之相關人員或機構使用。

第 294-2 條　本章用詞定義如下：

一、易燃性液體：指閃火點未滿攝氏三七・八度(華氏一百度)，且在攝氏三十七・八度時其雷氏揮發氣壓力(Reid vapor pressure)為二百七十六千帕斯卡(四十磅力每平方英寸)絕對壓力以下之液體。

二、可燃性液體：指閃火點在攝氏三十七・八度(華氏一百度)以上，且未滿攝氏九十三・三度(華氏二百度)之液體。

三、可燃性粉塵：指任何直徑未滿四百二十微米之微細固體粉末，且當擴散於空氣中並被點火時，有火災或爆炸性危險者。

四、可燃性氣體偵測系統 (Combustible Gas Detection System)：指於工業廠區內裝設固定式氣體偵測器，並用來示警之保護系統。

五、非引火性電路 (Nonincendive Circuit)：指非現場配線，且在正常運轉條件下，產生之電弧或熱效應，不會引燃指定測試條件之易燃性混合物質之電路。

六、非引火性元件 (Nonincendive Component)：指具有接點供接通或切斷引火性電路，且該接點之機構能使該元件不會引燃特定易燃性氣體或揮發氣之元件；其外殼非用來阻隔可燃性混合氣或承受內部爆炸。

七、非引火性設備 (Nonincendive Equipment)：指裝設有電氣或電子電路，且在正常運轉條件下，產生之電弧或熱效應，不會引燃特定易燃性氣體、揮發氣或粉塵之設備。

八、非引火性現場配線 (Nonincendive Field Wiring)：指於現場裝設進出設備封閉箱體線路，且在正常運轉、開路、短路或接地條件下，產生之電弧或熱效應，不會引燃特定易燃性氣體、揮發氣或粉塵之配線。

九、非引火性現場配線器具 (Nonincendive Field Wiring Apparatus)：指可用於連接至非引火性現場配線之器具。

十、　相關非引火性現場配線器具 (Associated Nonincendive Field Wiring Apparatus)：指器具本身之電路雖非為非引火性，但會影響非引火性電路能量並能維持非引火性能量等級之器具。其得為下列之一：

(一)電機設備具有其他型式之保護方式，並得適用於適當危險分類場所者。

(二)電機設備不具有適當保護，且不適用於危險分類場所者。

十一、控制圖說 (Control Drawing)：指製造廠商所提供本質安全與相關器具間，或非引火性現場配線器具與相關非引火性現場配線器具間之互相連接等圖說或文件。

十二、塵密 (Dusttight)：指在特定測試條件下，粉塵無法侵入之封閉箱體，該封閉箱體之 IP 碼至少為 IP6X 等級或經設計者確認適合者。

十三、防塵燃 (Dust-Ignitionproof)：指設備封裝於塵密之封閉箱體內，且該箱體不會使其內部產生或釋放之電弧、火花或熱量引燃外部累積於箱體上或飄浮於其鄰近外部之特定粉塵。

十四、防爆 (Explosionproof)：指設備封裝於封閉箱體內，在正常使用情況下，該箱體表面溫度不會引燃周遭之特定易燃性氣體或揮發氣，且箱體強度能承受特定氣體或揮發氣在其內部發生爆炸時之壓力，箱體周圍縫隙所逸出之火花，不會引燃外部周遭之易燃性氣體或揮發氣。

十五、完全密封 (Hermeti-cally Sealed)：指設備使用熔合方式密封，例如一般焊接、銅焊、熔接或將玻璃與金屬熔合等，以阻絕外氣侵入。

十六、油浸 (Oil Immersion)：指將電氣設備浸入保護用之液體中，以防止引燃周遭可能存在之爆炸性混合氣。

十七、正壓 (Pressurization)：指利用足夠壓力之連續或非連續流量之保護性氣體注入封閉箱體內，以防止外部易燃性氣體或揮發氣、可燃性粉塵或可燃性纖維侵入封閉箱體。

十八、吹驅 (Purging)：指利用足夠流量且正壓之保護性氣體注入封閉箱體內，以降低其既存易燃性氣體或揮發氣之濃度至可接受範圍內之方法。

十九、液密 (Liquidtight)：指封閉箱體在特定測試條件下，濕氣無法侵入之構造。

二十、　非分類場所 (Unclassified Locations)：指非本章所定之危險場所。

二十一、最大實驗安全間隙 (Maximum Experimental Safe Gap, MESG)：指在特定試驗條件下，試驗設備內艙之特定爆炸性氣體與空氣之混合氣被點燃時，產生之火焰經過兩平行金屬面所形成之縫隙逸出，該縫隙小到使逸出熱氣無法點燃外面相同混合氣時，此縫隙之最大值。

二十二、最小引燃電流比 (Minimun igniting current ratio, MICratio)：指某爆炸性氣體之最小引燃電流與相同測試條件下之甲烷，其最小引燃電流比值，稱為該氣體或液體之最小引燃電流比。

二十三、相關器具 (Associated Apparatus)：指器具之電路本身雖非為本質安全，但會影響本質安全電路之能量並能維持本質安全之器具。得為下列之一：

（一）電機設備具有其他的型式之保護方式，以適用於特定危險分類場所。

（二）電機設備不具有適當保護者，且不得用於危險分類場所。

二十四、本質安全電路 (Intrinsically Safe Circuit)：指在規定測試條件下，產生之火花或熱效應，不會引燃易燃性或可燃性物質與空氣混合物之電路。

二十五、本質安全器具 (Intrinsically Safe Apparatus)：指內部所有電路均為本質安全之器具。

二十六、本質安全系統 (Intrinsically Safe System)：指可能用於危險場所之本質安全電路與本質安全器具、相關器具及互連電纜組成之系統。

二十七、不同之本質安全電路 (Different Intrinsically Safe Circuits)：指本質安全電路間可能互聯，但未經設計者確認為本質安全者。

二十八、簡易器具 (Simple Apparatus)：電氣元件或簡單構造之元件組合。具有明確定義之電氣參數，且不會輸出超過一・五伏特之電壓、一百毫安培之電流及二十五毫瓦特之能量者，或被動元件之散熱能量不會超過一・三瓦特，且與其使用電路之本質安全相容者。

二十九、模鑄構造「m」：指一種保護型式，產生火花或熱量可能點燃周遭爆炸性氣體之電氣，以模鑄用複合物封裝使其不會點燃爆炸性氣體。

三十、　耐壓防爆「d」(Flamepro of "d.")：指一種封閉箱體保護型式，此封閉箱體可承受滲入內部之易燃性混合物爆炸，而不致於損壞，且經由接縫或開口處逸出之熱氣，亦不會引燃外部易燃性氣體或揮發氣者。

三十一、增加安全「e」：指一種保護型式，在正常使用狀態下，或特定不正常情況下，使用附加之措施提高安全性，以防止產生電弧或火花之電氣設備。

三十二、本質安全「i」：指一種保護型式，在規定測試條件下，產生之火花或熱效應不會引燃空氣中易燃性或可燃性混合物者。

三十三、油浸「o」：指一種保護型式，將電氣設備浸入保護用之液體中，並用以防止引燃周遭可能存在之爆炸性混合氣。

三十四、粉末填充「q」：指一種保護型式，將可點燃爆炸性混合氣之電氣組件固定，且在其周圍填滿如玻璃或石英之粉末狀填充物，以防止引燃外部爆炸性氣體。

三十五、正壓「p」：指一種保護型式，具有維持封閉箱體內保護性氣體之壓力超過外部氣壓，以防止可能存在其外部之爆炸性氣體滲入封閉箱體內。

三十六、保護型式「n」：指一種保護型式，在正常運轉下，無法引燃周遭爆炸性氣體及降低因故障導致引燃之機率。

三十七、模鑄構造「mD」：指一種保護型式，將電器封閉於模鑄體中，使其不會點燃可燃性粉塵或可燃性纖維、飛絮及空氣之混合氣。

三十八、封閉體保護「tD」：指用於爆炸性粉塵環境之一種保護型式，具有防止粉塵進入及限制表面溫度之封閉箱體。

三十九、本質安全保護「iD」：指一種保護型式，在指定試驗條件下，產生之火花或熱量不會點燃可燃性粉塵或可燃性纖維、飛絮及空氣之混合氣。

四十、　正壓保護「pD」：指一種保護型式，內部具有保護氣體壓力超過其外部環境，以防止可燃性粉塵或可燃性纖維、飛絮及空氣之混合氣侵入封閉體者。

第 294-3 條　存在爆炸性氣體、可燃性粉塵、可燃性纖維或飛絮之危險場所，劃分方式如下：

一、場所須依現場存在爆炸性氣體、可燃性粉塵與纖維飛絮之特性，及其存在易燃性或可燃性之濃度或量加以劃分。

二、僅使用或處理自燃性 (pyrophoric) 物質之場所，非本章規範之範圍，不作劃分。

三、劃分時應將每一個房間、區塊或區域視為獨立之空間。

四、房間或區域裝置氨冷卻系統，若設有適當之機械通風設備者，可劃歸為非分類場所。

第 294-4 條　存在爆炸性氣體、可燃性粉塵、可燃性纖維或飛絮之危險場所，依「類」分類如下：

一、第一類場所：空氣中存在或可能存在爆炸性氣體，且其量足以產生爆炸性或可引燃性混合物之場所，並依爆炸性氣體發生機率及持續存在時間，依「種」分類如下：

(一) 第一種場所，包括下列各種場所：

① 於正常運轉條件下，可能存在著達可引燃濃度之爆炸性氣體場所。

② 於進行修護、保養或洩漏時，時常存在著達可引燃濃度之易燃性氣體、易燃性液體揮發氣，或可燃性液體溫度超過閃火點之場所。

③ 當設備、製程故障或操作不當時，可能釋放出達可引燃濃度之爆炸性氣體，同時也可能導致電氣設備故障，以致使該電氣設備成為點火源之場所。

(二)　　第二種場所，包括下列各種場所：

① 製造、使用或處理爆炸性氣體之場所。於正常情況下，該氣體或液體揮發氣裝在密閉之容器或封閉式系統內，僅於該容器或系統發生意外破裂、損毀或設備不正常運轉時，始會外洩。

② 藉由正壓通風機制以防止爆炸性氣體達可引燃濃度，但當該通風設備故障或操作不當時，可能造成危險之場所。

③ 鄰近第一種場所，且可能由第一類場所擴散而存在達可引燃濃度之易燃性氣體、易燃性液體揮發氣，或達閃火點以上之可燃性液體揮發氣之場所。但藉由裝設引進乾淨空氣之適當正壓通風系統，防止此種擴散，並具備通風失效時之安全防護機制者，不在此限。

二、第二類場所：存在可燃性粉塵，且其量足以產生爆炸性或引燃性混合物之場所，並依可燃性粉塵發生機率及持續存在時間，依「種」分類如下：

(一) 第一種場所，包括下列各種場所：

① 於正常運轉條件下，可能存在著達可引燃濃度之可燃性粉塵場所。

② 當設備、製程故障或操作不當時，可能產生爆炸性或引燃性混合物之場所，同時也可能導致電氣設備故障，以致使該電氣設備成為點火源。

③ 可能存在可燃性金屬粉塵，且其量足以造成危險之場所。

(二) 第二種場所，包括下列各種場所：

① 因操作不當，而致空氣中含有可燃性粉塵，且其量足以產生爆炸性或引燃性混合物之場所。

② 具粉塵之累積，通常其量不足以干擾電氣設備或其他器具之正常運轉，但當加工或製程設備故障或操作不當時，可使該可燃性粉塵懸浮於空氣中之場所。

③ 可燃性粉塵在電氣設備之上方、內部或鄰近處，累積至足以妨礙該設備之安全散熱，或可能因電氣設備故障或操作不當而引燃之場所。

三、第三類場所：存在可燃性纖維或飛絮之危險場所，該可燃性纖維或飛絮懸浮於空氣中之量累積至足以產生引燃性混合物之機率極低，依「種」分類如下：

(一) 第一種場所：製造、使用或處理可燃性纖維或飛絮之場所。

(二) 第二種場所：儲存或非製程處置可燃性纖維或飛絮之場所。

第 294-5 條　1. 第一類及第二類場所之危險物質，在非濃氧情況下，依「群」分類如下：

一、第一類場所之危險物質：

(一)A 群：乙炔 (acetylene)。

(二)B 群：最大實驗安全間隙為〇 · 四五公厘以下，或最小引燃電流比為〇 · 四以下。

(三)C 群：最大實驗安全間隙超過〇 · 四五公厘，而在〇 · 七五公厘以下；或最小引燃電流比超過〇 · 四，而在〇 · 八以下。

(四)D 群：最大實驗安全間隙超過〇 · 七五公厘，或最小引燃電流比超過〇 · 八。

二、第二類場所之危險物質：

(一)E 群：空氣中含有可燃性金屬粉塵，包括鋁、鎂及其合金，或其他可燃性粉塵之粒子大小、摩擦力或導電度，對使用中電氣設備有相似危險性質者。

(二)F 群：空氣中含有可燃性碳質粉塵，包括煤、碳煙、木炭、石油焦粉塵等，其所含之揮發性物質 (total entrapped volatiles) 超過百分之八，或受到其他物質激化而呈現爆炸危險之粉塵。

(三) G 群：空氣中含有 E 群、F 群以外之可燃性粉塵，包括麵粉、穀物、木頭、塑膠、化學物質等。

2. 前項第一款規定之 B 群危險物質為丁二烯者，得使用適用於 D 群之設備，但連接至該設備之導線管，應於與其連接之封閉箱體距離四百五十公厘範圍內裝設防爆型密封管件。

3. 第一項第一款規定 B 群危險物質為丙烯酸縮水乾油乙醚 (allyl glycidyl ether)、正丁基縮水乾油乙醚(nbutyl glycidyle ether)、環氧乙烷(ethylene oxide)、環氧丙烷 (propylene oxide) 或丙烯醛 (acrolein) 者，得使用適用於 C 群之設備，但連接至該設備之導線管，應於與其連接之封閉箱體距離四百五十公厘範圍內裝設防爆型密封管件。

第 294-6 條　電氣與電子設備得使用下列保護技術：

一、防爆：得用於第一類場所。

二、防塵燃：得用於第二類場所。

三、塵密：得用於第二類第二種場所或第三類場所。

四、吹驅及正壓：得用於經設計者確認之危險場所。

五、本質安全：得用於第一類場所、第二類場所或第三類場所。

六、非引火性電路、設備及元件：得用於第一類第二種場所、第二類第二種場所或第三類場所。

七、油浸：得用於第三百零一條第二款第一目之 2 規定之第一類第二種場所之電流啟斷接點。

八、完全密封：得用於第一類第二種場所、第二類第二種場所或第三類場所。

九、可燃性氣體偵測系統：得用於保護不對外開放且僅由合格人員維修及管理監督之工業廠區；其裝設規定如下：

(一) 當利用可燃性氣體偵測系統作為保護技術時，偵測設備之種類、待偵測氣體名稱、裝設位置、警報與停機準則及校正頻率等，應以文件建檔。

(二) 裝設可燃性氣體偵測系統之場所，得使用下列規定之設備：

① 通風不良場所：因通風不良而劃分為第一類第一種場所者，得使用第一類第二種場所之電氣設備。但裝設於此場所之

可燃性氣體偵測系統，應經設計者確認其物質分群適用於第一類第一種場所。

② 建築物內部：位於第一類第二種場所，或有開口連通第一類第二種場所之建築物，其內部不含易燃性氣體或揮發氣者，得使用適用於非分類場所之電氣設備。但裝設於此場所之可燃性氣體偵測系統，應經設計者確認其物質群別適用於第一類場所及物質。

③ 控制盤內部：控制盤裝有使用或測量易燃性液體、氣體或揮發氣之儀器者，其內部得使用適用於第一類第二種場所之電氣設備。但裝設於此場所之可燃性氣體偵測系統，應經設計者確認其物質分群適用於第一類第一種場所。

十、其他經設計者確認適用於危險場所內設備之保護技術。

第 294-7 條　設備構造及安裝，依下列規定辦理：

一、設備適用性之確認，應符合下列規定之一：

（一）經設計者確認，或具認證標章或證明文件。

（二）由權責單位認可之測試實驗室或檢驗機構所出具之產品評估證明文件。

二、設備適用場所類別及特性之確認方式如下：

（一）原則：

① 依其所在場所之危險分類，及現場特定危險物質之特性，如爆炸性質、可燃性質或引燃性質來決定。

② 第一類場所運轉之設備，不得使其任何暴露表面之溫度超過特定氣體或揮發氣之自燃溫度。

③ 第二類場所之設備，其外部溫度不得超過第四款第二目規定。

④ 第三類場所之設備，其最高表面溫度不得超過第三百十八條之十規定。

（二）經設計者確認適用於各類別第一種場所之設備，得使用於同一類別、群別及溫度級別之第二種場所，並視個別情況依下列規定辦理：

① 本質安全器具之控制圖說要求裝設適用於各類別第一種場所之相關器具者，得用於第二種場所，但仍應使用相同規格之相關器具。

②　依本章規定使用之防爆型設備，若使用第二百九十八條第二款規定之配線方法時，應搭配使用符合第二百九十八條之一或二百九十八條之四規定之密封管件。

(三) 第二節至第三節之一如特別規定一般用途設備或置放於一般用途封閉箱體內之設備，在正常使用情況下，不會成為點火源者，得裝設於第二種場所。

(四) 設備裝設於非分類場所，但僅靠壓縮密封墊、隔膜密封閥或密封接管，防止易燃性或可燃性液體進入該設備者，仍應使用經設計者確認適用於第一類第二種場所之設備。

(五) 除另有規定外，電動機正常運轉狀態，指額定負載之穩定狀態。

(六) 在多種特定危險物質可能同時存在之場所，決定電氣設備之安全運轉溫度時，應考慮同時存在之狀況。

三、設備應標示其符合之適用環境。除第六目另有規定外，其標示內容如下：

(一) 類別：標示適用之類別。

(二) 種別：僅適用於各類別第二種場所者，應特別標示種別。

(三) 危險物質群別：依第二百九十四條之五規定標示。

(四) 設備溫度：

①　標示溫度等級，依表二九四之七溫度等級 (T 碼) 表示。

②　周溫為攝氏四十度時之運轉溫度。

③　若電氣設備於周溫超過攝氏四十度運轉時，除標示運轉溫度外，需另標示其周溫。

④　適用於第一類及第二類場所之設備，應同時標示在第一類及第二類場所之最高安全運轉溫度。

(五) 周溫範圍：攝氏零下二十五度以下四十度以上者，應標示具「Ta」或「Tamb」符號之特殊周溫範圍。

(六) 符合下列特殊情況之一，得免標示前五目規定之內容：

①　一般用途之固定式設備：除照明燈具外，可適用於第一類第二種場所者。

②　固定式塵密設備：除照明燈具外，可適用於第二類第二種及第三類場所者。

③　相關器具：裝設在非危險區域，未被其他保護措施保護之相關本質安全器具及相關非引火性現場配線器具者。但該器具應標示出可與其連接之器具所屬類別、種別及群別。

④　簡易器具：符合第三節之四規定者。

四、設備使用之溫度限制：

(一) 使用於第一類場所：依第三款規定標示之溫度，不得超過所適用之特定氣體或揮發氣之引燃溫度。

(二) 使用於第二類場所：依第三款規定標示之溫度，不得超過所適用之特定粉塵之引燃溫度。用於可能乾燥或碳化之有機粉塵環境者，其溫度標示，應為最低引燃溫度以下及攝氏一百六十五度以下。

五、螺紋：

(一) 導線管或管件之螺紋，應以標準牙模 (cutting die) 來車絞。

(二) 導線管及管件應扭緊，以防止故障電流通過管路系統時產生火花，確保該管路系統防爆之完整性。

(三) 附有螺紋銜接口，以連接現場配線之設備者，依下列之規定安裝：

①　設備附有銜接口，供斜口螺紋導線管或管件銜接者，應使用經設計者確認適合之導線管、導線管管件或電纜配件，且該導線管或管件之螺紋，應以斜口螺紋模來車絞。螺紋管件銜接至防爆型設備，應旋入五個全牙以上。但經設計者確認為防爆型設備之廠製斜口螺紋銜接口者，應旋入四又二分之一全牙以上。

②　設備附有公制螺紋銜接口，供連接導線管或管件者，應使用經設計者確認適合之管件或電纜接頭，且其銜接口經設計者確認為公制，或設備附有經設計者確認之轉接頭，用以連接導線管或斜口螺紋牙管件。連接防爆型設備之公制螺紋銜接口，應至少具備國際化標準 (ISO) 之 6g ／ 6H 配合度。使用於 C、D 群環境者，應有五個全牙以上之銜接。使用於 A、B 群環境者，應有八個全牙以上之銜接。

③　未使用之開口應經設計者確認，且該管塞之螺紋及銜接，應符合本目之 1 或之 2 規定。

六、光纖電纜：內含有可通電導線之複合型光纖電纜者，應依
本節至第三節之一規定佈設。

表二九四之七　最高表面溫度之分級

最高溫度		溫度等級 (T Code)
攝氏℃	華氏℉	450
842	T1	300
572	T2	280
536	T2A	260
500	T2B	230
446	T2C	215
419	T2D	200
392	T3	180
356	T3A	165
329	T3B	160
320	T3C	135
275	T4	120
248	T4A	100
212	T5	85
185	T6	

第二節　存在爆炸性氣體之第一類場所

第一款　一般規定

第 295 條　　可能存在爆炸性氣體，而有火災或爆炸危險之第一類第一種及第二種場
所內，所有電壓等級之電氣設備及配線，應依本節規定裝設。

第 295-1 條　1. 經設計者確認適用於 0 區之設備，得使用於相同氣體及溫度等級之第
一類第一種場所。

2. 經設計者確認適用於 0 區、1 區或 2 區之設備，得使用於相同氣體及
溫度等級之第一類第二種場所。

第 296 條　　（刪除）

第 297 條　　（刪除）

第二款　配線

第 298 條　　第一類場所之配線方法，依下列規定：

一、第一種場所：

(一) 得使用下列方法：

① 具有螺紋之厚金屬導線管或鋼製薄金屬導線管。

② 符合下列規定者，得使用 PVC 管：

❶ 埋設於地下，並以厚度五十公厘以上之混凝土包封，且自管頂至地面之埋設深度應為六百公厘以上。但地下導線管自露出地面點或與地面管槽相連接點回推長度六百公厘之管段，應使用具有螺紋之厚金屬導線管或鋼製薄金屬導線管連接。

❷ 以設備接地導線提供管槽系統之電氣連續性及非帶電金屬體接地用者。

③ 使用 MI 電纜，搭配經設計者確認適用於本場所之終端配件，且裝設及支撐能防止終端配件承受拉應力。

④ 符合下列規定者，得使用裝甲電纜：

❶ 不對外開放且僅由合格人員維修及管理監督之工業廠區。

❷ 經設計者確認適用於 1 區或第一種場所。

❸ 具有對氣體或揮發氣之氣密被覆。

❹ 具有專供接地使用之設備接地導線。

❺ 搭配經設計者確認適用於本場所之終端配件。

(二) 採用可撓連接者，得使用下列方法之一辦理：

① 經設計者確認適用於本場所之可撓管件。

② 符合第三百零六條規定之可撓軟線，且終端搭配經設計者確認適用於本場所之軟線連接頭。

(三) 線盒與管件應經設計者確認適用於第一種場所。

二、第二種場所：

(一) 得使用下列方法：

① 符合前款規定之配線方法。

② 加襯墊密封之匯流排槽或導線槽。

③ 裝甲電纜或有金屬遮蔽之高壓電纜，應使用經設計者確認之電纜終端配件。

④ 不對外開放且僅由合格人員維修及管理監督之工業廠區。若裝設之金屬導線管不具足夠之抗腐蝕性能者，應使用經設計者確認之 PVC 導線管標稱厚度號數 SCH80 廠製彎管及其附屬管件。若有自第一種場所延伸至第二種場所之配線，該邊界為第二百九十八條之一第四款規定之應密封者，於二者共同邊界交接點之第二種場所側應密封。

(二) 採用可撓連接者，得使用下列方法之一辦理：

① 經設計者確認適用之可撓金屬管件。

② 金屬可撓導線管，並搭配經設計者確認適用之管件。

③ 液密金屬可撓導線管，並搭配經設計者確認適用之管件。

④ 液密非金屬可撓導線管，並搭配經設計者確認適用之管件。

⑤ 經設計者確認為超嚴苛使用型 (extra-hard usage) 之可撓軟線，並內含一條可作為設備接地之導線，且搭配經設計者確認適用之終端配件。

(三) 非引火性現場配線：

① 得使用適用於非分類場所之配線方法。

② 配線系統應依控制圖說之指示裝設。

③ 控制圖說未標示之簡易器具，得裝設於非引火性現場配線電路。但該器具不得使非引火性現場配線電路與其他電路互相連接。

④ 個別之非引火性現場配線電路，應依下列規定之一裝設：

❶ 使用個別之電纜。

❷ 使用多芯電纜時，其每條電路之導線均使用被接地金屬遮蔽。

❸ 使用多芯電纜或管槽內時，每條電路之導線絕緣厚度應為○‧二五公厘以上。

(四) 線盒與管件：除第三百條第二款第一目、第三百零一條第二款第一目、第三百零七條之一第二款第一目規定外，線盒及配件得免為防爆型。

第 298-1 條　　第一類第一種場所之導線管密封位置，依下列規定裝設：

一、進入防爆型封閉箱體：

（一）導線管進入下列規定之防爆型封閉箱體者，應裝設密封管件：

① 封閉箱體內裝設開關、斷路器、熔線、電驛、電阻器等器具，於正常運轉條件下，會產生電弧、火花，或超過所涉氣體或揮發氣之攝氏自燃溫度百分之八十。但符合下列規定之一者，得免密封：

❶ 置放於氣體或揮發氣無法進入之完全密封腔室。

❷ 油浸符合第三百零一條第二款第一目之 2 規定。

❸ 置放於工廠密封完成之防爆型腔室，並裝設於經設計者確認適用於本場所之封閉箱體內，其具有標示工廠密封或相似文字，且該封閉箱體之接口小於公稱管徑五十三公厘。

❹ 裝設於非引火性電路中。

② 封閉箱體內裝設端子、接續或分接頭，且管接口為公稱管徑五十三公厘以上。

（二）應有導線管密封之防爆型封閉箱體，並不得以鄰近連接之工廠密封完成箱體作為密封管件。

（三）導線管密封應裝設於距離該封閉箱體四百五十公厘範圍內。密封管件與防爆型封閉箱體之間，應使用防爆型由令 (union)、管接頭、大小管接頭、肘型彎管、加蓋肘型彎管，及類似 L 型、T 型、十字型等，且尺寸規格不得超過導線管管徑之管件。

二、進入正壓封閉箱體：若進入正壓封閉箱體之導線管，不為正壓保護系統之一部分者，則每條導線管應於距離該封閉箱體四百五十公厘範圍內裝設密封管件。

三、二個以上防爆型封閉箱體之連接：依第一款第三目規定裝設密封管件者，應以短管或長度不超過九百公厘之導線管互相連接。每條與其連接之短管或導線管裝設單一密封管件，裝設位置距離其任一封閉箱體四百五十公厘以下者，視為適當之密封。

四、邊界：

（一）離開第一類第一種場所之導線管，應加以密封。

（二）密封管件得裝設於距離第一類第一種場所邊界之任一邊三公尺範圍內。

（三）密封管件之設計及裝設，應使第一類第一種場所內之氣體或揮發氣洩漏至密封管件以外之導線管量能極小化。

（四）密封管件與導線管離開第一類第一種場所之邊界交接點之間，除密封管件已安裝經設計者確認之防爆型大小管接頭外，不得裝設由令、管接頭、線盒或其他管件。

（五）符合下列規定者，不受前四目限制：

① 穿越第一類第一種場所之金屬導線管，其管段之終端位於非分類場所者，且長度小於三百公厘，管段範圍內配件沒有連接任何由令、管接頭、線盒或管件，得免密封。

② 地下導線管之裝設，應符合第八章之一規定，若埋設深度為四百五十公厘以上，且邊界位於地下者，密封管件得裝設於離開地面點之管段，但其與導線管離開地面點之管段，除密封管件已安裝經設計者確認之防爆型大小管接頭外，不得裝設由令、管接頭、線盒或其他管件。

第 298-2 條　第一類第二種場所之導線管密封位置，依下列規定裝設：

一、進入封閉箱體：

（一）導線管進入防爆型封閉箱體者，應依前條第一款第一目之1及第三款規定裝設密封管件。

（二）密封管件與封閉箱體間之全部管段或短管，應符合第二百九十八條第一款規定。

二、邊界：

（一）經由第一類第二種場所進入非分類場所之導線管，應加以密封。

（二）密封管件得裝設於距離第一類第二種場所邊界之任一邊三公尺範圍內。

（三）密封管件之設計及裝設，應使第一類第二種場所內之氣體或揮發氣洩漏至密封管件以外之導線管量能極小化。

（四）密封管件與導線管離開第一類第二種場所之邊界交接點之間，除密封管件已安裝經設計者確認適用之大小管接頭外，不得裝設由令、管接頭、線盒或其他管件。

（五）密封管件與導線管離開第一類第二種場所之邊界交接點之管段，應使用厚金屬導線管或具有螺紋之鋼製薄金屬導線管，且密封管件應使用螺紋與其互相連接。

（六）密封管件得免為防爆型，但應位於易於接近處。

（七）符合下列規定者，不受前六目限制：

① 穿越第一類第二種場所之金屬導線管，其管段之終端位於非分類場所者，且長度小於三百公厘，管段範圍內配件沒有連接任何由令、管接頭、線盒或管件，得免密封。

② 導線管系統終止於非分類場所，其配線方法轉換成電纜槽、電纜匯流排、通風型匯流排、MI 電纜，或非裝設於管槽或電纜槽之電纜者，從第一類第二種場所進入非分類場所處，符合下列情況者得免密封：

❶ 此非分類場所為屋外，或為屋內而其導線管系統全部位於同一空間內。

❷ 導線管終端並非位於在正常運轉情況下，存在點火源之封閉箱體內。

③ 因正壓而分類為非分類場所之封閉箱體或隔間，導線管系統進入第一類第二種場所，得免於邊界裝設密封管件。

④ 經過第一類第二種場所進入非分類場所之架空導線管系統，若符合下列所有條件，得免裝設密封管件：

❶ 穿越第一類第一種場所且距離第一類第一種場所之邊界三百公厘範圍內之管段，不具有由令、管接頭、線盒或管件等。

❷ 導線管段全部位於屋外。

❸ 導線管段不直接連接至罐式泵 (canned pumps)，或用來測定流量、壓力及分析儀器用之製程或連接管等，且該等儀器僅使用單一之壓縮密封、隔膜或細管，防止易燃或可燃性流體進入導線管系統。

❹ 於非分類場所之導線管系統，僅具有螺紋之金屬導線管、由令、管接頭、導管盒及管件。

❺ 於第一類第二種場所之導線管，與具有端子、接續或分接頭之封閉箱體連接處，有加以密封。

第 298-3 條　　第一類場所之密封，依下列規定裝設。但符合前條第二款或第三百十八條之六十二規定者，密封管件得免為防爆型。

一、管件：提供連接用或裝置設備之封閉箱體，應內含密封之措施，或使用經設計者確認適用於該場所之密封管件。密封管件應搭配經設計者確認之專屬密封膏(sealing compound)，且裝設位置應易於接近。

二、密封膏：密封膏應防止氣體或揮發氣由密封管件洩漏，且不受周遭大氣或液體之影響；其熔點應為攝氏九十三度以上。

三、密封膏厚度：除經設計者確認適用之電纜密封管件外，裝配完成之密封管件內，密封膏厚度不得未滿密封管件之公稱管徑，且應為十六公厘以上。

四、接續及分接頭：接續及分接頭不得裝設於專為填充密封膏之密封管件內。提供接續及分接頭之管件，不得填充密封膏。

五、組件：

(一) 在一個組件中，若會產生電弧、火花或高溫之設備裝設於某一隔間，但接續及分接頭裝設於另一隔間，則該組件之導體從一隔間穿越至另一隔間處，應加以密封，且整個組件應經設計者確認符合其分類場所。

(二) 在第一類第一種場所內，並符合第二百九十八條之一第一款第一目之2規定之管線連接到含有接續及分接頭之隔間，應裝設密封管件。

六、導線容積：密封管件容許之導線截面積，除經設計者確認其可容許較高之百分比外，應為相同管徑厚金屬導線管截面積之百分之二十五以下。

第 298-4 條　　1. 第一類第一種場所之電纜密封位置，依下列規定裝設：

一、終端：

(一)電纜之終端應加以密封；其密封管件應符合前條規定。

(二)若使用裝甲電纜等具有氣密或揮發氣密之連續被覆，及裝甲電纜等高分子材料製成之外皮之多芯電纜者，應使用經設計者確認適用之管件加以密封，且應先移除電纜或其他被覆，並使每條絕緣導線周圍填滿密封膏，使氣體或揮發氣之洩漏量能極小化。但電纜之終端，如使用經設計者確認之方式，使氣體及揮發氣進入量能極小化，且能防止火焰進入纜心者，得免移除電纜外層之遮蔽物。

二、氣體或揮發氣可流通之電纜：導線管中佈設具有氣密之連續被覆電纜，能透過纜心流通氣體或揮發氣者，應在第一種場所加以密封，且應先移除電纜被覆及外皮，使密封膏填滿個別之絕緣導線及外皮。但多芯電纜具有氣密或揮發氣密被覆，能透過纜心流通氣體或揮發氣者，依下列方式施工，得視為單一導線：

(一)於距離封閉箱體四百五十公厘範圍內，將導線管中之電纜密封。

(二)使用經設計者確認之方式，將封閉箱體內之電纜線末端密封，並使氣體或揮發氣進入量能極小化，且能防止火焰沿纜心延燒。遮蔽電纜及雙絞線電纜，得免移除遮蔽電纜外層之遮蔽物質，亦不須將雙絞線電纜分開。

三、氣體或揮發氣無法流通之電纜：若氣體或揮發氣無法透過多芯電纜之纜心流通者，管線內之每條多芯電纜均視為單一導線。該電纜應依第一款規定之方式加以密封。

2. 第一類第二種場所之電纜密封位置，依下列規定：

一、終端：

(一)進入防爆型封閉箱體之電纜與封閉箱體接口處，應加以密封；其密封管件應符合第二百九十八條之二第一款規定。

(二)使用具有氣密連續被覆之多芯電纜，能透過纜心流通氣體或揮發氣者，應於第二種場所使用經設計者確認之管件加以密封，且應先移除電纜或其他被覆，並使每條絕緣導線周圍填滿密封膏，使氣體及揮發氣洩漏量能極小化。導線管內多芯電纜應依前項規定之方式密封。但符合下列規定者，不在此限：

① 電纜自 Z 型正壓而劃分為非分類場所之封閉箱體或隔間，進入第一類第二種場所時，其邊界交接點得免密封。

② 若遮蔽電纜及雙絞線電纜之終端，使用經設計者確認之方式，使氣體及揮發氣進入纜心量能極小化，且能防止火焰進入纜心者，得免移除電纜外層之遮蔽物，亦不須將雙絞線分開。

二、氣體或揮發氣無法流通之電纜：除前款規定外，具有氣密或揮發氣密之連續被覆，能透過纜心流通之氣體或揮發氣，不

會超過密封管件容許流通最低量者，得免密封。但該電纜之長度，不得小於密封管件允許程度之氣體或揮發氣穿過纜心流量最低時所需之長度。其密封管件允許之程度，係指在壓力為一千五百帕斯卡時，該流量為二百立方公分／小時。

三、氣體或揮發氣可通過之電纜：除第一款規定外，具有氣密或揮發氣密之連續被覆電纜，能經由纜心流過氣體或揮發氣者，得免密封。若該電纜連接至製程設備或裝置，而使電纜末端承受超過一千五百帕斯卡之壓力時，應使用密封、屏障或其他方法，並用以防止易燃性物質進入非分類場所。

四、無氣密被覆之電纜：應在第二種場所與非分類場所之邊界交接點加以密封，並使氣體或揮發氣洩漏至非分類場所量能極小化。

3. 第一類場所內若使用 MI 電纜，其終端配件應使用密封膏加以密封。

第 298-5 條　第一類場所之凝結液排放措施，依下列規定：

一、控制設備：在控制設備之封閉箱體或管槽系統內，若可能有液體或揮發氣凝結液聚積之處所，應使用經設計者確認之方式，防止液體或揮發氣凝結液累積，或使其能定期排放該液體或揮發氣凝結液。

二、電動機與發電機：若經設計者確認該電動機或發電機內，可能有液體或揮發氣凝結液聚積者，應裝設適當接頭及管路系統，並使液體進入量能極小化。若經判斷需有防止聚積液體或定期排液功能，應裝設含有排液措施之電動機及發電機。

第 298-6 條　1. 第一類場所之製程設備連接處，應依本條規定密封；其製程設備，可為罐式泵、沉水式泵或流量、壓力、溫度等分析量測儀器。製程密封口，係為防止製程流體從設計之容器滲到外部電力系統之裝置。

2. 製程設備與電力設備之連接口，若僅靠單一製程密封口，如壓縮密封墊、隔膜密封閥或密封接管等，並用以防止可燃性或易燃性流體進入可傳送流體之導線管或電纜系統者，應提供另一額外方式，減輕單一製程密封口失效時之影響。其額外方式，得使用下列規定之一：

一、使用適當屏障，該屏障應能夠在製程密封口失效時，承受周溫及壓力。且在單一製程密封口及該適當屏障間，應具有通氣孔或排水孔，並裝設該製程密封口故障示警裝置。

二、經設計者確認之 MI 電纜組件，並安裝於電纜或導線管與單一製程密封口之間。該 MI 電纜應能夠承受百分之一百二十五以上之製程壓力及百分之一百二十五以上之最高製程攝氏溫度。

三、在單一製程密封口與導線管或電纜密封之間設置排水孔或通氣孔。此排水孔或通氣孔之尺寸，應能夠防止導線管或電纜密封承受超過一四九三帕斯卡之壓力，並裝設該製程密封口故障示警裝置。

四、其他減輕單一製程密封口故障之方式。

3. 製程設備與電力設備之連接口，非僅使用單一製程密封口或使用經設計者確認之製程密封口且標示「單一密封」或「雙重密封」者，得免提供額外密封方式。

第 298-7 條　第一類場所之導線絕緣層，若為可能接觸揮發氣凝結液或液體者，其絕緣材料，應經設計者確認適用於此環境，或使用鉛被覆，或其他經設計者確認之方式加以保護。

第 298-8 條　1. 第一類場所之導線、匯流排、端子或元件等無絕緣暴露組件，其運轉電壓應為三十伏特以下。若為潮濕場所，其運轉電壓應為十五伏特以下。

2. 前項暴露組件，應使用符合第二百九十四條之六規定之本質安全，或非引火性電路或設備等適合該場所之技術加以保護。

第 298-9 條　第一類場所之接地及搭接，應依第一章第八節及下列規定：

一、搭接：

（一）應使用具有適當配件之搭接跳接線或其他經設計者確認之搭接方式。不得僅使用制止螺絲圈套管及雙制止螺絲圈式之接觸作搭接。

（二）第一類場所與受電設備接地點間，或與分離之電源系統接地點間之管槽、管件、配件、線盒及封閉箱體等，應使用前目規定之搭接方式。

（三）若被接地導線與接地電極依第二十七條第一款規定，於建築物或構造物之隔離設施電源側相接，且分路過電流保護裝置位於該隔離設施之負載側者，則前目規定之搭接方式，得僅施作於最接近接地電極處。

二、設備接地導線之型式：使用金屬可撓導線管或液密金屬可撓導線管者，其內部應具有符合第二十六條、第二十七條第六款、第二十八條規定之導線型式設備搭接跳接線。但在第一類第二種場所中，符合下列所有條件者，不在此限。

(一) 使用經設計者確認之液密可撓金屬導線管，且長度為一‧八公尺以下，並搭配經設計者確認之接地用配件。

(二) 電路之過電流保護在十安培以下。

(三) 非動力負載之設備。

第 298-10 條　第一類場所之突波避雷器及突波保護器，依下列規定裝設：

一、第一種場所：避雷器、突波保護器與突波保護用電容器，應裝設於經設計者確認適用於本場所之封閉箱體內。

二、第二種場所：

(一) 若避雷器及突波保護器為不發弧型者，則突波保護用電容器應依特定責務而設計，且其所裝設之封閉箱體，得為一般用途型。

(二) 除前目規定之突波保護型式外，其他種類突波保護器應裝設於經設計者確認適用於第　類第一種場所之封閉箱體內。

第三款　設備

第 299 條　第一類場所之變壓器及電容器，依下列規定裝設：

一、第一種場所：

(一) 內含可燃性液體：僅能裝設於符合第四百條規定及下列規定之變電室內：

① 變電室與第一種場所間不得設有門窗或其他開口。

② 應提供良好且充足之通風，以連續排除易燃性氣體或揮發氣。

③ 通氣孔或通風管之出口應裝設於屋外非分類場所。

④ 通氣孔或通風管道應有足夠大小，可釋放變電室內之爆炸壓力，且建築物內所有通風管道為鋼筋混凝土構造。

(二) 不含可燃性液體：應裝設於符合前目規定之變電室中，或經設計者確認適用於第一類第一種場所者。

二、第二種場所：

　　（一）變壓器應符合第三章第五節或第七章第四節規定。

　　（二）電容器應符合第三章第六節或第七章第六節規定。

第 300 條　　第一類場所之計器、儀器及電驛，依下列規定裝設：

一、第一種場所：電表、變比器、電阻器、整流器、熱離子管等計器、儀器及電驛，應裝設於經設計者確認適用於第一類第一種場所之防爆型封閉箱體或吹驅及正壓封閉箱體。

二、第二種場所：

　　（一）接點：開關、斷路器及按鈕、電驛、警鈴、警笛等之開閉接點，應裝設於前款規定之經設計者確認適用於第一類第一種場所之封閉箱體。但啟斷電流之接點符合下列規定之一者，得使用一般用途封閉箱體：

　　　　① 浸於油中。

　　　　② 裝設於完全密封並能防止氣體或揮發氣進入之腔室。

　　　　③ 裝設於非引火性電路。

　　　　④ 經設計者確認適用於第二種場所。

　　（二）電阻器與類似設備：用於計器、儀器及電驛，或與其相連之電阻器、電阻裝置、熱離子管、整流器及其他類似之設備，應符合前款規定。但符合下列規定者，得使用一般用途封閉箱體：

　　　　① 該設備內無開閉接點或滑動接點。

　　　　② 任一暴露表面之最高運轉溫度為周圍氣體或揮發氣之攝氏自燃溫度百分之八十以下，或經測試不會引燃氣體或揮發氣。

　　　　③ 不含熱離子管之設備。

　　（三）無開閉接點：無滑動接點或開閉接點之變壓器繞組、阻抗線圈、電磁線圈或其他繞組，應裝設於封閉箱體內；該封閉箱體得為一般用途型。

　　（四）一般用途組件：組件由前三目規定得裝設於一般用途封閉箱體之元件組成者，得裝設於一般用途單一封閉箱體；該組件包括第二目規定之任一設備時，此組件所含元件之最高表面溫度應清楚且永久標示在封閉箱體外面，或在設備上標示表二九四之七規定之適合溫度等級 (T 碼)。

（五）熔線：符合前四目規定適用於一般用途封閉箱體者，若作為儀器電路過電流保護用，且正常使用情況下不會過載之熔線，得裝設於一般用途封閉箱體內，惟每一熔線之電源側應裝設符合第一目規定之開關。

（六）連接：符合下列所有條件者，製程控制儀器得使用可撓軟線、附接插頭、插座等連接：

① 符合第一目規定之開關，不依靠搭配插頭來啟斷電流者。若電路為非引火性電路配線者，得免裝設開關。

② 標稱電壓為一百十伏特，電流為三安培以下。

③ 電源供應用之可撓軟線之長度為九百公厘以下，經設計者確認為超嚴苛使用型，或受到場所保護者得為嚴苛使用型，且其電源由閉鎖接地型之附接插頭及插座供電。

④ 僅提供所需之插座。

⑤ 插座應附有「有載時不得拔除插頭」之警告標識。

第 301 條　　第一類場所之開關、斷路器、電動機控制器及熔線，包括按鈕、電驛及類似裝置，依下列規定裝設：

一、第一種場所：應裝設於封閉箱體內，且該箱體及內部器具應經設計者確認為適用於本場所者。

二、第二種場所：

（一）型式：正常運轉情況下用於啟斷電流者，應裝設於符合前條第一款規定經設計者確認適用於第一種場所之防爆型封閉箱體或吹驅及正壓封閉箱體。但符合下列規定之一者，得使用一般用途封閉箱體：

① 電流啟斷發生處，位於能防止氣體及揮發氣進入之完全密封腔室內。

② 電流開閉接點浸在油中。電力接點浸入五十公厘以上；控制接點浸入二十五公厘以上。

③ 電流啟斷發生處，位於工廠密封完成之防爆型腔室內。

④ 屬於固態電子裝置者，能以依接點切換控制，且表面溫度為周圍氣體或揮發氣之攝氏自燃溫度百分之八十以下。

（二）隔離開關：變壓器或電容器之隔離開關，在正常情況下非用於啟斷電流者，得裝設於一般用途封閉箱體中。

（三）熔線：電動機、用電器具及燈具之保護，除第四目規定外，得使用符合下列規定之熔線：

① 裝設於經設計者確認適用於本場所封閉箱體內之標準栓型或筒型熔線。

② 符合下列規定而位於一般用途封閉箱體內之熔線：

❶ 操作元件浸於油或其他經設計者確認之液體中。

❷ 操作元件裝設於完全密封且能防止氣體及揮發氣進入之腔室。

❸ 非指示型、填充式、限流型熔線。

（四）裝設於照明燈具內之熔線：經設計者確認之筒型熔線得作為照明燈具內之輔助保護。

第 302 條　第一類場所之變壓器、阻抗線圈及電阻器，若作為電動機、發電機及電氣器具之控制設備或組合成控制設備者，依下列規定裝設：

一、第一種場所：變壓器、阻抗線圈及電阻器，及其組合之開關，應裝設於符合第三百條第一款規定之經設計者確認適用於第一種場所之防爆型封閉箱體或吹驅及正壓封閉箱體。

二、第二種場所：

（一）開關：連接於變壓器、阻抗線圈及電阻器之開關應符合前條第二款規定。

（二）線圈及繞組：裝設變壓器、電磁線圈及阻抗線圈繞組之封閉箱體，得為一般用途型。

（三）電阻器：應裝設於經設計者確認適用於第一類場所之封閉箱體內。若為定電阻，且最大運轉溫度為周圍氣體或揮發氣之攝氏自燃溫度百分之八十以下，或經測試不會引燃氣體或揮發氣者，其箱體得為一般用途型。

第 303 條　第一類場所之電動機、發電機或其他旋轉電機，依下列規定：

一、第一種場所：

（一）電動機、發電機或其他旋轉電機，應為下列之一：

① 經設計者確認適用於第一種場所。

② 完全密閉並有乾淨之正壓空氣通風，其氣體於非分類場所排放者，該封閉箱體應以十倍以上容積量之空氣吹驅完成後，始得對機器供電。但當正壓空氣供給停止時，應自動停電。

　　　　　③ 完全密閉並充滿惰性氣體，且正壓封閉箱體之惰性氣體來源穩定充足，以確保封閉箱體內之正壓。但當正壓氣體供給停止時，應自動停電。

　　　　　④ 浸入在液體中，該液體僅於揮發並與空氣混合時為易燃，或封在壓力超過大氣壓之氣體或揮發氣內，該氣體或揮發氣僅在與空氣混合時為易燃。並利用氣體或液體吹驅，直至排除所有空氣之後始能供電。但當失去氣體、液體或揮發氣正壓或壓力降至大氣壓時，應自動停電。

　　（二）符合前目之 2 及之 3 規定之完全密閉電動機者，其表面操作溫度應為周圍氣體或揮發氣之攝氏自燃溫度百分之八十以下，並應附有適當之裝置偵測電動機溫度，當溫度超過設計限制值時，應自動停止電動機之供電，或發出警報。若裝設輔助設備者，其型式應經設計者確認適用於本場所。

二、第二種場所：

　　（一）電動機、發電機及其他旋轉電機設備，使用滑動接點、離心開關（包括電動機之過電流、過載與過熱溫度裝置之其他開關），或內含電阻裝置供啟動或運轉者，除其滑動接點、開關及電阻裝置，依第三百條第二款規定裝設於經設計者確認適用於第二種場所之封閉箱體外，並應經設計者確認適用於第一種場所。

　　（二）在機器停止運轉期間，用於防止水聚積之空間加熱器，於額定電壓運轉時，其暴露表面溫度應為周圍氣體或揮發氣之攝氏自燃溫度百分之八十以下。該加熱器之電動機銘牌上，應永久標示以周溫攝氏四十度或較高周溫之運轉最高表面溫度。

　　（三）於第二種場所，如鼠籠式感應電動機等，其內部不具有碳刷、開關或類似之火花產生裝置者，得使用開放式或非防爆型外殼。

第 304 條　　第一類場所之照明燈具，依下列規定裝設：

一、第一種場所：

　　（一）應經設計者確認為適用於本場所，且應清楚標示其設計之最大瓦數。若為可攜式照明燈具者，其整組應經設計者確認為可攜式用途者。

(二) 應具有能防止外力損傷之適當防護或適當位置。

(三) 懸吊式照明燈具：

① 應使用具有螺紋之厚金屬導線管或具有螺紋之鋼製薄金屬導線管製成之吊桿懸掛，並以此吊桿供電。其螺紋接頭應以固定螺絲或其他有效方式固定，防止鬆脫。

② 懸掛用吊桿長度超過三百公厘者，應依下列規定辦理：

❶ 於距離吊桿下端三百公厘以內之範圍，裝設永久且有效之斜撐，防止橫向位移。

❷ 裝設經設計者確認適用於本場所之可撓性管件或可撓性連接器，燈具固著點至支撐線盒或管件應為三百公厘以下。

(四) 用於支撐照明燈具之線盒、線盒組件或管件，應經設計者確認適用於第一種場所。

二、第二種場所：

(一) 於正常使用情況下，其表面溫度超過周圍氣體或揮發氣攝氏自燃溫度百分之八十者，應清楚標示其設計之最大瓦數，或標示經測試之運轉溫度或溫度等級 (T 碼)。

(二) 應具有能防止外力損傷之適當防護或適當位置。若燈具落下之火花或熱金屬有引燃局部聚積之易燃性氣體或揮發氣之危險者，應使用適合之封閉箱體或其他有效之保護措施。

(三) 懸吊式照明燈具，應依前款規定辦理。

(四) 可攜式照明設備應符合前款第一目規定；其架設於移動式支架上，並依第三百零六條規定使用可撓軟線連接時，若符合第二目規定者，得裝設於任何位置。

(五) 整組燈具或個別燈座之開關，應符合第三百零一條第二款第一目規定。

(六) 啟動裝置：放電光源之啟動或控制設備，應符合第三百零二條第二款規定。但日光燈照明燈具經設計者確認適用於本場所者，其過熱保護安定器內之過熱保護器，不在此限。

第 305 條　第一類場所之用電設備，依下列規定：

一、第一種場所：應經設計者確認適用於本場所。

二、第二種場所：

（一）電力加熱之用電設備應符合下列規定之一：

　① 在最高周溫下連續通電時，電熱器暴露於氣體或揮發氣之任一表面溫度，應為周圍氣體或揮發氣之攝氏自燃溫度百分之八十以下。若無溫度控制器，而電熱器以額定電壓之一・二倍運轉時，仍應符合前述條件。但屬符合下列規定者，不在此限：

　　❶ 電動機裝設防止水聚積之空間電熱器，符合第三百零三條規定。

　　❷ 電熱器之電路加裝限流裝置，以限制電流值使其表面溫度未滿自燃溫度百分之八十。

　② 應經設計者確認適用於第一種場所。但電阻式電熱保溫設備經設計者確認適用於第二種場所者，不在此限。

（二）用電設備以電動機驅動者；其電動機應符合第三百零三條第二款規定。

（三）開關、斷路器及熔線應符合第三百零一條第二款規定。

第 306 條　　第一類場所之可撓軟線，依下列規定：

一、得用於以下情況：

（一）用於可攜式照明設備或其他可攜式用電設備，與其供電電路固定部分之連接。

（二）電路依第二百九十八條第一款規定之配線方法裝設。但無法提供用電設備必要之移動程度者，得使用可撓軟線並裝設於適當位置或以適當防護防止損壞，且裝設於僅由合格人員維修及管理監督之工業廠區。

（三）用於電動沉水泵，不需進入水池即可移出之該電動機；其可撓軟線之延長線得用於水池與電源間之適當管槽內。

（四）用於開放式混合桶或混合槽之可攜式電動攪拌器。

（五）用於臨時性可攜式組合，包括插頭、開關及其他裝置，非認定為可攜式用電設備，而個別經設計者確認適用於本場所。

二、裝設：

（一）應為經設計者確認之超嚴苛使用型。

（二）除電路導線外，應在內部具有符合第二十六條及第二十七條規定之設備接地導線。

（三）應使用線夾或其他適當之方式支撐，確保接線端子不會承受拉力。

（四）在第一種或第二種場所需使用防爆型線盒、管件或封閉箱體者，其可撓軟線應使用經設計者確認適用於本場所之軟線連接器或附接插頭，或裝設經設計者確認之密封管件。在第二種場所得免使用防爆型設備者，其可撓軟線終端應使用經設計者確認適用之軟線連接器或附接插頭。

（五）應為連續線段。若適用前款第五目規定者，其可撓軟線自電源至臨時性可攜式組合，及自可攜式組合至用電設備間，應為連續線段，中間不得接續。

第 307 條　第一類場所之插座及附接插頭應為能連接屬於可撓軟線之設備接地導線，並經設計者確認適用於本場所。但依第三百條第二款第六目規定裝設者，不在此限。

第 307-1 條　第一類場所之信號、警報、遙控及通訊系統，依下列規定：

一、第一種場所：應經設計者確認適用於本場所，且其配線應符合第二百九十八條第一款、第二百九十八條之一及第二百九十八條之三規定。

二、第二種場所：

（一）接點：開關、斷路器及按鈕開關、電驛、警鈴、警笛等之開閉接點，應依第三百條第一款規定裝設於經設計者確認適用於第一類第一種場所之封閉箱體。但啟斷電流之接點符合以下任一情況者，得使用一般用途封閉箱體：

① 浸於油中。

② 包封於完全密封防止氣體或揮發氣進入之腔室。

③ 裝設於非引火性電路。

④ 為經設計者確認之非引火性元件部分。

（二）電阻器及類似設備：電阻器、電阻裝置、熱離子管、整流器及其他類似之設備，應符合第三百條第二款第二目規定。

（三）保護器：避雷保護裝置及熔線應裝設於封閉箱體。該封閉箱體得為一般用途型。

（四）配線與密封：應符合第二百九十八條第二款、第二百九十八條之二及第二百九十八條之三規定。

第 308 條	（刪除）
第 309 條	（刪除）
第 310 條	（刪除）

第三節　存在可燃性粉塵之第二類場所

第一款　一般規定

第 311 條　可能存在可燃性粉塵，而有火災或爆炸危險之第二類第一種及第二種場所內，所有電壓等級之電機設備及配線，應依本節規定裝設。

第 311-1 條　適用於第一類場所之防爆型設備及配線，不適用於第二類場所。但經設計者確認適用於本場所者，不在此限。

第 311-2 條　1. 經設計者確認適用於 20 區之設備，得使用於相同粉塵環境及溫度等級之第二類第一種場所。

2. 經設計者確認適用於 20 區、21 區或 22 區之設備，得使用於相同粉塵環境及溫度等級之第二類第二種場所。

第 312 條　（刪除）

第二款　配線

第 313 條　第二類場所之配線方法，依下列規定：

一、第一種場所：

（一）得使用下列方法：

① 具有螺紋之厚金屬導線管或鋼製薄金屬導線管。

② 使用 MI 電纜，搭配經設計者確認適用於本場所之終端配件，且裝設及支撐能防止終端配件承受拉應力。

③ 符合下列規定者，得使用裝甲電纜：

❶ 不對外開放且僅由合格人員維修及管理監督之工業廠區。

❷ 經設計者確認適用於第一種場所。

❸ 具有對氣體或揮發氣之氣密被覆。

❹ 具有專供接地使用之設備接地導線。

❺ 搭配經設計者確認適用於本場所之終端配件。

④ 管件及線盒應為塵密型，且搭配螺紋接頭，並用以連接至導線管或電纜終端。若使用於導線分接、接續或端子連接，

或使用於 E 群場所者，應經設計者確認適用於第二類場所。

(二) 採用可撓連接者，得使用下列方法之一辦理：

① 塵密可撓連接頭。

② 液密金屬可撓導線管，並搭配經設計者確認適用之管件。

③ 液密非金屬可撓導線管，並搭配經設計者確認適用之管件。

④ 互鎖型裝甲電纜，並具有適合聚合物材料之完整外皮，且搭配經設計者確認適用於第一種場所之終端配件。

⑤ 符合第三百十八條之六規定，經設計者確認為超嚴苛使用型之可撓軟線，且終端搭配經設計者確認適用之塵密型配件。

二、第二種場所：

(一) 得使用下列方法：

① 符合前款規定之配線方法。

② 厚金屬導線管、薄金屬導線管、EMT 管或塵密導線槽。

③ 鎧裝電纜或 MI 電纜，並搭配經設計者確認適用之終端配件。

④ 裝甲電纜、MI 電纜、電力及控制電纜，應使用單層佈設於梯型、通風型或通風槽式電纜架，且相鄰電纜之間距，不得未滿較大電纜之外徑。

⑤ 不對外開放且僅由合格人員維修及管理監督之工業廠區。若裝設之金屬導線管不具足夠抗腐蝕性能者，應使用經設計者確認之 PVC 導線管標稱厚度號數 SCH80 廠製彎頭及其附屬管件。

(二) 可撓連接：依前款第二目規定辦理。

(三) 非引火性現場配線：依第二百九十八條第二款第三目規定辦理。

(四) 線盒與管件：應為塵密型。

第 313-1 條　1. 第二類場所裝設之防塵燃封閉箱體與非防塵燃封閉箱體間，若有管槽連通者，應使用適當措施防止粉塵經由管槽進入防塵燃封閉箱體，並使用下列規定之一裝設：

一、永久且有效之密封裝置。

二、長度三公尺以上之水平管槽。

三、長度一‧五公尺以上，且自防塵燃封閉箱體向下延伸之垂直管槽。

四、管槽之裝設方法與第二款或第三款規定之效果相等，且自防塵燃封閉箱體僅得水平及向下延伸者。

2. 第二類場所裝設之防塵燃封閉箱體與非分類場所之封閉箱體之間，若有管槽連通者，得免予密封。

3. 密封管件應裝於易接近位置。

第 313-2 條　1. 第二類場所之導線、匯流排、端子或元件等無絕緣暴露組件，其運轉電壓應為三十伏特以下。若為潮濕場所，其運轉電壓應為十五伏特以下。

2. 前項暴露組件，應使用符合第二百九十四條之六規定之本質安全，或非引火性電路或設備等適合該場所之技術加以保護。

第 313-3 條　第二類場所之接地及搭接，應依第二百九十八條之九規定辦理。

第 313-4 條　1. 第二類第一種場所之突波避雷器及突波保護器，應裝設在適用於本場所之封閉箱體內。

2. 突波保護用電容器應依其特定責務而設計。

第三款　設備

第 314 條　第二類場所之變壓器及電容器，依下列規定裝設：

一、第一種場所：

(一) 內含可燃性液體：僅能裝設於符合第四百條規定及下列規定之變電室內：

① 變電室與第一種場所之門窗或其他開口，應於牆壁兩側裝設自閉式防火門，且該防火門需安裝確實，並有適當之擋風條等密封裝置，使粉塵進入變電室量能極小化。

② 通風孔或通風管僅限與外部空氣連通。

③ 具備與外部空氣連通之適當釋壓孔。

(二) 不含可燃性液體：應裝設於符合前目規定之變電室中，或經設計者確認為完整組合，包括端子接頭。

(三) 不得裝設於第二類第一種 E 群場所。

二、第二種場所：

（一）內含可燃性液體：僅能裝設於符合第四百條規定之變電室內。

（二）不含可燃性液體：變壓器容量超過二十五千伏安者應符合下列規定：

① 具有釋壓孔。

② 具有吸收箱體內電弧所生氣體之功能，或將釋壓孔連接至可將上述氣體輸送至建築物外之排氣管或煙道。

③ 變壓器箱體與鄰近可燃物質間距離一百五十公厘以上。

（三）乾式變壓器：應裝設於變電室，或將變壓器之繞組及端子接頭置包封於無通風或開口之密閉金屬封閉箱體，且其運轉之標稱電壓為六百伏特以下。

（四）電容器應符合第三章第六節或第七章第六節規定。

第 315 條　　　（刪除）

第 316 條　　　（刪除）

第 317 條　　　（刪除）

第 318 條　　　第二類場所之開關、斷路器、電動機控制器及熔線，包括按鈕、電驛及類似裝置，依下列規定裝設：

一、第一種場所：應裝設於經設計者確認之封閉箱體內。

二、第二種場所：應為塵密或其他經設計者確認之方式。

第 318-1 條　　第二類場所之控制用變壓器及電阻器，依下列規定裝設：

一、第一種場所：控制用變壓器、電磁線圈、阻抗線圈、電阻器，及與其組合之過電流保護裝置或開關，應裝設於經設計者確認適用於本場所之封閉箱體。

二、第二種場所：

（一）開關：搭配控制用變壓器、電磁線圈、阻抗線圈及電阻器組合之開關機構，包括過電流保護裝置，應裝設於塵密或經設計者確認適用於本場所之封閉箱體。

（二）線圈及繞組：控制用變壓器、電磁線圈、阻抗線圈，若不與開關裝設於同一封閉箱體者，則應裝設於塵密或經設計者確認適用於本場所之封閉箱體。

（三）電阻器：電阻器及電阻裝置應裝設於防塵燃封閉箱體內，或經設計者確認適用於本場所之封閉箱體。

第 318-2 條　第二類場所之電動機、發電機及其他旋轉電機,依下列規定:

一、第一種場所:

(一) 經設計者確認適用於該場所。

(二) 全密閉管道通風型。

二、第二種場所:

(一) 應為全密閉無通風型、全密閉管道通風型、全密閉水冷卻型、全密閉風扇冷卻型或防塵燃封閉箱體,且於流通空氣中、無對外開孔之正常運轉下,於無粉塵覆蓋之最高滿載外表溫度應符合第二百九十四條之七第四款第二目規定。

(二) 經設計者確認粉塵為非導電性、非研磨性,其累積不嚴重,且機器之例行清潔及檢修工作易於進行者,得裝設下列機器:

① 標準之開放型機器,該機器不得有滑動接點、離心或其他型式之開關,包含電動機過電流、過載與過溫保護裝置,或內含之電阻之裝置。

② 標準之開放型機器,其接點、開關或電阻裝置裝設於無通風或其他開孔之塵密封閉箱體中。

③ 紡織用鼠籠式自淨電動機。

第 318-3 條　第二類場所之通風管,用以連接電動機、發電機、其他旋轉電機或電氣設備封閉箱體者,依下列規定:

一、通風管應以厚度○‧五公厘以上之金屬之非可燃性材料製成,並符合下列規定:

(一) 直接引進建築物外之乾淨空氣。

(二) 外端應加裝防護網,以防止小動物或鳥類進入。

(三) 具有適當之保護,以防止外力損傷及防止生銹或腐蝕。

二、位於第一種場所之通風管,包括連接電動機或其他設備之防塵燃封閉箱體間,應具備塵密功能。金屬管之接合口及接頭,應符合下列規定之一:

(一) 鉚接並焊接。

(二) 螺栓鎖緊並焊接。

(三) 熔焊。

(四) 其他能達到同樣塵密效果之方式。

三、位於第二種場所之通風管:

（一）應確保通風管與其連接處緊密結合，以防止可察覺份量之粉塵進入通風之設備或封閉箱體，避免火花、火苗或燃燒中物質逸出時，引燃鄰近之粉塵累積物或可燃性物質。

（二）金屬通風管之連接，得使用捲封、鉚接或焊接方式；與電動機連接等需要可撓連接之處，得使用密接之滑動接頭。

第 318-4 條　第二類場所之照明燈具，依下列規定裝設：

一、第一種場所：

（一）應經設計者確認為適用於本場所，且應清楚標示其設計之最大瓦特數。

（二）應有適當防護或裝設於能防止外力損傷之適當位置。

（三）懸吊式照明燈具：

① 應使用具有螺紋之厚金屬導線管或具有螺紋之鋼製薄金屬導線管製成之吊桿，或以附有經設計者確認配件之吊鏈，或其他經設計者確認之方式懸吊。

② 若硬式吊桿長度超過三百公厘，應裝設永久且有效之斜撐，以防止橫向位移。斜撐位置距離吊桿下端應為三百公厘以下，且裝設經設計者確認適用之可撓式管件或可撓式連接，燈具固著點至支撐點應為三百公厘以下。

③ 螺紋接頭應以固定螺釘或其他方式固定，防止接頭鬆脫。

④ 出線盒或管件至懸吊照明燈具間之配線，若無導線管保護，得使用經設計者確認符合第三百十三條第一款第二目之 5 規定之嚴苛使用型可撓軟線，該可撓軟線不得作為懸吊照明燈具之用。

（四）用於支撐照明燈具之線盒、線盒組件或管件，應經設計者確認適用於第二類場所。

二、第二種場所：

（一）可攜式照明設備應經設計者確認適合該場所，且應清楚標示其設計之最大光源瓦特數。

（二）固定式照明燈器具需有塵密封閉箱體或經設計者確認適用該場所。照明燈具應清楚標示在正常使用條件下，其暴露表面溫度不得超過第二百九十四條之七第四款第二目規定溫度之最大瓦特數。

（三）應有適當防護或裝設於能防止外力損傷之適當位置。

（四）懸吊式照明燈具，應依前款規定辦理。

（五）放電光源之啟動及控制設備，應符合第三百十八條之一第二款規定。

第 318-5 條　第二類場所之用電設備，依下列規定：

一、第一種場所：應經設計者確認適用於本場所。

二、第二種場所：

（一）電力加熱之用電設備應經設計者確認適用於該場所。但金屬外殼包封輻射型加熱器具備塵密功能，且依第二百九十四條之七第三款規定標示者，得用於此場所。

（二）用電設備以電動機驅動者；其電動機應符合第三百十八條之二第二款規定。

（三）開關、斷路器及熔線應符合第三百十八條第二款規定。

（四）變壓器、電磁線圈、阻抗線圈及電阻器應符合第三百十八條之一第二款規定。

第 318-6 條　第二類場所之可撓軟線，依下列規定：

一、應為經設計者確認之超嚴苛使用型。但符合第三百十八條之四懸吊式照明燈具相關規定者，得使用嚴苛使用型可撓軟線。

二、除電路導線外，應內含符合第二十六條及第二十七條規定之設備接地導線。

三、應使用線夾或其他適當之方式支撐，確保接線端子不會承受拉力。

四、於第一種場所，可撓軟線應使用經設計者確認適合本場所之軟線連接器，或經設計者確認之密封管件。

五、於第二種場所，應以經設計者確認塵密可撓軟線接頭作接續。

第 318-7 條　第二類場所之插座及附接插頭，依下列規定：

一、第一種場所：插座及附接插頭之型式，能提供連接內部具有設備接地導線之可撓軟線，並經設計者確認適用於本場所。

二、第二種場所：插座及附接插頭之型式，能提供連接內部具有設備接地導線之可撓軟線，其設計應確保插入或拔出時，無帶電組件暴露。

第 318-8 條　第二類場所之信號、警報、遙控與通訊系統及計器、儀器與電驛，依下列規定：

一、第一種場所：

(一) 接點：開關、斷路器、電驛、接觸器、熔線及電鈴、警笛、警報器及其他裝置之接點等會產生火花或電弧之裝置，應裝設於經設計者確認適用於本場所之封閉箱體。但接點浸於油中或於能防止粉塵進入之密封腔室內者，得使用一般用途封閉箱體。

(二) 電阻器及類似設備：電阻器、變壓器、抗流線圈、整流器、熱離子管及其他可產生熱能之設備，應裝設於經設計者確認適用本場所之封閉箱體。但電阻器或類似設備浸於油中或置於能防止粉塵進入之密封腔室內者，得使用一般用途封閉箱體。

(三) 電動機、發電機或其他旋轉電機應符合第三百十八條之二第一款規定。

二、第二種場所：

(一) 接點：接點應符合第一款第一目規定或裝設於塵密或經設計者確認適用本場所之封閉箱體。但非引火性電路，得使用一般用途封閉箱體。

(二) 變壓器及類似設備：變壓器、抗流線圈及類似設備之繞組及端子接點，應符合第三百十八條之一第二款第二目規定。

(三) 電阻器及類似設備：電阻器、電阻裝置、熱離子管、整流器及其他類似之設備，應符合第三百十八條之一第二款第三目規定。

(四) 電動機、發電機或其他旋轉電機應符合第三百十八條之二第二款規定。

第三節之一　存在可燃性纖維或飛絮之第三類場所

第一款　一般規定

第 318-9 條　可能存在可燃性纖維或飛絮，而有火災或爆炸危險之第三類第一種及第二種場所內，所有電壓等級之電機設備及配線，應依本節規定裝設。

第 318-10 條　裝設於第三類場所之設備，當連續滿載運轉時，其表面溫度不得過高，防止堆積其上之纖維或飛絮過度乾燥或逐漸碳化而自燃。不會過載之設備，其最高表面溫度應為攝氏一百六十五度以下；電動機或電力變壓器等會過載之設備，其最高表面溫度應為攝氏一百二十度以下。

第 318-11 條　1. 符合第三百十八條之五十第三款第二目規定標示，且經設計者確認適用於 20 區之設備，若為會過載之設備，但溫度在攝氏一百二十度以下者，得使用於第三類第一種場所；若為不會過載之設備，但溫度在攝氏一百六十五度以下者，亦得使用於第三類第一種場所。

　　　　　　　2. 符合第三百十八條之五十第三款第二目規定標示，且經設計者確認適用於 20、21 或 22 區之設備，若為會過載之設備，但溫度在攝氏一百二十度以下者，得使用於第三類第二種場所。若為不會過載之設備，但溫度在攝氏一百六十五度以下者，亦得使用於第三類第二種場所。

第二款　配線

第 318-12 條　第三類場所之配線方法，依下列規定：

一、使用厚金屬導線管、PVC 管、薄金屬導線管、電氣金屬管、塵密導線槽或 MI 電纜者，應搭配經設計者確認之終端配件。

二、使用裝甲電纜或 MI 電纜，於梯形、通風型或通風槽式電纜架作單層佈放者，其相鄰電纜之間距，不得未滿較大電纜之外徑。

三、線盒及配件應為塵密型。

四、採用可撓連接者，得使用下列方法之一辦理：

（一）塵密可撓連接頭。

（二）液密金屬可撓導線管，並搭配經設計者確認適用之管件。

（三）液密非金屬可撓導線管，並搭配經設計者確認適用之管件。

（四）互鎖型裝甲電纜，並具有適合聚合物材料之完整外皮，且終端搭配經設計者確認之塵密型配件。

（五）符合第三百十八條之二十二規定之可撓軟線。

五、依第二百九十八條第二款第三目規定之個別非引火性現場配線電路，應依下列規定之一裝設：

（一）使用個別之電纜。

（二）使用多芯電纜時，其每條電路之導線，使用被接地金屬遮蔽。

（三）使用多芯電纜或管槽內時，每條電路之導線絕緣厚度應為○‧二五公厘以上。

第 318-13 條　1. 第三類場所之導線、匯流排、端子或元件等無絕緣暴露組件，其運轉電壓應為三十伏特以下。若為潮濕場所，其運轉電壓應為十五伏特以下。

2. 前項暴露組件，應使用符合第二百九十四條之六規定之本質安全，
或非引火性電路或設備等適合該場所之技術加以保護。但符合第
三百十八條之二十五規定者，不在此限。

第 318-14 條　第三類場所之接地及搭接，應依第二百九十八條之九規定辦理。

第三款　設備

第 318-15 條　第三類場所之變壓器及電容器應符合第三百十四條第二款規定。

第 318-16 條　第三類場所之開關、斷路器、電動機控制器及熔線，包括按鈕、電驛及
類似裝置，應裝設於塵密封閉箱體。

第 318-17 條　第三類場所之變壓器、阻抗線圈及電阻器，若作為電動機、發電機及電
氣器具之控制設備或組合成為控制設備者，應裝設於塵密之封閉箱體，
並應符合第三百十八條之十規定之溫度限制。

第 318-18 條　第三類場所之電動機、發電機及其他旋轉電機，應為全密閉無通風型、
全密閉管道通風型或全密閉風扇冷卻型。但經設計者確認為僅少量纖維
或飛絮會累積於旋轉電機上、內或其鄰近區域，且易於接近機器以執行
例行清潔及檢修工作者，得裝設第三百十八條之二第二款第二目規定之
機器。

第 318-19 條　第三類場所之通風管，用以連接電動機、發電機、其他旋轉電機或電氣
設備封閉箱體者，依下列規定：
一、通風管應依第三百十八條之三第一款規定辦理。
二、應確保通風管與其連接處緊密結合，以防止可察覺份量之纖維或飛
絮進入通風之設備或封閉箱體，避免火花、火苗或燃燒中物質逸出
時，引燃鄰近累積物之纖維、飛絮或可燃性物質。
三、金屬通風管之連接得使用捲封、鉚接或焊接方式。
四、與電動機連接等需可撓連接之處，得使用密接之滑動接頭。

第 318-20 條　第三類場所之照明燈具，依下列規定裝設：
一、固定照明：
（一）固定式照明燈具之光源及燈座應收容於封閉箱體，封閉箱體之
設計應使纖維或飛絮之侵入量能極小化，並防止火花、燃燒物
質或熱金屬逸出。
（二）照明燈具應清楚標示正常使用條件下之最大瓦特數，其暴露表
面溫度不得超過攝氏一百六十五度。
二、照明燈具會遭受外力損傷者，應加適當之防護。

三、懸吊式照明燈具應具有螺紋之厚金屬導線管或具有螺紋之鋼製薄金屬導線管所製成之吊桿，或其他經設計者確認之方式懸吊。若硬式吊桿長度超過三百公厘，應裝設永久且有效之斜撐，以防止橫向位移。斜撐位置距離吊桿下端應為三百公厘以下，且裝設經設計者確認之可撓管件或可撓式連接，燈具固著點至支撐點應為三百公厘以下。

四、可攜式照明設備，應具手把及實質之保護措施。燈座不得裝設開關或插座。帶電之金屬部分不可暴露，暴露之非帶電金屬部分應予接地。並應符合第一款規定。

第 318-21 條　第三類場所之用電設備，依下列規定：

一、電力加熱之用電設備應經設計者確認適用於本場所。

二、用電設備以電動機驅動者；其電動機應符合第三百十八條之十八規定。

三、開關、斷路器、電動機控制器及熔線應符合第三百十八條之十六規定。

第 318-22 條　第三類場所之可撓軟線，依下列規定：

一、應為經設計者確認之超嚴苛使用型。

二、除電路導線之外，應內含符合第二十六條及第二十七條規定之設備接地導線。

三、應使用線夾或其他適當之方式支撐，確保接線端子不會承受拉力。

四、以經設計者確認塵密可撓軟線接頭作接續。

第 318-23 條　第三類場所之插座及附接插頭應為接地型，且其設計應使纖維或飛絮累積或侵入量極小化，以防止火花、火苗或燃燒中物質逸出。但經設計者確認為僅有少量之纖維或飛絮會累積於插座附近場所，該插座易於接近並得執行例行清潔工作，且其安裝方式可使纖維或飛絮之侵入量能極小化者，得使用接地型插座。

第 318-24 條　第三類場所之信號、警報、遙控及現場擴音對講系統，應符合本節有關於配線方法、開關、變壓器、電阻、電動機、照明燈具及相關組件之規定。

第 318-25 條　第三類場所內，裝設於可燃性纖維或累積之飛絮上方，供材料搬運之移動式電動起重機與吊車、紡織用移動式吸塵器及類似設備等，依下列規定：

一、電源供應：滑接導線之電源應為非接地，與其他系統完全隔離，並裝設適當之接地檢知器。該檢知器應於滑接導線發生接地故障時，

能發出警報並自動斷電；或在接地故障下繼續供電給滑接導線時，需具有視覺及聽覺警報。

二、滑接導線：滑接導線應位於適當位置或適當保護，使非授權人員不能接近，並具有適當防護，防止異物意外碰觸。

三、集電器：集電器應有適當配置與防護，以限制正常火花，且防止火花或高溫微粒逸出。每條滑接導線應具備二個以上個別之接觸面以減少火花，並應具備可靠機制以防止纖維或飛絮累積於滑接導線或集電器。

四、控制設備：控制設備應符合第三百十八條之十六及第三百十八條之十七規定。

第 318-26 條　第三類場所之蓄電池充電設備，應裝設於隔離之房間。該房間應以不可燃性材料建造或襯裡，且房間之結構應防止達引燃量之纖維或飛絮進入，且應有良好之通風。

第三節之二　存在爆炸性氣體之 0 區、1 區及 2 區

第 318-27 條　存在爆炸性氣體，而可能導致火災或爆炸危險之 0 區、1 區及 2 區等危險場所內，所有電壓等級之電機設備及配線，應依本節規定裝設。

第 318-28 條　空氣中存在或可能存在易燃性氣體或揮發氣，且其量達到足以產生爆炸性或可引燃性混合物之程度，依「區」分類如下：

一、0 區：達可引燃濃度之易燃性氣體或揮發氣持續存在或長時間存在之場所。

二、1 區，包括下列各種場所：

（一）於正常運轉情況下，可能存在達可引燃濃度之易燃性氣體或揮發氣場所。

（二）於進行修護、保養或洩漏時，時常存在達可引燃濃度之易燃性氣體或揮發氣之場所。

（三）當設備、製程故障或操作不當時，可能釋放出達可引燃濃度之易燃性氣體或揮發氣，同時也可能導致電氣設備故障，以致使該電氣設備成為點火源之場所。

（四）鄰近 0 區，且可能由 0 區擴散而存在達可引燃濃度揮發氣之場所。但藉由裝設引進乾淨空氣之正壓通風系統，防止此種擴散，並具備通風系統失效時之安全防護機制者，不在此限。

三、2 區，包括下列各種場所：

(一) 於正常運轉條件下，達可引燃濃度之易燃性氣體或揮發氣之存在機率極低，且發生時存在時間極短之場所。

(二) 製造、使用或處理易燃性氣體或揮發氣之場所，該氣體或液體揮發氣裝在密閉之容器或封閉式系統內，僅於該容器或系統發生、損毀或設備不正常運轉時，始會外洩。

(三) 藉由正壓通風機制以防止易燃性氣體或揮發氣達可引燃濃度。但當該通風設備故障或操作不當時，可能造成危險之場所。

(四) 鄰近 1 區，且可能由 1 區擴散而存在達可引燃濃度揮發氣之場所。但藉由裝設引進乾淨空氣之適當正壓通風系統，以防止此種擴散，並具備通風系統失效時之安全防護機制者，不在此限。

第 318-29 條　在非濃氧情況下，依氣體或揮發氣之性質，依「群」分類如下：

一、IIC 群：大氣中包含乙炔、氫氣或易燃性氣體、易燃性或可燃性液體揮發氣，與空氣混合成可爆炸或燃燒之氣體混合物，其最大實驗安全間隙在○‧五公厘以下或最小引燃電流比在○‧四五以下。

二、IIB 群：大氣中包含乙醛、乙烯或易燃性氣體、易燃性或可燃性液體揮發氣，與空氣混合成可爆炸或燃燒之氣體混合物，其最大實驗安全間隙超過○‧五公厘而在○‧九公厘以下，或最小引燃電流比超過○‧四五而在○‧八以下。

三、IIA 群：大氣中包含丙酮、氨、乙醇、汽油、甲烷、丙烷、易燃性氣體、易燃性或可燃性液體揮發氣，與空氣混合成可爆炸或燃燒之氣體混合物，其最大實驗安全間隙超過○‧九公厘或最小引燃電流比超過○‧八。

第 318-30 條　存在爆炸性氣體場所之設備，為確保在正常使用與維修條件下能安全運轉，其構造及安裝依下列規定：

一、執行危險區域劃分：危險區域劃分須由具有製程、設備知識、安全、電氣及其他工程背景之合格人員執行。

二、雙重劃分：若在同一場域內之不同場所，分別以不同準則作危險區域劃分時，2 區得與第一類第二種場所相鄰但非重疊。0 區或 1 區不得與第一類第一種或第二種場所相鄰。

三、允許重新劃分：因單一易燃性氣體或揮發氣而劃分之空間，依本節規定重新劃分時，原劃分為第一類第一種或第二種場所者，得重新劃分為 0 區、1 區或 2 區。

四、固體障礙物：裝設以法蘭接合之耐壓防爆「d」型設備，不得使其法蘭開口與任何非屬該設備一部分之固體障礙物，如鋼鐵製品、牆壁、風雨護罩、固定架、管路或其他電氣設備之距離應少於表三一八之三十規定，但該設備經設計者確認適用於較小分隔距離者，不在此限。

五、同時存在易燃性氣體及可燃性粉塵、纖維或飛絮之處：選擇及安裝電氣設備或配線方法時，應考慮此種同時存在條件，包括訂定電氣設備之安全操作溫度。

表三一八之三十　障礙物與耐壓防爆「d」突緣開口間之最小距離

氣體群別	最小距離（公厘）
IIC	40
IIB	30
IIA	10

第 318-31 條　0 區、1 區及 2 區存在爆炸性氣體場所之電氣與電子設備得採用下列保護技術：

一、耐壓防爆「d」：得用於 1 區或 2 區。

二、吹驅及正壓：得用於經設計者確認適用之 1 區或 2 區。

三、本質安全「i」：得用於經設計者確認適用之 0 區、1 區或 2 區。「i」又再細分為 ia、ib 及 ic。

四、保護型式「n」：得用於 2 區。「n」又再細分為 nA、nC 及 nR。

五、油浸「o」：得用於 1 區或 2 區。

六、增加安全「e」：得用於 1 區或 2 區。

七、模鑄構造「m」：得用於經設計者確認適用之 0 區、1 區或 2 區。

八、粉末填充「q」：得用於 1 區或 2 區。

九、可燃性氣體偵測系統：得用於保護不對外開放且僅由合格人員維修及管理監督之工業廠區；其裝設規定如下：

（一）當利用可燃性氣體偵測系統作為保護技術時，待偵測氣體名稱、裝設位置、警報及停機準則及校正頻率等，應以文件建檔。

　　　　　　　（二）裝設可燃性氣體偵測系統之場所，得使用下列規定之設備：

　　　　　　　　　① 通風不良之場所：因通風不良而劃分為 1 區，得使用 2 區
　　　　　　　　　　之電氣設備。但裝設於此區之可燃性氣體偵測系統，應經
　　　　　　　　　　設計者確認其物質分群適用於 1 區。

　　　　　　　　　② 建築物內部：位於 2 區，或有開口連通 2 區之建築物，其
　　　　　　　　　　內部不含易燃性氣體或揮發氣者，得使用適用於非分類場
　　　　　　　　　　所之電氣設備。但裝設於此場所之可燃性氣體偵測系統，
　　　　　　　　　　應經設計者確認其物質分群適用於 1 區或 2 區。

　　　　　　　　　③ 控制盤內部：控制盤裝有使用或測量易燃性液體、氣體或
　　　　　　　　　　揮發氣之儀器者，其內部得使用適用於 2 區之電氣設備。
　　　　　　　　　　但裝設於此場所之可燃性氣體偵測系統，應經設計者確認
　　　　　　　　　　其物質分群適用於 1 區。

第 318-32 條　0 區、1 區及 2 區使用之設備，依下列規定辦理：

一、設備適用性之確認，應符合第二百九十四條之七第一款規定。

二、確認：

　　（一）經設計者確認適用於 0 區之設備，依所標示保護型式之要求裝
　　　　　設者，得使用於相同氣體或揮發氣之 1 區或 2 區。經設計者確
　　　　　認適用於 1 區之設備，依所標示之保護型式之要求裝設者，得
　　　　　使用於相同氣體或揮發氣之 2 區。

　　（二）設備得經設計者確認為適用於特定氣體或揮發氣、數種特定氣
　　　　　體或揮發氣混合物，或數種氣體或揮發氣之任何特定組合。

三、標示：

　　（一）以「種」標示之設備：經設計者確認適用於第一類場所之設備，
　　　　　除應依第二百九十四條之七第三款規定標示外，得增加下列標
　　　　　示：

　　　　　① 如適用 1 區或 2 區時得標示之。

　　　　　② 符合第三百十八條之二十九規定之適用氣體群別劃分。

　　　　　③ 依第四款第一目規定之溫度等級。

　　（二）以「區」標示之設備：當設備符合前條規定其中一項或一項以
　　　　　上之保護技術時，應依序作下列標示：

　　　　　① 符號 Ex。

　　　　　② 每種保護型式所使用之符號，依表三一八之三十二～一表
　　　　　　 示。

③　群別之符號。

④　依第四款第一目規定之溫度分級。

四、第一類溫度：下列規定之溫度標示不得超過周遭之特定氣體或揮發氣之引燃溫度：

(一) 溫度分級：設備應標示周溫攝氏四十度狀況下之運轉溫度或溫度等級。溫度等級應依表三一八之三十二～二表示。若電氣設備於周溫超過攝氏四十度運轉時，除標示運轉溫度外，需另標示其周溫；運轉於周溫攝氏零下二十度至四十度者，得免標示周溫。若使用於周溫未滿攝氏零下二十度或超過攝氏四十度者，視為特殊情形，其適用周溫應標示於設備上，並包含符號「Ta」或「Tamb」。

(二) 符合下列情形者，不受前目規定：

①　屬於非發熱類型之設備及最高運轉溫度為攝氏一百度以下之發熱設備，得免標示運轉溫度或溫度等級。

②　符合第三百十八條之四十二第二款及第四款規定者，得依第二百九十四條之七第三款規定及表二九四之七標示。

五、螺紋：

(一) 導線管或管件之螺紋，應以標準牙模來車絞。

(二) 導線管及管件應扭緊，以防止故障電流通過管路系統時產生火花，確保該管路系統防爆型或耐壓防爆「d」之完整性。

(三) 設備附有螺紋銜接口，並用以連接現場配線者，依下列規定安裝：

①　設備附有斜口螺紋銜接口，供斜口螺紋導線管或管件銜接者，應使用經設計者確認適合之導線管、導線管管件或電纜配件，且該導線管或管件之螺紋，應以斜口螺紋模來車絞。螺紋管件銜接至耐壓防爆「d」或防爆型設備，應旋入五個全牙以上。但經設計者確認為防爆型或耐壓防爆「d」設備之廠製斜口螺紋銜接口者，應旋入四又二分之一全牙以上。

②　設備附有公制螺紋銜接口，供連接導線管或管件者，應使用經設計者確認適合之管件或電纜接頭，且其銜接口經設計者確認為公制，或設備附有經設計者確認之轉接頭，用

以連接導線管或斜口螺紋牙管件。連接防爆型或耐壓防爆「d」設備之公制螺紋銜接口，應至少具備國際化標準 (ISO) 之 6g ／ 6H 配合度。使用於 C、D、IIB 或 IIA 群環境者，應有五個全牙以上之銜接。使用於 A、B、IIC 群或含有氫氣之 IIB 群環境者，應有八個全牙以上之銜接。

③ 未使用之開口應經設計者確認，並保持該種保護型式，且該管塞之螺紋及銜接，應符合之 1 或之 2 規定。

六、光纖電纜：內含有可通電之導線之複合型光纖電纜者，應依第三百十八條之三十三至第三百十八條之三十八規定佈設。

表三一八之三十二～一　保護型式

保護型式符號	保護技術	適用區
d	耐壓防爆「d」型封閉箱體	1
db	耐壓防爆「d」型封閉箱體	1
e	增加安全	1
eb	增加安全	1
ia	本質安全	0
ib	本質安全	1
ic	本質安全	2
[ia]	相關器具	非分類場所
[ib]	相關器具	非分類場所
[ic]	相關器具	非分類場所
m	模鑄構造	1
ma	模鑄構造	0
mb	模鑄構造	1
nA	不產生火花之設備	2
nAc	不產生火花之設備	2
nC	有火花之設備其保護機制是將接點以適當機制加以保護，而非使用限制透氣封閉箱體積制	2
nCc	有火花之設備其保護機制是將接點以適當機制加以保護，而非使用限制透氣封閉箱體積制	2
nR	限制透氣封閉箱體	2

表三一八之三十二～一　保護型式（續）

保護型式符號	保護技術	適用區
nRc	限制透氣封閉箱體	2
o	油浸	1
ob	油浸	1
px	吹驅及正壓	1
pxb	吹驅及正壓	1
py	吹驅及正壓	1
pyb	吹驅及正壓	1
pz	吹驅及正壓	2
pzc	吹驅及正壓	2
q	粉末填充	1
qb	粉末填充	1

註：相關器具若配置適當的其他保護技術，得使用於危險場所。

表三一八之三十二～二　II 群電氣設備最高表面溫度之分級

溫度等級 (T Code)	最高表面溫度 (℃)
T1	≦ 450
T2	≦ 300
T3	≦ 200
T4	≦ 135
T5	≦ 100
T6	≦ 85

第 318-33 條　0 區、1 區及 2 區之配線方法，應維持保護技術之完整性，並依下列規定：

一、0 區：應使用符合第三節之四規定之本質安全配線方法。

二、1 區：

（一）一般規定：下列配線方法得用於 1 區：

① 符合第一款規定之配線方法。

② 不對外開放且僅由合格人員維修及管理監督之工業廠區，若其電纜不易遭受外力損傷，得使用經設計者確認適用於 1 區或第一類第一種場所之裝甲電纜，並具有對氣體或揮發氣氣密之被覆、適當之聚合物材料外皮及符合第二十六

條規定之個別設備接地導線，且搭配經設計者確認適用於此用途之終端配件。

③ 使用 MI 電纜，搭配經設計者確認適用於 1 區或第一類第一種場所之終端配件。且裝設及支撐能防止終端配件承受拉應力。

④ 具有螺紋之厚金屬導線管或鋼製薄金屬導線管。

⑤ 符合下列情況者，得使用 PVC 管：埋設於地下，並以厚度五十公厘以上之混凝土包封，且自管頂至地面之埋設深度應為六百公厘以上者。但地下導線管自露出地面點或與地面管槽相連接點回推長度六百公厘之管段，應使用具有螺紋之厚金屬導線管或鋼製薄金屬導線管。並具有設備接地導線，用以提供管路系統之電氣連續性及非帶電金屬部分接地用。

（二）採用可撓連接者，得使用下列方法之一辦理：

① 經設計者確認適用於 1 區或第一類第一種場所之可撓配件。

② 符合第三百十八條之三十九規定之可撓軟線，且終端搭配經設計者確認可維持接線空間保護型式之軟線連接頭。

三、2 區：

（一）一般規定：下列配線方法得用於 2 區：

① 符合前款規定之配線方法。

② 鎧裝、高壓或電力及控制電纜，包括安裝於電纜架系統中之電纜，應使用經設計者確認適用之配件。若為單芯高壓電纜者，應具有遮蔽或為金屬鎧裝。

③ 加襯墊密封之匯流排槽或導線槽。

④ 不對外開放且僅由合格人員維修及管理監督之工業廠區。若金屬導線管不具足夠之抗腐蝕性能者，應使用經設計者確認之 PVC 導線管標稱厚度號數 SCH80、廠製彎頭及其附屬管件。依第三百十八條之三十六第一款第二目規定之邊界交接點須裝設密封管件者，該密封管件應設在 1 區及 2 區邊界線之 2 區側，且 1 區之配線方式應延伸至密封管件。

⑤本質安全「ic」型得使用適用於非分類場所之配線方法。本質安全「ic」型保護應依控制圖說之指示裝設。控制圖說上未標示之簡易器具，得裝設於本質安全「ic」型保護電路。但該器具不得使本質安全「ic」型保護電路與其他電路互相連接。個別之本質安全「ic」型保護電路裝設，應符合下列規定之一：

❶ 使用個別之電纜。

❷ 使用多芯電纜時，其每條電路之導線，使用接地金屬遮蔽。

❸ 使用多芯電纜，每條電路之導線絕緣厚度應為○・二五公厘以上。

(二) 採用可撓連接者，得使用下列方法之一辦理：

① 可撓金屬管件。

② 可撓金屬導線管，並搭配經設計者確認適用之管件。

③ 液密金屬可撓導線管，並搭配經設計者確認適用之管件。

④ 液密非金屬可撓導線管，並搭配經設計者確認適用之管件。

⑤ 符合第三百十八條之二十九規定之可撓軟線，且終端搭配經設計者確認可維持接線空間保護型式之軟線連接頭。

第 318-34 條　0 區之密封位置，依下列規定裝設：

一、導線管：導線管離開 0 區邊界之三公尺範圍內，應加以密封。密封管件與導線管離開本場所邊界交界點之間，除安裝之密封管件應經設計者確認之防爆型大小管接頭外，不得裝設由令、管接頭、線盒或其他管件。但完整不間斷之厚金屬導線管段穿越 0 區，該管段距離 0 區邊界外三百公厘範圍內無裝設管配件、其終端位於非分類場所者，得免裝設密封管件。

二、電纜密封：在電纜進入 0 區後之第一個接續或終端點，應加以密封。

三、密封管件得不為防爆型或耐壓防爆「d」型。

第 318-35 條　1 區之密封位置，依下列規定裝設：

一、耐壓防爆「d」或增加安全「e」型封閉箱體：進入耐壓防爆「d」或增加安全「e」型封閉箱體之導線管，應在距離接口處五十公厘範圍內裝設導線管密封管件。但符合下列規定者，不在此限：

（一）耐壓防爆「d」型封閉箱體，且標示不必加密封管件者，得免裝設密封管件。

（二）以具有斜口螺紋之增加安全「e」型導線管及管件與密封箱體之管槽連接，或裝設經設計者確認之增加安全「e」型管件於密封管件與封閉箱體間，其密封管件裝設位置不限於距離接口處五十公厘範圍內。

（三）於「e」型保護封閉箱體之導線管，若僅使用斜口螺紋與其管槽連接，或使用經設計者確認為「e」型保護之管件者，得免裝設密封管件。

二、防爆型封閉箱體：

（一）導線管進入符合下列之 1 或之 2 規定之防爆型封閉箱體處，應加以密封：

① 封閉箱體內裝設開關、斷路器、熔線、電驛或電阻等器具，並在正常運轉條件下會產生視同為點火源之電弧、火花，或超過所涉氣體或揮發氣之攝氏自燃溫度百分之八十。但符合下列規定之一者，得免密封：

❶ 置放於氣體或揮發氣無法進入之完全密封腔室。

❷ 浸於油中。

❸ 置放於工廠密封完成之防爆型腔室，並裝設於經設計者確認適用於本場所之封閉箱體內，其具有標示工廠密封或相似文字，且該封閉箱體之接口小於公稱管徑五十三公厘。工廠密封完成之封閉箱體不得作為其鄰近需要裝設密封管件之防爆型封閉箱體之密封管件。

② 封閉箱體內裝設端子、接續或分接頭，且管接口為公稱管徑五十三公厘以上。

（二）導線管密封應裝設於距離該封閉箱體四百五十公厘範圍內。密封管件與防爆型封閉箱體之間，應使用防爆型由令、管接頭、大小管接頭、肘型彎管、加蓋肘型彎管，及類似 L 型、T 型、十字型等，且尺寸規格不得超過導線管管徑之管件。

（三）二個以上防爆型封閉箱體之連接，依前目規定裝設密封管件者，應以短管或長度不超過九百公厘之導線管互相連接。每條與其連接短管或導線管裝設單一密封管件，裝設位置距離其任一封閉箱體四百五十公厘以下者，視為適當之密封。

三、正壓封閉箱體：若接入正壓封閉箱體之導線管，不為正壓保護系統之一部分者，則每條導線管應於距離該封閉箱體四百五十公厘範圍內裝設密封管件。

四、邊界：導線管離開 1 區邊界之三公尺範圍內，應加以密封。密封管件之設計與裝設，應使 1 區內之氣體或揮發氣洩漏至密封管件以外之導線管量極小化。該密封管件與導線管離開 1 區邊界交界點之間，除安裝之密封管件應經設計者確認之防爆型大小管接頭外，不得裝設由令、管接頭、線盒或其他管件。但金屬導線管於穿越 1 區之管段中，該管段距離 0 區邊界外三百公厘範圍內無裝設由令、管接頭、線盒或管件，其終端位在非分類場所者，得免裝設密封管件。

五、氣體或揮發氣可流通之電纜：導線管中佈設具有氣密之連續被覆電纜，能透過纜心流通氣體或揮發氣者，應在 1 區中加以密封，且應先移除電纜被覆或其他覆蓋物，使密封膏填滿個別之絕緣導線及外皮。但多芯電纜具有氣密被覆，能透過纜心流通氣體或揮發氣者，依以下方式施工，得視為單一導線：

(一) 於距離封閉箱體四百五十公厘範圍內，將導線管中之電纜密封。

(二) 使用經設計者確認適用之方式，將封閉箱體內之電纜線末端密封，並使氣體或揮發氣進入量極小化，且防止火焰沿纜心延燒。遮蔽電纜及雙絞線電纜，得免移除遮蔽電纜外層之遮蔽物質，亦不須將雙絞線電纜分開。

六、氣體或揮發氣無法流過之電纜：若氣體或揮發氣無法透過多芯電纜之纜心，則管線內之每條多芯電纜均應視為單一導線。該電纜應依第三百十八條之三十七規定之方式加以密封。

七、進入封閉箱體之電纜：進入耐壓防爆「d」或防爆型封閉箱體之電纜均應有電纜密封。其密封應符合第三百十八條之三十七規定。

八、電纜離開 1 區處，應加以密封。但於電纜終端處有電纜密封者，不在此限。

第 318-36 條　2 區之密封位置，依下列規定裝設：

一、導線管：

(一) 導線管進入耐壓防爆「d」或防爆型封閉箱體者，應依前條第一款及第二款規定裝設密封管件。密封管件與封閉箱體間之導線管，應符合前條規定。

(二) 經由 2 區進入非分類場所之導線管，應加以密封。該密封管件得裝於該邊界任一邊，其裝設位置距離邊界應為三公尺以下，並使 2 區內之氣體或揮發氣洩漏至導線管量能極小化。密封管件至導線管離開 2 區邊界交接點之管段，應使用厚金屬導線管或具有螺紋之薄金屬導線管，且密封管件應使用螺紋與其互相連接。密封管件至導線管離開 2 區邊界交接界點之間，除密封管件已安裝經設計者確認適用之防爆型大小管接頭外，不得裝設由令、管接頭、線盒或其他管件。密封管件得免為耐壓防爆「d」型或防爆型，並應經設計者確認於正常操作條件下，使氣體洩漏量能極小化，且易於接近。

(三) 符合下列規定者，得免密封：

① 穿越 2 區之金屬導線管，若管段之終端位在非分類場所，且長度小於三百公厘，其管段範圍內之配件沒有連接任何由令、管接頭、線盒或管件，得免密封。

② 導線管系統終止於非分類場所，其配線方法轉換成電纜槽、電纜匯流排、通風型匯流排、MI 電纜，或非裝設於管槽或電纜槽之電纜者，從 2 區進入非分類場所處，符合下列情況者得免密封：

(1) 此非分類場所為屋外，或為屋內而其導線管系統全部位於同一空間內。

(2) 導線管終端並非位於在正常運轉情況下，存在點火源之封閉箱體內。

③ 因正壓而分類為非分類場所之封閉箱體或隔間，導線管系統進入 2 區，得免於邊界裝設密封管件。

④ 經由 2 區進入非分類場所之架空導線管系統，若符合下列所有條件，得免裝設密封管件：

❶ 穿越 0 區或 1 區及距離其邊界三百公厘範圍內之管段，不具有由令、管接頭、線盒或管件等。

❷ 導線管段全部位於屋外。

❸ 導線管不直接連接至罐式泵，或用來測定流量、壓力及分析儀器用之製程或連接管等，且該等儀器僅使用單一之壓縮密封、隔膜或細管，防止易燃或可燃性流體進入導線管系統。

❹ 於非分類場所之導線管系統，僅具有螺紋之金屬導線管、由令、管接頭、導線管及管件。

❺ 於 2 區之導線管，與具有端子、接續或分接頭之封閉箱體連接處，有加以密封。

二、電纜之密封位置，依下列規定裝設：

（一）防爆型與耐壓防爆「d」封閉箱體：

① 在電纜進入防爆或耐壓防爆「d」封閉箱體之接口處，應加以密封；其密封管件應符合第三百十八條之三十七規定。

② 使用具有氣密連續被覆之多芯電纜，能透過纜心流通氣體或揮發氣者，應在 2 區使用經設計者確認之配件加以密封，且應先移除電纜或其他覆蓋物，並使每條絕緣導線周圍填滿密封膏，使氣體與揮發氣洩漏量能極小化。導線管內多芯電纜應依前條第四款規定之方式密封。但符合下列規定者，不在此限：

❶ 電纜自 Z 型正壓，而劃分為非分類場所之封閉箱體或隔間，進入 2 區時，其邊界交接點得免密封。

❷ 若遮蔽電纜及雙絞線電纜之終端，使用經設計者確認之方式，使氣體及揮發氣進入纜心量能極小化，且防止火焰進入纜心者，得免移除電纜外層之遮蔽物，亦不須將雙絞線分開。

（二）氣體或揮發氣無法流通之電纜：除前目規定外，具有氣密之連續被覆電纜，能透過纜心流過之氣體或揮發氣，不會超過密封管件容許流通最低量者，得免密封。但該電纜之長度，不得小於密封管件允許程度之氣體或揮發氣穿過纜心流量最低時所需之長度。其密封管件允許之程度，係指在壓力為一千五百帕斯卡時，該流量為二百立方公分／小時。

（三）氣體或揮發氣可流過之電纜：除第一目規定外，具有氣密之連續被覆電纜，能經由纜心流過氣體或揮發氣者，得免密封。若電纜接至製程設備或裝置，而使電纜末端承受超過一千五百帕斯卡之壓力時，應使用密封、屏障或其他方法並用以防止易燃物進入非分類場所。但具備氣密之連續被覆電纜且無斷裂者，通過 2 區，得免加以密封。

（四）無氣密被覆之電纜：應在 2 區及非分類場所之邊界交接點加以密封，並使氣體或揮發氣洩漏至非分類場所量能極小化。

第 318-37 條　0 區、1 區及 2　　　區之密封，依下列規定裝設：

一、管件：提供連接用或裝置設備之封閉箱體，應內含密封之措施，或使用經設計者確認適用於該場所之密封管件。密封管件應搭配經設計者確認之專屬密封膏，且裝設位置應易於接近。

二、密封膏：密封膏應防止氣體或揮發氣由密封管件洩漏，且不受周遭大氣或液體之影響；其熔點應為攝氏九十三度以上。

三、密封膏厚度：除經設計者確認適用之電纜密封管件外，裝配完成之密封管件內，密封膏厚度不得未滿密封管件之公稱管徑，且應為十六公厘以上。

四、接續及分接頭：接續及分接頭不得裝設於專為填充密封膏之密封管件內。提供接續及分接頭之管件，不得填充密封膏。

五、導線容積：密封管件容許之導線截面積，除經設計者確認其可容許較高之百分比外，應為相同管徑厚金屬導線管截面積之百分之二十五以下。

六、若使用 MI 電纜，其終端配件應使用密封膏加以密封。

第 318-38 條　0 區、1 區及 2 區之凝結液排放措施，依下列規定：

一、控制設備：在控制設備之封閉箱體或管槽系統內，若可能有液體或揮發氣凝結液有聚積之處所，應使用經設計者確認之方式，防止液體或揮發氣凝結液累積，或使其能夠定期排放該液體或揮發氣凝結液。

二、電動機與發電機：若經設計者確認該電動機或發電機內，可能有液體或揮發氣凝結液聚積者，應裝設適當接頭及管路系統，並使液體進入量能極小化。若經判斷需有防止聚積液體或定期排液功能，應裝設含有排液措施之電動機及發電機。

第 318-39 條　1. 1 區及 2 區之可撓軟線，依下列規定：

　　一、得用於以下情況：

　　　　(一)用於可攜式照明設備或其他可攜式用電設備，連接其供電電
　　　　　　路之固定部分。

　　　　(二)電路依第三百十八條之三十三第二款規定之配線方法裝設。
　　　　　　但無法提供用電設備必要之移動程度者，得使用可撓軟線並
　　　　　　裝設於適當位置或以適當防護防止損壞，且裝設於僅由合格
　　　　　　人員維修及管理監督之工業廠區。

　　二、裝設：

　　　　(一)應為連續線段。

　　　　(二)應為經設計者確認之超嚴苛使用型。

　　　　(三)除電路導線外，應在內部具有符合第二十六條及第二十七條
　　　　　　規定之設備接地導線。

　　　　(四)應以經設計者確認之方式連接至端子或供電導線。

　　　　(五)應使用線夾或其他適當方式支撐，確保接線端子不會承受拉
　　　　　　力。

　　　　(六)進入須為防爆型或耐壓防爆「d」型之線盒、配件或封閉箱
　　　　　　體處，應以經設計者確認適用之軟線連接器接續，並維持其
　　　　　　保護型式。

　　　　(七)進入增加安全「e」型封閉箱體處，應使用經設計者確認之
　　　　　　增加安全「e」型軟線連接器。

　　2. 符合下列規定之設備，視為可攜式用電設備，得使用可撓軟線：

　　一、電動沉水泵，不需進入水池即可移出之該電動機。其可撓軟線之
　　　　延長線得用於水池與電源間之適當管槽內。

　　二、開放式混合桶或混合槽之可攜式電動攪拌器。

第 318-40 條　0 區、1 區及 2 區之導線及導線絕緣層，依下列規定：

　　一、導線：進入增加安全「e」型設備之導線，包含備用線，其端點應連
　　　　接至增加安全「e」型端子。

　　二、導線絕緣層：導線絕緣層可能聚積，或接觸揮發氣凝結液或液體者，
　　　　其絕緣材料應經設計者確認適用於此環境，或使用鉛被覆，或其他
　　　　經設計者確認之方式加以保護。

第 318-41 條　1. 0 區、1 區及 2 區之導線、匯流排、端子或元件等無絕緣暴露組件，其運轉電壓應為三十伏特以下。若為潮濕場所，其運轉電壓應為十五伏特以下。

2. 前項暴露組件，應使用適合於該場所之 ia、ib 或 nA 等技術加以保護。

第 318-42 條　0 區、1 區及 2 區之設備，依下列規定裝設：

一、0 區：應使用經設計者確認，且標示為適用於本場所之設備。但本質安全器具經設計者確認適用於第一類第一種場所及相同氣體，或依第三百十八條之三十二第二款第二目規定所允許之氣體，且具有適當溫度等級者，亦得使用於本場所。

二、1 區：應使用經設計者確認且標示為適用於本場所之設備。但符合下列規定者，不在此限：

（一）設備經設計者確認適用於第一類第一種場所，或經設計者確認適用於 0 區及相同氣體，或依第三百十八條之三十二第二款第二目規定所允許之氣體，且具有適當溫度等級者，得使用於本場所。

（二）經設計者確認適用於 1 區，或 2 區之「p」型保護設備，得使用於此場所。

三、2 區：應使用經設計者確認，且標示為適用於本場所之設備。但符合下列規定者，不在此限：

（一）設備經設計者確認適用於 0 區或 1 區及相同氣體，或依第三百十八條之三十二第二款第二目規定所允許之氣體，且具有適當溫度等級者，得使用於本場所。

（二）經設計者確認適用於 1 區，或 2 區之「p」型保護。

（三）設備經設計者確認適用於第一類場所及相同氣體，或符合第三百十八條之三十二第二款第二目規定所允許之氣體，且具有適當溫度等級者，得使用於本場所。

（四）在 2 區內，得使用開放式、非防爆型或非耐壓防爆「d」式封閉型電動機，但其內部應為適用於 2 區之電刷、開關、或類似電弧產生裝置者；鼠籠式感應電動機得適用於本場所。

四、應依製造商之說明書裝設電器設備。

第 318-43 條　在 1 區使用之增加安全「e」電動機與發電機，應經設計者確認適用於本場所，且符合以下所有規定：

一、電動機上應標示啟動電流比 (IA ／ IN) 及安全堵轉時間 (tE)。

二、電動機應具有控制器，並於控制器上標示其所保護之電動機之型號、編號、輸出額定功率 (以馬力或瓦為單位)、滿載電流、啟動電流比及安全堵轉時間；該控制器之標示，亦應包含電動機或發電機經設計者確認之特定過載保護型式。

三、應使用經設計者確認適用於該電動機或發電機之特定端子連接。

四、端子線盒得為堅固牢靠及不可燃之非金屬材質，並在盒內裝設具有供電動機殼與設備接地連接之設施。

五、各種電壓等級之電動機，應符合第三章第二節或第七章第五節規定。

六、電動機應有個別之過電流保護裝置，並用以防止過載。此保護裝置之跳脫設定或其額定值，應依據電動機之額定值及其過載保護要求選用及設定。

七、不屬第一百六十條第一款第二目規定之電動機。

八、在電動機處於啟動階段時，該電動機之過載保護不得被旁接或打開。

第 318-44 條　0 區、1 區及 2 區之接地及搭接，應依第一章第八節及下列規定：

一、搭接：依第二百九十八條之九第一款規定辦理。

二、設備接地導線之型式：使用金屬可撓導線管或液密金屬可撓導線管者，其內部應具有符合第二十六條、第二十七條第六款、第二十八條規定之導線型式設備搭接跳接線。但在 2 區中，符合第二百九十八條之九第二款規定各目者，不在此限。

第 318-45 條　0 區、1 區及 2 區之製程設備連接處密封，應依第二百九十八條之六規定辦理。

第三節之三　存在可燃性粉塵、纖維及飛絮之 20 區、21 區及 22 區

第 318-46 條　存在可燃性粉塵或可燃性纖維、飛絮，而可能導致火災或爆炸危險之 20 區、21 區及 22 區等危險場所內，所有電壓等級之電機設備及配線，應依本節規定裝設。但可燃性金屬粉塵不適用本節規定。

第 318-47 條　可燃性粉塵、可燃性纖維或飛絮會存在空氣中或沉積，且其量足以產生爆炸性或可引燃性混合物之程度，依「區」分類如下：

一、20 區：達可引燃濃度之可燃性粉塵、可燃性纖維或飛絮持續存在或長時間存在之場所。

二、21 區，包括下列各種場所：

(一) 於正常運轉條件下，可能存在達可引燃濃度之可燃性粉塵、可燃性纖維或飛絮場所。

(二) 於進行修護、保養或洩漏時，時常存在達可引燃濃度之可燃性粉塵、可燃性纖維或飛絮之場所。

(三) 當設備、製程故障或操作不當時，可能釋放出達可引燃濃度之可燃性粉塵、可燃性纖維或飛絮，同時也可能導致電氣設備故障，以致使該電氣設備成為點火源之場所。

(四) 鄰近 20 區，且可能由 20 區擴散而存在達可引燃濃度之粉塵、可燃性纖維或飛絮之場所。但藉由裝設引進乾淨空氣之正壓通風系統，防止此種擴散，並具備通風系統失效時之安全防護機制者，不在此限。

三、22 區，包括下列各種場所：

(一) 於正常運轉情況下，達可引燃濃度之可燃性粉塵、可燃性纖維或飛絮之存在機率極低，且發生時存在時間極短之場所。

(二) 製造、使用或處理可燃性粉塵、纖維或飛絮之處，該可燃性粉塵、纖維或飛絮裝在密閉之容器或封閉式系統內，僅於該容器或系統發生損毀或設備不正常運轉時，始會外洩。

(三) 鄰近 21 區，且可能由 21 區擴散而存在可引燃濃度之粉塵、纖維或飛絮之場所。但藉由裝設引進乾淨空氣之正壓通風系統，以防止此種擴散，並具備通風系統失效時之安全防護機制者，不在此限。

第 318-48 條　存在可燃性粉塵、可燃性纖維或飛絮場所之設備，為確保在正常使用與維修條件下能安全運轉，其構造及安裝依下列規定：

一、執行危險區域劃分：危險區域劃分須由具有製程、設備知識、安全、電氣及其他工程背景之合格人員執行。

二、雙重分類：若在同一場域內之不同場所，分別以不同準則作危險區域劃分時，22 區得與第二類第二種或第三類第二種場所相鄰但不得重疊。20 區或 21 區不得與第二類第一種、第二種場所或第三類第一種、第二種場所相鄰。

三、允許重新劃分：因單一可燃性粉塵、或可燃性纖維或飛絮源而劃分之空間，依本節規定重新劃分時，原劃分為第二類第一種、第二種

場所或第三類第一種、第二種場所，得重新劃分為 20 區、21 區或
22 區。

四、同時存在易燃性氣體與可燃性粉塵、纖維、飛絮之處：選擇及安裝
　　電氣設備或配線方法時，應考慮此種同時存在條件，包括訂定電氣
　　設備之安全操作溫度。

第 318-49 條　20 區、21 區及 22 區存在可燃性粉塵、纖維及飛絮場所，電氣與電子設
備得採用下列保護技術：

一、防塵燃：得用於經設計者確認適用之 20 區、21　　　區或 22 區。

二、正壓：得用於經設計者確認適用之 21 區或 22 區。

三、本質安全：得用於經設計者確認適用之 20 區、21　　　區或 22 區之
　　設備。

四、塵密：得用於經設計者確認適用之 22 區。

五、模鑄構造「mD」：得用於經設計者確認適用之 20 區、21 區或 22 區。

六、非引火性電路：得用於經設計者確認適用之 22 區。

七、非引火性設備：得用於經設計者確認適用之 22 區。

八、封閉箱體「tD」：得用於經設計者確認適用之 21 區或 22 區。

九、封閉箱體「pD」：得用於經設計者確認適用之 21 區或 22 區。

十、本質安全「iD」：得用於經設計者確認適用之 21 區或 22 區。

第 318-50 條　20 區、21 區及 22 區使用之設備，依下列規定辦理：

一、設備適用性之確認，應符合第二百九十四條之七第一款規定。

二、確認：

　　(一)經設計者確認適用於 20 區之設備，得使用於相同粉塵、可燃
　　　　性纖維或飛絮之 21 區或 22 區。經設計者確認適用於 21 區之
　　　　設備，得使用於相同粉塵、纖維或飛絮之 22 區。

　　(二)設備得經設計者確認為適用於特定之粉塵、可燃性纖維或飛
　　　　絮，或粉塵、纖維或飛絮之任何特定混合。

三、標示：

　　(一)以「種」分區之設備：經設計者確認適用於第二類場所之設備，
　　　　除應依第二百九十四條之七第三款規定標記外，得增加下列標
　　　　示：

　　　　① 如適用 20 區、21 區或 22 區時得標示之。

　　　　② 依第四款規定之溫度等級。

（二）以「區」標示之設備：當設備符合前條規定其中一項或一項以上之保護技術時，應依序作下列標示：

① 符號 Ex。

② 每種保護型式所使用之符號，依表三一八之五十表示。

③ 群別之符號。

④ 溫度等級之溫度值以攝氏表示，並於前面加上「T」。

⑤ 依第四款規定之溫度分級。

四、溫度分級：設備應標示周溫攝氏四十度狀況下之運轉溫度。若電氣設備於周溫超過攝氏四十度運轉時，除標示運轉溫度外，需另標示其周溫；運轉於周溫攝氏零下二十度至四十度者，得免標示周溫。若設備設計使用於周溫未滿攝氏零下二十度或超過攝氏四十度者，視為特殊情形，其適用周溫應標示於設備上，並包含符號「Ta」或「Tamb」。但下列情形，不在此限：

（一）屬於非發熱類型之設備，得免標示運轉溫度。

（二）符合第三百十八條之五十四第二款及第三款規定者，得依第二百九十四條之七第三款規定與表二九四之七標示。

五、螺紋：

（一）導線管或管件之螺紋，應以標準牙模來車絞。

（二）導線管及管件應扭緊，以防止故障電流通過管路系統時產生火花，確保該管路系統之完整性。

（三）設備附有螺牙之銜接口，以連接現場之配線，依下列規定裝設：

① 設備附有斜口螺紋銜接口，供斜口螺紋導線管或管件之連接者，應使用經設計者確認之導線管管件或電纜配件，且該導線管或管件之螺紋，應以斜口螺紋模來車絞。

② 設備附有公制螺紋銜接口，供導線管或管件銜接者，應使用經設計者確認之管件或電纜接頭，且該銜接口應經設計者確認為公制，或設備附有經設計者確認之轉接頭，用以連接導線管或斜口螺紋牙管件。且公制牙應有五全牙以上之銜接。

③ 未使用之開口應以經設計者確認之金屬管塞密封，且該管塞之螺紋及銜接需符合之 1 或之 2 規定。

六、光纖電纜：內含有可通電導線之複合型光纖電纜者，應依第
三百十八條之五十一及第三百十八條之五十二規定佈設。

表三一八之五十　保護型式

保護型式符號	保護技術	適用區
iaD	本質安全保護	20
ia	本質安全保護	20
ibD	本質安全保護	21
ib	本質安全保護	21
[iaD]	相關器具	非分類場所
[ia]	相關器具	非分類場所
[ibD]	相關器具	非分類場所
[ib]	相關器具	非分類場所
maD	模鑄構造	20
ma	模鑄構造	20
mbD	模鑄構造	21
mb	模鑄構造	21
pD	正壓保護	21
p	正壓保護	21
pb	正壓保護	21
tD	封閉體保護	21
ta	封閉體保護	21
tb	封閉體保護	21
tc	封閉體保護	22
註：相關器具若配置適當的其他保護技術，得使用於危險場所		

第 318-51 條　20 區、21 區及 22 區配線方法，應維持保護技術之完整性，並依下列規定：
一、20 區得使用下列配線方法之一：
（一）符合第三百十三條第一款第一目之 1 規定。
（二）符合第三百十三條第一款第一目之 2 規定。
（三）不對外開放且僅由合格人員維修及管理監督之工業廠區，得使
用經設計者確認適用於 20 區之裝甲電纜，並具有對氣體或揮
發氣氣密之被覆、適當之聚合物材料外皮及符合第二十六條規

定之個別設備接地導線，且搭配經設計者確認適用於此用途之終端配件。亦得使用經設計者確認適用於第二類第一種場所之裝甲電纜與配件。

(四) 線盒與管件應經設計者確認適用於 20 區，或經設計者確認適用於第二類第一種場所。

(五) 採用可撓連接者，得使用下列方法之一辦理。若可撓連接易遭受油污或其他腐蝕性情況，導線絕緣應為經設計者確認符合該情況之類型，或由適當被覆保護。

① 液密金屬可撓導線管，並搭配經設計者確認適用之管件。

② 液密非金屬可撓導線管，並搭配經設計者確認適用之管件。

③ 符合第三百十八條之五十三規定，經設計者確認為超嚴苛使用型之可撓軟線，且終端搭配經設計者確認可維持接線空間保護型式之軟線連接頭。

④ 經設計者確認適用於第二類第一種場所之可撓導線管、軟管及軟線配件。

二、21 區得使用下列配線方法之一：

(一) 符合前款規定之配線方法。

(二) 具有螺紋銜接口，並提供導線管連接之塵密型配件與線盒者，其內部不得有導線分接頭、接合點或終端連結，且不得使用於存在金屬粉塵之場所。

三、22 區得使用下列配線方法之一：

(一) 符合前款規定之配線方法。

(二) 符合第三百十三條第二款第一目之 2 至之 5 規定之配線方法。

(三) 裝甲電纜、MI　電纜或有金屬遮蔽之高壓電纜，應單層佈設於梯型電纜架、通風型電纜架或通風線槽型電纜架，且相鄰電纜之間距不得未滿較大電纜之外徑。

(四) 符合第二百九十八條第二款第三目規定之非引火性現場配線者，應依下列方式之一隔離：

① 使用個別電纜隔離。

② 使用多芯電纜中，其每條電路之導線，使用接地金屬遮蔽。

　　　　　　　　③ 使用多芯電纜，其每條電路之導線絕緣厚度應為○・
　　　　　　　　二五公厘以上。

（五）線盒與管件應為塵密型。

第 318-52 條　如需防護可燃性粉塵、可燃性纖維、飛絮侵入，或需維持防護等級，應
　　　　　　　施加密封。密封方式經設計者確認為能阻擋可燃性粉塵、可燃性纖維、
　　　　　　　飛絮侵入，且能維持防護等級者，該密封裝置得免為防爆型或耐壓防爆
　　　　　　　「d」型。

第 318-53 條　20 區、21 區及 22 區之可撓軟線，依下列規定：

一、應為經設計者確認之超嚴苛使用型。

二、除電路導線外，其內部應具有符合第二十六條及第二十七條規定之
　　設備接地導線。

三、應使用經設計者確認之方式連接至端子或供電導線。

四、應使用線夾或其他適當之方式支撐，確保接線端子不會承受拉力。

五、應使用經設計者確認之軟線連接器接線，且該等軟線連接器足以維
　　持其接線空間之保護型式。

第 318-54 條　20 區、21 區、22 區之設備，依下列規定裝設：

一、20 區：應使用經設計者確認，且標示為適用於本場所之設備。但經
　　設計者確認適用於第二類第一種場所及適當溫度等級之設備，亦得
　　使用於本場所。

二、21 區：應使用經設計者確認且標示為適用於本場所之設備。但符合
　　下列條件者，不在此限：

（一）經設計者確認適用於第二類第一種場所及適當溫度等級之設
　　　備。

（二）經設計者確認適用於第二類第一種場所之正壓設備。

三、22 區：應使用經設計者確認，且標示為適用於本場所之設備。但符
　　合下列規定者，不在此限：

（一）經設計者確認適用於第二類第一種或第二種場所，及適當溫度
　　　等級之設備。

（二）經設計者確認適用於第二類第一種或第二種場所之正壓設備。

四、應依製造廠商之說明書裝設電氣設備。

五、溫度：依第三百十八條之五十第三款第二目規定所標示之溫度應符
　　合下列規定之一：

（一）若為可燃性粉塵之場所，其溫度標示應為未滿特定可燃性粉塵
　　　之積層 (layer) 或塵霧引燃溫度兩者較低者。

（二）若為可能脫水或碳化有機粉塵之場所，其溫度標示應為該粉塵
　　　引燃溫度及攝氏一百六十五度以下。

（三）若為可燃性纖維或飛絮之場所，其不會過載之設備應未滿攝氏
　　　一百六十五度，但電動機或電力變壓器等會過載之設備，應未
　　　滿攝氏一百二十度。

第 318-55 條　20 區、21 區、22 區之接地及搭接，應依第二百九十八條之九規定辦理。

第三節之四　本質安全系統之裝設

第 318-56 條　有關本質安全器具、配線及系統，依本節規定裝設。

第 318-57 條　本質安全系統之設備，依下列規定裝設：

一、控制圖說：本質安全器具、相關器具及其他設備之裝設，應依控制
　　圖說之要求。但不與本質安全電路互連之簡易器具，不在此限。

二、場所：具有本質安全標示之器具，得裝設於其經設計者確認適用之
　　危險場所。本質安全器具得使用一般用途封閉箱體。相關器具得裝
　　設於其經設計者確認適用之危險場所，或當符合第二節至第三節之
　　二所規定之其他型式保護者，得裝設於該保護型式適用之危險場所。
　　簡易器具得裝設於所有危險場所，但其最高表面溫度不得超過裝設
　　處所易燃性氣體或揮發氣、易燃性液體、可燃性粉塵或可燃性纖維、
　　飛絮等之引燃溫度。

第 318-58 條　適用於非危險場所之配線方法得使用於本質安全器具之裝設；其密封
　　應符合第三百十八條之六十二規定，導線隔離應符合第三百十八條之
　　五十九規定。

第 318-59 條　本質安全導線之隔離，依下列規定：

一、與非本質安全電路導線之隔離：

（一）管槽、電纜架及電纜：本質安全電路之導線不得裝設於具有非
　　　本質安全電路導線之管槽、電纜架及電纜中。但符合下列任一
　　　條件者，不在此限：

① 本質安全電路導線與非本質安全電路導線間，距離為五十公厘以上，並加以固定。或使用被接地之金屬隔板或經設計者確認之絕緣隔板分隔。

② 所有本質安全電路導線，或所有非本質安全電路導線，具有被接地金屬被覆，或為裝甲電纜，且其被覆足以承載接地故障電流。

③ 在第二種場所、2 區或 22 區，若依第二款規定裝設，本質安全電路得與非引火性現場電纜佈設於同一管槽、電纜架或電纜中。

④ 本質安全電路穿過第一類第二種場所或 2 區，供電給位於第一類第一種場所、0 區或 1 區之器具，依第二款規定裝設者，得與非引火性現場電路佈設於同一管槽、電纜架或電纜中。第二類及第三類場所亦同。

（二）封閉箱體內：本質安全電路之導線應牢靠固定，使任何從端子鬆脫之導線不致與其他端子碰觸。該導線與非本質安全電路導線隔離，應依下列方式之一：

① 與非本質安全電路之導線間隔距離五十公厘以上。

② 利用厚度〇・九一公厘以上之被接地金屬隔板，使其與非本質安全電路導線隔離。

③ 利用經設計者確認之絕緣隔板，使其與非本質安全電路導線隔離。

④ 所有本質安全電路導線，或所有非本質安全電路導線，具有被接地金屬被覆電纜，或裝甲電纜中，其被覆足以承載故障電流。

（三）其他非管槽或電纜架系統：本質安全電路之導線與電纜，佈設於非管槽或電纜架者，應與非本質安全電路之導線或電纜距離五十公厘以上，並加以固定。但所有本質安全電路導線，或所有非本質安全電路導線均採 MI 電纜或裝甲電纜，或裝設於管槽、MI 電纜或裝甲電纜中者，且其被覆足以承載受接地故障電流者，不在此限。

二、與其他本質安全電路導線之隔離：供不同之本質安全電路作現場接
　　線之兩個端子間之距離應六公厘以上，除非控制圖說允許減少此間
　　隔。不同本質安全電路間應區隔，依下列之一方式：

（一）每條電路導線皆有被接地之金屬遮蔽。

（二）每條電路導線之絕緣厚度為○‧二五公厘以上。但經設計者
　　　確認適用其他絕緣厚度者，不在此限。

第 318-60 條　本質安全系統之接地依下列規定：

一、本質安全器具、封閉箱體及管槽：具有金屬材質之本質安全器具、
　　封閉箱體及管槽等，應接續至設備接地導線。

二、相關器具及電纜遮蔽物：相關器具或電纜遮蔽物，應依第三百十八
　　條之五十七第一款規定之控制圖說加以施接地。

三、連接至接地電極：需連接至接地電極處，該接地電極應依第二十八
　　條之二及第二十九條之一至第二十九條之五規定施工。

第 318-61 條　本質安全系統之搭接依下列規定：

一、危險場所：在危險場所內，本質安全器具應於該危險場所內作搭接。

二、非分類場所：在非分類場所內，若使用金屬管槽作為危險場所內之
　　本質安全系統配線，相關器具應依據第二百九十八條之九規定作搭
　　接。

第 318-62 條　依第二百九十八條之一至第二百九十八之五、第三百十三條之一、第
　　　　　　　三百十八條之三十四至第三百十八條之三十八及第三百十八條五十二規
　　　　　　　定之密封之導線管及電纜，應加密封使氣體、揮發氣或粉塵流通量能極
　　　　　　　小化。若密封管件經設計者確認在正常操作條件下具備使氣體、揮發氣
　　　　　　　或粉塵通過量能極小化，且需易於接近者，得免為防爆型或耐壓防爆「d」
　　　　　　　型。僅收容本質安全器具之封閉箱體，除第二百九十八條之五規定之外，
　　　　　　　得免密封。

第 318-63 條　本質安全系統之標示，應考慮其是否暴露於化學藥品與陽光之下，且符
　　　　　　　合其適用環境及下列規定：

一、端子：本質安全電路應在端子處或連接處作識別，以防止測試與檢
　　修中與電路互相干擾。

二、配線：用於本質安全系統配線之管槽、電纜架及其他配線方法，應
　　經設計者確認具有永久固定之標示，其字樣為「本質安全配線」或
　　同義字。此標示應裝設於可見之處，並易於追蹤全部配線。封閉箱
　　體、牆壁、隔屏或地板所分隔之各配線段均應顯現本質安全電路標
　　示。標示之間隔應為七‧五公尺以下。但地下電路得標示於冒出地
　　面之處。

三、色碼：若淺藍色未使用於其他導線，本質安全導線得以淺藍色作標
　　示。但僅用於本質安全導線之管槽、電纜架及接線盒者，得使用淺
　　藍色標示。

第三節之五　車輛保養、維修及停放場所

第 318-64 條　1. 保養、維修及停放使用易燃性液體或氣體等燃料之汽車、公車、卡車
　　　　　　　　及牽引機等車輛之場所，其電氣配線依本節規定辦理。

　　　　　　　2. 本節所稱供車輛大修之廠房指供車輛引擎翻修、噴漆、烤漆、車體修
　　　　　　　　理、需要卸除汽車油箱修理或其他可能導致洩漏易燃性液體或氣體之
　　　　　　　　作業場所。

第 318-65 條　1. 車輛保養、維修及停放場所依下列規定劃分危險場所：

　　　　　　　一、供車輛大修之廠房：

　　　　　　　　　(一)保養、維修以易燃性液體或較空氣重之易燃性氣體(LPG)作
　　　　　　　　　　　為燃料之車輛者，應依表三一八之六五～一規定劃分。

　　　　　　　　　(二)保養、維修或停放以較空氣輕之易燃性氣體(氫氣或天然氣)
　　　　　　　　　　　作為燃料之車輛者，應依表三一八之六五～二規定劃分。

　　　　　　　二、供車輛大修之廠房具燃料分送裝置者，該裝置之場所應依表
　　　　　　　　　三一八之八二～一或表三一八之八二～二規定劃分。

　　　　　　　三、用於停放車輛之場所僅進行檢查及例行維護而不進行修理者，得
　　　　　　　　　劃分為非分類場所。

　　　　　　　2. 第一類場所或 0 區、1 區、2 區範圍之邊界以無穿孔之牆壁、屋頂或
　　　　　　　　其他堅固隔間牆為限時，不受前項距離之限制。

表三一八之六五～一　有易燃性液體或較空氣重之易燃性氣體燃料供車輛大修之廠房劃分

場所	以種劃分 D 群	以區劃分 IIA 群	劃分範圍
供車輛大修之廠房	1	1	漥坑、低於地面且無通風之全部空間。
	2	2	漥坑、低於地面而有符合下列規定通風條件之全部空間： 1. 換氣量至少每平方公尺每分鐘 0.3 立方公尺 $(m^3/min/m^2)$ 2. 抽吸排氣點設於地面向上 300 公厘範圍內。
	2	2	廠房內之房間自地面向上 460 公厘高度範圍之全部空間。
	2	2	任何填充處或分送處展開周圍 900 公厘範圍內。
	非分類場所	非分類場所	廠房內之房間有符合下列公定通風條件者： 1. 換氣量至少每平方公尺每分鐘 0.3 立方公尺 $(m^3/min/m^2)$ 2. 抽吸排氣點設於地面向上 300 公厘範圍內。
鄰近危險場所之特定區	非分類場所	非分類場所	1. 不會釋放易燃性揮發氣之區域，例如儲存室、商品陳列室、開關室等。 2. 設置機械通風設施能提供每小時 4 小次以上換氣量，或設有空氣正壓。 3. 有牆壁或隔間能有效與廠房隔離者。

表三一八之六五～二　有較空氣輕之易燃性氣體燃料供車輛大修之廠房劃分

場所	以種劃分	以區劃分	劃分範圍
供車輛大修之廠房	2	2	自天花板向下 460 公厘範圍內。
	非分類場所	非分類場所	自天花板向下 460 公厘範圍有符合下列規定通風條件者： 1. 換氣量至少每平方公尺每分鐘 0.3 立方公尺 $(m^3/min/m^2)$。 2. 抽吸排氣點設於天花板向下 460 公厘範圍內。
鄰近危險場所之特定區	非分類場所	非分類場所	1. 不會釋放易燃性揮發氣之區域，例如儲存室、商品陳列室、開關室等。 2. 設置機械通風設施能提供每小時 4 次以上換氣量，或設有空氣正壓。 3. 有牆壁或隔間能有效阻絕氣體。

第 318-66 條　車輛保養、維修及停放場所經劃分為第一類場所或 0 區、1 區、2 區內部之配線與設備應符合第二節或第三節之二規定及依下列規定辦理：

一、燃料分送裝置 (不含液化石油氣)：

（一）位在建築物內時，應依第三節之七規定辦理。

（二）分送區域若有機械通風者，應設置互鎖裝置，使燃料分送裝置在通風情況下始得運轉。

二、可攜式照明設備：

（一）應裝配握把、燈座、掛鉤，及附加在燈座或握把上之堅固防護體。

（二）外表可能接觸到電池端子或配線端子等處，應由不導電材質製成，或以絕緣體保護。

（三）燈座應為無開關式，且不得提供插頭可插入之裝置。

（四）外殼應為模鑄式或其他相當之材料。

（五）燈具與其引線除經固定使其無法進入第一類場所或 0 區、1 區、2 區外，應為適用於第一類第一種場所或 1 區之型式。

第 318-67 條　車輛保養、維修及停放場所經劃分為第一類場所或 0 區、1 區、2 區上方之配線與設備依下列規定辦理：

一、固定配線應佈設於金屬管槽、PVC 管內，或使用 MI 電纜、裝甲電纜。

二、懸吊裝置應使用可供懸吊且經設計者確認為嚴苛使用型之可撓軟線。

三、設備：

（一）固定式用電設備：應裝設於劃分為第一類場所或 0 區、1 區、2 區之高度以上，或經設計者確認適用於該場所者。

（二）產生電弧之設備：開關、充電機之控制箱、發電機、電動機，或其他可能產生電弧、火花或熱金屬微粒逸散之設備 (不包括插座及燈頭)，若離地面之高度未滿三・六公尺者，此等設備應為全密封型，或其構造能避免火花或熱金屬微粒之逸散者。

（三）固定式照明設備：裝設於車輛通行路線上方之固定式照明設備，距地面之高度應為三・六公尺以上，以免車輛進出時碰損。

第 318-68 條　車輛保養、維修及停放場所內電氣配線導線管及電纜系統之密封，應依第二百九十八條之一至第二百九十八條之五，或第三百十八條之三十四至第三百十八條之三十八規定辦理。

第 318-69 條　車輛保養、維修及停放場所裝用特殊設備依下列規定辦理：

一、電池充電設備：電池充電器與其控制設備及充電中之電池，不得裝用於第一類場所或 0 區、1 區、2 區場所內。

二、電動車供電設備，不得裝用於第一類場所或 0 區、1 區、2 區場所內。

第 318-70 條　車輛保養、維修及停放場所內單相一二五伏、一五安及二〇安之插座裝設於供電機檢測設備、手持電動工具，或可攜式照明設備使用區域者，應設置保護人員之漏電啟斷裝置。

第 318-71 條　車輛保養、維修及停放場所之接地依下列規定辦理：

一、所有金屬管槽、電纜之金屬鎧裝或金屬被覆，及固定式或可攜式用電器具，其非帶電金屬組件應予接地。

二、第一類場所或 0 區、1 區、2 區附有被接地導線及接地導線之供電電路：

（一）第一類場所之接地應符合第二百九十八條之九規定；0 區、1 區及 2 區之接地應符合第三百十八條之四十四規定。

（二）供電給可攜式或懸吊裝置之電路附有被接地導線者，其插座、附接插頭、接頭及類似裝置應為接地型，且其可撓軟線內之被接地導線應連接至燈頭之螺紋殼，或用電器具之被接地端子。

（三）應維持固定配線系統與懸吊式照明燈具、可攜式燈具及可攜式用電器具之非帶電金屬組件間設備接地導線之電氣連續性。

第三節之六　飛機棚庫

第 318-72 條　1. 停放飛機之棚庫內，飛機裝填有易燃性液體，或裝填有可燃性液體且周溫高於閃火點之場所，其電氣配線依本節規定辦理。

2. 專供停放未裝填前項規定燃料飛機之場所，不適用本節規定。

第 318-73 條　飛機棚庫依下列規定劃分危險場所：

一、窪坑或低於地面之全部空間，應劃分為第一類第一種場所或 1 區。

二、無隔離或通風區域：飛機棚庫之全部空間，包含與飛機棚庫無牆壁或隔間之任何鄰近或連通區域，自地面向上至四六〇公厘高度範圍內，應劃分為第一類第二種場所或 2 區。

三、鄰近飛機區域：

（一）維修及停機棚：自飛機發動機或燃料箱水平展開一·五公尺，自地面向上至機翼或引擎封閉箱體上緣上方一·五公尺高度範圍內，應劃分為第一類第二種場所或 2 區。

(二)飛機油漆棚：

①　自飛機表面水平展開三公尺，地面向上至飛機上方三公尺高度範圍內，應劃分為第一類第一種場所或 1 區。

②　自飛機表面水平展開三公尺至九公尺，地面向上至飛機上方九公尺高度範圍內，應劃分為第一類第二種場所或 2 區。

四、隔離及通風區域：儲存室、電控室及其他類似場所等鄰近飛機棚庫區域，有換氣之通風，或有牆壁或隔間有效與飛機棚庫隔離者，應劃分為非分類場所。

第 318-74 條　飛機棚庫第一類場所或 0 區、1 區、2 區之配線與設備依下列規定辦理：

一、裝設或運轉於第一類場所或 0 區、1 區、2 區之所有配線與設備，應符合第二節或第三節之二規定。

二、使用於第一類場所或 0 區、1 區、2 區之附接插頭與插座應經設計者確認適用於第一類場所或 0 區、1 區、2 區，或設計為在連接或拔除過程中，無法帶電者。

第 318-75 條　飛機棚庫非裝設於第一類場所或 0 區、1 區、2 區之配線與設備依下列規定辦理：

一、固定配線應佈設於金屬管槽內，或使用 MI 電纜、裝甲電纜。

二、懸吊裝置應使用可供懸吊且經設計者確認為嚴苛使用型或超嚴苛使用型之可撓軟線，且每一條可撓軟線應附有設備接地導線。

三、產生電弧之設備：開關、充電機之控制箱、發電機、電動機，或其他可能產生電弧、火花或熱金屬微粒逸散之設備，若位於飛機機翼與引擎封閉箱體上方三公尺範圍內者，應為全密封型。

第 318-76 條　飛機棚庫地下配線依下列規定辦理：

一、裝設於飛機棚庫地下之所有配線與設備，應符合第一類第一種場所或 1 區規定；其配線若位於地窖、窪坑或管溝處，應避免積水。

二、埋設於飛機棚庫地下之連續管槽內應視為第一類場所或 0 區、1 區、2 區。

第 318-77 條　飛機棚庫內電氣配線導線管及電纜系統之密封之密封應依第二百九十八條之一至第二百九十八條之五，或第三百十八條之三十四至第三百十八條之三十八規定辦理。

第 318-78 條　飛機棚庫裝用特殊設備依下列規定辦理：

一、飛機電氣系統：

（一）當飛機停放於飛機棚庫時，應將飛機電氣系統斷電。

（二）當飛機全部或部分停放在飛機棚庫內時，裝設於飛機上之電池不得進行充電。

二、飛機電池充電及相關設備：

（一）飛機電池充電器及其控制設備不得裝用於第一類場所或 0 區、1 區、2 區場所內。

（二）充電之工作檯、線架、托架及配線不得置於第一類場所或 0 區、1 區、2 區內。

三、供電給飛機之外加電源：

（一）飛機供電設備及固定配線應高於地面至少四六〇公厘，且不得在第一類場所或 0 區、1 區、2 區內操作用電器具。

（二）飛機供電設備及地面支援設備使用之可撓軟線應為超嚴苛使用型，且附有設備接地導線。

四、移動式用電器具：

（一）一般規定：吸塵器、空氣壓縮機及空氣動力機等移動式用電器具，裝有不適用於第一類第二種場所或 2 區之用電器具及配線者，應使所有用電器具及固定配線高於地面至少四六〇公厘，且不得在第一類場所或 0 區、1 區、2 區內操作用電器具。

（二）可撓軟線與接頭：移動式用電器具之可撓軟線應為超嚴苛使用型，且附有設備接地導線。附接插頭與插座應經設計者確認為適用於其裝設場所，且有供設備接地導線連接之設施。

（三）限制用途：不適用於第一類第二種場所或 2 區之設備，不得於維修時可能釋出易燃性液體或揮發氣之場所內操作。

五、可攜式設備應為適用於所在之分類場所者；其可撓軟線應為超嚴苛使用型，且每一條可撓軟線應附有設備接地導線。

第 318-79 條　飛機棚庫內單相一二五伏、一五安或二〇安、六〇赫之插座裝設於供電機檢測設備、手持電動工具或可攜式照明設備使用區域者，應設置保護人員之漏電啟斷裝置。

第 318-80 條　飛機棚庫之接地應依第三百十八條之七十一規定辦理。

第三節之七　發動機燃料分送設施

第 318-81 條　1. 以固定式設備分送燃料至有發動機之車輛或船舶燃料箱，或至其他經確認適用容器之發動機燃料分送設施所在場所，包含與其連接之所有設備，其電氣配線依本節規定辦理。

2. 專供儲存發動機易燃性液體燃料場所之電氣配線亦依本節規定辦理。

第 318-82 條　1. 發動機燃料分送設施所在場所依下列規定劃分危險場所：

一、儲存、處理或分送發動機易燃性液體燃料者，應依表三一八之八二～一規定。

二、壓縮天然氣 (CNG) 及液化石油氣 (LPG)：

(一)處理或分送應依表三一八之八二～二規定；儲存應依表三一八之八二～一規定。

(二)若壓縮天然氣加氣機裝設於遮棚下方或封閉箱體內，且該遮棚或封閉箱體會累積可引燃揮發氣者，該遮棚下方或封閉箱體內應劃分為第一類第二種場所或 2 區。

2. 專供儲存發動機易燃性液體燃料之場所應依表三一八之八二～三規定劃分。

3. 液化石油氣分送裝置與任何易燃性液體分送裝置應保持一‧五公尺以上距離。

4. 不用於處理發動機燃料之場所應劃分為非分類場所。

5. 第一類場所或 0 區、1 區、2 區範圍之邊界以無穿孔之牆壁、屋頂或其他堅固隔間牆為限時，不受第一項及第二項距離之限制。

表三─八之八二～一　儲存、處理或分送發動機易燃性液體燃料之危險場所劃分

場所		以種劃分 D 群	以區劃分 IIA 群	劃分範圍
燃料分送裝置		一	1	燃料分送裝置內之易燃性液體揮發氣阻絕層下方，至溼坑內之全部空間。
燃料分送裝置外部		二	2	1. 燃料分送裝置箱體外部，自易燃性液體揮發氣阻絕層高度水平展開 460 公厘，向下地面之範圍內。 2. 燃料分送裝置箱外部，水平展開 6 公尺，自地面向上 460 公厘高度範圍內。
鄰近燃料分送裝置之銷售室 (不含泵導收費亭)、休息室		二	2	有任一個開口位於第一類第二種場所或 2 區，其室內之全部空間。
易燃性液體儲存室		二	2	貯存少量、密閉易燃性液體之全部空間。
地上燃料槽	燃料槽內部	一	0	燃料槽內之液面上方空間。
	外殼、槽底、槽頂、防溢堤區	一	1	若 H-D > L/2 者，防溢堤內之全部空間。 H：防溢堤高度。 D：燃料槽外壁至任一防溢堤內壁之距離。 L：燃料槽投影至地面之周長。
		二	2	若 H-D ≤ L/2 者，防溢堤內之全部空間。 H：防溢堤高度。 D：燃料槽外壁至任一防溢堤內壁之距離。 L：燃料槽投影至地面之周長。
	排放口	一	1	自排放口展開 1.5 公尺範圍內。
		二	2	自排放口展開 1.5 公尺至 3 公尺間範圍內。

表三一八之八二～一　儲存、處理或分送發動機易燃性液體燃料之危險場所劃分（續）

場所		以種劃分 D 群	以區劃分 IIA 群	劃分範圍
地下燃料槽	燃料槽內部	一	0	燃料槽內之全部空間。
	燃料槽進燃料口（卸油口）	一	1	防止濺溢功能之設施（如卸油盆）內之空間。
		二	2	自防止濺溢功能之設施（如卸油盆）邊緣水平展開 1.5 公尺，自地面向上 460 公厘高度範圍內。
	燃料槽陰井	一	1	燃料槽內之全部空間。
		二	2	自燃料槽陰井蓋水平展開 1.5 公尺，自地面向上 460 公厘高度範圍內。
	排放口	一	1	自排放口展開 1.5 公尺範圍內。
		二	2	自排放口展開 1.5 公尺至 3 公尺間範圍內。
潗坑、汙水坑	無機械通風	一	1	若有任一部份位於第一種場所或第二種場所、1 區或 2 區，潗坑或汙水坑範圍內全部空間。
	有機械通風	二	2	若有任一部份位於第一種場所或第二種場所、1 區或 2 區，潗坑或汙水坑範圍內全部空間。
	內含閥門、配件或管線，且不位於第一種場所或第二種場所、1 區或 2 區	二	2	潗坑或汙水坑全部空間。

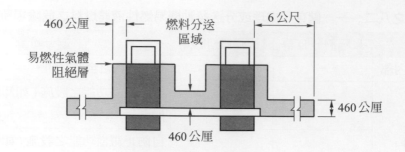

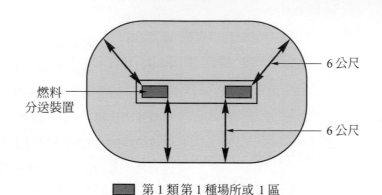

■ 第 1 類第 1 種場所或 1 區
■ 第 1 類第 2 種場所或 2 區

註：詳細參閱表三一八之八二～一。

圖三一八之八二～一　儲存、處理或分送發動機易燃性液體燃料之危險場所示意圖

表三一八之八二～二　處理或分送發動機壓縮天然氣或液化石油氣之危險場所劃分

燃料	劃分範圍	
	第一類第一種場所或 1 區	第一類第二種場所或 2 區
壓縮天然氣 (CNG)	燃料分送裝置封閉箱體內之全部空間。	燃料分送裝置封閉箱體質展開 1.5 公尺範圍內。
液化石油氣 (LPG)	1. 燃料分送裝置封閉箱體內之全部空間。 2. 燃料分送裝置封閉箱水平展開 460 公厘，至燃料分送裝置地面向上 1.22 公尺高度範圍內。 3. 燃料分送裝置任一邊緣水平展開 6 公尺範圍內無機械通風之溼坑全部空間。	燃料分送裝置封閉箱體任一邊緣水平展開 6 公尺範圍內，地面向上 460 公厘高度範圍內，包括在此區域範圍內有機械通風之溼坑。

表三一八之八二～三　專供儲存發動機易燃性液體燃料之危險場所劃分

場所		以種劃分	以區劃分	劃分範圍
設備裝設於室內場所，於正常轉條件下可能存在易燃性揮發與空氣混合物		一	0	設備內持續存在或長時間存在易燃性液體揮發氣之處。
		一	1	自設備外殼展開 1.5 公尺範圍內。
		二	2	1. 自設備外殼展開 1.5 公尺至 2.5 公尺間範圍內。 2. 自設備外殼水平展開 1.5 公尺至 7.5 公尺範圍，地面向上 900 公厘高度範圍內。
設備裝設於室外場所，於正常轉條件下可能存在易燃性揮發與空氣混合物		一	0	設備內持續存在或長時間存在易燃性液體揮發氣之處。
		一	1	自設備外殼展開 900 公厘範圍內。
		二	2	1. 自設備外殼展開 900 公厘至 2.5 公尺範圍內。 2. 自設備外殼水平展開 900 公厘至 3 公尺間，自地面向上 900 公厘高度範圍內。
建築物內之儲存槽		一	1	設置儲存槽及其附屬設備低於地面之空間。
		二	2	設置儲存槽及其附屬設備高於地面之空間。
地上儲存槽	地面上	一	0	固定式槽頂之儲存槽內液面上方空間。
		一	1	若 H-D > L/2 者，防溢堤內之全部空間。 H：防溢堤高度。 D：燃料槽外壁至任一防溢堤內壁之距離。 L：燃料槽投影至地面之周長。
	外殼、槽底或槽頂及防溢堤區	二	2	1. 儲存槽外殼、槽底或槽頂展開 3 公尺範圍內。 2. 除經劃分為第一類第一種場所或 1 區外，防溢堤範圍內，自地面向上至防溢堤頂高度範圍內。
	排放口	一	0	排放管道或開口之內部空間。
		一	1	自排放口展開 1.5 公尺範圍內。
		二	2	自排放口展開 1.5 公尺至 3 公尺間範圍內。

表三─八之八二～三　專供儲存發動機易燃性液體燃料之危險場所劃分（續）

場所		以種劃分	以區劃分	劃分範圍
地上儲存槽	浮動式槽頂附固定外槽頂	一	0	槽壁範圍內，浮動式槽頂與固定式槽頂之空間。
	浮動式槽頂無固定外槽頂	一	1	槽壁範圍內，浮動式槽頂以上之空間。
地下儲存槽	進燃料口（卸油口）	一	1	防止濺溢功能之設施（如卸油槽）內之空間。
		二	2	1. 密閉式進燃料口水平展開 1.5 公尺範圍，地面向上 460 公厘高度範圍內。 2. 非密閉式進燃料口水平展開 3 公尺範圍，地面向上 460 公厘高度範圍內。
向上排放之排放口		一	0	排放管道或開口之內部空間。
		一	1	自排放口展開 900 公厘範圍內。
		二	2	自排放口展開 900 公厘至 1.5 公尺間範圍內。
灌裝容器		一	0	容器之內部空間。
		一	1	自排放口及進燃料口展開 900 公厘範圍內。
		二	2	1. 自排放口或進燃料口展開 900 公厘至 1.5 公尺間範圍內。 2. 自排放口或進燃料口水平展開 3 公尺範圍，地面向上 460 公厘高度範圍內。
幫浦、洩放設備及相關附屬裝置等	室內	二	2	1. 設備或裝置任一邊緣展開 1.5 公尺範圍。 2. 設備或裝置任一邊緣水平展開 7.5 公尺範圍，地面向上 900 公厘高度範圍內。
	室外	二	2	1. 設備或裝置任一邊緣展開 900 公厘範圍。 2. 設備或裝置任一邊緣水平展開 3 公尺範圍，地面向上 460 公厘高度範圍內。

表三一八之八二～三　專供儲存發動機易燃性液體燃料之危險場所劃分（續）

場所		以種劃分	以區劃分	劃分範圍
漥坑、汙水坑	無機械通風	一	1	若有任一部份位於第一種場所或第二種場所、1區或2區，漥坑或汙水坑範圍內全部空間。
	有機械通風	二	2	若有任一部份位於第一種場所或第二種場所、1區或2區，漥坑或汙水坑範圍內全部空間。
	內含閥門、配件或管線，且不位於第一種場所或第二種場所、1區或2區	二	2	漥坑或汙水坑全部空間。
排水溝、分離器、蓄水池	室外	二	2	1. 溝渠、分離器或蓄水池向上460公厘高度範圍內。 2. 任一邊緣水平展開4.5公尺，地面向上460公厘高度範圍內。
	室內	-	-	比照漥坑規定。
罐槽車	開啟圓蓋灌裝	一	0	灌槽內之全部空間。
		一	1	圓蓋邊緣展開900公厘範圍內。
		二	2	圓蓋邊緣展開900公厘至4.5公尺間範圍內。
	密閉圓蓋灌裝 揮發氣自然排放	一	1	自通風排放口展開900公厘範圍內。
		二	2	1. 自通風排放口展開900公厘至4.5公尺範圍內。 2. 圓蓋邊緣展開900公厘高度範圍內。
	揮發氣回收	二	2	灌裝管線及揮發氣管線連接口展開900公厘範圍內。

表三一八之八二～三　專供儲存發動機易燃性液體燃料之危險場所劃分（續）

場所			以種劃分	以區劃分	劃分範圍
罐槽車	底部連接灌裝或其他底部卸載	揮發氣自然排放	一	1	自排放口展開 900 公厘範圍內。
			二	2	1. 排放口展開 900 公厘至 4.5 公尺範圍內。 2. 自灌裝連接口水平展開 3 公尺，地面向上 460 公厘高度範圍內。
		揮發氣回收	二	2	1. 排放口展開 900 公厘範圍內。 2. 連接口水平展開 3 公尺，地面向上 460 公厘高度範圍內。
停放及維修罐槽車之室內場所			一	1	漥坑或低於地面之全部空間。
			二	2	車庫地面向上 460 公厘高度範圍內之全部空間。
儲存易燃性液體之內部房間及儲存櫃			二	2	房間全部。
1. 易燃性液體可能產生揮發氣體飄散至整棟建築物及其周圍之區域，應視為第一類第二種場所或 2 區。 2. 對分區域延伸範圍時，應考慮事實上罐槽車可能停放在不同位置，故應採用裝卸載位至之最大範圍。					

第 318-83 條　發動機燃料分送設施所在之第一類場所或 0 區、1 區、2 區電氣配線依下列規定辦理：

　　一、內部之配線與設備：應符合第三百十八條之八十四規定，及第二節或第三節之二規定。

　　二、上方之配線與設備：應符合第三百十八條之六十七規定。

第 318-84 條　發動機燃料分送設施所在場所之地下配線依下列規定辦理：

　　一、應穿入有螺紋之厚金屬導線管或有螺紋之鋼製薄金屬導線管，或使用 MI 電纜。若符合下列規定者，得穿入 PVC 管：

　　　　(一) 埋設深度超過六○○公厘。

　　　　(二) 從地下至引出點，或與地上管槽連接口之最後六○○公厘使用有螺紋之厚金屬導線管或有螺紋之鋼製薄金屬導線管，且導線管附有設備接地導線，提供管槽系統之電氣連續性，及非帶電金屬組件之接地。

二、第一類場所或 0 區、1 區、2 區之地下配線，自地面引出三公尺範圍
　　內應加裝密封管件。除密封管件所附之防爆型大小管接頭外，密封
　　管件與地面引出部分之間不得裝設任何由令、管接頭、線盒或管件。

三、埋設深度應依表一八九規定。

第 318-85 條　發動機燃料分送設施所在場所之電氣配線與設備密封依下列規定辦理：

一、導線管或電纜直接進出燃料分送裝置，或任何與燃料分送裝置相通
　　之腔室或封閉箱體處，應裝設經設計者確認之密封管件。導線管從
　　地面或水泥地露出後之第一個管件應為密封管件。

二、密封應依第二百九十八條之一至第二百九十八條之五，或第
　　三百十八條之三十四至第三百十八條之三十八規定。

第 318-86 條　發動機燃料分送設施之場所裝用電池充電設備及電動車供電設備，應依
第三百十八條之六十九規定辦理。

第 318-87 條　發動機燃料分送設施所在場所內，每一進入或穿過燃料分送裝置及遠方
幫浦系統設備之電力回路，應有明顯標識，且可輕易觸及之操作開關或
其他經設計者確認之緊急控制設施，可同時自電源端隔離此電路之所有
導線，包含被接地導線；其操作開關不得使用以連桿連結多個單極斷路
器。

第 318-88 條　1. 發動機燃料分送設施所在場所內每具燃料分送裝置應配置維修與保養
　　期間可切離所有電力、通信、數據、視訊迴路及維修與保養期間外接
　　電源等外部電源之設施。

2. 前項切離設施能閉鎖於開路位置者，得裝設於燃料分送裝置處外部或
　　鄰近處。

第 318-89 條　1. 發動機燃料分送設施所在場所內所有金屬管槽、電纜之金屬鎧裝或金
　　屬被覆，及固定式或可攜式用電器具，其非帶電金屬組件應予接地。

2. 前項配線與設備裝用於第一類場所或 0 區、1 區、2 區者，其接地應
　　符合第二百九十八條之九或第三百十八條之四十四規定。

第四節　有危險物質存在場所

第 319 條　適用於製造貯藏危險物質如火柴、賽璐珞等易燃燒物質之場所，其電機
設備及配線之施設應以本節之規定辦理。如該危險物質會產生爆發性氣
體者應引用第五章第二節規定辦理。

第 320 條　　配線應符合下列規定：

　　　　　　一、配線應依金屬管、非金屬管或電纜裝置法配裝。

　　　　　　二、金屬管可使用薄導線管或其同等機械強度以上者。

　　　　　　三、以非金屬管配裝時管路及其配件應施設於不易碰損之處所。

　　　　　　四、以電纜裝置時，除鎧裝電纜或ＭＩ電纜外電纜應裝入管路內保護之。

第 321 條　　附屬電具之移動性電纜應採用適合危險場所之電纜，且電纜與電具之接續處配件應具有防止損傷電纜之構造者。

第 322 條　　電具設備應依下列規定：

　　　　　　一、在正常運轉之下可能產生火花之開關，斷路器插座等，可能升高溫度之電熱器，電阻器以及電動機均應為密封式構造者以防止危險物質著火。

　　　　　　二、燈具座直接裝於建築物或藉金屬吊管等固定於建築物。

　　　　　　三、白熱燈與放電管燈須加保護罩。

　　　　　　四、移動用燈具須有堅固之外殼加以保護之。

　　　　　　五、電具與電線之接續應為耐震，防鬆弛構造，且能保持良好之電氣接續。

第五節　　火藥庫等危險場所

第 323 條　　本規則適用於火藥庫、火藥製造廠以及火藥裝卸場地，其電機設備及配線之施設應以本節之規定辦理。

第 324 條　　火藥庫內之電氣設備應符合下列規定：

　　　　　　一、火藥庫內以不得施設電氣設備為原則，惟為庫內白熱燈或日光燈之電氣設備(開關類除外)不在此限。其施設應依下列規定辦理。

　　　　　　　　(一)電路之對地電壓應在一五〇伏以下。

　　　　　　　　(二)電機具應使用全密封型構造者，並以普通防塵構造者為佳。

　　　　　　　　(三)配線以金屬管或電纜配裝之。

　　　　　　　　(四)以金屬管施設時應使用厚鋼導線管或同等以上強度之金屬管。

　　　　　　　　(五)以電纜施設時，除鎧裝電纜與 MI 電纜以外之電纜應穿入保護管內施設且電纜引入電機具之處應使用適當配件以預防損傷電纜。

　　　　　　　　(六)電具與電線之接續應為耐震，防鬆弛構造，且能保持良好之電氣接續。

（七）燈具應裝於不易受損壞之處所並直接固定於建築物或藉金屬吊管等固定於建築物。

二、供給火藥庫之電路，其控制或過載保護開關應施設於火藥庫之外且應備有漏電警報或漏電斷路器等自動保護設備。該控制或保護設備至火藥庫之配線應採用地下電纜。

第 325 條　火藥製造場所應符合下列規定：

一、火藥製造場所如有爆炸性氣體產生者依照本章第二節之一規定辦理之。

二、火藥類之塵埃存在之場所應依照本章第三節及第三節之一規定辦理之。

三、火藥製造廠內除前兩款規定外，其電機設備及配線除照本章第四節規定辦理外應符合下列規定：

（一）電熱器以外之電具應為全密封型者。

（二）電熱器之發熱體必須為掩遮帶電導體部份者，且溫度上昇到危險程度時自動啟斷電源者。

第 326 條　火藥類裝卸場所之電機設備及配線應依照第三百二十五條第三款辦理，如火藥類裝卸場所有危險氣體、蒸氣或塵埃存在時應個別依照第三百二十五條第一款或第二款規定辦理。

第六節　發散腐蝕性物質場所

第 327 條　本規則適用於發散腐蝕性物質之處所，如燒鹼、漂白粉、染料、化學肥料、電鍍、硫酸、鹽酸、蓄電池等之製造及貯藏室。

第 328 條　發散腐蝕性物質之處所設施線路時，應按下列規定辦理。

一、不得按磁珠、磁夾板及木槽板裝置辦理。

二、應按非金屬管裝置法施工或採用 PVC，BN，PE、交連 PE、鉛包等電纜裝置法施工。

三、如按金屬管或裝甲電纜裝置法施工時，應全部埋入建築物內部或地下，但如環境不許可時，不在此限。惟金屬管及電纜表面應加塗防腐材料以免腐蝕。且按金屬管配裝時，其附屬配件與金屬管概要採用同一金屬，以免二者間發生電池作用。

第 329 條　導線接續時，不得用普通方法，且接續處之連接盒或接續器須防止腐蝕氣體之侵入。

第 330 條　　插座、開關及熔絲等均須藏於緊密封閉之盒內或絕緣油內，且盒及油箱之外表均應有防腐蝕之處理。

第 331 條　　不得使用吊線盒，矮腳燈頭及花線。

第 332 條　　出線頭應裝用防腐蝕之金屬吊管或彎管，燈頭應為密封以防腐蝕。

第 333 條　　發散腐蝕性物質場所之電動機及其他電具應有防止腐蝕性氣體及流體侵入電具內之構造，其電具外殼應有防腐塗料或其他防腐方法保護之。

第七節　潮濕場所

第 334 條　　（刪除）

第 335 條　　在潮濕場所設施線路時，不得按磁夾板及木槽板裝置法施工。

第 336 條　　按磁珠裝置法設於線路時，導線相互間，導線與敷設面間，相鄰二支持點間之距離應照表三三六之規定辦理。

表三三六

處所	導線相互間之最小距離（公厘）	導線與敷設面間之最小距離（公厘）	相鄰二支持點間之最大距離（公尺）
沿建築物設施時	60	30	1
不沿建築物懸空設施時	120	30	4

第 337 條　　潮濕場所，得按金屬管，非金屬管及電纜裝置法施工。

第 338 條　　在浴室及其他潮濕處所以不裝用吊線盒為宜。

第 339 條　　裝用吊線盒時，應使用防水導線，且不得有分歧或接續。吊線盒以下應使用防水之無開關燈頭。

第 340 條　　浴室內若裝設插座時，應按第五十九條之規定辦理，其位置應遠離浴盆，使人處於浴盆不能接觸該插座。

第 341 條　　浴室內裝用之燈具應能防水及防銹，且控制開關之位置應遠離浴盆，使人處於浴盆不能接觸該開關。

第 342 條　　在潮濕場所使用之電動機以及其他電機器具應有防濕、或防水型者。

第 343 條　　裝置於潮濕場所之電路，應按第五十九條之規定裝置漏電斷路器保護。

第八節　公共場所

第 344 條　　公共場所係指戲院、電影院、飯館、舞廳、車站、航空站及其他公共集會或娛樂場所。

第 345 條　　配線應按金屬管、非金屬管及 MI 電纜等裝置法施工，但於不受外物碰傷之磚壁上或水泥天花板上亦可按其他電纜裝置法施工。

第 346 條　　公共場所之用電設備應採用設備與系統共同接地，並按第一章第十一節之規定加裝漏電斷路器保護。

第 347 條　　在公共場所按磁珠裝置法施工時，線路中之各項距離應按表三四七之規定辦理。

表三四七

處所	導線相互間之最小距離（公厘）	導線與敷設面間之最小距離（公厘）	相鄰二支持點間之最大距離（公尺）
沿建築物設施時	60	30	1
不沿建築物懸空設施時	120	30	4

第 348 條　　在公共場所之地下室內不得裝用吊線盒，應改用矮腳燈頭，金屬吊管或彎管。

第 349 條　　舞台邊燈（照明及變幻燈光用）及其他地點之燈泡線如係移動性者，應採用適當電纜。

第 350 條　　裝設弧光燈時，其接近高溫部分，應採用耐熱絕緣電纜。

第 351 條　　公共場所內最主要部分之照明，應考慮電燈排列，將奇偶數分別裝置分路，以防一分路故障時，尚有另一分路可供電。

第 352 條　　舞台上之分路開關，保險絲等物應藏於盒內，使人不易觸及，但不得裝置於隱蔽處所。

第 353 條　　在易受外物損傷之處，燈罩外應有適當保護。

第 354 條　　一切溫度上昇較劇之器具均應藏於隔熱箱內，並與其他易燃物質隔離一〇〇公厘以上。

第六章　特殊設備及設施

第一節　電器醫療設備

第 355 條　　設施電氣醫療設備工程時，限用電纜線。

第 356 條　　在控制盤上應裝設下列器具：

一、電流計、電壓計等。

二、開關設備。

第 357 條　X 線發生裝置 (包括 X 線管，X 線管用變壓器，陰極加熱用變壓器及其他附屬裝置與線路) 可分為下列四種：

一、第一種 X 線發生裝置：露出充電部分且 X 線管施有絕緣皮而以金屬體包裝者。

二、第二種 X 線發生裝置：除操作者能出入之地點外，在其他地點不露出充電部分且 X 線管施有絕緣皮且有金屬體包裝者。

三、第三種 X 線發生裝置：除操作者能出入之地點及設置於距地面在二‧二公尺以上者外在其他地點不露出充電部分且 X 線管施有絕緣皮而以金屬體包裝者。

四、第四種 X 線發生裝置：除上列各種情形以外者屬之。

第 358 條　在第二、第三、第四種 X 線發生裝置中，除操作上之必要部分外，其餘均不得移動使用。

第 359 條　設施 X 線發生裝置之線路時，應照下列規定辦理：

一、X 線發生裝置之線路 (X 線管之引出線除外) 除按電纜裝置法設施者外，其餘均應照下列規定設施之：

　　(一) 凡 X 線管之最大使用電壓在一〇萬伏以內者，線路應距離地面二‧二公尺以上，超過一〇萬伏時，每超過一萬伏或不及一萬伏應遞加二〇公厘。

　　(二) 凡 X 線管之最大使用電壓在一〇萬伏以內者，線路與敷設面間之最小距離應在三〇〇公厘以上，如超過一〇萬伏時，每超過一萬伏或不及一萬伏應遞加二〇公厘。

　　(三) 凡 X 線管之最大使用電壓在一〇萬伏以內者導線相互間之最小距離應在四五〇公厘以上，如超過一〇萬伏時，每超過一萬伏或不及一萬伏應遞加三十公厘。

　　(四) X 線發生裝置之線路與其他高低壓線路、電訊線路、水管、煤氣管等相互間之距離應照第三目之規定辦理。

二、X 線管之引出線須按 X 線發生裝置之種類分別使用下列各種導線，該項引出線與 X 線管應焊結牢固：

　　(一) 在第一、二、三等三種 X 線發生裝置中應使用裝甲電纜。

　　(二) 在第四種 X 線發生裝置中，應使用裝甲電纜或鋼皮軟管線，管中導線應為直徑在一‧二公厘以上之軟銅絞線。

三、X 線管用變壓器及陰極加熱用變壓器之一次側開關，應裝設於容易接近之處。

四、如有二具以上之 X 線管裝置使用時，應分別設置分路。

五、裝設於特別高壓線路上之電容器，應附設放電設備，以消滅殘餘電荷。

六、X 線發生裝置之各部分均應按「第三種地線工程」接地：

（一）變壓器及電容器之金屬外箱。

（二）電纜之鎧甲。

（三）包裝 X 線管之金屬體。

（四）X 線管及其引出線之金屬支架。

七、凡距離 X 線管之露出充電部分在一公尺以內之金屬物件均應按「第三種地線工程」接地。

八、第四種 X 線發生裝置及其附屬配件之週圍應設立柵欄或加適當保護，俾不易為人觸及。

九、在第四種 X 線發生裝置中，線管引出線之露出充電部分與建築物，X 線管之金屬支架及週圍之金屬物件間之最小距離如下：

（一）凡 X 線管之最大使用電壓在一〇萬伏以內者須距離一五〇公厘以上。

（二）如超過一〇萬伏時，每超過一萬伏或不及一萬伏中者應遞加二〇公厘。

十、使用第四種 X 線發生裝置時，距離人體不得小於二〇〇公厘，以策安全。

第 360 條　在 X 線管上之明顯部位應註明最大使用電壓及其他必要事項。

第二節（刪除）

第 361 條～　（刪除）
第 375 條

第三節　隧道礦坑等場所之設施

第 376 條　電鈕中之帶電部分應加適當掩護，俾不易為人觸及。
第 377 條　本節設施不得按磁夾板及木槽板裝置法施工。
第 378 條　在不易受外物損傷之處得按適當之電纜施工。

第 379 條	在人行隧道內設施低壓線時，應按下列規定辦理：
	一、線路應設施於隧道兩側距離軌面二・五公尺以上高度之處。
	二、按金屬管非金屬管及電纜裝置法設施之。
第 380 條	在礦坑、防空壕及其他坑道 (煤礦坑除外) 內設施線路時，應接下列規定辦理：
	一、低壓線路應按第三百七十九條之各款規定設施之。
	二、高壓線路限按電纜裝置法設施，在易受外物觸及損傷之處，應加適當之防護設備。
第 381 條	在煤礦坑內設施線路時，應參照第五章第四節之規定辦理。
第 382 條	金屬管及電纜外殼均應按「第三種地線工程」接地。
第 383 條	開關及過電流保護應裝置於隧道，礦坑等入口，並應附裝防雨設備。
第 384 條	出線頭處按下列規定裝置：
	一、應裝用矮腳燈頭，金屬吊管或彎管。
	二、移動性之電纜 (如接用於探視燈者) 應使用電纜或鋼皮軟管線。
第 385 條	線路與電訊線路、水管、煤氣管及其他金屬物件間應保持下列距離：
	一、低壓線路須保持一五〇公厘以上之距離，但按金屬管及電纜裝置法設施者不在此限。
	二、高壓線路須保持六〇〇公厘以上之距離，但按電纜裝置法設施者得減至三〇〇公厘。

第四節　臨時燈設施

第 386 條	臨時燈設施係指用戶按臨時用電申請供電，具所裝之臨時性設施。
第 387 條	臨時燈須經檢驗合格後方得送電。
第 388 條	在屋內之乾燥及顯露地點設施臨時燈線路時應採用絕緣電線，導線相互間，導線與敷設面間可不規定距離，但應注意敷設面是否光滑。
第 389 條	沿建築物外側設施臨時燈線路時，應照下列規定辦理：
	一、如設施線路之地點有雨露侵蝕之虞者，可按磁珠裝置法施工。
	二、如設施線路之地點有防雨設備且不易受外物損傷，同時裝用電纜者，線路中之各項距離可不規定。
	三、線路應設施於建築物之側面或下方。
第 390 條	在樹上或建築物門首及其他類似地點裝置飾燈時，應使用電纜，線路中之各項距離可不規定。

第 391 條　　接續直徑二‧六公厘以下之導線時，接續部分得免焊錫。

第 392 條　　在屋外應裝用無開關之防水燈頭。

第 393 條　　設備容量每滿一五安即應設置分路，並應裝設分路過電流保護，但每燈不必另裝開關。

第 394 條　　開關及保護設備應儘量裝置於屋內，如必須裝置於屋外時，應附防雨設備，同時該項設備須為專用者，不得兼作其他用途。

第 395 條　　臨時燈線路與布、紙、汽油等易燃物品應保持一五〇公厘以上之距離。

第 396 條　　本工程應按第一章第十一節規定加裝漏電斷路器。

第五節　電動車輛充電系統

第一款　通則

第 396-1 條　　以傳導或感應方式連接電動車輛至電源之電動車輛外部電氣導體 (線) 與設備之裝設，應適用本節規定；電動車輛充電有關設備與裝置之裝設，亦同。

第 396-2 條　　本節名詞定義如下：

一、電動車輛：指在道路上使用，且由可充電蓄電池、燃料電池、太陽光電組列或其他方式提供電力至電動機，作為主要動力之自動式車輛及電動機車。

二、插電式油電混合動力車 (PHEV)：指在道路上使用，具備可充電儲存系統，能儲存及使用車外之電能，且有其他種類動力來源之一種電動車輛。

三、可充電儲存系統：指具有可被充電及放電能力之各種電源。

四、電動車耦合器：指相互搭配之電動車充電接口與電動車連接器。

五、電動車供電設備：指以轉移用戶配線與電動車輛間能量之目的而裝設之器具，包括非被接地、接地、設備接地之導體 (線) 與電動車連接器、附接插頭，及其他所有配件、裝置、電源出線口。

六、電動車連接器：指藉由插入電動車充電接口，建立電氣連接至電動車輛，以達電力轉移及資訊交換目的之裝置。

七、電動車充電接口：指在電動車輛上所設非屬電動車供電設備之組件，而以供電力轉移及資訊交換之連接器插入裝置。

八、人員保護系統：指結合人員保護裝置與構成防護功能組合之系統，於一併使用時，可保護人員避免遭受電擊。

九、電動車輛非開放式蓄電池：指由一個以上可充電之電氣化學電池所組成之密閉式蓄電池。

第 396-3 條　本節供電設備應採用交流系統電壓一一○、一一○／二二○、一九○Ｙ／一一○、二二○、三八○Ｙ／二二○及三八○伏。

第二款　配線方法

第 396-4 條　電動車耦合器規定如下：

一、極性：電動車耦合器應分正負極。但該系統部分經設計者確認為適合安全充電者，不在此限。

二、不可互換性：電動車耦合器應有不與其他電源設備互換配線設備之構造。非接地型之電動車耦合器不得與接地型電動車耦合器互換。

三、構成及裝設：電動車耦合器之構成及裝設，應能防護人員碰觸到電動車供電設備或電池之帶電組件。

四、無意間斷開：電動車耦合器應有防止無意間斷開之裝置。

五、接地極：電動車耦合器應有接地極。但該充電系統之一部分經設計者確認符合第一章第八節規定者，不在此限。

六、接地極連接：應採用先連接後斷開之設計。

第三款　設備構造

第 396-5 條　1. 電動車供電設備額定值，電壓為單相一二五伏、電流為一五安或二○安，或此系統部分經設計者確認適合安全充電，且符合第三百九十六條之十、第三百九十六條之十一及第三百九十六條之十八規定，得以附插頭軟線連接。其他所有電動車供電設備應為永久連接，並牢靠固定。

2. 電動車供電設備之帶電組件不得暴露。

第 396-6 條　1. 電動車供電設備應具足夠額定容量供負載使用。

2. 本節電動車輛充電負載應視為連續負載。

第 396-7 條　電動車供電設備標示規定如下：

一、應由製造商標示「電動車輛專用」。

二、不需通風之電動車供電設備，應有製造廠商明顯標示之「不需通風」標識。設備裝設後，該標識應位於視線可及處。

三、強制通風之電動車供電設備，應有製造廠商明顯標示之「強制通風」標識。設備裝設後，該標識應位於視線可及處。

第 396-8 條　1. 電動車耦合方法應採用傳導或感應方式。

2. 附接插頭、電動車連接器及電動車充電接口應經設計者確認適合安全充電者。

第 396-9 條　1. 電纜安全電流量應符合表九四中五‧五平方公厘或十 AWG 以下，或表一六之三中八平方公厘或八 AWG 以上規定。

2. 電纜總長度不得超過七‧五公尺或二五英尺。但配有經設計者確認適合安全充電之電纜管理系統者，不在此限。

第 396-10 條　當電動車連接器從電動車輛脫離時，電動車供電設備應有互鎖，以啟斷電動車連接器及其電纜之電力。但額定電壓為單相一二五伏及電流為一五安或二〇安之可攜式附插頭軟線連接者，不在此限。

第 396-11 條　電動車供電設備或設備之電纜連接器總成，受到拉扯時可能導致電纜破裂或電纜與電力連接器脫離，並露出帶電組件者，應採自動斷電方式將電纜及電動車連接器斷電。但用於單相額定電壓為一二五伏及電流為一五安或二〇安插座之可攜式附插頭軟線連接者，不在此限。

第四款　控制與保護

第 396-12 條　電動車供電設備之幹線及分路過電流保護裝置，應為連續責務型，其額定電流不得小於最大負載之一‧二五倍。非連續負載由同一幹線或分路供電者，其過電流保護裝置之額定電流，不得小於非連續負載加上連續負載一‧二五倍之總和。

第 396-13 條　1. 電動車供電設備應有經設計者確認之人員保護系統。

2. 使用附插頭軟線連接電動車供電設備者，其人員保護系統應裝設啟斷裝置，且為整組插頭之組件，或應位於距附接插頭不超過三〇〇公厘或一二英寸之供電電纜上。

第 396-14 條　電動車供電設備之額定電流超過六〇安，或對地額定電壓超過一五〇伏者，應於可輕易觸及處裝設隔離設備，並能閉鎖於開啟位置。用於鎖住或加鎖之固定裝置，應於隔離開關、斷路器處或其上方裝設。開關或斷路器不得採用可攜式裝置加鎖。

第 396-15 條　1. 當電業或其他電力系統電壓喪失時，應有使電動車輛及供電設備之電能不得反饋至用戶配線系統之裝置。

2. 電動車輛及供電設備若符合第三百九十六條之十六規定者，其電能得反饋至用戶配電系統。

第 396-16 條　電動車供電設備及系統其他組件，被認定為有意與車輛互連，而作為電力電源，或提供雙向電力饋送者，應經設計者確認為適合安全充放電，且不會逆送電力至電力網。但電動車輛作為儲能設備與其他電力電源連接，並符合第七節儲能系統之適用規定者，得逆送電力至電力網。

第五款　電動車供電設備場所

第 396-17 條　電動車供電設備或配線裝設在特殊場所時，應符合第五章第一節至第八節規定。

第 396-18 條　屋內場所包括整體、附加與獨立之停車場或車庫、封閉地下型停車構造物及農業用建築物等裝設電動車供電設備規定如下：

一、位置：電動車供電設備應位於可直接連接至電動車輛處。

二、高度：電動車供電設備之耦合裝置應設於離地面高度四五〇公厘或一八英寸以上，一‧二公尺或四英尺以下處。但經設計者確認為安全充電之場所者，不在此限。

三、不需通風：電動車輛使用非開放式蓄電池，或電動車供電設備符合第三百九十六條之七第二款規定，並經設計者確認可用於建築物內充電而不需通風者，不需設置機械式通風。

四、強制通風：電動車供電設備符合第三百九十六條之七第三款規定，並經設計者確認可用於建築物內充電，並須通風者，應設置機械式通風。通風應同時具有進氣及排氣設備，且應永久裝設於建築物內供外面空氣引入或排出口。僅經特殊設計之正壓通風系統得用於經設計者確認適用之建築物或區域。同時可被充電之全部電動車輛，其每部之最小需要通風量依下列規定擇一辦理：

(一) 符合表三九六之十八～一或表三九六之十八～二之規定。

(二) 依下列公式計算最小需要通風量：

① 單相：

$$通風 (立方公尺／分鐘) = \frac{(伏)(安)}{1718}$$

$$通風 (立方英尺／分鐘) = \frac{(伏)(安)}{48.7}$$

② 三相：

$$通風（立方公尺／分鐘）= \frac{1.732（伏）（安）}{1718}$$

$$通風（立方英尺／分鐘）= \frac{1.732（伏）（安）}{48.7}$$

(三) 電動車供電設備通風系統由合格人員設計，作為建築物總通風
　　系統整體之一部分者，最小需要通風量得以符合工程研究之計
　　算決定。

五、依前款規定設置之機械式通風設備，其供電電路應與電動車供電設
　　備電氣連鎖，且於電動車充電週期內保持通電。電動車輛之供電設
　　備，其插座額定電壓為單相一二五伏、電流為一五安及二〇安，應
　　裝設開關，且機械式通風系統應透過供電至插座之開關為電氣連鎖。

表三九六之十八～一　同時可被充電之全部電動車輛，其每部之最小需要通風量

（立方公尺／分鐘）

分路額定（安）	分路電壓				
	單相		三相		
	110V	220V 或 110/220V	190V 或 190Y/110V	220V	380V 或 380/220V
15	1.0	1.9	-	-	-
20	1.3	2.6	3.8	4.4	7.7
30	1.9	3.8	5.7	6.7	11.5
40	2.6	5.1	7.7	8.9	15.3
50	3.2	6.4	10	11	19
60	3.8	7.7	11	13	23
100	6.4	12.8	19	22	38
150	-	-	29	33	57
200	-	-	38	44	77
250	-	-	48	55	96
300	-	-	57	67	115
350	-	-	67	78	134
400	-	-	77	89	153

表三九六之十八～二　同時可被充電之全部電動車輛，其每部之最小需要通風量
（立方英尺／分鐘）

分路額定（安）	分路電壓				
	單相		三相		
	110V	220V 或 110/220V	190V 或 190Y/110V	220V	380V 或 380/220V
15	34	68	-	-	-
20	45	90	135	156	271
30	68	136	203	235	405
40	90	181	270	313	541
50	113	226	338	391	676
60	136	271	405	469	811
100	226	452	676	782	1352
150	-	-	1014	1174	2029
200	-	-	1352	1565	2704
250	-	-	1690	1958	3381
300	-	-	2029	2349	4058
350	-	-	2367	2740	4735
400	-	-	2705	3131	5409

第 396-19 條　屋外場所包括停車場、道路、路邊停車場、開放式停車構造物及商業充電設施等裝設電動車供電設備規定如下：

一、位置：電動車供電設備應設於能直接連至電動車輛之位置。

二、高度：電動車供電設備之耦合裝置應設於離停車位置之地面高度六〇〇公厘或二四英寸以上，且一・二公尺或四英尺以下處。但經設計者確認為安全充電之場所者，不在此限。

第六節 太陽光電發電系統

第一款 通則

第 396-20 條

1. 太陽光電發電系統 (以下簡稱太陽光電系統)，包括組列電路、變流器及控制器等，參見圖三九六之二十～一及圖三九六之二十～二所示，應符合本節規定。

2. 前項所稱之太陽光電系統不論是否具備蓄電池等電能儲存裝置，均得與其他電源併聯或為獨立型系統，並得以交流或直流輸出利用。

3. 太陽光電系統之裝置，依本節規定；本節未規定者，適用其他章節規定。

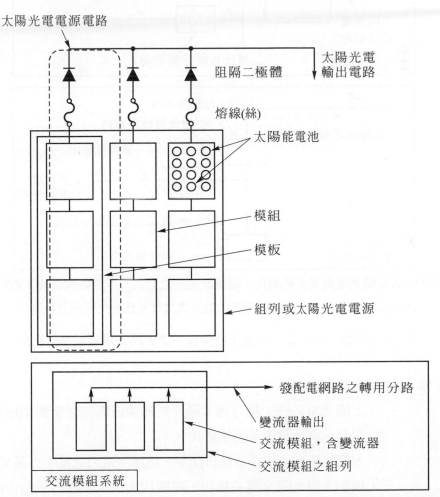

註：本圖僅供辨識太陽光電發電系統組件、電路及連接之方式，不含隔離設備、系統接地、設備接地之說明，亦不強制所有太陽光電發電系統按此圖例設計施作。

圖三九六之二十～一 太陽光電系統組件

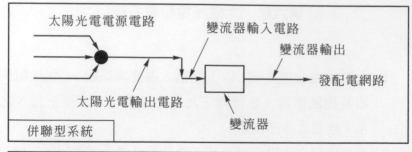

併聯型系統

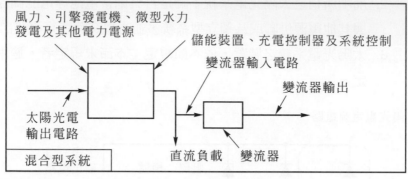

混合型系統

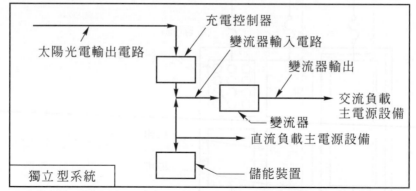

獨立型系統

註：本圖僅供辨識太陽光電發電系統組件、電路及連接之方式，不含隔離設備、過電流保護、系統接地、設備接地之說明，亦不強制所有太陽光電發電系統按此圖例設計施作。

圖三九六之二十～二　一般系統架構下之太陽光電發電系統組件

第 396-21 條　本節名詞定義如下：

一、太陽光電系統：指可將太陽光能轉換成電能之全部組件與子系統之組合，適合連接至用電負載。

二、太陽能電池：指暴露於日照下，能產生電力之基本太陽光電裝置。

三、模板：指太陽光電系統中，將數片模組以牢靠方式整合固定且完成配線，設計成可作為現場組裝之單元。

四、模組：指太陽光電系統中，由太陽能電池、光學組件及除追日裝置外之其他組件組成，暴露於日照下能產生直流電力之完整且耐候之裝置。

五、組列：指太陽光電系統中，將模組或模板以機械方式整合支撐結構與基座、追日裝置及其他組件，以產生直流電力之組合體。

六、阻隔二極體：指用以阻隔電流逆向流入太陽光電電源電路之二極體。

七、太陽光電電源：指產生直流系統電壓及電流之組列或組列群。

八、太陽光電電源電路：指介於模組間之電路，或介於模組群至直流系統共同連接點間之電路。

九、太陽光電輸出電路：指介於太陽光電電源與變流器或直流用電設備間之電路導體（線）。

十、　變流器：指用於改變電能電壓大小或波形之設備，亦稱為電力調節裝置 (PCU) 或電力轉換系統 (PCS)。

十一、變流器輸入電路：指介於變流器與蓄電池間之導體（線），或介於變流器與太陽光電輸出電路間之導體（線）。

十二、變流器輸出電路：指介於獨立型系統之變流器與交流配電箱間之導體（線），或介於變流器與受電設備或其他發電電源間之導體（線）。

十三、太陽光電系統電壓：指太陽光電電源或太陽光電輸出電路之直流電壓。若為多線裝設系統者，為任二條直流導體（線）間之最高電壓。

十四、交流模組：指太陽光電系統中，由太陽能電池、光學組件、變流器及除追日裝置外之其他組件組成，暴露於日照下能產生交流電力之完整且耐候裝置。

十五、子組列：指組列之電氣組件。

十六、單極子組列：指在輸出電路中有正極及負極二條導線之子組列。

十七、雙極太陽光電組列：指就共同參考點或中間抽頭，具相反極性之二組輸出之組列。

十八、建築一體型太陽光電系統 (BIPV)：指整合於建築物之外表或結構中，並作為該建築物外表防護層之太陽光電系統。

十九、併聯型系統：指與電業之發配電網路併聯，並可供電至該網路之太陽光電系統。

二十、 發配電網路：指發電、配電及用電系統。

二十一、獨立型系統：指不併聯至電業發配電網路之太陽光電系統。

二十二、混合型系統：指由多種電源所組成之系統，包括太陽光電、風力、微型水力發電機、引擎驅動之發電機或其他電源等，不包括發配電網路系統及儲能系統。

二十三、充電控制器：指應用於蓄電池充電，可控制直流電壓或直流電流之設備。

第 396-22 條　1. 太陽光電系統、設備或配線裝設於特殊場所，應符合第五章第一節至第八節規定。

2. 最大系統電壓超過直流六○○伏之太陽光電系統，應符合第七章規定及其他額定超過六○○伏之裝設規定。但於直流電源電路或直流輸出電路所裝設額定電壓一○○○伏以下之設備，不適用第四百零一條規定。

第 396-23 條　太陽光電系統之裝設規定如下：

一、與其他非太陽光電系統之裝設：太陽光電電源電路及太陽光電輸出電路不得與其他非太陽光電系統之導線、幹線或分路，置於同一管槽、電纜架、電纜、出線盒、接線盒或類似配件。但不同系統之導體(線)以隔板隔離者，不在此限。

二、標示：

(一) 下列太陽光電系統之導線，於終端、連接點及接續點應予標示。但第三目規定之多重系統因空間或配置可明顯辨別每一系統之導線者，不在此限。

① 太陽光電電源電路。

② 太陽光電輸出電路、變流器輸入及輸出電路之導線。

③ 二個以上太陽光電系統之導線置於同一連接盒、管槽或設備，其每一系統之導線。

(二) 標示方法得採個別色碼、標示帶、標籤或其他經設計者確認者。

三、組群：二個以上太陽光電系統之導線置於具有活動外蓋之接線盒或管槽，每一系統之直流及交流導線至少應有一處以紮線或類似之方式個別組群後，於間隔不超過一‧八公尺或六英尺處再組群。但每一個別系統之電路從單一電纜或唯一之管槽進入有組群之電路者，不在此限。

四、模組或模板之連接：應設計使其於太陽光電電源電路模組或模板拆
卸時，不會中斷接至其他太陽光電電源電路之被接地導體（線）。

五、用於太陽光電系統之變流器、電動發電機、太陽光電模組、太陽光
電模板、交流光電模組、電源電路組合器及充電控制器等設備，應
經設計者確認適用於該用途。

六、配線及連接：第一款至第四款規定之設備與系統、所有相關之配線
及互連應由合格人員裝設。

七、電路路徑：建築物或構造物內之太陽光電電源及太陽光電輸出導線，
其路徑應沿建築結構可觀測之橫梁、屋椽、桁架、柱子等構件位置
敷設。在未被太陽光電模組及相關設備覆蓋之屋頂區域，若電路置
於事先組裝、疊片、薄板之屋頂材料內，電路之位置應明顯標示。

八、雙極太陽光電系統：在不考量極性下，二個單極子組列之太陽光電
系統電壓總和超過導體（線）及所連設備之額定值者，單極子組列應
予實體分離，且每一單極子組列形成電力輸出電路，應裝設於個別
管槽，直至連接變流器。每一單極子組列輸出之隔離設備及過電流
保護裝置應置於個別之封閉體內。但經設計者確認之開關設備，其
額定為電路間最大電壓，且於每一單極子組列有實體屏障分離隔離
設備者，得用以取代個別封閉體之隔離設備。

九、多組變流器：太陽光電系統得於獨棟建築物或構造物內部或上方裝
設多組電網併聯型變流器，並應於每一直流太陽光電系統隔離設備、
每一交流太陽光電系統隔離設備及主要接戶隔離設備處設標識，標
示建築物所有交流及直流太陽光電系統隔離設備之位置。但所有變
流器之隔離設備及太陽光電直流隔離設備組群位於主要接戶隔離設
備處者，不在此限。

第 396-24 條　1. 被接地之直流太陽光電組列，其直流接地故障保護措施裝設規定如下：
一、接地故障偵測及啟斷：

(一)接地故障保護裝置或系統，應能偵測接地故障電流、啟斷故
障電流並提供故障指示。

(二)故障電路之被接地導體（線）得自動開啟以啟斷接地故障電
流之路徑，且同時自動開啟該故障電路之所有導體（線）。

(三)以手動操作太陽光電系統主直流隔離開關時，不得使接地故
障保護裝置動作，或導致被接地導體（線）呈現非被接地狀
態。

二、故障電路之隔離：故障電路應以下列方法之一予以隔離：

(一)故障電路之非被接地導體(線)須自動隔離。

(二)由故障電路供電之變流器或充電控制器須自動停止供應電力至其輸出電路。

三、標示：於併聯型變流器上，或視線可及之鄰近接地故障指示器處，應設警告標識。若太陽光電系統包括蓄電池組者，於蓄電池組鄰近處應設相同警告標識。其警告標識應標示下列字樣：

> 警告
>
> 小心！觸電危險！
>
> 若有接地故障指示時，正常時被接地導體(線)可能成為非被接地並呈現帶電狀態。

2. 非被接地之直流太陽光電組列，應符合第三百九十六條之四十一規定。

3. 符合下列情形之一者，得不裝設接地故障保護：

一、裝於地面或裝於桿上之太陽光電組列在不超過二個並聯電源電路，且所有直流電源及直流輸出電路均與建築物完全隔離之情況。

二、裝設於非住宅之太陽光電組列，每一設備接地導線線徑符合第三百九十六條之四十五規定。

第 396-25 條

1. 本節有關太陽光電電源電路規定，不適用於交流模組。

2. 交流模組規定如下：

一、太陽光電電源電路：太陽光電電源電路、導體(線)及變流器，應視為交流模組之內部配線。

二、變流器輸出電路：交流模組之輸出應視為變流器輸出電路。

三、隔離設備：符合第三百九十六條之三十三及第三百九十六條之三十五規定之單一隔離設備，得用於結合一個以上之交流模組輸出。多個交流模組系統之任一交流模組，應具備螺栓型連接器或端子型隔離設備。

四、接地故障偵測：交流模組系統得使用單一偵測裝置，偵測交流接地故障，並藉由移除供應至交流模組之交流電力，以阻斷組列產生電力之功能。

五、過電流保護：交流模組之輸出電路得有過電流保護，其引接至分
　　路電路之導線線徑應符合下列規定：

(一)二〇安分路電路：〇‧九平方公厘或一八 AWG，佈設長度
　　　最長至一五公尺或五〇英尺。

(二)二〇安分路電路：一‧二五平方公厘或一六 AWG，佈設長
　　　度最長至三〇公尺或一〇〇英尺。

(三)二〇安分路電路：二‧〇平方公厘以上或一四 AWG。

(四)三〇安分路電路：二‧〇平方公厘以上或一四 AWG。

(五)四〇安分路電路：三‧五平方公厘以上或一二 AWG。

(六)五〇安分路電路：三‧五平方公厘以上或一二 AWG。

第二款　電路規定

第 396-26 條　太陽光電系統中有關電路之電壓規定如下：

一、最大電壓之計算及認定：

(一) 於直流太陽光電電源電路或輸出電路中，太陽光電系統最大電
　　　壓，應依最低預期周溫修正計算串聯太陽光電模組額定開路電
　　　壓之總和。若最低預期周溫低於攝氏零下四〇度者，或使用單
　　　晶矽或多晶矽以外之模組者，其系統電壓之調整應依製造廠商
　　　之說明書。

(二) 單晶矽及多晶矽模組之額定開路電壓應乘以表三九六之二十六
　　　所列之修正係數。太陽光電模組說明書中已提供太陽光電模組
　　　之開路電壓溫度係數者，不適用之。

(三) 電纜、隔離開關、過電流保護裝置及其他設備之電壓額定應以
　　　最大電壓認定。

二、直流用電電路：直流用電電路之電壓應符合第八條規定。

三、二戶以下住宅之太陽光電電源電路及輸出電路，除燈座、燈具或插
　　座外，其系統電壓最高得為六〇〇伏。

四、對地電壓超過一五〇伏之電路：二戶以下住宅之太陽光電電源電路
　　及輸出電路，對地電壓超過一五〇伏之帶電組件，應為非合格人員
　　不易觸及。

五、雙極電源電路及輸出電路：連接至雙極系統之二線電路，符合下列
　　全部條件時，其最大電路電壓應為二線電路導線間之最高電壓：

（一）雙極子組列每組電路之其中一條導線直接被接地。

（二）整個雙極組列分成二個相互隔離，且與用電設備隔離者，接地
　　　故障或電弧故障裝置之異常動作得切斷其與大地之連接。

（三）每組電路連接至個別子組列。

六、前款規定之設備應設明顯標識，標示下列字樣：

> 警告
> 雙極太陽光電組列中性導體（線）或被接地導線之切離，可能導
> 致組列或變流器過電壓。

七、超過六○○伏系統之電纜及設備額定之電壓認定：

（一）蓄電池電路：在蓄電池電路中，採用充電狀態下或均衡化情況
　　　下之最高電壓。

（二）太陽光電電路：在直流太陽光電電源及輸出電路中，採用最高
　　　系統電壓。

表三九六之二十六　單晶矽及多晶矽模組之電壓修正係數

周溫 (℃)	周溫低於 25℃ (77 ℉) 之 修正係數[註]	周溫 (℉)
24 ～ 20	1.02	76 ～ 68
19 ～ 15	1.04	67 ～ 59
14 ～ 10	1.06	58 ～ 50
9 ～ 5	1.08	49 ～ 41
4 ～ 0	1.10	40 ～ 32
–1 ～ –5	1.12	31 ～ 23
–6 ～ –10	1.14	22 ～ 14
–1 ～ –15	1.16	13 ～ 5
–16 ～ –20	1.18	4 ～ –4
–21 ～ –25	1.20	–5 ～ –13
–26 ～ –30	1.21	–14 ～ –22
–31 ～ –35	1.23	–23 ～ –31
–36 ～ –40	1.25	–32 ～ –40

註：以表所列修正係數乘以額定開路電壓。

第 396-27 條　電路線徑選定及電流規定如下：

一、各個電路之最大電流之計算：

（一）太陽光電電源電路之最大電流為並聯模組額定短路電流之總和乘以一・二五倍。

（二）太陽光電輸出電路之最大電流為前目並聯太陽光電電源電路之電流總和。

（三）變流器輸出電路之最大電流應為變流器連續輸出額定電流。

（四）獨立型系統變流器輸入電路之最大電流應為變流器以最低輸入電壓產生額定電力時，該變流器連續輸入之額定電流。

二、安培容量及過電流保護裝置之額定或標置之規定如下：

（一）太陽光電系統電流應視為連續性電流。

（二）過電流保護裝置：

① 載流量不得小於依前款計算所得最大電流之一・二五倍。但電路為含過電流保護裝置之組合，且經設計者確認用於百分之一百額定連續運轉者，得採用其百分之一百額定值。

② 端子溫度限制應符合該端子使用說明書規定，並不得超過其所連接終端、導體（線）或裝置溫度額定中之最低者。

③ 運轉溫度超過攝氏四〇度，適用使用說明書所載之溫度修正係數。

④ 過電流保護裝置得依第一章第十節規定。

（三）導線安培容量：不得小於下列載流量之較大者：

① 依前款計算所得最大電流之一・二五倍，而無以溫度修正係數作修正。

② 依環境以溫度係數作修正後，按前款計算所得最大電流。

③ 依環境以溫度係數作修正後，若有規定過電流保護裝置者，應配合過電流保護之額定選用導線。

三、多重直流電壓系統：太陽光電電源具備多重之輸出電路電壓，且共用同一回流導線者，此共用回流導線之安培容量，不得小於個別輸出電路過電流保護裝置安培額定之總和。

四、模組電路互連導線之安培容量：若採用單一過電流保護裝置保護一組二個以上之並聯模組電路者，每一模組電路互連導線之安培容量不得小於單一熔線額定加上其他並聯模組短路電流一‧二五倍之和。

第 396-28 條　太陽光電系統之過電流保護規定如下：

一、電路及設備：太陽光電電源電路、太陽光電輸出電路、變流器輸出電路及蓄電池電路之導線與設備，應依第一章第十節規定予以保護。若該電路連接超過一個電源時，應於適當位置裝設過電流保護裝置。

二、太陽光電模組或太陽光電電源電路導線線徑依前條第二款規定選定，且該導線有下列情況之一者，得免裝設過電流保護裝置：

（一）無並聯連接電源電路、蓄電池或變流器反饋等外部電源。

（二）所有電源之短路電流總和未超過導線安培容量，或未超過太陽光電模組銘牌上所示之最大過電流保護裝置容量。

三、電力變壓器：電力變壓器之每側各有一個以上電源時，應裝有符合第一百七十七條及第四百二十二條規定之過電流保護裝置，並應先考慮一側為一次側後，再考慮另一側。但電力變壓器連接至電網併聯型變流器輸出之一側，其額定電流不小於變流器輸出連續電流之額定值者，該變流器側得免設過電流保護。

四、太陽光電電源電路：

（一）太陽光電電源電路得以分路或附屬之過電流保護裝置作為過電流保護。

（二）過電流保護裝置應為可觸及。

（三）附屬過電流保護裝置之設置，依其標準安培額定值應從一安開始至一五安，每次增加一安；超過一五安者，應符合第四十九條及第五十條規定。

五、直流額定：用於太陽光電系統任何直流部分之過電流保護裝置，應為經設計者確認用於直流電路，且有適當之額定電壓、電流及啟斷容量者。

六、串接之模組：太陽光電電源電路得採用單一過電流保護裝置，以保護太陽光電模組及互連導線。

第 396-29 條　1. 獨立型系統之用戶配線系統，應符合獨立型系統接戶設施規定。

2. 建築物或構造物之電源側隔離設備之配線規定如下：

一、變流器輸出：獨立型變流器之交流輸出，供應交流電力至建築物或構造物之隔離設備，其變流器輸出電流等級得低於連接至隔離設備之計算負載。變流器輸出額定值或替代電源額定值應不低於連接至系統之最大單一用電設備負載。經計算所得之一般照明負載不視為單一負載。

二、導線之線徑與保護：介於變流器輸出與建築物或構造物隔離設備間電路之導線，應以變流器之輸出額定決定其線徑。導線應依第一章第十節規定予以保護，並應設於變流器輸出端。

三、單相一一〇伏供電：

（一）獨立型系統之變流器輸出得供電一一〇伏至單相三線一一〇／二二〇伏之受電設備或配電箱，該受電設備或配電箱應無二二〇伏出線口且無多線式分路。其所有裝設中，連接至變流器輸出端過電流保護裝置之額定值，應小於受電設備中性導體（線）匯流排額定值。

（二）前目受電設備應標示下列字樣：

> 警告
> 單相一一〇伏供電不得連接多線式分路！

四、反饋斷路器：

（一）於獨立型系統或併聯型系統，以插入式反饋斷路器連接至獨立型變流器輸出者，應以附加固定件固定，使其不能被拉離固定處。

（二）標示有電源側及負載側之斷路器不得反饋。

第 396-30 條　1. 太陽光電系統之直流電源電路或直流輸出電路，貫穿或於建築物上，其最大系統運轉電壓為八〇伏以上者，得裝設經設計者確認之直流用電弧故障電路斷路器，且屬於太陽光電型式，或經設計者確認為提供同等保護之其他系統組件。

2. 太陽光電電弧故障保護系統規定如下：

一、具有偵測及中斷直流太陽光電電源及輸出電路之導線、連接器、模組或其他系統組件之連續性失效所引發之電弧故障。

二、使下列之一失能或切斷：

(一)當偵測到故障時，連接至該故障電路之變流器或充電控制器。

(二)於電弧電路範圍內之系統組件。

三、作動使設備失能或切斷後，以手動方式再行起動。

四、有警示器提供電路斷路器在運轉之燈光警示。此警示信號不得自動復歸。

第三款　隔離設備

第 396-31 條
1. 太陽光電系統之所有載流直流導體(線)應裝設隔離設備，使能與建築物或其他構造物內之其他導體(線)隔離。

2. 開關、斷路器或其他裝置之操作可能使標示為被接地導體(線)處於非被接地及成為帶電狀態者，不得裝設於被接地導體(線)。但符合下列規定者，不在此限：

一、開關或斷路器為第三百九十六條之二十四規定之接地故障偵測系統之組件，或為第三百九十六條之三十規定之電弧斷路器偵測／切斷之系統組件，且於接地故障發生時，會自動切離。

二、開關僅用於太陽光電組列之維護，其額定適用於任何運轉狀況下呈現之最大直流額定電壓及額定電流，包括接地故障情況，且僅為合格人員可觸及。

第 396-32 條　隔離設備之裝設規定如下：

一、隔離設備非作為接戶設備者，其組成應符合第三百九十六條之三十五規定。

二、太陽光電電源隔離開關、過電流保護裝置及阻隔二極體等設備，得設於隔離設備之太陽光電電源側。

三、建築物或其他構造物之所有導體(線)應裝有隔離設備，與太陽光電系統之導體(線)隔離，並符合下列規定：

(一)位置：應裝設於建築物或構造物外部，或最接近系統導體(線)進屋點內部之可輕易觸及處，且非屬浴室。但符合第三百九十六條之三十七第五款規定者，隔離設備得遠離系統導體(線)進屋點。

(二)標示：每個隔離設備應永久標示，以利辨別其為太陽光電系統

之隔離設備。

(三) 適用性：每個隔離設備應適用於大多數之環境條件。裝設於特殊場所之設備，應符合第五章第一節至第八節規定。

(四) 隔離設備之最大數量：隔離設備裝設於單一封閉體、同一群分開之封閉體或在開關盤之內或之上者，其開關或斷路器之數量不得超過六個。

(五) 組群：隔離設備應與該系統之其他電源系統之隔離設備組群，使系統符合前目規定。

四、併聯型變流器得裝設於屋頂或屋外非輕易觸及處，並依下列規定裝設：

(一) 直流或交流隔離設備應裝設於變流器內部或變流器外視線可及處。

(二) 從變流器及其附加之交流隔離設備，引出之交流輸出導線，應符合前款第一目規定。

(三) 每一受電設備位置及所有電力電源系統可被互連之所在位置，應設永久固定之銘牌，標示屋內或屋頂上之所有電力電源；具有多個電力電源之裝置得以組群標示。

第 396-33 條　1. 變流器、蓄電池、充電控制器及其他類似設備應裝有隔離設備，使能與所有電源之全部非被接地導體（線）隔離。

2. 設備由二個以上之電源供電者，隔離設備應組群並標示。

3. 符合第三百九十六條之三十五規定之單一隔離設備，得用於二個以上變流器或併聯型系統交流模組之集合交流輸出。

第 396-34 條　太陽光電系統之熔線規定如下：

一、隔離設備：若熔線二側均有電源者，應裝有隔離設備，使能與所有電源隔離。熔線應能獨立斷開，不受其他位於太陽光電電源電路之熔線影響。

二、熔線維護：若以熔線作為過電流保護裝置係屬必須維護，不能與帶電電路隔離者，隔離設備應裝在太陽光電輸出電路上，且應位於熔線或整組熔線座位置視線可及且可觸及處，並符合第三百九十六條之三十五規定。若隔離設備距過電流保護裝置超過一‧八公尺或六英尺，於過電流保護裝置位置應設標識，標示每一隔離設備之位置。隔離設備非為負載啟斷額定者，應標示「有負載下不得開啟」。

第 396-35 條　1. 非被接地導體(線)之隔離設備應由符合下列規定之手動操作開關或斷路器組成：

一、設於可輕易觸及處。

二、可外部操作，且人員不會碰觸到帶電組件。

三、明確標示開或關之位置。

四、對設備線路端之標稱電路電壓及電流，具有足夠之啟斷額定。

2. 符合第三百九十六條之三十九規定，且經設計者確認適合此用途之連接器者，得作為交流或直流之隔離設備使用。

3. 隔離設備之所有端子在開啟位置可能帶電者，於隔離設備上或鄰近處應明顯標示下列字樣：

> 警告
>
> 小心！觸電危險！
>
> 切勿碰觸端子！
>
> 開啟狀態下線路側及負載側可能帶電。

第 396-36 條　為進行組列之裝設及維修，應採開路、短路或不透光外罩法，使組列及部分組列失效。

第四款　配線方法

第 396-37 條　配線方法依下列規定：

一、配線系統：本規則規定管槽及電纜之配線方法，及其他專用於太陽光電組列之配線系統及配件，經設計者確認者，得使用於太陽光電組列之配線。有整合封閉體之配線裝置，其電纜應有足夠之長度以利更換。裝設於可輕易觸及處之太陽光電電源及輸出電路，其運轉之最大系統電壓大於三〇伏者，電路導體(線)應裝設於管槽中。

二、單芯電纜：太陽光電電源電路中，太陽光電組列內用於連接太陽光電模組間之單芯電纜，其最大運轉溫度為攝氏九〇度且耐熱、耐濕，並經設計者確認及標示適用於太陽光電配線者，得暴露於建築物外。但有前款規定之情形時，仍應使用管槽。

三、可撓軟線及電纜：

(一) 連接至追日型太陽光電模組可動部分之可撓軟線及電纜，應符合國家標準規定，且經設計者確認屬於防水、耐日照、耐用型之軟線或可攜式電力電纜。

(二) 安培容量應依第九十四條規定。但周溫超過攝氏三〇度或華氏八六度者，安培容量應依表三九六之三十七所示修正係數調整。

四、小線徑導線電纜：經設計者確認為供建築物外使用之耐日照及耐濕之單芯電纜，其線徑為一‧二五平方公厘或一六 AWG 與〇‧九平方公厘或一八 AWG，安培容量符合第三百九十六條之二十七規定者，得作為模組互連使用。該電纜安培容量調整及修正係數，應依第十六條規定。

五、建築物內之直流太陽光電電源及輸出電路：建築一體型或其他太陽光電系統之直流太陽光電電源電路或輸出電路，配線佈設於建築物或構造物內者，該電路自建築物或構造物表面之貫穿點至第一個隔離設備間，應裝設於金屬管槽、金屬封閉體內，或採用可供接地用之鎧裝電纜，並符合下列規定：

(一) 屋頂下方：除太陽光電模組及關聯設備覆蓋之屋頂表面正下方外，在屋頂鋪板或包板二五〇公厘或一〇英寸範圍內，不得配線。於屋頂下方配線時，電路應垂直貫穿屋頂，其下管線敷設應與屋頂鋪板底面平行，並維持至少二五〇公厘或一〇英寸之間隔。

(二) 可撓配線方法：太陽光電電源及輸出電路導線穿於直徑小於二一公厘或標稱管徑四分之三英寸之可撓金屬導線管 (FMC)，或採用直徑小於二五公厘或一英寸之鎧裝電纜，於跨越天花板或樓板托梁時，管槽或電纜應有與該管槽或電纜高度以上之實體護條保護。若管槽或電纜暴露佈設，其配線方法應緊沿建築物表面，或以避免外力損壞之適當方法為之。但與設備連接處相距不超過一‧八公尺或六英尺者，不在此限。

(三) 標示：下列包括太陽光電電源導線之配線方法及封閉體應永久標示「太陽光電電源」字樣：
①　暴露之管槽、電纜架及其他配線方法。
②　拉線盒及接線盒之外殼或封閉體。
③　預留之導線管開口處管體。

(四) 標示方法及位置：太陽光電電源電路之配線系統每一區段均應於視線可及處標示。該區段係指被封閉體、牆、隔板、天花板或樓板隔開者。標識之間隔不得超過三公尺或一〇英尺。

（五）隔離設備：裝設應符合第三百九十六條之三十二第一款、第二
　　　款及第四款規定。

六、可撓細絞電纜：可撓細絞電纜僅能使用端子、接線片、電氣連接裝
　　置或連接器作終端連接，並應確保其連接良好，對導體（線）不致造
　　成損害，且須以包括固定螺栓型壓接接頭、熔銲接頭或以可撓線頭
　　接合。使用導體（線）接合螺栓、柱螺栓或附有朝上接頭及同等配備
　　螺帽連接時，限用於五‧五平方公厘或一〇 AWG 以下之導線。用
　　於超過一條導線之接頭，應予標示。

表三九六之三十七　修正係數

周溫 （℃）	導體（線）之溫度額定				周溫 （℉）
	60℃ (140 ℉)	75℃ (167 ℉)	90℃ (194 ℉)	105℃ (221 ℉)	
30	1.00	1.00	1.00	1.00	86
31 - 35	0.91	0.94	0.96	0.97	87 - 95
36 - 40	0.82	0.88	0.91	0.93	96 - 104
41 - 45	0.71	0.82	0.87	0.89	105 - 113
46 - 50	0.58	0.75	0.82	0.86	114 - 122
51 - 55	0.41	0.67	0.76	0.82	123 - 131
56 - 60	-	0.58	0.71	0.77	132 - 140
61 - 70	-	0.33	0.58	0.68	141 - 158
71 - 80	-	-	0.41	0.58	159 - 176

第 396-38 條　1. 經設計者確認適用於現場組裝時被隱藏之配件及連接器，得用於現場
　　　　　　　　模組或其他組列之組件連接。

　　　　　　　2. 前項配件及連接器在絕緣、溫升及耐故障電流能力應與現場之配線相
　　　　　　　　同等級，且能承受工作環境所造成之影響。

第 396-39 條　連接器規定如下：

一、構造：應有正、負極性，且與用戶之電氣系統插座具不可互換性之
　　構造。

二、防護：建構及裝設，應能防止人員誤觸帶電組件。

三、型式：應為閂式或鎖式。用於標稱最大系統電壓超過三〇伏之直流
　　電路，或三〇伏以上之交流電路，且可輕易觸及者，應使用需工具
　　解開之型式。

四、接地構件與搭配之連接器，在連接及解開時，應先接後斷。

五、電路啟斷應符合下列規定之一：

（一）具備足夠啟斷能力而不會危害操作人員。

（二）需使用工具才能解開，並標示「有負載下不可切離」或「不具備電流啟斷能力」。

第 396-40 條　裝設於模組或模板後方之接線盒、拉線盒及出線盒，其裝設應能直接接近內部之配線，或利用拆移可拆式之固定扣件及可撓性配線連接之模組或模板，以利接取內部配線。

第 396-41 條　1. 非接地型太陽光電電源及輸出電路符合下列規定者，得併入太陽光電系統運轉：

一、隔離設備：所有導線均具有本節第三款規定之隔離設備。

二、過電流保護：所有導線均依第三百九十六條之二十八規定，設有過電流保護。

三、接地故障保護：具有接地故障保護裝置，或符合下列規定之系統：

（一）接地故障偵測。

（二）接地故障顯示。

（三）自動隔離所有導線，或使連接至故障電路之變流器或充電控制器自動停止供電至輸出電路。

四、太陽光電電源導線係以非金屬外皮之多芯電纜或導線裝設於管槽內，或經設計者確認適用於太陽光電配線之暴露單芯導線組成。

五、非接地型蓄電池系統符合第三百九十六條之六十第七款規定。

六、經設計者確認適用於非接地型之變流器或充電控制器。

2. 前項太陽光電電源之帶電及非被接地電路可能暴露者，每個接線盒、連接盒、隔離設備及裝置應標示下列字樣：

> 警告
> 小心！觸電危險！
> 本太陽光電系統之直流電路導線未被接地，可能帶電

第五款　接地

第 396-42 條　太陽光電系統電壓超過五〇伏二線式系統之其中一條導線，及雙極系統之中間抽頭導線，應直接被接地，或採其他方法使達到等效之系統保護，且採用經設計者確認適用於該用途之設備。但符合前條規定之系統者，不在此限。

第 396-43 條　1. 直流電路之接地連接，應設置在太陽光電輸出電路之任一單點上。該接地連接點，應儘量靠近太陽光電電源，使系統於雷擊產生突波電壓時，能受到更好之保護。

2. 具有第三百九十六條之二十四所述接地故障保護裝置之系統，得由接地故障保護裝置內建必要之被接地導線對地搭接，該裝置之外部不得再接地。

第 396-44 條　設備接地導體 (線) 及裝置規定如下：

一、設備接地：太陽光電模組框架、電氣設備及導體 (線) 線槽暴露之非載流金屬組件，不論電壓高低，均應符合第二十八條規定。

二、設備接地導線：太陽光電組列及其他設備間之設備接地導體 (線) 應符合第二十八條規定。

三、構造物作為設備接地導體 (線)：經設計者確認用於太陽光電模組或其他設備等金屬框架接地用之裝置，得作為搭接暴露之金屬表面或其他設備至支撐構造物之用。非為建築物鋼材之金屬支撐構造物，用於接地時，應為經設計者確認之設備接地導體 (線)，或為經設計者確認之連接各區段金屬間之搭接跳接線或裝置，並應搭接至接地系統。

四、太陽光電裝配用系統及裝置：用於模組框架接地者，應經設計者確認為可供太陽光電模組接地。

五、鄰近模組：經設計者確認用於搭接太陽光電模組金屬框架之裝置，得用於搭接太陽光電模組之暴露金屬框架至鄰近太陽光電模組之金屬框架。

六、集中佈放：太陽光電組列及構造物之設備接地導體 (線)，應與太陽光電組列導體 (線) 裝設於同一管槽或電纜內。

第 396-45 條　太陽光電電源及太陽光電輸出電路之設備接地導線大小依下列規定之一辦理：

一、一般規定：線徑應符合第二十六條規定，且須為二‧〇平方公厘或一四 AWG 以上。

二、無接地故障保護：每條設備接地導線之安培容量，至少應為該電路導體 (線) 考慮溫度及導管內導線數修正後安培容量之二倍。

第 396-46 條　太陽光電模組之設備接地導線線徑小於一四平方公厘或六 AWG 者，應以管槽或電纜之鎧裝保護，以免受外力損壞。但位於牆壁或隔板之空心部分，不致受外力損壞，或已受保護免受外力損壞者，不在此限。

第 396-47 條　接地電極系統規定如下：

一、交流系統：應符合第二十九條規定，導線之裝設應符合第二十七條規定。

二、直流系統：

（一）應符合第二十六條規定，導線之裝設應符合第二十七條規定。於非接地系統應有接地電極導體（線）連接至接地電極供金屬箱體、管槽、電纜及暴露設備之非載流金屬組件接地用。

（二）共同接地電極導體（線）得供多個變流器使用。共同接地電極及其引接導體（線）之大小應符合第二十六條規定。引接導體（線）應以熱銲或經設計者確認用於接地及搭接設備之連接器，連接至共同接地電極導體（線）。

三、兼具有交流及直流之系統：直流及交流被接地導線間未直接連接而設置之直流接地系統應以下列方法之一搭接至交流接地系統：

（一）個別直流接地電極系統搭接至交流接地電極系統：交流與直流系統間搭接跳接線之線徑，以既設交流接地電極導體（線）及依第二十六條規定選定之直流接地電極導體（線）二者中較大之大小為準。直流接地電極系統導體（線），或搭接至交流接地電極系統之搭接跳接線，不得替代任何交流設備接地導體（線）。

（二）共同直流及交流接地電極：符合第二十六條規定大小之直流接地電極導體（線），從標示為直流接地電極之連接點佈放至交流接地電極。若交流接地電極為不易觸及，直流接地電極導體（線）係與交流接地電極導體（線）連接，並以經設計者確認用於設備接地及搭接之不可回復式壓接接頭或熱熔接方式作接續。此直流接地電極導體（線）不得替代任何交流設備接地導體（線）。

（三）結合直流接地電極導線及交流設備接地導線：無接續或不可逆接續之結合接地導線，從標示直流接地電極導線之連接點，沿交流電路導線，佈放至關聯交流設備之接地匯流排。此結合接地導線線徑依第二十六條規定線徑中之較大者，且依第二十七條規定施工。

（四）採用前二目之方法時，既設交流接地電極系統應符合第一章第八節規定。

四、前款不適用於交流太陽光電模組。

第 396-48 條   1. 移除設備將造成接地電極導線與太陽光電電源或輸出電路設備之暴露導線表面間之搭接不連續,移除時,應裝設搭接跳接線。

             2. 移除併聯型變流器或其他設備將造成接地電極導線與太陽光電電源或輸出電路之被接地導線間之搭接不連續,移除時,應裝設搭接跳接線。

             3. 前二項使用設備搭接跳接線時,應符合第三百九十六條之四十六規定。

第六款　標示

第 396-49 條   模組應標示端子或引線之極性、保護模組之最大過電流保護裝置額定及下列額定:

         一、開路電壓。

         二、運轉電壓。

         三、最大容許系統電壓。

         四、運轉電流。

         五、短路電流。

         六、最大功率。

第 396-50 條   交流太陽光電模組應標示端子或引線及下列額定:

         一、標稱運轉交流電壓。

         二、標稱運轉交流頻率。

         三、最大交流功率。

         四、最大交流電流。

         五、保護交流模組之最大過電流保護裝置額定。

第 396-51 條   於太陽光電隔離設備處應永久標示下列直流太陽光電電源項目:

         一、額定最大功率點電流。

         二、額定最大功率點電壓。

         三、最大系統電壓。

         四、短路電流。

         五、若有裝設充電控制器,其額定最大輸出電流。

第 396-52 條   所有併聯型系統與其他電源之併聯連接點應於隔離設備之可觸及處,標示電源及其額定交流輸出電流與標稱運轉交流電壓。

第 396-53 條   具儲能裝置之太陽光電系統,應標示最大運轉電壓,包括任一均衡化電壓及被接地電路導線之極性。

第 396-54 條　電源識別規定如下：

　　　　　　　一、建築物或構造物僅有獨立型太陽光電系統，且未連接至電業電源者，
　　　　　　　　　應於建築物或構造物外部視線可及明顯處永久標示系統隔離設備之
　　　　　　　　　位置及此建築物或構造物具有獨立型電源系統。

　　　　　　　二、建築物或構造物具有電業電源及太陽光電系統者，應永久標示電源
　　　　　　　　　隔離設備之位置；若電業電源與太陽光電系統之隔離設備非位於相
　　　　　　　　　同位置，應同時標示二者之位置。

第七款　連接其他電源

第 396-55 條　含多個電源之負載隔離設備，當其位於切斷 (OFF) 位置時，應隔離所有
　　　　　　　電源。

第 396-56 條　經設計者確認用於併聯之變流器及交流模組，始得使用於併聯型系統。

第 396-57 條　1. 與發配電網路連接之太陽光電系統，當發配電網路喪失電壓時，太陽
　　　　　　　　 光電系統之變流器或交流模組應自動停止電力輸出至所連接之發配電
　　　　　　　　 網路，至該發配電網路之電壓恢復為止。

　　　　　　　2　併聯型系統得當作獨立型系統，供電給前項發配電網路切開之負載。

第 396-58 條　不平衡互連規定如下：

　　　　　　　一、單相：混合型系統及併聯混合型系統交流模組之單相變流器，不得
　　　　　　　　　連接至三相電力系統。但被併聯系統不因此產生嚴重之不平衡電壓
　　　　　　　　　者，不在此限。

　　　　　　　二、三相：併聯型系統之三相變流器與三相交流模組之一相以上電壓喪
　　　　　　　　　失或失去平衡時，該併聯型系統之每相均應自動斷電。但被併聯系
　　　　　　　　　統不因此產生嚴重之不平衡電壓者，不在此限。

第 396-59 條　1. 併聯型變流器之輸出端應依下列方式之一連接：

　　　　　　　一、供電側：電力輸出電源得連接至接戶隔離設備之供電側。

　　　　　　　二、超過一○○瓩，且符合下列全部情況者，輸出端得於用戶區域內
　　　　　　　　　在一點以上連接：

　　　　　　　　　(一)非電業電源聚合容量超過一○○瓩，或供電電壓超過一
　　　　　　　　　　　○○○伏。

　　　　　　　　　(二)確由合格人員從事系統之維護及監管。

　　　　　　　三、併聯型變流器：併聯型變流器之輸出端得連接至用戶任何配電設
　　　　　　　　　備之其他電源供電隔離設備之負載側，且符合下列規定：

(一)專用之過電流保護及隔離設備：各電源之併聯連接，應採用專用斷路器或具熔線之隔離設備。

(二)匯流排或導線之額定：供電電路之匯流排或導線，其過電流保護裝置額定安培容量之總和，不得超過該匯流排或導線額定之一・二倍。

(三)接地故障保護：併聯連接點應在所有接地故障保護設備之線路側。若所有接地故障電流源流經之設備，其具接地故障保護者，連接點得設在接地故障保護之負載側。連接至負載端子之接地故障保護裝置，應經設計者確認適用於逆送電者。

(四)標示：內含過電流保護裝置之設備，供電至由多重電源供電之匯流排或導線者，該設備應標示所有電源。

(五)適用於逆送電流：電路若有逆送電流者，斷路器應能適用於此情況之運轉。

(六)固定件：經設計者確認為併聯型變流器逆送電流之併聯用插入式斷路器，得省略裝設附加固定件。

(七)變流器輸出之連接：

① 除配電箱安培額定不低於供電至該配電箱之所有過電流保護裝置安培額定之總和外，配電箱內之連接點應設置於輸入饋線位置或主電路位置之反向端，即負載端。

② 匯流排或導線之安培額定應依第二章第三節規定之負載適用。

③ 有串接配電箱之系統，直接連接至併聯型變流器輸出端之第一只過電流保護裝置額定，應納入全部匯流排及導線額定計算之。

(八)配電設備應永久標示下列字樣：

```
警告
變流器輸出連接過電流保護裝置不得移位
```

2. 前項第三款所稱配電設備包括開關盤及配電箱，係由主電源及一台以上併聯型變流器同時供電，且該配電設備具有供應多分路或饋線之能力。

第八款　儲能蓄電池組

第 396-60 條　（刪除）

第 396-61 條　太陽光電電源電路具備下列規定條件者，應視為符合第三百九十六條之
七十三規定：

一、太陽光電電源電路須與互連電池模組之電壓額定及充電電流要求匹
配。

二、最大充電電流乘以一小時所得之值，小於以安培－小時為單位之額
定電池模組容量之百分之三，或廠家建議值。

第 396-62 條　（刪除）

第 396-63 條　連接至太陽光電發電系統之儲能系統，應符合第七節規定。

第七節　儲能系統

第一款　一般規定

第 396-64 條　1. 交流電壓超過五〇伏或直流電壓超過六〇伏，可作為獨立運轉，或與
其他電力電源互連之固定式儲能系統裝設，依本節規定辦理。

2. 儲能系統連接一個以上電源之設備及導線，應裝設足以保護所有連接
電源之過電流保護裝置；有同步發電機併聯運轉時，應具備可維持同
步之必要設備。

第 396-65 條　本節用詞定義規定如下：

一、電池芯：指具有正極及負極，用來儲存及充放電能之電化學電池基
本單元。

二、電池模組：指以串聯、並聯或兩者混合方式連接二個以上電池芯之
電池集合，可提供所需之運轉電壓及電流。本規則電動車輛充電系
統所稱之蓄電池亦屬之。

三、分散充電控制器 (Diversion Charge Controller)：指儲能裝置充電過程
中，將電力從對儲能裝置充電轉換至其他直流負載、交流負載或電
力網之調節設備。

四、儲能系統：指由一個以上組件組成能夠儲存、轉換及輸出入電能之
系統，包含變流器、轉換器、控制器及儲能組件等。其中儲能組件
不限於電池模組、電容器及飛輪與壓縮空氣等動能裝置。分類如下：

（一）整套型儲能系統：指儲能系統包含電池芯或電池模組，以及必
要之控制、通風、照明、滅火或警報系統等組件，組裝成單一
儲能貨櫃或儲能單元。

　　　　　　(二) 套件型儲能系統：指使用單一廠商提供完整系統之個別組件，其經預先設計製造，並於現場組裝完成之儲能系統。

　　　　　　(三) 其他型儲能系統：指非整套型及非套件型之儲能系統，而由個別組件組成之系統。

五、電池間連接導體：指用於連接相鄰電池芯之導電棒或導線。

六、層間連接導體：指用於連接位於同一機架不同層二個電池模組之電氣導線。

七、變流器輸入電路：指介於變流器與電池模組間之導線。

八、變流器輸出電路：指介於變流器與另一個電力電源間之導線。

九、變流器輸出至用電設備電路：指在併聯型或獨立型變流器與用電設備間之導線。

十、端子：指電池芯或電池模組外殼供外部連接之端點。

第 396-66 條　儲能系統用之監測器、控制器、開關、熔線、斷路器、電源轉換系統、變流器、變壓器及儲能元件等設備，應經設計者確認適用於該系統。

第 396-67 條　儲能系統隔離設備之裝設依下列規定辦理：

一、自儲能系統引接之所有非被接地導線，應有可輕易觸及之隔離設備，且裝設於儲能系統視線可及之位置。

二、啟動儲能系統隔離設備之控制器若不在該系統之視線可及範圍內者，隔離設備應能閉鎖於啟斷位置，且在現場標註控制器所在位置。

三、裝設直流匯流排槽系統者，其隔離設備得安裝於該匯流排槽內。

四、隔離設備現場應有耐久而明顯之標示，其內容包括下列事項：

　　(一) 儲能系統之標稱電壓。

　　(二) 儲能系統之最大可能短路電流。

　　(三) 儲能系統發生短路電流時，其電弧持續時間或過電流保護裝置之故障清除時間。

五、儲能系統之輸入及輸出端距離所連接之設備超過一·五公尺，或該端點引接之電路穿過牆壁或隔板者，依下列規定辦理：

　　(一) 電路於儲能系統端應有隔離設備，該隔離設備得為熔線或斷路器。

　　(二) 若前目規定之隔離設備不在所連接設備之視線可及範圍內者，應於所連接設備端再裝設隔離設備。

　　(三) 使用熔線型之隔離設備者，隔離設備之電源側應連接至儲能系統。

（四）若儲能系統位於存在爆炸性氣體環境，其封閉箱體經設計者確認適用於該危險場所者，隔離設備得裝設於該箱體內。

（五）儲能系統之隔離設備不在所連接設備之視線可及範圍內者，應在所有隔離設備處裝設名牌或標識，標示其他隔離設備之位置。

第 396-68 條　儲能系統連接其他電力電源依下列規定辦理：

一、二個以上電力電源供電之負載隔離設備在啟斷位置時，應能啟斷所有電源。

二、併聯型變流器及交流模組應經設計者確認，始得適用於互連系統。

三、輸配電業電源中斷時，儲能系統之併聯型變流器應自動隔離與輸配電業電源連接之所有非被接地導線，並應於輸配電業電源恢復供電時，始得重新閉合。

四、儲能系統與電力電源間之不平衡連接，應符合第三百九十六條之五十八規定。

五、儲能系統與電力電源之連接點，應符合第三百九十六條之五十九規定。

六、與輸配電業責任分界點之系統保護協調符合輸配電業所訂有關併聯技術要點規定者，得逆送電力至電力網。

第 396-69 條　儲能系統裝設之場所依下列規定辦理：

一、儲能系統應有通風設備，以防止儲能裝置所生爆炸性混合物之累積。套件型或整套型之儲能系統通風措施得依製造廠家建議辦理。

二、帶電組件應予防護，並依第一章第五節之相關規定辦理。

三、儲能系統之工作空間：

（一）最小工作空間應符合表三九六～六九規定。工作空間應從儲能系統模組、電池模組外殼、機架或托盤之邊緣開始測量。

（二）機架上電池模組外殼與不需維護側之牆壁或結構間，應間隔二十五公厘以上。

（三）套件型及整套型之儲能系統內組件之工作空間，得依製造廠家之建議辦理。

四、儲能系統機房出入之維修門，應朝出口方向對外開啟，並配備經設計者確認適用之門把。

五、儲能系統及其設備與組件之工作空間應有照明設備。照明燈具不得
　　僅倚賴自動裝置控制。若有相鄰光源照射之工作空間,得免加裝照
　　明燈具。照明燈具之位置不得有下列情況之一:

(一) 維修照明燈具時,維護人員會暴露於帶電之系統組件。

(二) 當照明燈具故障時,對系統或系統組件造成危害。

表三九六～六九　電氣設備最小工作空間

標稱對地電壓	最小工作空間 (公尺)		
(伏)	環境 1	環境 2	環境 3
0 ～ 150	0.9	0.9	0.9
151 ～ 600	0.9	1.0	1.2
601 ～ 1000	0.9	1.2	1.5

註:環境 1:暴露之帶電組件位於工作空間之一邊,且另一邊無帶電或無接地組件;
　　　　或暴露之帶電組件位於工作空間之兩邊,但由絕緣材質有效地防護。

　　環境 2:暴露之帶電組件位於工作空間之一邊,且另一邊為接地組件。混凝土、
　　　　磚或磁磚牆壁應視為接地。

　　環境 3:暴露之帶電組件位於工作空間之兩邊。

第 396-70 條　儲能系統之標示依下列規定辦理,並應為耐久而明顯者:

一、在每個供電設備位置、所有能夠互連之電力電源位置,及建築物或
　　構造物外面,應裝有能指出建築物或構造物上面或內部所有電源之
　　耐久性名牌。

二、建築物或構造物之儲能系統未連接至公用電源,並為獨立系統者,
　　在建築物或構造物外面應裝有耐久性且視線可及之名牌。名牌應標
　　示獨立電源系統及其隔離設備之位置。

第二款　電源電路

第 396-71 條　儲能系統電源電路之裝設依下列規定辦理:

一、特定電路之最大電流:

(一) 儲能系統之名牌應標示其額定電流。套件型或整套型之匹配組
　　　件,若於現場組裝成系統者,應標示組裝成系統後之額定電
　　　流。

(二) 變流器輸出電路最大電流應為變流器連續輸出電流之額定值。

(三) 當變流器在最低輸入電壓下產生額定功率時,變流器輸入電路
　　　最大電流應為變流器連續輸入電流之額定值。

（四）當變流器在最低輸入電壓下產生額定功率時，變流器輸出至用電設備電路最大電流應為變流器連續輸出電流之額定值。

（五）直流至直流轉換器輸出最大電流應為該轉換器連續輸出電流之額定值。

二、儲能系統供電至負載之配線系統，其幹線導線安培容量不得小於前款規定之額定電路電流，或儲能系統過電流保護裝置額定值之較大者。

三、單相二線式儲能系統輸出至被接地導線或中性線，及三線式系統或三相四線式 Y 接系統之單獨非被接地導線，其最大不平衡中性線負載電流加上儲能系統輸出額定值，不得超過被接地導線或中性線之安培容量。

第 396-72 條　儲能系統電路導線過電流保護應依第一章第十節規定辦理。儲能系統電路之保護裝置依下列規定辦理：

一、過電流保護裝置之額定應依第一章第十節規定及儲能系統之額定決定，且不得低於依前條第一款計算所得最大電流之一‧二五倍。

二、用於儲能系統直流部分之過電流保護裝置，應為經設計者確認用於直流電路，且有適用於直流之額定電壓、電流及啟斷容量者。

三、儲能系統直流輸出電源端應裝設經設計者確認適用之限流型過電流保護裝置。但儲能系統經設計者確認已有直流輸出之限流型過電流保護裝置者，得免裝之。

四、熔線二側均有電源者，其二側應裝有隔離設備，使能與所有電源隔離。

五、儲能系統之輸入及輸出端點距離所連接之設備超過一‧五公尺，或該端點引接之電路穿過牆壁或隔板，該儲能系統應有過電流保護裝置。

第 396-73 條　1. 儲能系統應有控制器調控其充電過程。用於控制充電過程之可調節裝置，僅限合格人員使用。

2. 分散充電控制器之裝設依下列規定辦理：

一、儲能系統採用分散充電控制器作為調節充電之單一裝置，應配備第二個獨立裝置，防止儲存裝置過度充電。

二、分散充電控制器及轉換負載之電路：

(一)轉換負載之額定電流不得超過分散充電控制器之額定電流；其額定電壓應超過儲能系統之最大電壓；其額定功率應為充電電源額定功率之一‧五倍以上。

(二)電路之導線安培容量及過電流保護裝置之額定，應為分散充電控制器最大額定電流之一‧五倍以上。

三、使用與電力網併聯型變流器之儲能系統，將多餘功率轉移至電力網，控制能量儲存充電狀態，依下列規定：

(一)此系統不受前款規定限制。

(二)此系統應有備援機制來控制儲能系統充電過程，以因應電力網中斷，或原充電控制器故障或失能時運用。

3. 裝用之充電控制器及其他直流至直流轉換器，其輸出電壓及電流隨輸入而變動者，應符合下列所有條件：

一、輸出電路之導線安培容量以在所選擇輸出電壓範圍下，充電控制器或轉換器最大額定連續輸出電流值為基準。

二、輸出電路之額定電壓以在所選擇輸出電壓範圍下，充電控制器或轉換器之最大電壓輸出值為基準。

第三款　電化學儲能系統

第 396-74 條　儲能系統之電池模組裝設依下列規定辦理：

一、住宅內儲能系統之直流線間電壓或對地電壓，不得超過一〇〇伏。但儲能系統例行維護時無接觸帶電組件者，不在此限。

二、電池模組串聯電路線間電壓或對地電壓超過二四〇伏者，於合格人員進行現場維護時，應將串聯電路分割成不超過二四〇伏之區段。其分割得使用螺栓式或插入式無載啟斷隔離設備，或製造廠家建議之隔離方式。

三、儲能系統直流線間電壓或對地電壓超過一〇〇伏應有隔離設備，且僅限合格人員可觸及，於維護時隔離電力儲能系統中非被接地導線及接地導線。該隔離設備不得啟斷電力系統其他剩餘被接地導線。其隔離設備得使用額定無載啟斷開關。

四、儲能系統直流線間電壓或對地電壓超過一〇〇伏，該直流電路非被接地導線應裝設接地故障檢測及指示器。

第 396-75 條　儲能系統之電池模組及電池芯之裝設依下列規定辦理：

一、電池模組之連接接頭應使用製造廠家建議之抗氧化材料。

二、現場組裝之電池間連接導體及層間連接導體之安培容量，在最大負載及最高周溫下，應使導體溫升不超過導線絕緣體或導線支持物材料之安全運轉溫度。

三、在不同層或機架上電池模組間，電池模組與電纜之電氣連接，不得對電池模組端子造成機械應力。若實務上可行，得使用端子板。

第 396-76 條　1. 電池模組相互連接之導線依下列規定辦理：

一、機架內之連接方法須經設計者確認者，機架內電池模組端子至鄰近接線盒間得使用六〇平方公厘以上可撓電纜。

二、機架內電池芯間及電池模組間之連接經設計者確認得使用可撓電纜。

三、前二款可撓電纜應經設計者確認為防潮者。

四、可撓細絞電纜僅連接至端子、接線片、配線器材或連接接頭，並應符合第一章第五節之相關規定。

2. 電池模組之端子應為輕易可觸及，以利檢視及清潔。電池模組透明外殼之一側應為輕易可觸及，以利檢查內部組件。

第 396-77 條　儲能系統之電池模組裝設位置依下列規定辦理：

一、帶電組件應予防護，並依第一章第五節之相關規定辦理。

二、上出線式電池模組若裝設在分層機架上者，在儲能系統組件之最高點與該點上方之機架或天花板間，應有經設計者確認或儲能設備製造廠家建議之工作空間。

三、瓦斯管線不得經過電池模組儲存室。

第七章　高壓受電設備、高壓配線及高壓電機器具

第一節　通則

第 397 條　本章適用於超過六百伏至二萬五千伏以下高壓之各項裝置，至於特高壓設備，其設計或施工等有關規定，在本編未特別規定部分，應依照輸配電設備裝置規則。

第 398 條　本章名詞定義如下：

一、高壓受電設備：係指高壓配電盤、變壓器、開關設備、保護設備及計器儀表等高壓受電裝置。

二、變電室：在室內設施高壓受電裝置之處所，如設施高低壓配電設備之處所，緊臨高壓受電裝置，且未以建築物或其他方法隔離，則變電室應包括施設該受配電設備之全部處所。

第 399 條　接地應符合下列規定：

一、高壓電機器具之支持金屬架非帶電部分之金屬外箱等應按本規則第一章第八節之規定接地。

二、高壓電路所裝設之避雷器應按本規則第七章第七節之規定接地。

三、高壓變比器 (PT 及 CT) 之二次側應按「第三種地線工程」接地。

第 400 條　變電室應符合下列規定：

一、變電室以選用獨立建築而與廠房或其他建築物隔離為原則。但利用廠房之一偶為變電室者，其天花板、地板及隔離用牆壁等應具有防火保護設備。

二、如油斷路器及變壓器中之絕緣油係屬燃燒性者，在廠房內或其他建築物內設變電室時，電業得建議依照下列規定辦理。

(一) 牆壁、屋頂及地板宜為鋼筋混凝土或其他防火材料所造成。

(二) 通至廠內或建築物內之門路 (Doorways) 宜備有能防火之封閉門。

(三) 門檻之高度足以限制室內最大一台變壓器之絕緣油 (假定自該變壓器油流於地上) 向門外溢出，其高度以不低於一〇〇公厘為原則。

(四) 通路門僅限電氣工作人員之進出。

三、變電室應有防止水侵入或滲透之適當設施。

四、變電室應有防止鳥獸等異物侵入之措施。

五、變電室內機器之配置應考慮平時運轉維護及設備不良時替換之適當空間等條件。

六、第二款之規定建議設置變電室應依照下列規定設備通風口。

(一) 通風口之位置應儘可能遠離門窗及可燃物。

(二) 為達到自然通風所設通風口之排列，其一半 (指所需開口之面積) 應設於近地板之處，另一半則設於屋頂上或近於屋頂上之壁上；或所有之通風口 (指全部開口之面積) 均設在近屋頂之處。

（三）變壓器之容量在五〇千伏安以下者，通風口之總面積（應扣除窗口上網蓋等所佔之面積後）應不低於九二九平方公分（或一平方呎）；變壓器之容量足過五〇千伏安者每超過一千伏安應按二〇平方公分（或三平方吋）計算為原則。

（四）通風口應有耐用窗格（Grating）或網罩（Screens）保護。

（五）變電室如不能直接向屋外設置通風口時，應設能耐火之通風道通至屋外。

（六）凡與電氣或防火無關之管道不得經過或進入變電室。

七、變電室應設有明顯之危險標誌。

第 401 條　下列各款主要設備應經本條所指定之單位，依有關標準試驗合格，並附有試驗報告者始得裝用。

一、避雷器、電力及配電變壓器、比壓器、比流器、熔絲、氣體絕緣開關設備（GIS）、斷路器及高壓配電盤應由中央政府相關主管機關或其認可之檢驗機構或經認可之原製造廠家試驗。但高壓配電盤如係由甲級電器承裝業於用電現場承裝者，得由原監造電機技師事務所試驗。

二、氣體絕緣開關設備試驗有困難者，得以整套及單體型式試驗報告送經中央政府相關主管機關或其認可之檢驗機構審查合格取得證明後使用。該設備中之比壓器、比流器及避雷器規格有變動時，得以該單體之型式試驗報告送審查合格取得證明後組合使用。

三、高壓用電設備在送電前，應由下列單位之一作竣工試驗。

（一）中央政府相關主管機關或其認可之檢驗機構。

（二）登記合格之電氣技術顧問團體、原監造電機技師事務所或原施工電器承裝業。

第 402 條　二裸導體間及裸導體與鄰近大地間之間隔應符合下列規定：

一、屋內外裸帶電導體間及該裸帶電導體與鄰近大地間之間隔應不得小於表四〇二所列之數值。

二、前項數值僅適用於屋內外線路之設計及裝置，電氣設備內部配置或設備之外部端子間隔，可酌量縮小。

表四〇二　導體之間隔（公厘）

標稱電壓 (KV)	區別	屋外		屋內	
		導體相互間	導體與大地間	導體相互間	導體與大地間
3.3	標準	500	250	250	120
	最小	300	150	150	70
6.6	標準	500	250	250	120
	最小	300	150	150	70
11	標準	600	300	300	160
	最小	400	200	200	110
22	標準	700	400	400	250
	最小	500	300	300	215
33	標準	900	500	500	350
	最小	600	400	400	300
66	標準	1,700	1,100	1,100	700
	最小	1,300	800	800	650
161	標準	3,000	1,900		
	最小	2,100	1,500		

第 403 條　變電室工作空間及掩護應符合下列規定：

一、電氣設備如配電盤、控制盤、開關、斷路器、電路器、電動機操作器、電驛及其他類似設備之前面應保持之最小工作空間除本規則另有規定者外，不得小於表四〇三～一之數值。如設備為露出者，工作空間距離應自帶電部分算起，如屬封閉型設備，則應自封閉體前端或箱門算起。

二、受電室或內裝有超過六〇〇伏帶電部分之封閉體其進出口應予上鎖，但經常有電氣工作人員值班者，得不上鎖。

三、在電氣設備週圍之工作空間應有適當之照明裝置。電燈出線口，手捺開關等位置之安排，應使更換燈泡，修理照明設備或控制電燈時，不致觸及活電部分。

四、在工作空間上方未加掩護之帶電部份應保持之距地面高度不得低於表四〇三～二規定之數值。

表四〇三～一　電氣設備之前之最小工作空間（公厘）

對地電壓 (V)	環境		
	1	2	3
601-2,500	900	1,200	1,500
2,501-9,000	1,200	1,500	1,800
9,001-25,000	1,500	1,800	2,700
25,001-75,000	1,800	2,400	3,000
75,001 以上	2,400	3,000	3,600

註：1. 上表所指之「環境」其意義如下：
　　(1) 環境 1：工作空間之一邊有露出帶電部分，其另一邊既無露出帶電部分，亦無被接地之部分，或者工作面之兩邊皆有露出帶電部分，但以適當木材或其他絕緣物妥加掩護者。採用絕緣導線或絕緣匯流排其運轉電壓不超過 300 伏者不應視為帶電部分。
　　(2) 環境 2：工作空間之一邊有露出帶電部分，其另一邊有被接地之部分。混凝土牆及磚（或瓷磚）牆，應視為被接地之建築物面。
　　(3) 環境 3：工作空間之兩邊皆有露出帶電部分（不照環境 1 之加以掩護者），而運轉人員處於其間者。
　　2. 前面無帶電之配電盤 (Dead-front Switchboards) 或控制盤如其背後並無裝設高壓熔絲或開關等需加更換或加調整者，且所有之接線不必自背面而可由其他方向接近者，則該組合體之背後不必要求留有工作空間，但由背後始能從事停電部位設備之工作者，至少應留有 800 公厘之水平工作空間。

表四〇三～二　工作空間上方未加掩護帶電部份應保持之高度（公厘）

電路電壓 (V)	區別	匯流排離地高度		裸電部分離地高度	
		屋外	屋內	屋外	屋內
601-15,000	標準	4,000	3,000		
	最小	3,500	2,500	2,500	2,500
15,001-36,000	標準	4,000	3,500		
	最小	3,500	3,000	2,700	2,600
36,001-69,000	標準	5,000	4,000		
	最小	4,000	3,000	3,000	2,800

註：1. 裸電部分指任何未加掩護之帶電部分。
　　2. 如不受空間限制，該項距離應照上項標準施工。
　　3. 69,000V 以上時每超過 1,000V 另加 10mm。

第 404 條　高壓電氣設備如有活電部分露出者，應裝於加鎖之開關箱內為原則，其屬開放式裝置者，應裝於變電室內，或藉高度達二‧五公尺以上之圍牆(或籬笆)加以隔離，或藉裝置位置之高度以防止非電氣工作人員之接近。該項裝置在屋外者，應依輸配電設備裝置規則之規定辦理，其裝於變電室或受電場(指僅有電氣工作人員接近者)應符合第四百零三條規定。

第 405 條　有備用之自備電源用戶，應裝設雙投兩路用之開關設備或採用開關間有電氣的與機械上的互鎖裝置，使該戶於使用自備電源時能同時啟斷原由電業供電之原源。

第 406 條　高壓線路與低壓線路在屋內應隔離三〇〇公厘以上，在屋外應隔離五〇〇公厘以上。

第 407 條　高壓線路距離電訊線路、水管、煤氣管等以五〇〇公厘以上為原則。

第二節　高壓受電裝置

第 408 條　進屋線裝置應符合下列規定：

一、導線之大小：架空導線不得小於二二平方公厘，但導線在電纜中者，其最小線徑應配合絕緣等級，如下表所示。

絕緣等級	導線大小 (平方公厘)
601 至 5,000V	8
8,000V	14
15,000V	30
25,000V	38
35,000V	60

二、配線法：進屋線如其配裝位置為一般人易於接近者，應按厚導線管、電纜拖架、電纜管槽或金屬外皮電纜配裝。

三、露出工程：在僅允許電氣工作人員接近之處所，進屋線得按露出礙子工程施設。

四、支持：進屋線及其支持物應有足夠之強度，以便電路發生短路時，能確保導線間之充分距離。

五、掩護：露出之礙子配線在非電氣工作人員易於接近之處所應加掩護。

第 409 條　高壓接戶線裝置應符合下列規定：

一、高壓架空接戶線之導線不得小於二二平方公厘。

二、高壓電力電纜之最小線徑，八千伏級者為一四平方公厘，一五千伏級者為三〇平方公厘，二五千伏級者為三八平方公厘。

三、高壓接戶線之架空長度以三〇公尺為限，且不可使用連接接戶線。

第 410 條　在非電氣工作人員可能接近帶電部分之處所，應有「高電壓危險」之警告標語。

第 411 條　分段設備及主斷路器應符合下列規定：

一、高壓用戶應在責任分界點附近裝置一種適合於隔離電源的分段設備。

二、以斷路器作為保護設備者，其電源側各導線應加裝隔離開關，但斷路器如屬抽出型 (Draw-out Type) 者，則無需加裝該隔離開關。

三、能開閉負載電流的空氣負載開關能明顯看到開閉位置者，可視為分段設備。

四、裝於屋內之開關設備以採用氣斷負載開關、真空斷路器等不燃性絕緣物之開關為宜，但油斷路器裝於金屬保護箱內，且其周圍不存有可燃物者，或週圍為堅牢圍牆，當油斷路器噴油爆炸時，不致於造成災害者，則油斷路器之使用得不受限制。

五、自匯流排引出之幹線如不超過三路而各裝第四百十二條第一款及第二款設備者，其進屋線或主幹線之主保護設備得予省略。

第 412 條　為保護高壓進屋線或各幹線所採用之過電流保護設備，應採用經中央政府檢驗機構試驗合格或審查定型試驗合格者，且符合下列第一款至第四款規定之一。

一、一種能自動跳脫之斷路器，且符合下列條件者：

（一）屬屋內型者，應具有金屬封閉箱或有防火之室內裝置設施；如屬開放型裝設者，其裝置處所應僅限於電氣負責人能接近者。

（二）作為控制油浸變壓器之斷路器，應裝於金屬箱內，或與變壓器室隔離。

（三）油斷路器之裝置處所，如鄰近易燃建築物或材料時，應具有經認可之安全防護設施。

（四）斷路器應具有下列設備或操作特性：

①　與控制電源無關之機械或手動跳脫裝置。

②　應具有自由跳脫 (Trip Free) 特性。

③　在加壓情況下，能手動啟斷或投入，且主接觸子之動作應不受手動操作速度之影響。

④ 斷路器本身應具有啟斷或投入之機械位置指示器，俾判別主接觸子係在啟斷或投入位置。

⑤ 操作斷路器之處所 (如配電盤、盤面) 應具有明顯之啟斷及投入指示 (如紅、綠燈)。

⑥ 具有一永久而明顯之名牌，標明製造廠家、型式、製造號碼、額定電流、啟斷容量 (以百萬伏安或安培標示)，及額定最高電壓等有關資料。

(五) 斷路器之額定電流，不得小於最高負載電流。

(六) 斷路器應有足夠之啟斷容量。

(七) 在線路或機器短路狀態下投入斷路器，其投入電流額定不得小於最大非對稱故障電流。

(八) 斷路器之瞬間額定 (Momentary Rating) 不得小於裝置點最大非對稱故障電流。

(九) 斷路器之額定最高電壓，不得小於最高電路電壓。

二、一種能同時啟斷電路中各相線之滿載電流之非自動油開關或負載啟斷開關 (Load interrupting Switch) 而配置適當之熔絲。

三、一種能同時啟斷變壓器無載電流之開關而配置適當之熔絲，且該開關與變壓器二次側之總開關有連鎖裝置，使一次側之開關在二次側開關未開路前不能開啟者。但一次側主幹線備有第一款或第二款所稱設備可供啟斷各幹線之負載電流者，則上稱之開關 (隔離開關或熔絲鏈開關)，如附有「有載之下不得開啟」等字樣時，得免裝連鎖裝置。

四、裝置於屋外且被保護進屋線僅接有一具或一組變壓器而符合下列各規定時，得採用一種適合規範之熔絲鏈開關封裝熔絲或隔離開關裝熔絲。

(一) 變壓器組一次額定電流不超過二五安。

(二) 變壓器二次側之電路不超過六路而各裝有啟斷電路滿載電流之斷路器或附熔絲之負載開關者。如超過六路則變壓器二次側應加裝主斷路器或附熔絲之主負載啟斷開關。但變壓器之一次側主幹線備有第一款或第二款所稱設備可供啟斷各幹線之負載電流者，則該變壓器之二次側若超過六路得免於二次側加裝斷路器或附熔絲之主負載啟斷開關。

五、熔絲可分為下列各種：

（一）電力熔絲應符合下列規定：

① 電力熔絲之啟斷額定，不得小於裝置點最大故障電流。

② 電力熔絲之額定電壓，不得小於最高電路電壓，運轉電壓不得低於熔絲所訂之最低電壓。

③ 熔絲座及熔絲應附有一永久而明顯之名牌，標明製造廠型式、連續額定電流、啟斷額定電流及電壓額定。

④ 熔絲啟斷電路時，應具有正確之功能，不得傷及人員或其他設備。

⑤ 熔絲座之設計及裝置，應能在不帶電之情形下更換熔絲，惟由專責人員使用工具設備，可作活電操作者，不在此限。

（二）驅弧型熔絲鏈開關應符合下列規定：

① 熔絲鏈開關之裝置應考慮人員操作及換裝熔絲時之安全，熔絲熔斷時所驅出管外之電弧及高溫氣體不得傷及人員，該開關不得裝用於屋內、地下室或金屬封閉箱內為原則。

② 熔絲鏈開關不適於啟斷滿載電流電路，惟經附安裝適當之負載啟斷裝置者可啟斷全部負載。除非熔斷開關與其電路中之開關有連鎖裝置，以防止啟斷負載電路，否則應附有「有載之下不得開啟」之明顯警告標示牌。

③ 熔絲鏈開關之啟斷額定不得小於電路之最大故障電流。

④ 熔絲鏈開關之最高電壓額定不得小於最高電路電壓。

⑤ 熔絲鏈開關應在其本體或熔絲筒上附有一永久而明顯之名牌或標識，俾標明製造型式、額定電壓及啟斷容量。

⑥ 熔絲鏈應附一永久而明顯之標識，標明連續電流額定及型式。

⑦ 在屋外鐵構上裝置熔絲鏈開關，其最底帶電體部分（含啟開或投入位置）之高度，應符合第四百零三條規定。

第 413 條　高壓電路除其應具有之載流量不得低於可能發生之最大負載電流外，每一非接地導線應按下列規定裝置過電流保護器，其標置原則如下：

一、保護器為斷路器者，其標置之最大始動電流值不得超過所保護電路導線載流量之六倍。保護器為熔絲者，其最大額定電流值不得超過該電路導線載流量之三倍。

二、保護器之動作特性應具有良好之保護協調，其可能發生之短路電流，不得因導線之溫升而傷及導線之絕緣。

第 414 條　高壓配電盤之裝置應按下列規定辦理：

一、裝置於配電盤上之各項儀表及配線等應易於點檢及維護。

二、高壓配電盤之裝置不會使工作人員於工作情況下發生危險，否則應有適當之防護設備，其通道原則上宜保持在八〇〇公厘以上。

三、高壓以上用戶，合計設備容量一次額定電流超過五〇安者，其受電配電盤原則上應裝有電流表及電壓表。

第三節　高壓配線

第 415 條　地上裝置應按厚導線管、電纜托架、電纜管槽或裝甲外皮電纜，架空裸導線及架空裸匯流排裝置法裝置。

第 416 條　地下裝置應符合下列規定：

一、地下裝置應考慮電路電壓及裝設條件；直埋式應採用金屬遮蔽電纜，並符合下列條件：

(一) 接地回路須為連續性。

(二) 能承受任何情況之故障電流。

(三) 具有足夠之低阻抗，以限制對地電壓，並使電路保護設備在發生對地故障時易於動作。

二、地下裝置可按直埋式或管路方式裝設，在用戶電範圍內之埋設深度如表四一六。三、採用無遮蔽電纜時，應按金屬管或硬質非金屬管裝設，並須外包至少有七・五公厘厚之混凝土。

四、導線由地下引出地面時應以封閉之管路保護，其安裝於電桿時應採用金屬管硬質 PVC 管或具有同等強度之導線管，且由地面算起該管路應具有二・四公尺之高度；又導線進入建築物時，自地面至接戶點應以適當之封閉體保護，如採用金屬封閉體則應妥加接地。

五、直埋電纜如有其他適當之方法及材料可資應用得不採用連接盒作電纜之連接或分歧，但其連接及分歧處應屬防水 (water proof) 且可不受機械外力之損傷者。如電纜具有遮蔽者，其遮蔽導體在電纜之連接及分歧處應妥為接續。

六、地下管路進入建築物之一端應作適當的密封防止水份或氣體侵入。

表四一六　電纜或管路最小埋設深度（公厘）

電路電壓	直埋電纜	硬質非金屬管	厚金屬管
超過 600V ～ 22KV	760	460	160
超過 22KV ～ 40KV	920	610	160
超過 40KV	1100	760	160

註：1. 採用硬質非金屬管時除應保持表列之深度外，應在管之上方另置 50mm 厚之水泥板或具有同等效果之其他材質板面；適於直埋而可不加蓋板之硬質非金屬管，可不在此限。

　　2. 配合電纜及導線終端引上連接或分岐等，其深度可酌予減少。

第 417 條　電纜裝於磁性管路中時，須能保持電磁平衡。

第 418 條　電纜之非帶電金屬部分應加以接地。

第 419 條　彎曲電纜時，不可損傷其絕緣，其彎曲處內側半徑為電纜外徑之一二培以上為原則，廠家另有詳細規定者不在此限。

第四節　高壓變壓器

第 420 條　本節所稱之變壓器係指一般用高壓變壓器，不包括變比器，特殊用途及附裝於機器設備內之變壓器。

第 421 條　變壓器及變壓器室應設於易檢點及維護之場所。

第 422 條　高壓變壓器之過電流保護應依下列規定辦理。本條所稱「變壓器」係指三相一台或三個單相變壓器所組成之三相變壓器組。

一、每組高壓變壓器除第三款另有規定外，應於一次側個別裝設過電流保護，如使用熔絲時其連續電流額定應不超過該變壓器一次額定電流之二·五倍為原則。（但與熔絲之標準額定不能配合時，得採用高一級者，或依製造廠家之規定辦理）；若使用斷路器時，其始動標置值應不超過該變壓器一次額定電流之三倍。

二、每組高壓變壓器於二次側所裝過電流保護器之電流額定或標置值如不超過表四二二中所示之值或製造廠家在該二次側加裝可協調之積熱過載保護者，除第三款另有規定外，應於一次側個別裝設過電流保護器保護之。該保護器之電流額定（指熔絲）或始動標置值（指斷路器）應不超過四二二中所指示之值。

三、高壓變壓器一次側之幹線電路之過電流保護裝置對其中任一組變壓器之保護，如其電流額定或標置值不超過第一款及第二款之限制值時，該組變壓器之一次側得免再裝個別之過電流保護器。但為便利隔離該組變壓器，於一次側宜加裝隔離開關。

四、變壓器過電流保護設備之動作特性曲線應與其他有關設備之特性曲線相互協調。

表四二二　高壓變壓器一次側及二次測之最大過電流保護

變壓器之 百分阻抗	一次側		二次側		
	超過 600V		超過 600V		低於 600V
	斷路器 之標置	熔絲之 電流額定	斷路器 之標置	熔絲之 電流額定	斷路器之標置或 熔絲之電流額定
不超過百分之六	600%	300%	300%	150%	250%
超過百分之六但 不超過百分之十	400%	200%	250%	125%	250%

第五節　高壓電動機

第 423 條　本節係對本規則第三章有關低壓電動機各項規定之補充，使能適用於高壓電動機電路之裝置，其他有關超過六○○伏電路之裝置，則按本章有關各節規定辦理。

第 424 條　電動機分路導線之載流容量不得小於該電動機過載保護設備所選擇之跳脫電流值。

第 425 條　每一電動機為防止過載及不能起動而告燒損，應藉電動機內部之積熱保護器或外部之積熱電驛裝置以動作斷路器或操作器等過載保護設備以達保護目的，且應符合下列條件：

一、過載保護設備之動作應能同時啟斷電路上各非接地之導線。

二、過載保護設備動作後，其控制電路應不能自動復歸而致自行起動。但該項自動復歸對人及機器不造成危險者則不受限制。

第 426 條　每一電動機電路應藉下列之一種保護設備以保護其短路故障，且該設備於動作後，應不能自動再行投入：

一、在電路上裝設一種規範符合要求之高壓斷路器。該斷路器動作時應能同時啟斷電路上各非接地之導線。

二、每一非接地導線裝設一種規範符合要求之高壓熔絲。除該熔絲裝置具有隔離開關作用外，否則應於熔絲之電源側加裝隔離開關。

第 427 條　高壓電動機電路及電動機之接地故障保護，應依其電源系統為接地或非接地而配置適當之接地故障保護設備。

第 428 條　過載保護，過電流保護及接地保護可藉同一保護設備以配裝不同功用之電驛達到目的。

第 429 條　電動機操作器及電路分段設備之連續電流額定不得小於過載保護設備所選購之跳脫電流值。

第 430 條　高壓電動機之起動電流應符合下列規定。

一、高壓供電用戶

（一）以三千伏級供電，每台容量不超過二〇〇馬力者，不加限制。

（二）以一一千伏級供電，每台容量不超過四〇〇馬力者，不加限制。

（三）以二二千伏級供電，每台容量不超過六〇〇馬力者，不加限制。

（四）每台容量超過第一目至第三目所列之容量限制者，以不超過該電動機額定電流之三・五倍。

二、特高壓供電之用戶

（一）以三三千伏或更高之特高壓供電每台容量不超過二〇〇〇馬力者，不加限制。

（二）每台容量超過第一目所列之容量限制者，以不超過該電動機額定電流之三・五倍為原則。但用戶契約容量在五、〇〇〇千瓦以上，並經電機技師據有關資料計算一台最大電動機之直接全壓起動時，在分界點處所造成之瞬時壓降不超過之五者，得不受上列之限制。

第 431 條　電弧爐等遽變負載應符合下列規定：

一、電弧爐等遽變負載在共同點之電壓閃爍值，其每秒鐘變化十次之等效電壓最大值（$\triangle$V10MAX）以不超過百分之〇・四五為準。

二、為求三相負載平衡，大容量之交流單相電弧爐以不使用為原則。

第六節　高壓電容器

第 432 條　高壓電容器之封閉及掩護按第一百七十九條規定辦理。

第 433 條　　高壓電容器放電設備應符合下列規定：

一、每個電容器應附裝放電設備，俾便於線路開放後，放出殘餘電荷。

二、電容器額定電壓超過六〇〇伏者，其放電設備應能於線路開放後五
　　分鐘內將殘餘電荷降至五〇伏以下。

三、放電設備可直接裝於電容器之線路上，或附有適當裝置，俾於線路
　　開放時與電容器線路自動連接 (必須自動)。放電設備係指適當容量
　　之阻抗器或電阻器，如電容器直接於電動機或變壓器線路上 (係在
　　過電流保護設備之負載側) 中間不加裝開關及過載保護設備，則該
　　電動機之線圈或變壓器可視為適當之放電設備，不必另裝阻抗器。

第 434 條　　容量之決定按第一百八十一條規定辦理。

第 435 條　　開關設備應符合下列規定：

一、作為電容器或電容器組啟閉功能之開關應符合下列條件：

　　(一) 連續載流量不得低於電容器額定電流之一 · 三五倍。

　　(二) 具有啟斷電容器或電容器組之最大連續負載電流能力。

　　(三) 應能承受最大衝擊電流 (包括來自裝置於鄰近電容器之衝擊電
　　　　　流)。

　　(四) 電容器側開關等故障所產生之短時間載流能力。

二、隔離設備應符合下列規定：

　　(一) 作為隔離電容器或電容器組之電源。

　　(二) 應於啟斷位置時有明顯易見之間隙。

　　(三) 隔離或分段開關 (未具啟斷額定電流能力者) 應與負載啟斷開
　　　　　關有連鎖裝置或附有「有載之下不得開啟」等明顯之警告標
　　　　　識。

第 436 條　　過電流保護應符合下列規定：

一、電容器組有多具單位電容器串聯或並聯組成時，每一單位電容器應
　　有個別之過電流保護。

二、做為電容器組之過電流保護設備應符合下列條件之一。

　　(一) 符合本規則第四百三十五條第一款之負載啟斷開關附裝適當之
　　　　　熔絲。

　　(二) 具有自動跳脫且有適當容量之斷路器。

　　(三) 高壓受電幹線已裝設分段設備及斷路器者，其所屬各電容器
　　　　　組，可採用熔絲鏈開關附裝熔絲或隔離開關配熔絲作為過電流
　　　　　保護。

第 437 條　　電容器之配線其容量應不低於電容器額定電流之一・三五倍。

第 438 條　　每一具電容器應附有名牌，俾標明製造廠名，額定電壓、頻率、仟乏或安培、相數、放電電阻、絕緣油量及絕緣油種類等資料。

第七節　避雷器

第 439 條　　高壓以上用戶之變電站應裝置避雷器以保護其設備。

第 440 條　　電路之每一非接地高壓架空線皆應裝置一具避雷器。

第 441 條　　避雷器應裝於進屋線隔離開關之電源側或負載側。但責任分界點以下用戶自備線路如係地下配電系統而受電變壓器裝置於屋外者，則於變壓器一次側近處應加裝一套。

第 442 條　　避雷器裝於屋內者，其位置應遠離通道及建築物之可燃部分，為策安全該避雷器以裝於金屬箱內或與被保護之設備共置於金屬箱內為宜。

第 443 條　　避雷器與高壓側導線及避雷器與大地間之接地導線應使用銅線或銅電纜線，應不小於十四平方公厘，該導線應儘量縮短，避免彎曲，並不得以金屬管保護，如必需以金屬管保護時，則管之兩端應與接地導線妥為連結。

第 444 條　　避雷器之接地電阻應在一○歐以下。

第八章　低壓接戶線、進屋線及電度表工程

第一節（刪除）

第 445 條～　　（刪除）

第 448 條

第二節（刪除）

第 449 條～　　（刪除）

第 471 條

第三節　電度表裝置

第 472 條　　電度表不得裝設於下列地點：

一、潮濕或低窪容易淹水地點。

二、有震動之地點。

三、隱蔽地點。

四、發散腐蝕性物質之地點。

五、有塵埃之地點。

六、製造或貯藏危險物質之地點。

七、其他經電業認為不便裝設電度表之地點。

第 473 條　電度表裝設之施工要點如下：

一、電度表離地面高度應在一‧八公尺以上，二‧〇公尺以下為最適宜，如現場場地受限制，施工確有困難時得予增減之，惟最高不得超過二‧五公尺，最低不得低於一‧五公尺 (埋入牆壁內者，可低至一‧二公尺)。

二、電度表以裝於門口之附近，或電業易於抄表之其他場所。

三、應垂直、穩固，俾免影響電度表之準確性。

四、如電度表裝設於屋外時，應附有完善之防濕設備，所有低壓引接線應按導線管或電纜裝置法施工。

五、同一幢樓房，樓上與樓下各為一戶時，樓上用戶之電度表以裝於樓下適當場所為原則。

第 474 條　電度表之最大許可載流容量不得小於用戶之最大負載。是項負載可據裝接負載及其用電性質加以估計。

第 475 條　電度表之電源側以不裝設開關為原則，但電度表容量在六十安以上或方型電度表之電源側導線線徑在二十二平方公厘以上者，其電源側非接地導線應加裝隔離開關，且須裝於可封印之箱內。

第 476 條　自進屋點至電度表之總開關間之全部線路應屬完整，無破損及無接頭者。

第 477 條　表前線路及電度表接線箱應符合下列規定：

一、電度表電源側至接戶點之線路應按 PVC 電纜或經認可之其他電纜、金屬管或硬質 PVC 管及可封印型導線槽配裝之，如屬明管應以全部露出，不加任何掩護者為限。

二、電度表應加封印之電度表接線箱保護之。但電度表如屬插座型及低壓三〇安以下者 (限裝於非鹽害地區之乾燥且雨線內之場所，其進屋線使用導線管時，該管應與電表之端子盒相配合) 得免之。

三、電度表接線箱，其材質及規範應考慮堅固、密封、耐候及不燃性等特性者，其箱體若採用鋼板其厚度應在一‧六公厘以上，採用不燃性非金屬板者其強度應符合國家標準。

第 478 條　電度表之比壓器及比流器應為專用者。

第 479 條　電度表之比壓器 (PT) 之一次側各極得不裝熔絲。

第 480 條　　電度表之比壓器及比流器均應按「第三種地線工程」接地。

第 481 條　　屋內高壓電度表之變比器 (PT 及 CT) 應裝於具有防火效能且可封印之保護箱內或與隔離開關共同裝於可封印之開關室內，至於電度表部分應裝於便利抄表之處。

第 482 條　　自電度表至變比器之引線必須使用七股以上構成之 PVC 控制電纜，且該項引線應以導線管密封。

第 483 條　　電度表接線盒或電度表接線箱及變比器之保護箱等概要妥加封印。

第 484 條　　電度表及變比器須檢驗合格後方得裝用。

第八章之一　　（刪除）

第 484-1 條～　（刪除）
第 484-8 條

第九章　　屋內配線設計圖符號

第 485 條　　開關類設計圖符號如下表：

名稱	符號	名稱	符號
刀形開關		無熔絲開關	N.F.B
刀形開關附熔絲		空氣斷路器	A.C.B
隔離開關（個別啟閉）		拉出型空氣斷路器	
空斷開關（同時手動啟閉）		油開關	OS
雙投空斷開關		電力斷路器	

名稱	符號	名稱	符號
熔斷開關		拉出型電力斷路器	
電力熔絲	f	接觸器	
負載啟斷開關		接觸器附積熱電驛	
負載啟斷開關附熔絲		接觸器附電磁跳脫裝置	
電磁開關	MS	四路開關	S_4
Y 一△降壓起動開關	入－△	區分器	S
自動 Y 一△電磁開關	MS 入－△	復閉器	RC
安全開關		電力斷路器 (平常開啟)	
伏特計用切換開關	VS	空斷開關 (附有接地開關)	
安培計用切換開關	AS	電力斷路器 (附有電位裝置)	
控制開關	CS	空斷開關 (電動機或壓縮空氣操作)	
單極開關	S	鑰匙操作開關	S_k

名稱	符號	名稱	符號
雙極開關	S_2	開關及標示燈	S_p
三路開關	S_3	單插座及開關	$\ominus_s$
雙插座及開關	$\ominus_S$	拉線開關	Ⓢ
時控開關	S_T		

第 486 條　　電驛計器類設計圖符號如下表：

名稱	符號	名稱	符號
低電壓電驛	㉗ 或 (UV)	直流安培計	($\overline{\overline{A}}$)
低電流電驛	㊲ 或 (UC)	交流伏特計	Ⓥ
瞬時過流電驛	IT ↔ ㊿ 或 (CO IT)	直流伏特計	($\overline{\overline{V}}$)
過流電驛	↔ (51) 或 (CO)	瓦特計	Ⓦ
過流接地電驛	⏚↔ (SIN) 或 (LCO)	瓩需量計	(KWD)
功率因數電驛	PF ↔ (55) 或 (PF)	瓦時計	(WH)
過壓電驛	↔ (59) 或 (OV)	乏時計	(VARH)
接地保護電驛	⏚↔ (64) 或 (GR)	仟乏計	(KVAR)
方向性過流電驛	→ (67) 或 (DCO)	頻率計	Ⓕ

名稱	符號	名稱	符號
方向性接地電驛	‖⊢→ 67N 或 SG	功率因數計	PF
復閉電驛	RC 79 或 RC	紅色指示燈	R
差動電驛	↔ 87 或 DR	綠色指示燈	G
交流安培計	A		

第 487 條　　配電機器類設計圖如下表：

名稱	符號	名稱	符號
發電機	G	電容器	┤├
電動機	M	避雷器	≣
電熱器	H	避雷針	⊙
電風扇	∞	可變電阻器	
冷氣機	A/C	可變電容器	
整流器（乾式或電解式）	▼	直流發電機	G
電池組	┤├┤├	直流電動機	M
電阻器	▭		

第 488 條　　變比器類設計圖符號如下表：

名稱	符號	名稱	符號
自耦變壓器		套管型比流器	
二線捲電力變壓器		零相比流器	
三線捲電力變壓器		感應電壓調整器	
二線捲電力變壓器附有載換接器		步級電壓調整器	
比壓器		比壓器(有二次捲及三次捲)	
比流器		接地比壓器	
比流器(附有補助比流器)		三相 V 共用點接地	
比流器(同一鐵心兩次線捲)		三相 V 一線捲中性點接地	
整套型變比器	MOF	三相 Y 非接地	
三相三線 △ 非接地	△	三相 Y 中性線直接接地	
三相三線 △ 接地		三相 Y 中性線經一電阻器接地	
三相四線 △ 非接地		三相 Y 中性線經一電抗器接地	

名稱	符號	名稱	符號
三相四線 △ 一線捲中點接地		三相曲折接法	
三相V非接地		三相T接線	

第 489 條　　配電箱類設計圖符號如下表：

名稱	符號	名稱	符號
電燈動力混合配電盤		電力分電盤	
電燈總配電盤		人孔	M
電燈分電盤		手孔	H
電力總配電盤			

第 490 條　　電線類設計圖符如下表：

名稱	符號	名稱	符號
埋設於平頂混凝土內或牆內管線	$8.0 \square 22^{mm}$	埋設於地坪混凝土內或牆內管線	$5.5 \square 16^{mm}$
明管配線	$2.0 \quad 16^{mm}$	線路交叉不連結	
電路至配電箱	1.3	線管上行	
接戶點		線管下行	
導線群		線管上及下行	
導線連接或線徑線類之變換		接地	
線路分岐接點		電纜頭	

第 491 條　　匯流排槽類設計圖符號如下表：

名稱	符號	名稱	符號
匯流排槽		縮徑體匯流排槽	
T 型分歧匯流排槽		附有分接頭匯流排槽	
十字分歧匯流排槽		分歧點附斷路器之匯流排槽	
L 型轉彎匯流排槽		分歧點附開關及熔絲之匯流排槽	
膨脹接頭匯流排槽		往上匯流排槽	
偏向彎體匯流排槽		向下匯流排槽	

第 492 條　　電燈、插座類設計圖符號如下表：

名稱	符號	名稱	符號
白熾燈		接線箱	P
壁燈		風扇出線口	F
日光燈		電鐘出線口	或 C
日光燈		單插座	
出口燈		雙連插座	
緊急照明燈		三連插座	
接線盒	J	四連插座	
屋外型插座	WP	接地型雙插座	G
防爆型插座	EX	接地型三連插座	G

名稱	符號	名稱	符號
電爐插座	⊖R	接地型四連插座	⊕G
接地型電爐插座	⊖RG	接地型專用單插座	△G
專用單插座	△	接地型專用雙插座	△G
專用雙插座	△	接地屋外型插座	⊖GWP
接地型單插座	⊖G	接地防爆型插座	⊖GEX

第 493 條 電話、對講機、電鈴設計圖符號如下表：

名稱	符號	名稱	符號
電話端子盤箱	▬	按鈕開關	⊡
交換機出線口	◁|	蜂鳴器	
外線電話出線口	◄	電鈴	
內線電話出線口	◁	電話或對講機管線	
對講機出線口	IC		

第十章　附則

第 494 條 （刪除）

第 494-1 條 本規則中華民國一百零九年二月十一日、一百十年三月十七日修正發布之條文施行前，用戶用電設備設計資料或竣工報告已送輸配電業審查之工程，或另有其他法規規定者，得適用修正施行前之規定。既有設施之維修，亦得適用修正施行前之規定。

第 495 條 本規則自發布日施行。但中華民國一百零二年四月十日修正發布之條文，自一百零四年十一月一日施行；一百零二年十二月十六日修正發布之條文，自一百零四年一月一日施行；一百零九年二月十一日修正發布之條文，自一百十年二月十一日施行；一百十年三月十七日修正發布之條文，除第十三條之一、第十三條之二、第十四條、第二百五十一條之一、第二百五十二條之一、第二百五十二條之三、第二百五十二條之四及第四百九十四條之一自一百十年二月十一日施行外，自發布後一年施行。

第　貳　篇

一、用戶用電設備裝置規則

二、輸配電設備裝置規則

電工法規（工程類）

二、輸配電設備裝置規則

中華民國 106 年 10 月 24 日經濟部
經能字第 10604604870 號令修正發布

第一章　總　則

第一節　通則

第 1 條　　本規則依電業法第二十五條第三項規定訂定之。

第 2 條　　本規則目的為提供人員從事裝設、操作，或維護電業之供電線路、通訊線路及相關設備時之實務安全防護。

本規則包括在條文規定狀況下從業人員及大眾之安全所必要之基本規定。

本規則非作為設計規範或指導手冊。

第 3 條　　本規則適用範圍如下：

一、電業之供電線路、通訊線路、變電設備及相關控制設備之裝置。

二、電業供電線路至接戶點之設施及功能。

三、由地下或架空線路供電之電業專屬路燈控制設施。

架空供電線路上使用之供電導體（線）與通訊導線及設備，及此種系統之相關結構配置及延伸至建築物內部部分，適用第三章至第八章規定。

用於地下或埋設式系統之供電與通訊電纜及其設備，並包括供電線路相關結構性配置，及供電系統延伸至建築物內之裝設及維護，適用第九章至第十六章規定。

接戶線之裝設除依第十七章規定外，應符合第三章至第十六章適用之規定。

本規則不適用於礦場、船舶、鐵路車輛設備、航空器、動力車輛設備，或第九章至第十六章規定以外用電配線之裝設。

本規則規定之通訊線路不含非導電性光纖電纜。

本規則未規定者，適用其他有關法令規定。

第 4 條　　所有供電線路與通訊線路及設備之設計、施工、操作、維護及更換維修，應符合本規則之規定。

執行本規則所涵蓋之電業供電線路、通訊線路或設備之設計、施工、操作、維護或更換維修之電業、被授權承攬商或業者，應負其符合各適用

條文規定之責。

符合第六章荷重及第七章機械強度規定之支持物，得視為具備有基本耐震能力。

電業設備之設置應將天然災害潛勢納入設置場所選用考量或將設備予以適當補強。電業應準備支持物、導線及礙子等關鍵性器材備品，以加速災後設備更換維修及復電。

第 5 條　所有新設及既設延伸之裝設應符合本規則之規定。但以其他方式提供安全防護經中央主管機關核可者，得免除適用或變更之。

既設之裝設應依下列規定辦理：

一、既設之裝設本身或經修改後符合本規則者，視為符合本規則之規定，得不適用本規則修正前之規定。

二、除下列情形外，本規則修正前既設線路及設備之維修、更換、既設設備變更或既設線路一公里內之遷移，得依修正前規定辦理：

（一）主管機關基於安全理由而要求者。

（二）支持物更換時，符合第一百四十一條規定者。

三、最終裝設符合下列情形之一者，得在既設線路或結構上新增或變更設備：

（一）符合原裝設時適用之規定。

（二）曾經修改且符合當時適用之規定。

（三）符合第一款之規定。

新設及既設延伸之裝設，其檢查與作業應符合本規則之規定。

第 6 條　負責裝設之人員，在緊急裝設或臨時架空裝設時，得依下列規定辦理：

一、緊急裝設：

（一）緊急裝設時，第四章規定之間隔得以縮小。

（二）緊急期間，第九章至第十六章埋入深度規定得免除適用。

（三）緊急裝設所使用之材料及建設強度，不得小於二級建設等級規定。

（四）緊急裝設應依實務需要，儘速予以移除、更換或移置他處。

二、臨時架空裝設：臨時性之架空裝置，或將設施暫時移位以方便其他作業時，該裝置應符合非臨時性裝置之要求。但其材料及建設強度不小於二級建設等級規定者，不在此限。

第二節　用詞定義

第7條　　本規則用詞定義如下：

一、供電線路：指用於傳送電能之導線及其所需之支撐或收納構造物。超過四百伏特之訊號線在本規則中視為供電線路，四百伏特以下之訊號線係依電力傳送功能架設與操作者，視為供電線路。

二、通訊線路：指導線與其支撐或收納構造物，用於傳送調度或控制訊號或通訊服務上，其操作電壓對地四百伏特以下或電路任何二點間電壓七百五十伏特以下，且其傳送之功率一百五十瓦特以下。在九十伏特以下交流電或一百五十伏特以下直流電下操作時，系統所傳送之功率則不設限。在特定情況下，通訊電纜內之電路僅單獨供電給通訊設備，該電路可超過前述限制值。

三、接戶點：指電業供電設施與用戶配線間之連接點。

四、設備：指作為供電或通訊系統之一部分，或與該類系統連接之配件、裝置、用電器具、燈具、機具及類似物件之通用名詞。

五、供電設備：指產生、變更、調整、控制或安全防護之電能供應設備。

六、供電站：指任何建築物、房間或獨立空間內部裝設有供電設備，且依規定僅合格人員可進入者，包括發電廠（場）、變電所（站）及其相關之發電機、蓄電池、變壓器及開關設備等房間或封閉體。但不包括亭置式設備之設施及人孔與配電室內之設備。

　　（一）發電廠（場）：指設有適當設備可將某種形式之能源，即化學能、核能、太陽能、機械能、水力或風力發電等轉換產生電能之廠區，包括所有附屬設備與運轉所需要之其他相關設備，不包括專供通訊系統使用之發電設備。

　　（二）變電所（站）：指變壓器、開關設備及匯流排等設備封閉式組合之場所，用以在合格人員控制下，開閉電能或改變其經過電能之特性。

七、安培容量：指導體（線）在指定熱條件下，以安培表示之承載電流容量。

八、電壓：指任何二導線間或導線與大地間電位差之有效值或均方根值。電壓除另有規定外，係以標稱值表示。系統或電路之標稱電壓，係針對系統或電路所指定之電壓等級數值，系統之運轉電壓可能變動高於或低於此數值，依其應用之情形及電壓之分類如下：

（一）未被有效接地之電路電壓：指電路任何二導線間可獲致之最高標稱電壓。

（二）定電流電路之電壓：指電路正常滿載下最高電壓。

（三）被有效接地電路之電壓：除另有指明者外，指電路中任何導線與大地間所得到之最高標稱電壓。

（四）對地電壓分以下二種情形：

1. 被接地電路：指電路中任何之導體與該電路被接地之點或導體間可獲之最高標稱電壓。

2. 非被接地電路：指電路中任何二導體間可獲得之最高標稱電壓。

（五）導體之對地電壓分以下二種情形：

1. 被接地電路：指電路中之導體與該電路中被接地之點或導體間之標稱電壓。

2. 非被接地電路：指電路中之導體與該電路中其他任何導體間之最高標稱電壓。

（六）電壓之分類：電壓七百五十伏特以下而經接地者，為任一相與大地間之電壓。其分類如下：

1. 低壓：電壓七百五十伏特以下者。

2. 高壓：電壓超過七百五十伏特，但未滿三十三千伏者。

3. 特高壓：電壓三十三千伏以上者。

九、電路：指供電流流通之導線或導線系統。

十、　回路：指電源端至受電端為一組三相、二相或單相之電路稱為一回路。

十一、電流承載組件：指用於電路中連接至電壓源之導電組件。

十二、導體（線）：指通常以電線、電纜或匯流排之形式呈現，適用於承載電流之材料。依其用途有以下之線材：

（一）束導線：指含二條以上導線之組合體，當作單一導線使用，並使用間隔器保持預定之配置形態。此組合體之單獨導線稱為子導線。

（二）被覆導線：指以未具額定絕緣強度或以額定絕緣強度低於使用該導線之電路電壓介電質被覆之導線。

（三）被接地導線：指被刻意接地之導線，採用直接接地或經無啟

　　　　　　　斷功能之限流裝置接地者。

　　　（四）接地導線：指連接設備或配線系統與接地電極之導線。

　　　（五）絕緣導線：指被以不低於使用該導線線路電壓之額定絕緣強
　　　　　　　度之非空氣之介電質所覆蓋之導線。

　　　（六）橫向導線：指將一線路導體以一角度自一水平方向延伸至另
　　　　　　　一水平方向，且完全由同一支持物支撐之電線或電纜。

　　　（七）垂直導線：指桿或塔上與架空線路約成垂直之路燈線、接戶
　　　　　　　線、變壓器引接線等。

　　　（八）架空供電或通訊用之線路導線：指承載電流，沿導線之路徑
　　　　　　　延伸，以桿、塔或其他構造物支撐之電線或電纜，不包括垂
　　　　　　　直導線或橫向導線。

　　　（九）開放式導線：指一種供電線路或通訊線路之架構，其導線為
　　　　　　　裸導線、被覆導線或無接地遮蔽之絕緣導線，在支持物上直
　　　　　　　接或經絕緣礙子個別支撐者。

十三、中性導體（線）：指除相導體（線）外之系統導體（線），提供
　　　　電流返回到電源之路徑。非所有之系統均有中性導體（線），例
　　　　如非被接地之三角接法（△）系統僅包括三個帶電相導體（線）。

十四、遮蔽線：指一條或多條未必被接地之電線，平行架設於相導體上
　　　　方，以保護電力系統避免遭雷擊。

十五、接戶線：指連接供電線路或通訊線路與用戶建築物或構造物接戶
　　　　點間之導線。

十六、電纜：指具有絕緣層之導線，或有被覆而不論有無絕緣層之單芯
　　　　電纜，或彼此相互絕緣之多芯電纜。

十七、被覆：指用於電纜上之導電性保護被覆物。

十八、絕緣：指以包括空氣間隔之介電質做隔離，使與其他導電面間之
　　　　電流路徑具高電阻。

十九、外皮：指電纜之芯線、絕緣層或被覆外之保護包覆物。

二十、　終端：指提供電纜導線出口之絕緣裝置。

二十一、被接地：指被連接至大地或可視為大地之導電體。

二十二、被有效接地：指被刻意透過接地連接，或經由具低阻抗且有足
　　　　　夠電流承載能力之連接，連接至大地，以避免可能危及設備或
　　　　　人員之電壓產生。

二十三、被接地系統：指導線系統中，至少有一條導線或一點被刻意地直接或透過無啟斷功能之限流裝置接地者。

二十四、單點被接地系統／單一被接地系統：指一導線系統，其內有一條導線被刻意在特定位置，一般在電源處，直接接地者。

二十五、多重接地／多重接地系統：指導線系統內之中性導體（線）於特定之間距內被刻意直接接地。此種接地或接地系統未必被有效接地。

二十六、搭接：指導電性組件之電氣互連，用以維持其同一電位。

二十七、導線管：指導線或電纜用之單一封閉管槽。

二十八、管槽：指任何特別設計僅供導線使用之通道。

二十九、自動：指自我動作，即由一些非人為之作用，例如電流強度改變、非手動操作，且無人為介入，而以其本身之機制來動作者。需要人為介入操作之遠端控制，並非自動，而係手動。

三十、　開關：指一種開啟與閉合或改變電路連接之裝置，除另有規定外，指以手動操作之開關。

三十一、供電中：指線路與設備連接至系統，並有輸送電力或通訊信號能力時，不論此類設施是否正供電至電氣負載或信號設施，均被視為供電中。

三十二、停用中：指線路及設備自系統中隔離，且無意使其具傳輸電能或通訊信號能力時，視為停用中。

二十三、帶電：指電氣連接至具有電位差之電源，或充電至其電位與鄰近區域之大地顯著之電位差。

三十四、暴露：指沒有被隔離或防護。

三十五、封閉：指以箱體、圍籠或圍籬包圍，以保護其內部設備，在一般狀況下，防止人員或外物之危險接近或意外碰觸。

三十六、隔離：指除非使用特殊方式，否則人員無法輕易觸及。

三十七、防護：指蓋板、外殼、隔板、欄杆、圍網、襯墊或平台等，以覆蓋、圍籬、封閉，或其他合適保護方式，阻隔人員或外物之可能接近或碰觸危險處。

三十八、合格人員：指已受訓練且證明對線路與設備之裝設、施工、操作及潛在危險有足夠知識之人員，包括對工作場所內或附近會暴露於供電與通訊線路及設備之辨識能力。正在接受在職訓練

及在此類訓練課程中之從業人員，依其訓練等級，證明其有能力安全完成工作，且在合格人員直接指導下之人員，均視為執行此類工作之合格人員。

三十九、跨距：指同一線路相鄰兩支持物間之水平距離，又稱為徑間距離。於電桿者，謂之桿距；於電塔者，謂之塔距。

四十、　跨距吊線：指一種輔助懸吊線，用以支撐一個以上滑接導體（線）或照明燈具，輔助其連接至供電系統。

四十一、固定錨：指供防墜保護系統連接物連接用之牢固點。

四十二、共用：指同時被二個以上之電業所使用。

四十三、合用：指同時被二個以上之公用事業所使用。

四十四、結構物衝突：係指一條線路設置於第二條線路旁時，假設任一線路之導線均無斷線，若第一條線路傾倒會導致其支持物或導線與第二條線路之導線碰觸之情形。該第一條線路稱為衝突結構物。

四十五、間隔：指二物體表面至表面間之淨空距離，通常充滿空氣或氣體。

四十六、間距：指二物體中心對中心之距離。

四十七、導體遮蔽層：指用以包覆電纜導體之封皮，使其與電纜絕緣層間之接觸面，保有一等電位面。

四十八、絕緣體遮蔽層：指用以包覆電纜絕緣層之封皮，使其在絕緣層接觸面具等電位面，包括非磁性金屬遮蔽層。

四十九、位於供電設施空間之光纖電纜：指以架空或地下之方式，裝設於供電設施空間中之光纖電纜。

五十、　位於通訊設施空間之光纖電纜：指適用於通訊線路，以架空或地下之方式，裝設於通訊設施或空間中之光纖電纜。

五十一、弛度：指導線至連接該導線兩支撐點間直線之鉛垂距離。除另有規定外，弛度係指跨距中心點之下垂度，如圖七所示。其分類如下：

（一）最初無荷重弛度：指在任何外部荷重加入前之導線弛度。

（二）最終弛度：指導線在其所在間隔範圍內，經過一相當時間承載指定荷重或等效荷重及荷重移除後，在外加荷重及溫度之特定條件下導線之弛度。最終弛度應包括彈性疲乏變形之影響。

（三）最終無荷重弛度：指導線在其所在間隔範圍內，經過一相當時間承載指定荷重或等效荷重及荷重移除後，導線之弛度。最終無荷重弛度應包括彈性疲乏變形之影響。

（四）總弛度：指導線所在區域，將該區域冰載荷重等效計入導線總荷重之情況下，導線至連接該導線兩支撐點間直線之鉛垂距離。

（五）最大總弛度：指位於連接導線兩支撐點直線之中間點總弛度。

（六）跨距中之視在弛度：指於跨距中，導線與連接該導線兩支撐點直線間所測量垂直於該直線之最大距離，如圖七所示。

（七）在跨距中任何一點之導線弛度：指由導線之特定點與連接該導線兩支撐點直線間，所測得之鉛垂距離。

（八）在跨距中任意點之視在弛度：指跨距中導線之特定點與連接該導線兩支撐點直線間，所測量垂直於該直線之距離。

五十二、最大開關突波因數：係以對地電壓波峰值之標么值（PU）表示，斷路器之開關突波基準，為斷路器動作所產生之最大開關突波值，有百分之九十八機率不超過上述之突波基準，或以其他設施產生最大預期開關突波基準，以兩者中較大值為準。

五十三、爬登：指上升與下降之垂直移動及水平移動，以進入或離開工作平台。

五十四、支持物：指用於支撐供電或通訊線路、電纜及設備之主要支撐單元，通常為電桿或電塔。依其是否可隨時爬登，分類如下：

（一）隨時可爬登支持物：指具有足夠手把或腳踏釘之支持物，使一般人員不需使用梯子、工具、裝備或特別使力即可攀爬。

（二）非隨時可爬登支持物：指不符合前目規定之支持物，例如支線，或電桿、電塔塔腳等支持物，其最低之二個手把或腳踏釘彼此間，或其最低者與地面、其他可踏觸表面間之距離不小於二・四五公尺或八英尺。電塔上之對角支架除固定點外，不視為手把或腳踏釘。

五十五、斜撐：指支撐支持物或構架之配件；其包括支架、橫擔押及斜材等。

五十六、預力混凝土支持物：指內含鋼筋之混凝土支持物，該鋼筋在混凝土養護之前或之後被拉緊及錨定。

五十七、斷路器：指在正常電路情況下，有投入、承載及啟斷電流能力，並能在特定時間投入、承載及在特定非常態狀況下，例如短路時，有啟斷電流能力之開關裝置。

五十八、斷電：指以啟斷開關、隔離器、跳接線、分接頭或其他方式自所有之供電電源隔離。

五十九、無荷重張力：

（一）最初：指在任何外部荷重加入前，導線之縱向張力。

（二）最終：指導線在其所在荷重區內，經過一相當時間承載指定荷重或等效荷重及荷重移除後，導線之縱向張力。最終無荷重張力應包括彈性疲乏潛變之影響。

六十、　礙子：指用以支撐導線，且使其與其他導線或物體間具有電氣性隔離之絕緣器材。

六十一、道路：指公路之一部分，供車輛使用者，包括路肩及車道。

六十二、路肩：指道路之一部分，緊鄰車道，供緊急時停放車輛使用，及供路基與路面之橫向支撐。

六十三、車道：指供車輛行駛之道路，不含路肩及可供全天停車之巷道。

六十四、回填物：指用以充填開鑿洞穴、溝槽之物質，例如沙子、碎石子、控制性低強度回填材料（CLSM）、混凝土或泥土。

六十五、隔距：指兩物體間量測表面到表面之距離，且其間通常充填固態或液態之物質。

六十六、管路：指一種內含一個以上導線管之構造物。

六十七、管路系統：指任何導線管、管路、人孔、手孔及配電室所結合而成之一個整合體。

六十八、人孔：指位於地面下之箱體，供人員進出，以便進行地下設備與電纜之裝設、操作及維護。

六十九、手孔：指用於地下系統之封閉體，具有開放或封閉之底部，人員無須進入其內部，即可進行安裝、操作、維修設備或電纜。

七十、　　配電室：指一種具堅固結構之封閉體，包括所有側面、頂部及底部，不論在地面上或地面下，僅限合格人員可進入安裝、維護、操作或檢查其內部之設備或電纜。該封閉體可有供通風、人員進出、電纜出入口及其他供操作配電室內設備必要之開孔。

七十一、拖曳鐵錨：指固定於人孔或配電室牆壁、天花板或地板上之錨具，作為拖曳電纜附掛索具之用。

七十二、拖曳張力：指佈放電纜時，施加在電纜上之縱向拉力。

七十三、側面壓力：指佈放電纜時，施加在電纜上之擠壓力。

七十四、標籤：指為防止人員意外之明顯警告標誌，例如「危險」、「工作中」等，掛牌或掛有標籤之設備表示該設備禁止操作，以確保人員安全。

七十五、出地纜線：指地下電纜引出地面之部分。

七十六、亭置式設備：指設於地面安裝檯上之封閉式設備，其封閉體外部為地電位。

七十七、洞道：指涵洞、潛盾洞道、推管洞道等地下構造物，包括其附屬之直井、通風孔、機房或出入口等。

第二章　接地

第一節　通則

第 8 條　　本章目的為提供接地之實務方法，以保護從業人員及大眾避免感電。

第 9 條　　本章適用於供電及通訊導體（線）與設備之接地保護方法。供電及通訊導體（線）與設備應否接地，依其他相關章節規定辦理。

本章規定不適用於電氣軌道之被接地回流部分，及平常與供電導體（線）或通訊導線或設備無關之避雷線。

第二節　接地導體（線）之連接點

第 10 條　　直流供電系統之接地連接點規定如下：

一、七百五十伏特以下：接地連接應僅於供電站為之。在三線式直流系統中，應連接在中性導體（線）上。

二、超過七百五十伏特：供電站及受電站均應施作接地連接，此接地連接應與系統之中性導體（線）為之。接地點或接地電極得位於各站外或遠處。若二站之一中性導體（線）被有效接地，另一個可經由突波

避雷器做接地連接。但站與站間在地理上未分開，例如背對背換流站，其系統中性導體（線）得僅一點接地。

第 11 條　　交流供電系統之接地連接點規定如下：

一、七百五十伏特以下系統之接地點：

(1) 單相三線式之中性導體（線）。

(2) 單相二線式之一邊線。

(3) Y接三相四線式之中性導體（線）。

(4) 單相、二相或三相系統有照明回路者，其接地連接點應在與照明回路共用之回路導體（線）上。

(5) 三相三線式系統非供照明使用者，不論是引接自△接線或非被接地Y接線之變壓器裝置，其接地連接點可為任一電路導體或為個別引接之中性導體（線）。

(6) 接地連接應在電源處，並在所有供電設備之電源側為之。

二、超過七百五十伏特系統之接地點：

(1) 未遮蔽：裸導體（線）、被覆導體（線）或未遮蔽絕緣電纜應在電源中性導體（線）上作接地連接。必要時，得沿中性導體（線）另作接地連接，該中性導體（線）為系統導體（線）之一。

(2) 有遮蔽：

① 地下電纜與架空導線連接處裝有突波避雷器者，電纜遮蔽層之接地應搭接至突波避雷器之接地上。

② 無絕緣外皮之電纜，應在電源變壓器中性點及電纜終端點施作接地連接。

③ 有絕緣外皮之電纜，儘量在電纜之絕緣遮蔽層或被覆，與系統接地之間另施作搭接及接地連接。若因電解或被覆循環電流之顧慮而無法使用多重接地之遮蔽層，遮蔽被覆與接續盒裝置均應加以絕緣，以隔離正常運轉時出現之電壓。搭接用變壓器或電抗器可以取代電纜一端之直接接地連接。

三、個別接地導體（線）：若以外附接地導線作為地下電纜之輔助接地導體（線），應將其直接或經由系統中性導體（線）連接至電源變壓器、電源變壓器配件及電纜配件等被接地處。此接地導體（線）應與電路導體置於相同之直埋或管路佈設路徑。若佈設於磁性導線管內，接

地導體（線）應與電路導體佈設於同一導線管內。但佈設在磁性導線管內之電路，若其導線管之兩端被搭接至個別接地導體（線），此接地導體（線）得不與電路置於同一導線管內。

第 12 條　吊線應被接地者，應連接至電桿或構造物處之接地導體（線），其最大接地間隔應符合下列規定：

一、吊線適合作系統接地導體（線），即符合第十七條第二項第一款、第二款及第五款規定者，每一‧六公里做四個接地連接。

二、吊線不適合作系統接地導體（線）者，每一‧六公里做八個接地連接，接戶設施之接地不計。

支線應被接地者，應連接至下列一個以上之裝置上：

一、被接地之金屬支持物。

二、非金屬支持物上之有效接地物。

三、除在各個接戶設施之接地連接外，每一‧六公里長至少有四個接地連接之線路導體（線）。

同一支持物上之吊線與支線之共同接地規定如下：

一、在同一支持物上之吊線與支線應被接地者，應搭接並連接至下列導體（線）之一：

　(1)　在該支持物處被接地之接地導體（線）。

　(2)　已被搭接，且在其支持物處被接地之個別接地導體（線）或被接地之吊線。

　(3)　一個以上之被接地線路導線或被接地吊線，應在該支持物或他處被搭接，且依前二項所規定之接地間隔在他處被多重接地。

二、在共同交叉支持物體處，吊線及支線應被接地者，應在該支持物處搭接，並依前款第一目規定被接地。但支線連接至被有效接地之架空固定線者，不適用之。

第 13 條　接地連接點之安排應使接地導體（線）在正常狀況下沒有竄入電流。若因使用多重接地而導致接地導體（線）上發現異常竄入電流通過者，應採取下列一種以上之作法：

一、確定接地導體（線）之竄入電流來源，並在其來源處，採取必要措施以降低電流至可接受程度。

二、捨棄一個以上之接地點。

三、改變接地位置。

四、切斷接地連接點相互間接地導體（線）之連續性。

五、其他經主管機關核可限制竄入電流之有效方式。電源變壓器之系統
　　接地不可被移除。

在正常系統條件下，若電力或通訊系統之所有權人或作業人員認為接地
導體（線）不應有電流時，或接地導體（線）電流之電氣特性違反主管機
關所訂相關規定時，該接地導體（線）之電流將被視為竄入電流。

接地導體（線）應有傳導預期故障電流之容量，不致於過熱或造成過高之
電壓，非常態狀況下，該接地導體（線）發揮預期之保護功能時，其流經
之暫時性電流不被視為竄入電流。

第 14 條　　依本規則之規定須被接地之圍籬，應依工程實務設計，以限制接觸電壓、
步間電壓及轉移電壓。

圍籬之接地連接，應被接至封閉式設備之接地系統或予以個別接地，並
符合下列規定：

一、在圍籬門或其他開口處之每一側接地。

二、圍籬門被搭接至接地導體（線）、跳接線或圍籬。

三、除使用非導電之圍籬區段外，使用埋入式之搭接跳接線，於跨越其
　　門或其他開口處做搭接。

四、若在圍籬結構上方裝設刺線，將刺線搭接至接地導體（線）、跳接線
　　或圍籬。

五、若圍籬支柱為導電材質，接地導體（線）視需要與圍籬支柱做適當之
　　連接。

六、若圍籬支柱為非導電材質，每個接地導體（線）處之圍籬網及刺線已
　　做適當之搭接。

第三節　接地導體（線）及連接方法

第 15 條　　接地導體（線）之組成規定如下：

一、接地導體（線）應為銅質、其他金屬或合成金屬材質，在既存環境下，
　　於預期壽命期間不會過度腐蝕。

二、若實務可行，應無接頭或接續。若無法避免有接頭，其施工與維護
　　應防止接地導體（線）之電阻實質增加，並有適當之機械強度及耐蝕
　　性。

三、突波避雷器與接地檢測器之接地導體（線），儘量短、直、無急劇彎
　　曲。

四、建築物或構造物之結構金屬框架，或電氣設備之金屬外殼，可作為連接至可接受接地電極之接地導體（線）之一部分。

五、電路啟斷裝置不得串接在接地導體（線）或其連接導體（線）上，除非其動作時可自動切離連接至有被接地之設備所有電源線。但有下列情形之一者，不在此限：

(1) 超過七百五十伏特之直流系統，得使用接地導體（線）電路啟斷裝置，作為遠端接地電極與當地經由突波避雷器接地間之切換。

(2) 為測試目的，且在適當監督下，得將接地導體（線）暫時斷開。

(3) 藉由突波避雷器之隔離器操作，可切離接至突波避雷器之接地導體（線）。

第 16 條　　接地導體（線）之連接，應與被接地導體（線）及接地導體（線）兩者之特性匹配，且適合暴露於週遭環境之方式來連接。

前項連接方式包括銅銲、熔接、機械式與壓接式、接地夾及接地金屬帶連接。錫銲方式僅可使用於鉛被覆之接合。

第 17 條　　裸接地導體（線）之短時安培容量，為導體（線）在電流流過期間，不致使導體（線）熔化或影響其導體（線）設計特性之承載電流。絕緣接地導體（線）之短時安培容量，為導體（線）在應用之時間內，不致影響絕緣材料設計特性之承載電流。接地導體（線）在同一地點作並聯使用，可考慮其增加之總電流量。

接地導體（線）之安培容量規定如下：

一、單點被接地系統之系統接地導體（線）：單一系統接地電極或接地電極組之系統，不含個別用戶之接地，其系統接地導體（線）短時安培容量，在系統保護裝置動作前之期間內應能耐受流經接地導體（線）之故障電流。若無法確定此電流值，接地導體（線）之連續安培容量不得小於系統電源變壓器或其他電源之滿載連續電流。

二、交流多重接地系統之系統接地導體（線）：交流系統具二個以上位置接地者（不含個別用戶之接地），每一位置之系統接地導體（線）其連續電流總安培容量，不得小於其所連接導體（線）總安培容量之五分之一。

三、儀器用變比器之接地導體（線）：儀器外殼及儀器用變比器二次側電路之接地導體（線），應為三‧五平方毫米或 12 AWG 以上之銅線，或應具有相同短時安培容量之導體（線）。

四、一次側突波避雷器之接地導體（線）：因突波或突波後造成大量電流之狀況下，接地導體（線）應具有足夠之短時安培容量。各避雷器之接地導體（線）應為十四平方毫米或 6 AWG 以上銅線，或二十二平方毫米或 4 AWG 以上鋁線。但銅包鋼線或鋁包鋼線，其導電率應分別為相同直徑之實心銅線或實心鋁線之百分之三十以上。若接地導體（線）之可撓性對其正確動作極為重要，例如鄰近避雷器底座之接地導體（線），即應使用適度可撓之導體（線）。

五、設備、吊線及支線用之接地導體（線）：

(1) 導體（線）：設備、管槽、電纜、吊線、支線、被覆及其他導線用金屬封閉體之接地導體（線），應有足夠短時安培容量，可在系統故障保護裝置動作前之期間內承載故障電流。若未提供過電流或故障保護，接地導體（線）之安培容量應由電路之設計及運轉條件來決定，且應為十四平方毫米或 8 AWG 以上銅線。若可確認導體（線）封閉體及其與設備封閉體連接之配件皆具適足性與連續性，此路徑可構成該設備之接地導體（線）。

(2) 連接：接地導體（線）連接應用適當之接續套、端子或不會妨礙正常檢查、維護或操作之裝置。

六、圍籬：依本規則之規定須被接地之圍籬，其接地導體（線）應符合前款規定。

七、設備框架與外殼之搭接：必要時應提供低阻抗之金屬路徑，以便使故障電流回流到當地電源之接地端子。若為遠端電源，金屬路徑應將可及範圍內之所有其他不帶電導體元件與設備框架及外殼互連，並應依第五款規定，再外加接地。搭接導體（線）之短時安培容量應滿足其責務需求。

八、安培容量限制：任一接地導體（線）之安培容量得小於下列之一：

(1) 提供接地故障電流之相導體安培容量。

(2) 經由接地導體（線）流至所接之接地電極之最大電流。對單點接地導體（線）及所連接之電極，其電流為供電電壓除以接地電極電阻概略值。

九、機械強度：在合理條件下，所有接地導體（線）均應有適當之機械強度。未受防護之接地導體（線），其抗拉強度不得小於十四平方毫米或 8 AWG 軟抽銅線之抗拉強度。

第 18 條　接地導體（線）之防護及保護規定如下：

一、單點被接地系統且暴露於機械損害之接地導體（線）應加以防護。但非大眾可輕易觸及之接地導體（線），或多重接地電路或設備之接地導體（線），不在此限。

二、接地導體（線）若需防護，應針對在合理情況下可能之暴露，以防護物加以保護。接地導體（線）防護物之高度應延伸至大眾可進入之地面或工作台上方二·四五公尺或八英尺以上。

三、接地導體（線）若不需防護，在暴露於受機械損害之場所，應以緊貼在電桿或其他構造物表面之方式來保護，且盡量設於構造物最少暴露之部分。

四、作為避雷保護設備接地導體（線）之防護物，若其完全包封接地導體（線），或其兩端未搭接至接地導體（線），此防護物應為非金屬材料。

第 19 條　地下接地導體（線）及其連接方式規定如下：

一、直埋於地下之接地導體（線）應鬆弛佈設，或應有足夠之強度，以承受該地點正常之地層移動或下陷。

二、接地導體（線）上之直埋式未絕緣接頭或接續點，應以適合使用之方法施作，並有適當之耐蝕性、耐久性、機械特性及安培容量，且應將接頭或接續點之數量減至最少。

三、電纜絕緣遮蔽之接地系統應與在人孔、手孔、洞道、共同管道及配電室中之其他可觸及之被接地電源設備互相連接。但有陰極防蝕保護或遮蔽層換相連接（交錯搭接）者，互相連接可省略。

四、鋼結構、管路、鋼筋等環狀磁性元件，不得將接地導體（線）與其同一電路之相導體隔開。

五、作為接地用之金屬，應確認其適合與土壤、混凝土或泥水等直接接觸。

六、被覆換相連接（交錯搭接）規定如下：

(1) 電纜絕緣遮蔽層或金屬被覆，一般皆有接地，但為減少遮蔽層之循環電流而與大地隔絕者，在人員可觸及處應加以絕緣，以防人員觸及。其換相連接點之搭接跳接線亦應加以絕緣，且均應符合標稱電壓六百伏特設備絕緣之要求。若遮蔽層之常時電壓超過此限，所加之絕緣應能滿足其對地之運轉電壓。

(2) 搭接跳接線之線徑及連接方法，應能承載可能發生之故障電流，而不損傷跳接線之絕緣層或被覆之連結。

第 20 條　　　　供電系統之接地導體（線）安培容量若同時足夠供設備接地之需要者，該
　　　　　　　　導體（線）可兼作為設備接地。該設備係包括供電系統之控制及附屬元件
　　　　　　　　之框架與封閉體、管線槽、電纜遮蔽層及其他封閉體。

第四節　接地電極

第 21 條　　　　接地電極應為永久性裝置，且足以供相關電氣系統使用，並使用共同電
　　　　　　　　極或電極系統，將電氣系統及由其供電之導體（線）封閉體與設備予以接
　　　　　　　　地。此種接地可由此等設備在接地導體（線）連接點處互連達成。

第 22 條　　　　既設電極包括原安裝目的非供接地使用之下列導電物件：

　　　　　　　　一、金屬水管系統：廣域之地下金屬冷水管路系統可作為接地電極。但
　　　　　　　　　　非金屬、無法承載電流之水管或有絕緣接頭之供水系統，不適合作
　　　　　　　　　　為接地電極。

　　　　　　　　二、當地系統：連接至水井之獨立埋設金屬冷水管路系統，若有足夠低
　　　　　　　　　　之對地量測電阻，可作為接地電極。

　　　　　　　　三、混凝土基礎或基腳內之鋼筋系統：未經絕緣，而直接與大地接觸，
　　　　　　　　　　且向地表下方延伸至少九百毫米或三英尺之混凝土基礎或基腳，其
　　　　　　　　　　鋼筋系統可構成有效且為可接受之接地電極型式。被此類基礎所支
　　　　　　　　　　撐之鐵塔、支持物等鋼材若作為接地導體（線）時，應以搭接方式將
　　　　　　　　　　錨錠螺栓與鋼筋互連，或以電纜將鋼筋與混凝土上方構造物互連。
　　　　　　　　　　通常使用之繫筋可視為提供鋼筋籠鋼筋間之適當搭接。

　　　　　　　　瓦斯管不得作為接地電極。

第 23 條　　　　使用設置電極儘量使其穿入永久潮濕層並位於土壤之霜侵線下方。設置
　　　　　　　　電極應為金屬或金屬之組合，在既存環境下，於預期使用壽命期間內不
　　　　　　　　會過度腐蝕。設置電極所有外表面應為導電性，即其外表面無油漆、琺
　　　　　　　　瑯或其他絕緣覆蓋物。

第 24 條　　　　釘入式接地棒可為分段式，其總長不得小於二‧四公尺或八英尺。鐵、
　　　　　　　　鍍鋅鋼或鋼棒之截面直徑不得小於十六毫米或八分之五英寸。銅包覆、
　　　　　　　　不銹鋼或不銹鋼包覆之接地棒，其截面直徑不得小於十三毫米或二分之
　　　　　　　　一英寸。

　　　　　　　　較長之接地棒或多根接地棒可用於降低接地電阻。多根接地棒間之間距
　　　　　　　　不得小於一‧八公尺或六英尺。但其他尺寸或組態之接地棒，若有合格
　　　　　　　　之工程分析支持其適用性者，亦可使用。

釘入深度不得小於二・四公尺或八英尺。除有適當保護措施外，接地棒上端應與地表齊平或低於地表。但有下列情形之一者，不在此限：

一、若遇岩層地盤，釘入深度得小於二・四公尺或八英尺，或使用其他類型之接地電極。

二、使用於亭置式設備、配電室、人孔或類似封閉體內，釘入深度可減少至二・三公尺或七・五英尺。

第 25 條　在高電阻係數之土壤或淺層岩床地區，或須低於釘入式接地棒可達之電阻者，得使用下列一種以上之電極：

一、導線：將符合第十九條第五款規定，直徑四毫米或〇・一六二英寸以上之裸導線埋入地中，其深度不小於四百五十毫米或十八英寸，而埋入總長度不小於三十公尺或一百英尺，且佈放成近似直線者，得作為設置電極。該導線得為單獨一根，或為末端相連或在末端之外以幾個點連接之數根導線；亦得為多條導線以二維陣列並聯形成柵網型式。但有下列情形之一者，不在此限：

(1) 若遇岩層地盤，埋入深度得小於四百五十毫米或十八英寸。

(2) 其他尺寸或組態之接地棒，若有合格之工程分析支持其適用性者，亦可使用。

二、金屬條：總長不小於三・〇公尺或十英尺，兩面總表面積不小於〇・四七平方公尺或五平方英尺，埋入土壤之深度不小於四百五十毫米或十八英寸，得作為設置電極。鐵質金屬電極之厚度不得小於六毫米或〇・二五英寸；非鐵質金屬電極之厚度不得小於一・五毫米或〇・〇六英寸。

三、金屬板或金屬薄板：暴露於土壤之表面積不小於〇・一八五平方公尺或二平方英尺，埋入深度不小於一・五公尺或五英尺，得作為設置電極。鐵質金屬電極之厚度不得小於六毫米或〇・二五英寸；非鐵質金屬電極之厚度不得小於一・五毫米或〇・〇六英寸。

第 26 條　在土壤電阻係數非常低之區域，得以下列二類方式施作，以提供有效接地電極功能：

一、電桿接地銅板：在木質電桿基礎上，電桿底座四周圍繞向上摺起之電桿接地銅板，於符合本章第六節規定限制之位置，得視為可接受之電極。此類基板若為鐵質金屬，厚度不得小於六毫米或四分之一英寸；若為非鐵質金屬，厚度不得小於一・五毫米或〇・〇六英寸。

接觸土壤之基板面積不得小於〇‧〇四六平方公尺或〇‧五平方英尺。

二、電桿接地繞線：設置電極得為木質電桿裝設前事先纏繞在桿上之導線，該纏繞導線應為銅質，或在既存環境下不會過度腐蝕之其他金屬，並應在地表下有連續裸露或與土壤接觸長度不小於三‧七公尺或十二英尺，且延伸至電桿底部之線徑不小於十四平方毫米或 6 AWG。

若符合本章第六節規定，且證實土壤接地電阻相當低時，前項電極可作為一個設置電極，並作為第十二條第一項第一款、第二項第二款、第三十五條及第四十條規定之接地。第一項電極不得作為變壓器位置之唯一接地電極。

第 27 條　使用於大範圍，即最小長度為三十公尺或一百英尺埋設之裸同心中性導體 (線) 電纜與大地接觸之系統，得使用同心中性導體 (線) 電纜作為接地電極。

同心中性導體 (線) 電纜可包覆徑向電阻係數不得超過一百歐姆‧公尺 ($\Omega \cdot m$) 之半導體外皮，且在供電中保持本質之穩定性。

外皮材料之徑向電阻係數為單位長度同心中性導體 (線) 電纜與周圍之導電介質間量測之計算值。

徑向電阻係數等於單位長度之電阻乘以外皮表面積，再除以外皮在中性導體 (線) 上之平均厚度。

第 28 條　符合第十九條第五款規定之金屬線、金屬棒或結構狀物體，包封在未絕緣且與大地直接接觸之混凝土中者，得作為接地電極。混凝土在地表下方之深度不得小於三百毫米或一英尺，建議深度為七百五十毫米或二‧五英尺。若為銅線，其線徑不得小於二十二平方毫米或 4 AWG；若為鋼線，其直徑不得小於九毫米、八分之三英寸、六十平方毫米或 1/0 AWG。除外部引接線外，其長度不得小於六‧一公尺或二十英尺，且應全部置於混凝土內，該導體 (線) 應依實際狀況儘量佈放成直線。

前項金屬導體得由混凝土內許多長度較短且有連接之金屬陣列所組成，例如結構基腳上之鋼筋系統。

其他長度或組態之導線，若有合格之工程分析支持其適用性者，得作為接地電極。

第 29 條　直埋之鋼桿若符合下列規定，得作為接地電極：

一、鋼桿周圍之回填物為原有之泥土、混凝土、其他導電性材質。

二、鋼桿直接與大地接觸，其埋設深度不小於一・五公尺或五・○英尺，且無非導電性覆蓋物。

三、鋼桿之直徑不小於一百二十五毫米或五英寸。

四、鋼桿之金屬厚度不小於六毫米或四分之一英寸。

其他長度或組態之金屬桿，若有合格之工程分析支持其適用性者，得作為接地電極。

第五節　接地電極之連接方法

第 30 條　接地連接應設置於實務上人員可及處，並應以下列適當之耐蝕性、耐久性、機械特性及安培容量之方法接至電極：

一、有效之線夾、配件、銅鉚或銲接。

二、緊栓於接地電極之銅栓。

三、鋼架構造物若採用混凝土包封鋼筋電極，應使用類似鋼筋之鋼棒，以銲接方式連接主垂直鋼筋及錨錠螺栓，錨錠螺栓與位於基腳上鋼柱之基板應有堅固連接，電氣系統之接地得以銲接方式或銅螺栓接至該構造物框架之構件。

四、非鋼架構造物若採用混凝土包封棒狀或導線式電極，其引接之絕緣銅導體（線）應符合第十七條規定，以適合使用於鋼纜之纜線夾連接至鋼棒或導線上。但不小於二十二平方毫米或 4 AWG 之絕緣銅導體（線），不在此限。纜線夾及銅導體（線）之裸露部分，包括在混凝土內暴露線股之末端，於澆注混凝土前，應以灰泥或密封拌料完全覆蓋。銅導體（線）末端應伸出混凝土表面至所需位置，供連接電氣系統用。若引接之銅導體（線）超過混凝土表面，其線徑不得小於三十八平方毫米或 2 AWG。銅導體（線）得由孔底拉出並引接至混凝土外供表面連接。

第 31 條　管路系統上之連接點規定如下：

一、接地導體（線）接至金屬自來水管系統上之連接點，若實務上可行者，儘量接近建築物自來水進水口或欲被接地之設備，且應為可觸及。若水表位於連接點與地下水管之間，金屬自來水管系統，應將水表及接管之管接頭（俗稱由任）等可能造成連接點與管路進水口間電氣不連續之部位搭接，使其形成電氣連續性。

二、設置之接地或被接地之構造物，與可燃液體或一千零三十千帕即
　　一百五十磅／平方英寸以上之高壓氣體輸送管路，除其電氣互連及
　　陰極保護形成一體外，應距離三・〇公尺或十英尺以上。此種管路
　　三・〇公尺或十英尺範圍內應避免接地，或應予協調使交流電危險
　　狀況不存在，且管路之陰極保護不致失效。

第 32 條　接地電極連接點之接觸表面上任何不導電材質，例如琺瑯、銹斑或結垢
　　　　　等物質，應予以澈底刮除，以確保良好連接。但為無需清除不導電塗層
　　　　　者之特殊設計者，不在此限。

第六節　接地電阻

第 33 條　接地系統之設計，應使人員之危險降至最低，並應具有低接地電阻，使
　　　　　電路保護裝置能適當動作。接地系統可由埋入之導體(線)及接地電極組
　　　　　成。

第 34 條　接地系統應依工程實務設計，以抑制接觸電壓、步間電壓、網目電壓及
　　　　　轉移電壓。供電站接地系統之強化，可由多根埋設之導體(線)、接地電
　　　　　極或由兩者互連組合而成。

第 35 條　多重接地系統之中性導體(線)應具有足夠之線徑及安培容量以滿足其責
　　　　　務，並在每個變壓器處及有足夠數量之附加地點，連接至設置電極或既
　　　　　設電極，除各接戶設施之接地點不計外，使設置電極或既設電極於整條
　　　　　線路上每一・六公里或一英里合計至少有四個接地點。但遇有地下水之
　　　　　處，若中性導體(線)有滿足其責務所需之線徑與安培容量，並符合第
　　　　　十一條第二款規定者，不在此限。

第 36 條　用於單點被接地，即單一被接地或△系統之個別設置電極，其接地電阻
　　　　　應符合第三十三條規定，且不超過二十五歐姆。
　　　　　若單一電極之電阻不符合前項規定者，應使用第三十四條規定之接地方
　　　　　法。

第 37 條　配電設備之外殼、比壓(流)器二次側保護網、保護線及鋼桿、鋼塔等，
　　　　　其接地電阻不得大於一百歐姆。鋼桿、鋼塔本身之接地電阻在一百歐姆
　　　　　以下時，得不另裝接地線。

第七節　接地導體（線）之分隔

第 38 條　　下列各類設備與電路之接地導體（線），均應分別佈設至其所屬之接地電極，或將各接地導體（線）個別連接至一足夠容量且有一處以上之良好接地之接地匯流排或系統接地電纜：

一、超過七百五十伏特電路之突波避雷器及運轉電壓超過七百五十伏特設備之框架。

二、七百五十伏特以下之照明與電力線路。

三、電力線路之遮蔽線。

四、非裝在接地之金屬支持物上之避雷針。

第 39 條　　前條第一款至第三款規定之各類設備接地導體（線），在同時符合下列條件下，得利用單一接地導體（線）互連：

一、每一突波避雷器處，均有直接接地連接者。

二、二次側中性導體（線）或被接地之二次側相導體，與符合第四十條規定接地要求之一次側中性導體（線）或遮蔽線共用或連接者。

第 40 條　　一次側與二次側電路利用單一導體（線）作為共用中性導體（線）者，其中性導體（線）每一・六公里或一英里至少應有四個接地連接。但用戶接戶設備處之接地連接不計。

第 41 條　　在非接地或單點接地系統上，二次側中性導體（線）未依第三十九條規定與一次側突波避雷器接地導體（線）互連者，得藉一放電間隙或同等功能之裝置互連。該間隙或裝置之六十赫 (Hz) 崩潰電壓值不小於一次側電路電壓值之二倍，且不需超過十千伏。

於每個接戶進屋點接地外，在二次側中性導體（線）上至少應有一個其他接地連接，其接地電極距避雷器接地電極不得小於六・○公尺或二十英尺。一次側接地導體（線）或二次側接地導體（線）應有六百伏特之絕緣耐壓。

第 42 條　　在多重接地系統上，一次側與二次側中性導體（線）應依第三十九條規定互連。有必要分隔中性導體（線）時，應藉放電間隙或同等功能之裝置互連。該間隙或裝置之六十赫 (Hz) 崩潰電壓值不得超過三千伏。

於每個用戶進屋線之接地外，在二次側中性導體（線）上至少應有一個其他接地連接，其接地電極距一次側中性導體（線）及避雷器接地電極不得小於一・八公尺或六英尺。

若一次側與二次側中性導體（線）未直接互連，一次側接地導體（線）或

二次側接地導體（線），應有六百伏特之絕緣耐壓，且二次側接地導體（線）應依第十八條第二款規定防護。

第 43 條　使用個別電極來隔離系統者，應使用個別之接地導體（線）。若使用多重電極以降低接地電阻時，得將其搭接，並連接至一單一接地導體（線）上。

第 44 條　若供電系統及通訊系統均在一合用支持物上被接地，此二系統應使用一單一接地導體（線），或二系統之接地導體（線）應搭接。但依第三十八條規定分別佈設者，不在此限。

若供電系統一次側與二次側中性導體（線）間維持隔離，通訊系統之接地僅可連接至一次側接地導體（線）。

第八節　通訊設備之接地及搭接附加規定

第 45 條　本規則其他章節規定通訊設備須接地者，依本節規定方式辦理。

第 46 條　接地導體（線）應連接至下列接地電極：

一、接戶設施若被接地至接地電極上，接地導體（線）可接至被接地之接戶線金屬導線管、接戶設備箱體、接地電極導體或接地電極導體之金屬封閉體。

二、若無前款規定之接地方式可採用，接地導體（線）得接至第二十二條規定之接地電極。

三、若無前二款之接地方式可採用，接地導體（線）得接至第二十三條至第二十九條規定之接地電極。適用第二十四條規定時，鐵棒或鋼棒之截面直徑不得小於十三毫米或〇·五英寸，且長度不得小於一·五公尺或五英尺。若為第二十四條第三項但書第一款規定之情形者，釘入深度應達一·五公尺或五英尺。

第 47 條　接地導體（線）應以銅製者較佳，或在通常使用條件下，不致於過度腐蝕之其他金屬，且線徑不得小於二·〇平方毫米或 14 AWG。接地導體（線）應使用螺栓夾或其他適宜之方法實接在電極上。

第 48 條　在建築物或構造物內使用分隔電極時，通訊線路接地電極與供電系統中性導體（線）之接地電極個別設置時，其線徑應使用不小於十四平方毫米或 6 AWG 之銅線或等效搭接線將其搭接。除前節規定應有分隔之情形外，各自電極應搭接。

第三章　架空供電及通訊線路通則

第一節　適用規定

第 49 條　　既設供電線路及通訊線路更換支持物時，設備之配置應依第一百四十一條規定。

第二節　架空線路之裝設

第 50 條　　架空線路器材之最小線徑規格規定如下：

一、支持物鋼料構件之厚度：

　　(1) 接觸土壤之構件：六・〇毫米。

　　(2) 主柱材及重要構件：五・〇毫米。

　　(3) 一般構件：四・〇毫米。

　　(4) 鋼板：四・五毫米。

　　(5) 方形鋼管：二・〇毫米。

二、承受應力之螺栓直徑：

　　(1) 特高壓線：十六毫米或八分之五英寸。

　　(2) 高壓及低壓線：十二毫米或二分之一英寸。

三、鐵材配件之厚度：

　　(1) 承受應力配件：三・〇毫米。

　　(2) 非承受應力配件：二・〇毫米。

四、木桿頂端直徑：

　　(1) 特高壓線：二百毫米。

　　(2) 高壓線：一百五十毫米。

　　(3) 低壓線：一百二十毫米。

五、線材線徑：架空導線、架空地線、支線、接地線等之線徑不得小於附表五〇規定。

六、高壓線方形木橫擔斷面尺寸：七十五毫米乘七十五毫米。

表五〇　架空導線、架空地線、支線、接地線等之最小線徑

線徑（平方毫米） 架空線類		電壓等級 750 伏特以下	超過 750 伏特 至 33 千伏	超過 33 千伏
導線	全鋁線	38	49	150
	鋁合金線	13	18	100
	鋼心鋁線	13	18	100
	銅線	13	18	55
架空地線		22 平方毫米裸銅線或其他具有相同截面與強度以上之電線		
支線		38 平方毫米鍍鋅鋼絞線或其他具有相同截面與強度以上之電線		
接地線		14 平方毫米銅包鋼線或其他具有相同截面、強度與電氣特性以上之電線		

第 51 條　架空線路之架空地線採用小於三十八平方毫米之導線，其桿、塔間距規定如下：

一、電桿上之導線採用小於一百平方毫米全鋁線、六十平方毫米鋼心鋁線或三十八平方毫米銅線者，電桿間距不得大於二百公尺。

二、鐵塔上之導線採用小於二百四十平方毫米全鋁線、一百五十平方毫米鋼心鋁線或一百平方毫米銅線者，鐵塔間距不得大於四百公尺。

第 52 條　架空導線之分歧線之引接規定如下：

一、線路之分歧點應在作業人員易於到達處，並宜在電桿或鐵塔之上。

二、分歧點應有適當之支持，以免分歧線因擺動而與支持物或其他線之絕緣間距不足，及減少登桿 (塔) 或桿 (塔) 上作業之空間。

第三節　感應電壓

第 53 條　供電線路與鄰近管路或線路設施間感應電壓之控制，由電業與相關業者協議處理。

第四節　線路及設備之檢查與測試

第 54 條　架空線路於運轉期間須查驗或調校之部分，其配置應能提供適當之爬登空間、工作空間，與導體（線）間之間隔及其所需之工作設施，供從業人員接近及作業。

第 55 條　架空線路竣工後，應先經巡視及檢查或試驗後，方可載電。

供電中之線路及設備，其檢查及測試規定如下：

一、當線路及設備投入供電時，應符合本規則相關規定。

二、線路及設備應依經驗顯示之必要期間定期檢查。

三、必要時，線路及設備應執行實務測試，以決定維護需求。

四、檢查或測試結果若有任何情況或不良項目，致有不符合本規則規定之虞者，應儘速改善。未能及時改善者應予記錄，並保存至改善完成為止。但其情況或不良項目有危害生命或財產之虞者，應儘速修復、切離電源或隔離。

停用中線路及設備，其檢查及測試規定如下：

一、不常使用之線路及設備於投入供電前，應依實際需要檢查或測試。

二、暫時停用之線路及設備，應維持在安全狀態。

三、永久停用之線路及設備應予移除，或維持在安全狀態。

第五節　線路、支持物及設備之接地

第 56 條　本節所規定之接地，應符合第二章規定之相關接地方法。

第 57 條　架空線路之電路接地規定如下：

一、共同中性導體（線）：一次側及二次側電路所使用之共同中性導體（線），應被有效接地。

二、其他中性導體（線）：一次側線路、二次側線路及接戶中性導體（線）應被有效接地。但設計作為接地故障檢出裝置及阻抗限流裝置之電路，不在此限。

三、其他導體（線）：非中性導體（線）之線路或接戶線導體若需接地，應被有效接地。

四、突波避雷器之動作若與接地有關，應被有效接地。

五、以大地作為電路之一部分者：

(1) 電路之設計，不得利用大地作為正常運轉下該電路任何部分之唯一導體（線）。

　　　　　　(2)　在緊急狀況下及有時限之維護期間內，雙極高壓直流電系統得
　　　　　　　　以單極運轉。

第 58 條　　非載流之金屬或以非載流金屬強化之支持物，包括燈柱、金屬導線管及
　　　　　　管槽、電纜被覆、吊線、金屬框架、箱體，與設備吊架及金屬開關把手
　　　　　　與操作桿，均應被有效接地。但符合下列情形之一者，不在此限：

　　　　　　一、裝設高度距可輕易觸及之表面在二‧四五公尺或八英尺以上，或已
　　　　　　　　有隔離或防護之設備、開關把手及操作桿之框架、箱體及吊架。

　　　　　　二、若設備箱體須為非被接地或連接至電路之串聯電容器，已被隔離或
　　　　　　　　防護之設備箱體，應視為帶電並應予適當之標示。

　　　　　　三、在不與超過三百伏特之開放式供電導線碰觸之設備箱體、框架、設
　　　　　　　　備吊架、導線管、吊線、管槽及僅使用於包覆或支撐通訊導體之電
　　　　　　　　纜被覆。

第 59 條　　非載流之地錨支線及跨距支線應為被有效接地。但符合第二百十一條第
　　　　　　一項及第六十條規定之一個以上支線礙子，嵌進地錨支線或跨距支線者，
　　　　　　此支線得不接地。

第 60 條　　非載流之礙子裝設於地錨支線、跨距支線以替代支線接地者，其裝設規
　　　　　　定如下：

　　　　　　一、所有支線礙子或跨距吊線礙子之裝設，應使支線或跨距吊線斷落到
　　　　　　　　礙子下方時，礙子底部離地面不小於二‧四五公尺或八英尺。

　　　　　　二、礙子之裝設位置，應使支線或跨距吊線因故碰觸帶電導體 (線) 或組
　　　　　　　　件時，不致使電壓轉移到支持物上之其他設備。

　　　　　　三、礙子之裝設位置，應使上方跨距吊線或支線因故下垂互相接觸時，
　　　　　　　　礙子不致失去其絕緣效用。

第 61 條　　在被有效接地系統內，專門用於防止接地棒、錨具、錨樁或管路金屬電
　　　　　　化腐蝕之支線股中之非載流礙子，應符合第二百十一條第一項第三款規
　　　　　　定，且應妥適安裝使支線上段部分符合前三條及第六十二條規定被有效
　　　　　　接地，礙子頂部應裝置在暴露帶電導體 (線) 及組件之下方。

第 62 條　　同一構造物上之多條非載流通訊電纜吊線，暴露在電力碰觸、電力感應
　　　　　　或雷擊危險下者，應依第十二條第一項規定之最大接地間隔共同搭接。

第 63 條　　架空線路之保護網應予接地。

第六節　開關配置

第 64 條　開關之配置規定如下：

一、可觸及性：開關或其控制裝置，應裝設於作業人員可觸及處。

二、標示開啟或關閉之位置：開關之開啟或關閉位置應為視線可及或明顯標識。

三、上鎖：裝設於一般人員可觸及處之開關操作裝置，應於每一操作位置均能予以上鎖。

四、一致之開閉位置：開關之把手或控制機構，應有一致之開閉位置，以減低誤操作。若無法一致，應有明顯標識，以免誤操作。

五、遠端控制、自動輸電或配電架空線路之開關裝置，應於現場設有使遠端或自動控制禁能之裝置。

第七節　支持物

第 65 條　支持物之保護措施規定如下：

一、機械損傷：對於會受到來往車輛擦撞而對其結構強度有實質影響之支持物，應提供適當之保護或警示。但車道外或停車場外之結構組件，不在此限。

二、火災：支持物之設置與維護儘量避免暴露於木柴、草堆、垃圾或建築物火源處。

三、附掛於橋梁：附設於橋梁上超過六百伏特開放式供電導體（線）之支持物，應貼有適當之警告標識。

支持物之爬登裝置規定如下：

一、可隨時爬登之支持物，例如角鋼桿、鐵塔或橋梁附設物，支撐超過三百伏特之開放式供電導體（線）者，若鄰近道路、一般人行道或人員經常聚集之場所，例如學校或公共遊樂場所，均應安裝屏障禁止閒雜人等攀爬，或貼上適當之警告標識。但支持物以高度二‧一三公尺或七英尺以上圍籬限制接近者，不在此限。

二、腳踏釘：永久設置於支持物之腳踏釘，距地面或其他可踏觸之表面，不得小於二‧四五公尺或八英尺。但支持物已被隔離或以高度二‧一三公尺或七英尺以上圍籬限制接近者，不在此限。

三、旁立托架：支持物配置旁立托架，應使下列二者之一，其距離不小於二‧四五公尺或八英尺。但支持物已被隔離者，不在此限。

　　　　(1)　位置最低之托架與地面或其他可踏觸表面。

　　　　(2)　二個最低托架之間。

供電線路與通訊線路之支持物，包括橋梁上之支持物，應適當建構、配置、標示或賦予編號，以便作業人員識別。非經所有權人同意，支持物上不得裝設號誌、招牌、海報、廣告及其他附掛物或張貼物，並應維持支持物上無影響攀爬之危險物，例如大頭釘、釘子、藤蔓及未適當修整之貫穿螺栓。

非經所有權人及管理人同意，支持物上不得附掛裝飾用照明。

第 66 條　導體(線)架設於非僅供或非主要供該線路用之支持物上，應符合本規則之規定。相關主管機關於必要時，得要求採取額外之預防措施，以避免損壞支持物或傷害其使用者。導體(線)應避免以樹木或屋頂為支撐。但接戶導線於必要時得以屋頂為其支撐。

第 67 條　電桿埋入地中之最小深度應依附表六七之規定。

表六七　架空線路電桿埋入深度

電桿長度(公尺)	埋設深度(公尺)		電桿長度(公尺)	埋設深度(公尺)	
	泥地	石塊地	泥地	石塊地	6.0
1.0	0.8	18.0	2.4	1.5	7.5
1.2	0.8	19.0	2.5	1.6	9.0
1.5	1.0	20.0	2.6	1.8	10.5
1.7	1.2	21.0	2.7	1.9	12.0
1.8	1.2	22.0	2.8	2.0	14.0
2.0	1.4	23.0	2.9	2.1	15.0
2.1	1.4	24.0	3.0	2.2	16.0
2.2	1.5	25.0	3.0	2.2	17.0
2.3	1.5				

第 68 條　支線之保護及標示規定如下：

一、暴露於人行道或人員常到處之支線，其地面端應以一・八公尺以上之堅固且明顯之標識標示之。標識可使用與環境成對比之顏色或顏色圖案加強可視度。

二、位於停車場內之固定錨，其支線應予標示或保護以避免車輛之碰觸。

三、位於道路外或停車場外之支線錨，得不予保護或標示。

第八節　植物修剪

第 69 條　植物有妨礙供電線路安全之虞，或依據經驗顯示有必要時，應通知該植物所有權人或占有人後，予以砍伐或修剪。必要時，得以合適材料或裝置將導體(線)與樹木隔開，以避免導體(線)因磨擦及經由樹木接地造成損害。

第 70 條　在線路交叉處、鐵路平交道及有進出管制之道路交叉口，每一側之交叉跨距與鄰接跨距，儘量避免有伸出或枯萎之樹木或枝葉掉落於線路上。

第九節　各種等級之線路與設備關係

第 71 條　不同類別線路裝設位置相對高低規定如下：

一、標準化：不同類別導體(線)裝設位置之相對高低，其標準化得由相關電業協議定之。

二、供電線路與通訊線路互相跨越或掛於同一支持物：供電線路應在較高位置。但架空地線內附光纖電纜當通訊線路使用者，不在此限。

三、不同電壓等級供電線路，包括七百五十伏特以下、超過七百五十伏特至八‧七千伏、超過八‧七千伏至二十二千伏及超過二十二千伏至五十千伏，其裝設位置相對高低規定如下：

(1) 在交叉或衝突處：不同電壓等級之供電線路相互交叉或有結構物衝突時，電壓較高之線路應裝設於較高位置。

(2) 在僅使用於供電線路之支持物上：同一支持物上不同電壓等級之供電線路，其裝設位置相對高低規定如下：

① 所有線路為一家電業擁有，電壓等級較高線路應置於電壓較低線路上方。但使用符合第七十八條第一款之供電電纜者，不在此限。

② 不同之線路由不同電業擁有，每一電業之線路可集成一組，且一組線路可置於其他組線路之上方。但每組線路中，較高電壓線路應在較高位置，並符合下列規定：

❶ 不同電業之最靠近線路導體(線)間之垂直間隔，不小於附表一一四之要求。

❷ 放置在較高電壓等級導線上方之較低電壓等級導體(線)，應置於該支持物之另一側。

❸ 所有權人及電壓等級均應予明顯標示。

四、供電線路及通訊線路之所有導線，儘量安排在全線一致之位置，或予以組構、配置、標示、賦予編號，或安裝在可區別之礙子或橫擔上，使作業人員得以識別。

五、供電線路及通訊線路之所有設備，儘量安排在全線一致之位置，或予以組構、配置、標示、賦予編號，使作業人員得以識別。

第 72 條　不同之二條線路，其中至少一條為供電線路者，應予隔開，以避免線路相互衝突。若實務上無法降低衝突時，儘量隔開衝突線路，並依第五章規定之建設等級予以裝設，或將二線路合併在同一支持物上。

第 73 條　公路、道路、街道與巷道沿線之線路，得考慮合用支持物。合用支持物與分隔線路之選擇，應合併考量所有涉及之因素，包括線路特性、導體(線)總數與重量、樹木狀況、分路及架空接戶線之數目與位置、結構物衝突、可用路權等。合用經協商同意後，應依第五章規定之適當建設等級裝設。

第十節　通訊保護

第 74 條　架空通訊設備非由合格人員管控，且永久連接在線路上，有遭受下列任一情況者，應依第三項規定所列之一種以上措施保護之：

一、雷擊。

二、與對地電壓超過三百伏特之供電導線碰觸。

三、暫態上升接地電位超過三百伏特。

四、穩態感應電壓達危險之虞。

若通訊電纜位於有大量接地電流可能流通之供電站附近時，應評估接地電流對該通訊電纜之影響。

通訊設備依第一項規定需要保護者，應以絕緣材料提供足以承受預期外加電壓之保護措施，必要時藉突波避雷器搭配可熔元件予以保護。於雷擊頻繁地區等嚴重情況下，須採用額外裝置之保護設備，例如輔助避雷器、洩流線圈、中和變壓器或隔離裝置等。

第十一節　供電設施空間之通訊線路及通訊設施空間之供電線路

第 75 條　位於供電設施空間之通訊線路僅可由被授權之合格人員在供電設施空間內作業，並應依本規則相關規定安裝及維護。

供電設施空間之通訊線路依適用情形，應符合下列間隔規定：

一、由被有效接地吊線支撐之絕緣通訊電纜，其與通訊設施空間之通訊線路及供電設施空間之供電導線間之間隔，應準用第八十條第一款中性導體（線）與通訊線路及供電線路相同之間隔。

二、供電設施空間之光纖電纜應符合第八十一條規定。

位於系統一部分供電設施空間內之通訊線路，有下列情形之一者，可置於系統其他部分之通訊設施空間：

一、通訊線路為非導電性光纖電纜。

二、通訊線路有任一部分位於帶電之供電導線或電纜上方，且以無熔線之突波避雷器、洩流線圈或其他合適裝置予以保護，使通訊線路之對地電壓限制在四百伏特以下。

三、通訊線路全部位於供電導線下方，且通訊裝置之保護符合前節規定。

四、供電設施空間與通訊設施空間之換位，僅限於線路同一支持物上進行。但架空接戶線符合前二款規定者，換位可起始於供電設施空間之線路支持物或跨線上，終止在使用建築物或支持物上之通訊設施空間。

第 76 條　供電電路專供通訊系統之設備使用時，應依下列規定方式安裝：

一、開放式電路應符合本規則與電壓有關之供電或通訊電路所要求之建設等級、間隔及絕緣等規定。

二、交流運轉電壓超過九十伏特或直流運轉電壓超過一百五十伏特之特殊電路，且單獨供電給通訊設備者，於下列情形之一者，得包括於通訊電纜內。但傳輸功率一百五十瓦特以下之通訊電路，不在此限。

　　(1) 該電纜具有被有效接地之導電性被覆層或遮蔽層，且其每一電路以被有效接地之遮蔽層個別包覆在導線內。

　　(2) 該電纜內之所有電路係屬同一業者所有或運轉，且僅限合格人員維護。

　　(3) 該電纜內供電電路之終端僅限合格人員可觸及。

　　(4) 由該電纜引出之通訊線路，其終端若不引接至中繼站或終端機室，且有予保護或配置，使該電纜於發生事故時，通訊電路之對地電壓不超過四百伏特。

　　(5) 電源之終端設備配置使該供電電路通電時，帶電組件非可觸及。

第四章　架空線路相關間隔

第一節　通則

第 77 條　架空供電線路及通訊線路之相關間隔規定如下:

一、永久性及臨時性裝置:永久性及臨時性裝置之相關間隔應符合本章
　　規定。架空線路因本身之永久性伸長或支持物之傾斜移動,以致間
　　隔與本規則規定不符者,應調整至符合規定。

二、緊急性裝置:本章所規定之間隔,於緊急裝置中,若符合下列情形
　　之一者,得酌予縮減:

　　(1)　七百五十伏特以下之開放式供電導線與符合第七十八條規定之
　　　　供電電纜,及通訊導線與電纜、支線、吊線及符合第八十條第
　　　　一款規定之中性導體(線)等,於大型車輛通行之區域,距離地
　　　　面至少四‧八公尺或十五‧五英尺,或屬於行人或特定交通工
　　　　具通行之區域,且在緊急情況時,該區域不預期有交通工具通
　　　　行,除本章另有規定較小之間隔外,距離地面至少二‧七公尺
　　　　或九英尺。

　　(2)　前目所稱大型車輛,係指高度超過二‧四五公尺或八英尺之任
　　　　何交通工具。屬於行人或特定交通工具通行之區域,係指於該
　　　　區域因法規或永久之地形結構限制,不允許高度超過二‧四五
　　　　公尺或八英尺之交通工具、馬背上之騎士或其他移動物件通行,
　　　　或於該區域平常無交通工具通行,亦不預期有交通工具通行,
　　　　或有其他因素限制交通工具通行。

　　(3)　電壓超過七百五十伏特之開放式供電導線,視其電壓及現場狀
　　　　況,其垂直間隔大於第一目規定值。

　　(4)　在緊急情況下,得依現場狀況採取實務上可行之作法,容許縮
　　　　減水平間隔。

　　(5)　供電電纜及通訊電纜若有防護措施,或佈設於不妨礙行人或車
　　　　輛通行處,且有適當標識者,得直接佈設於地面上。

　　(6)　僅限合格人員進出處,其間隔不予指定。

　　間隔量測作業時,帶電金屬體電氣連接至線路導體(線)時,該帶電金屬
　　體應視為線路導體(線)之一部分。電纜終端接頭、突波避雷器及類似設
　　施之金屬底座應視為支持物之一部分。

第 78 條　供電電纜包括接續及分接，若能承受適用標準要求之耐電壓試驗，且符合下列情形之一者，其間隔得小於相同電壓開放式導線之間隔：

一、符合第八十條第一款規定之中性導體（線）或多股同心中性導體（線），或被有效接地之裸吊線支撐或絞繞之電纜符合下列情形之一：

　(1)　具有連續金屬被覆或遮蔽層且被有效接地之任何電壓等級電纜。

　(2)　設計運轉於二十二千伏以下多重被接地系統，具有半導電絕緣體遮蔽層及適當接地用金屬洩流裝置組合之電纜。

二、除前款情形外，以連續輔助半導電遮蔽層及適當接地用金屬洩流裝置組合包覆，且為被有效接地裸吊線支撐及絞繞之任何電壓等級電纜。

三、未遮蔽絕緣電纜運轉於相對相電壓五千伏以下，或相對地電壓二‧九千伏以下，並以被有效接地裸吊線或中性導體（線）支撐及絞繞。

第 79 條　被覆導線視為裸導線，準用開放式導體（線）間隔規定。但由同一電業所擁有、運轉或維護，且導線被覆層提供之絕緣強度，足以限制導線間或導線與被接地導線間，瞬間碰觸時發生短路之可能性者，其相同或不同回路導線之間隔，含被接地導線，得酌予縮減。

間隔器得用於維持導線間隔及提供支撐。

第 80 條　中性導體（線）之間隔規定如下：

一、中性導體（線）全線為被有效接地，且其電路對地電壓為二十二千伏以下者，得準用支線及吊線規定，採相同之間隔。

二、前款以外供電線路之中性導體（線）與相關導線之間隔，應準用該中性導體（線）所屬電路之供電導線規定，採相同之間隔。

第 81 條　光纖電纜之間隔應符合下列規定：

一、位於供電設施空間之光纖電纜：

　(1)　以全線被有效接地之吊線支撐，或係完全絕緣，或以完全絕緣之吊線支撐者，其與通訊設施之間隔，準用前條第一款之規定。

　(2)　未符合前目之規定，而以吊線或電纜內吊線支撐者，其與通訊設施之間隔，準用吊線與通訊設施間之間隔。

　(3)　附於導線上或置於導線內，或光纖電纜組件內含有導線或電纜被覆層者，其與通訊設施之間隔，準用上述導線與通訊設施間之間隔，且符合前二目之規定。

　(4)　若符合第七十五條第三項規定，其位於通訊設施空間部分，準

用通訊設施空間之通訊電纜間隔之規定。

二、位於通訊設施空間之光纖電纜與供電設施之間隔，準用通訊用吊線與供電設施間之間隔。

第 82 條　直流電路之間隔，應準用對地電壓波峰值相同交流電路之間隔。

第 83 條　定電流電路之間隔，應以該電路正常滿載之電壓為準。

第二節　架空線路之支持物與其他構物間之間隔

第 84 條　架空線路之支持物、橫擔、地錨支線、附掛設備及斜撐等與其他構物間，應保持本節規定之間隔，其間隔應以相關構物間最接近部位量測。

第 85 條　支持物與消防栓之間隔不得小於一·二公尺或四英尺。但有下列情況者，不在此限：

一、若情況不允許者，其間隔得縮減為九百毫米或三英尺以上。

二、經當地消防機關及電桿所有權人雙方同意者，其間隔得予縮減。

第 86 條　支持物與街道、公路之間隔規定如下：

一、公路若有緣石時，支持物、橫擔、地錨支線及附掛設備等自地面起至四·六公尺或十五英尺以下部分，應與緣石之車道側維持足夠之距離，以避免被平常行駛及停放於車道邊之車輛碰觸。於公路緣石轉彎處，上述距離不得小於一百五十毫米或六英寸。若為鋪設型或混凝土窪地型緣石，上述設施應位於緣石之人行道側。

二、公路若為無緣石或無人行道時，支持物應靠道路邊緣設置，與車道維持足夠之距離，以避免被平常行駛之車輛碰觸。

三、電業於公路、街道或高速公路上裝設之架空線路，若因路權狹窄或緊鄰密集房屋等特殊狀況，應採可行之技術予以解決。

第 87 條　架空線路與鐵路軌道平行或交叉時，距最近軌道上方六·七公尺或二十二英尺以下範圍，支持物所有部位、橫擔、地錨支線及附掛設備，與軌道之水平間隔不得小於下列規定：

一、與最近軌道水平間隔保持三·六公尺或十二英尺以上。

二、前款規定之間隔，若經鐵路機關同意後得予縮減。

第三節　支吊線、導線、電纜及設備等與地面、道路、軌道或水面之垂直間隔

第 88 條　　第八十九條第一款規定之垂直間隔，適用於下列導線溫度及荷重情況下，所產生之最大最終弛度之表面間距離：

一、導線運轉溫度為攝氏五十度以下者，以攝氏五十度為準之無風位移。

二、線路設計之導線最高正常運轉溫度超過攝氏五十度者，以導線最高正常運轉溫度為準之無風位移。

三、若線路經過下雪地區，且前二款之對地基本垂直間隔係由支吊線及導線著冰條件決定者，應另考慮前二款所規定溫度下無荷重支吊線及導線弛度與攝氏零度無風位移，厚度六毫米，比重〇‧九之等效圓筒套冰下支吊線及導線弛度之差，取此差值與前述弛度差值之較大者為增加間隔。

第 89 條　　支持物上之支吊線、導線、電纜、設備及橫擔等與地面、道路、軌道或水面之垂直間隔規定如下：

一、支吊線、導線及電纜與一般情形下可接近之地面、道路、軌道或水面等之垂直間隔，不得小於附表八九～一所示值。

二、設備中未防護硬質帶電組件，例如電纜終端接頭、變壓器套管、突波避雷器，及連接至上述硬質帶電組件，且弛度不會變化之短節供電導線，與地面、道路或水面之垂直間隔，不得小於附表八九～二所示值。

三、開關操作把手、設備箱體、橫擔、平台及延伸超出結構體表面外斜撐與地面、道路或水面之垂直間隔，不得小於附表八九～二所示值。上述間隔不適用於格狀鐵塔結構內之斜撐、電桿間之 X 斜撐及支撐桿。

表八九～一　架空線路支吊線、導線及電纜與地面、道路、軌道或水面之垂直間隔[註1]

間隔（公尺） 對象及性質	架空線種類 絕緣通訊導線與電纜；吊線；架空遮蔽線或架空地線（突波保護線）；被接地支線；暴露於300伏特以下之非被接地支線[註8,11]；符合第八十條第一款規定之中性導體（線）；符合第七十八條第一款規定之供電電纜	未絕緣通訊導線；符合第七十八條第二款或第三款規定750伏特以下之供電電纜	符合第七十八條第二款或第三款規定超過750伏特之供電電纜；750伏特以下之開放式供電導線[註4]；暴露於超過300伏特至750伏特之非被接地支線[註10]	超過750伏特至22千伏之開放式供電導線；暴露於超過750伏特至22千伏之非被接地支線[註10]
支吊線、導線或電纜跨越或懸吊通過				
1. 鐵路軌道（電氣化鐵路使用架空電車線者除外）[註3,12,18]	7.2	7.3	7.5	8.1
2. 道路、街道及其他供卡車通行之區域[註19]	4.7	4.9	5.0	5.6
3. 車道、停車場及巷道[註19]	4.7	4.9	5.0	5.6
4. 其他供車輛通行之地區，例如耕地、牧場、森林、果園等土地、工業廠區、商業場區[註21]	4.7	4.9	5.0	5.6
5. 人畜不易接近處	3.7	4.5	4.5	4.9
6. 供行人或特定交通工具（限高2.5公尺以下）之空間及道路[註6]	2.9	3.6[註5]	3.8[註5]	4.4
7. 不適合帆船航行或禁止帆船航行之水域[註17]	4.0	4.4	4.6	5.2

表八九～一　架空線路支吊線、導線及電纜與地面、道路、軌道或水面之垂直間隔[1]（續）

間隔（公尺） 對象及性質	架空線種類	絕緣通訊導線與電纜；吊線；架空遮蔽線或架空地線（突波保護線）；被接地支線；暴露於300伏特以下之非被接地支線[8,11]；符合第八十條第一款規定之中性導體（線）；符合第七十八條第一款規定之供電電纜	未絕緣通訊導線；符合第七十八條第二款或第三款規定750伏特以下之供電電纜	符合第七十八條第二款或第三款規定超過750伏特之供電電纜；750伏特以下之開放式供電導線[4]；暴露於超過300伏特至750伏特之非被接地支線[10]	超過750伏特至22千伏之開放式供電導線；暴露於超過750伏特至22千伏之非被接地支線[10]
8. 適宜帆船航行之水域，包括湖泊、水塘、水庫、受潮水漲落影響之水域、河川、溪流，及[13、14、15、16、17]所述無阻礙水面之運河	洪水位	1.6	1.6	2.2	2.2
	平常水位	4.5	4.5	5.0	5.2
支吊線、導線或電纜沿道路架設，但不懸吊在車道上方					
9. 道路、街道或巷道		4.7[20]	4.9	5.0	5.6
10. 線路下方不可能有車輛穿越之道路		4.1[7,9]	4.3[7]	4.4[7]	5.0

註：1. 本表所列電壓係指被有效接地電路之相對地電壓，及其他於接地故障時，其斷路器於起始及後續動作後，能迅速啟斷故障區段電路之相對地電壓。其他系統之電壓參見第一章第二節用詞定義規定。

2. 若因地下道、隧道或橋梁之需要，線路與地面或軌道之垂直間隔得局部採用小於本表所示值。

3. 支吊線、導線或電纜跨越礦區、伐木區及類似鐵路等，且僅供低於限高 6.1 公尺之車輛通行者，其垂直間隔得以最高裝貨貨車高度與 6.1 公尺之差值予以降低，但其垂直間隔不得小於跨越街道之間隔規定。

4. 不含符合第八十條第一款規定之中性導體 (線)。

5. 若因住戶建築物之高度致使接戶端離地高度無法符合本表所示值時，其垂直間隔得縮減至下列值：

   (1) 絕緣供電接戶線對地電壓 300 伏特以下者：3.2 公尺。

   (2) 絕緣供電接戶線接戶端彎曲部分，對地電壓 300 伏特以下者：3.2 公尺。

   (3) 供電接戶線對地電壓 150 伏特以下，且符合第七十八條第一款或第三款規定者：3.0 公尺。

   (4) 僅供電接戶線接戶端之彎曲部分，對地電壓 150 伏特以下，且符合第七十八條第一款或第三款規定者：3.0 公尺。

6. 例如移動式機具、車輛或載人之大型動物等僅供行人或特定交通工具通行之空間或道路，係指限高 2.45 公尺以下之區域。

7. 沿道路架設之供電或通訊線路，其位置若靠近圍籬、溝渠、堤防等，線路下方之地面，除行人外，不預期有車輛、機具等通行者，其垂直間隔得縮減至下列值：

   (1) 絕緣通訊導線及通訊電纜：2.9 公尺。

   (2) 其他通訊電路之導線：2.9 公尺。

   (3) 符合第七十八條第一款規定任何電壓之供電電纜，符合第七十八條第一款或第三款規定對地電壓 150 伏特以下之供電電纜，及符合第八十條第一款規定之中性導體 (線)：2.9 公尺。

   (4) 絕緣供電導線對地電壓 300 伏特以下者：3.8 公尺。

   (5) 水平支線：2.9 公尺。

8. 地錨支線不跨越鐵路軌道、街道、車道、道路或小路者，其離地間隔不予規定。

9. 通訊導線及支線之垂直間隔得縮減至 4 公尺。

10. 非被接地支線及兩支持物間非被接地跨距支線之拉線礙子間，其垂直間隔應依暴露導線或支線鬆弛時，以其鄰近暴露之線路最高電壓決定之。

11. 符合第二百十一條及第二百十二條規定支線加裝拉線礙子者，得採用與被接地支線相同之間隔。

12. 若經管理單位協議同意，線路靠近限高 6.1 公尺以下之隧道及高架橋梁時，其間隔得以鐵路車輛載貨最大高度與 6.1 公尺之差值予以縮減。

13. 有水位控制之集水區，其水面面積及對應之垂直間隔，應以設計之高水位為準。

14. 無水位控制之水流區，其水面面積應為每年高水位標記所圍繞之面積。垂直間隔應以正常洪水位為準，若有資料，得假設十年洪水位為正常洪水位。

15. 河川、溪流及運河上方之間隔，應以任何 1.6 公里長之區段，含匯流處之最大水面面積為準。通常用以提供帆船航行至較大水域之運河、河川、溪流上方之間隔，應採用與較大水域要求之相同間隔。

16. 若受水面上方阻礙物限制，船隻高度小於附表九一～一適用之基準高度時，要求之間隔得以基準高度與水面上方阻礙物離水高度之差值予以縮減。但縮減後之間隔未小於阻礙物之線路跨越側，水面面積所要求之間隔者，不在此限。

17. 若管理單位已核發跨越許可者，從其規定。

18. 參見第一百零六條對鐵路車輛要求之水平間隔及車頂垂直間隔規定。

19. 本表所指之卡車，係指高度超過 2.45 公尺之任何車輛。

20. 若電桿豎立在道路緣石或其他車輛阻礙物之外時，通訊電纜及導線之垂直間隔得為 4.6 公尺。

21. 為適合超大型車輛通行，設計線路時，表列垂直間隔值應另加已知超過大型車輛高度與 4.3 公尺之差值。

表八九～二　架空線路設備外殼、橫擔、平台、斜撐及未防護硬質帶電組件與地面、道路或水面之基本垂直間隔[註1]

間隔（公尺） 地面性質	架空線路設備 非金屬或被有效接地橫擔、開關把手、平台、斜撐及設備外殼	750 伏特以下未防護硬質帶電組件及內含設備連接至 750 伏特以上電路之非被接地外殼	超過 750 伏特至 22 千伏未防護硬質帶電組件及內含設備連接至超過 750 伏特至 22 千伏電路之非被接地外殼
1. 硬質部分懸吊在上方			
(1) 道路、街道及其他卡車通行區域[註4]	4.6	4.9	5.5
(2) 車道、停車場及巷道	4.6	4.9[註6]	5.5
(3) 其他供車輛橫越之地區，例如耕地、牧場、森林、果園等土地、工業廠區、商業廠區	4.6[註7]	4.9	5.5
(4) 僅供行人通行或特定交通工具通行之空間及道路[註5]	3.4[註7]	3.6[註2]	4.3

表八九～二　架空線路設備外殼、橫擔、平台、斜撐及未防護硬質帶電組件與地面、道路或水面之基本垂直間隔[註1]（續）

架空線路設備 間隔（公尺） 地面性質	非金屬或被有效接地橫擔、開關把手、平台、斜撐及設備外殼	750 伏特以下未防護硬質帶電組件及內含設備連接至 750 伏特以上電路之非被接地外殼	超過 750 伏特至 22 千伏未防護硬質帶電組件及內含設備連接至超過 750 伏特至 22 千伏電路之非被接地外殼
2. 硬質部分沿高速公路或其他道路裝設，且在路權範圍內，但不懸吊在道路上方			
(1) 道路、街道及巷道	4.6[註7]	4.9	5.5
(2) 線路下方不可能有車輛穿越之道路	4.0[註7]	4.3[註3]	4.9
(3) 不適合帆船航行或禁止帆船航行之水域[註8]	4.3	4.4	4.6

註：1. 本表所列電壓係指被有效接地電路之相對地電壓，及其他於接地故障時，其斷路器於起始及後續動作後，能迅速啟斷故障區段電路之相對地電壓。其他系統之電壓參見第一章第二節用詞定義規定。

2. 對地電壓 150 伏特以下之帶電組件有絕緣防護者，其間隔得縮減至 3.0 公尺。

3. 沿道路架設對地電壓 300 伏特以下之供電線路，其位置若靠近圍籬、溝渠、堤防等，線路下方之地面，除行人外，不預期有車輛、機具等通行者，其垂直間隔得縮減至 3.6 公尺。

4. 本表所指之卡車，係指高度超過 2.45 公尺之任何車輛。

5. 例如移動式機具、車輛或載人之大型動物等僅供行人或特定交通工具通行之空間或道路，係指限高 2.45 公尺以下之區域。

6. 不供卡車通行之車道、停車場、巷道，其垂直間隔得縮減至下列值：

(1) 對地電壓 300 伏特以下之帶電組件，有防護絕緣者：3.6 公尺。

(2) 對地電壓 150 伏特以下之帶電組件，有防護絕緣者：3.0 公尺。

7. 若被有效接地之開關把手及供電或通訊設備之外殼，例如消防警報箱、控制箱、通訊端子、儀表或類似設備之箱體不妨礙走道者，得將其裝在較低之位置，以利人員作業。

8. 若管理單位已核發跨越許可者，從其規定。

第 90 條　電壓超過二十二千伏之支吊線、導線、電纜及設備中未防護硬質帶電組件，其與地面、道路或水面之垂直間隔規定如下：

一、電壓超過二十二千伏至四百七十千伏者，其間隔應依附表八九～一或附表八九～二所示值，超過二十二千伏部分，每增加一千伏須再加十毫米或〇‧四英寸。電壓超過四百七十千伏者，其間隔應依第九十一條規定。電壓超過五十千伏之線路，其增加間隔應以最高運轉電壓為基準。

二、電壓超過五十千伏，除依前款規定間隔外，海拔超過一千公尺或三千三百英尺部分，每三百公尺或一千英尺間隔應再增加百分之三。

第 91 條　已知開關突波因數之交流對地電壓超過九十八千伏或直流對地電壓超過一百三十九千伏之線路，符合下列規定者，第八十九條及前條所規定之間隔得予修正；其修正後間隔不得小於依第二款規定之基準高度加上第三款規定之電氣影響間隔，及於附表八九～一或附表八九～二中以交流電壓九十八千伏相對地電壓計算之間隔：

一、線路導線之弛度條件：線路導線於第八十八條規定之導線溫度及荷重情況下，其垂直間隔仍應符合規定。

二、基準高度：基準高度應符合附表九一～一之規定。

三、電氣影響間隔：

(1) 電氣影響間隔 (D) 應以下列公式計算，或符合附表九一～二之規定：$D = 1.00 \left[\dfrac{V \cdot (PU) \cdot a}{500K} \right]^{1.667} b \cdot c$（公尺）

① V＝以千伏為單位，交流對地最大運轉電壓波峰值或直流對地最大運轉電壓。

② PU＝最大開關突波因數，係以對地電壓波峰值之標么值 (PU) 表示。

③ a＝一‧一五，三個標準差之容許係數。

④ b＝一‧〇三，非標準大氣狀況下之容許係數。

⑤ c＝一‧二，安全係數。

⑥ K＝一‧一五，導線與平面間隙之配置因數。

(2) 海拔超過四百五十公尺或一千五百英尺部分，每三百公尺或一千英尺，其電氣影響間隔值應再增加百分之三。

表九一～一　支持物交流對地電壓超過九十八千伏或直流對地電壓
超過一百三十九千伏架空線路之基準高度

	線下地面性質	（公尺）
1.	街道、巷道、道路、車道及停車場	4.3
2.	僅供行人或特定交通工具通行之空間及道路[註1]	3.0
3.	其他供車輛橫越之土地，例如耕地、牧場、森林、果園等	4.3
4.	不適合帆船航行或禁止帆船航行之水域	3.8
5.	適宜帆船航行之水域，包括湖泊、水塘、水庫、受潮水漲落影響之水域、河川、溪流及無障礙水面之運河[註2,3]	
	(1) 面積小於 0.08 平方公里 (km²)	4.9
	(2) 面積超過 0.08 至 0.8 平方公里 (km²)	7.3
	(3) 面積超過 0.8 至 8 平方公里 (km²)	9.0
	(4) 面積超過 8 平方公里 (km²)	11.0
6.	在公有或私有土地及水域，有帆船索具或起航標誌之場所，其垂直間隔應比上述 5 各型水域所示值大 1.5 公尺以上	

註：1. 僅供行人或特定交通工具，例如移動式機具、車輛或載人之大型動物等通行之空間或道路，係指限高 2.45 公尺以下之區域。

2. 有水位控制之集水區，其水面面積及對應之垂直間隔，應以設計之高水位為準。其他水域之水面面積應為每年高水位標記所圍繞之面積，其垂直間隔應以正常洪水位為準。河川、溪流及運河上方之間隔，應以任何 1600 公尺長之區段，含匯流處之最大水面面積為準。提供帆船航行至較大水域之運河或類似水路上方之間隔，應採用與較大水域要求之相同間隔。

3. 若受水面上方阻礙物限制，船隻高度小於適用之基準高度時，要求之間隔得以基準高度與水面上方阻礙物離水高度之差值予以縮減。但縮減後之間隔不小於阻礙物之線路跨越側水面面積所要求之間隔者，不在此限。

表九一～二　第九十一條第三款第一目規定電氣影響間隔[註1]

相對相最高運轉電壓（千伏）	開關突波因數（標么值）	開關突波（千伏）	電氣影響間隔（公尺）
242	3.54 以下	700 以下	2.17[註2]
362	2.37 以下	700 以下	2.17[註2]
550	1.56 以下	700 以下	2.17[註2]
	1.90	853	3.1
	2.00	898	3.3
	2.20	988	3.9
	2.40	1079	4.5
	2.60	1168	5.1
800	1.60	1045	4.3
	1.80	1176	5.2
	2.00	1306	6.2
	2.10 以上	1372 以上	6.7[註3]

註：1.　海拔超過 450 公尺部分，每 300 公尺，間隔再增加 3%。依第九十一條第三款第三目規定，
　　　　增加間隔以限制靜電效應。
　　　2.　受第九十一條第四款規定之限制。
　　　3.　受第八十八條及第八十九條規定之限制。

第四節　架設於不同支持物上支吊線、導線及電纜間之間隔

第 92 條　　若實務可行情況，相互交叉之支吊線、導線或電纜應架設於共同支持物
　　　　　　上。若不可行，須架設於不同支持物上任何兩交叉或相鄰之支吊線、
　　　　　　導線或電纜，於跨距中之任何位置，其水平或垂直間隔，不得小於第
　　　　　　九十三條至第九十六條規定。支吊線、導線或電纜擺動範圍及間隔範圍
　　　　　　規定如下：

　　　　　　一、擺動範圍：導線擺動範圍應依下列導線擺動最大位移點之軌跡構成，
　　　　　　　　如附圖九二～一所示：

　　　　　　　　(1)　攝氏十五度之無風位移時，最初無荷重弛度之導線位置 A 至最
　　　　　　　　　　終無荷重弛度即導線位置 C。

　　　　　　　　(2)　支吊線、導線或電纜在攝氏十五度，從靜止狀態受二百九十帕
　　　　　　　　　　(Pa) 或三十公斤／平方公尺之風壓吹移，其位移包括懸垂礙子
　　　　　　　　　　及支持物擺動部分，其中最初弛度點偏移至導線位置 B，最終

弛度點偏移至導線位置 D。若線路全跨距非常靠近能擋風之建築物、地形或其他阻礙物，使風無法從任一邊橫向吹過導線者，其風壓得縮減至一百九十帕(Pa)或二十公斤／平方公尺。樹木不得作為線路之擋風物。

(3) 最終弛度於第八十八條規定荷重狀態下所產生之最大弛度即導線位置 E。

二、間隔範圍：有關附圖九二～二所示之間隔範圍，應依第九十三條規定之水平間隔及第九十四條至第九十六條規定之垂直間隔決定之。

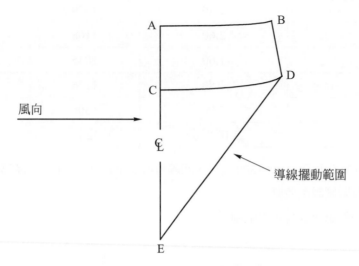

圖九二～一　導線擺動範圍

點	導線溫度	弛度	著冰荷重	風位移[註1]
A	15℃[註5]	最初	無	無
B	15℃[註5]	最初	無	200 帕 (Pa)(300kg/m^2)[註2]
C	15℃[註5]	最終	無	無
D	15℃[註5]	最終	無	200 帕 (Pa)(300kg/m^2)[註2]
E_1[註3,4]	大於 50℃或最高正常運轉溫度	最終	無	無
E_2[註3,4]	0℃	最終	考量著冰荷重	無

註：1. 風位移係指使導線間產生最小距離。支吊線、導線或電纜之風位移應含懸垂礙子及支持物之偏移。

2. 若全部跨距非常靠近建築物、擋風地形或其他阻礙物時，從線路橫向吹襲之風壓，得縮減至 190 帕 (Pa) 或 20kg/m^2。樹木不得作為線路之擋風物。

3. E 點之弛度應依 E_1 及 E_2 狀況產生之最大弛度決定。

4. 除已知線路實際之擺動軌跡外，D-E 兩點間應視為直線。

5. 若某導線擺動範圍在其他導線擺動範圍下方時，形成下方導線擺動範圍（A、B、C 及 D 點），其導線溫度等於上方導線擺動範圍 E 點之周溫。

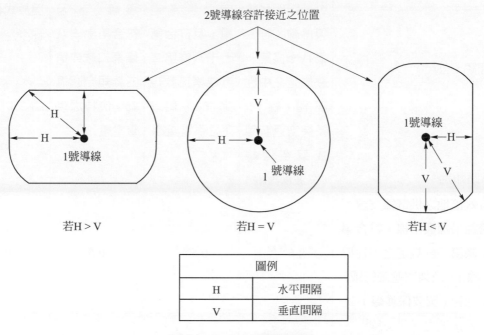

圖九二～二　間隔範圍

第 93 條　　架設於不同支持物上之支吊線、導線或電纜間之水平間隔規定如下：

　　　　一、架設於不同支持物上之相鄰支吊線、導線或電纜間之水平間隔，不得小於一‧五公尺或五英尺。支吊線、導線或電纜間之電壓超過二十二千伏者，超過二十二千伏部分，每千伏須再加十毫米或○‧四英寸。但不同支持物之固定支線間之水平間隔得縮減至一百五十毫米或六英寸；不同支持物上之其他支線、跨距吊線及符合第八十條第一款規定之中性導體（線）間水平間隔，或高低壓導線使用相當於電纜之絕緣導線時，得縮減至六百毫米或二英尺。

　　　　二、交流對地電壓超過九十八千伏或直流對地電壓超過一百三十九千伏線路：已知開關突波因數之線路者，前款間隔得予修正；其修正後間隔不得小於依第一百十二條規定計算之間隔。

第 94 條　　架設於不同支持物上交叉或相鄰支吊線、導線或電纜間之垂直間隔，不得小於附表九四所示值。但交叉處之支吊線、導線或電纜間已有電氣性相互連接者，其垂直間隔不予限制。

表九四　架設於不同支持物上支吊線、導線或電纜間之垂直間隔[註1]

間隔（公尺） 下方線路類別 ／ 上方線路類別	被有效接地之供電線路支線[註5]、跨距吊線與吊線、符合第八十條第一款規定之中性導體（線），及架空遮蔽線或架空地線（突波保護線）	符合第七十八條第一款規定之供電電纜，及符合第七十八條第二款或第三款規定750伏特以下之供電電纜	750伏特以下之開放式供電導線[註4]，及符合第七十八條第二款或第三款規定超過750伏特之供電電纜	超過750伏特至22千伏之開放式供電導線
1. 被有效接地之供電線支線[註5]、跨距吊線與吊線、符合第八十條第一款規定之中性導體（線），及架空遮蔽線或架空地線（突波保護線）	0.6[註2,3]	0.6[註3]	0.6	0.6
2. 被有效接地之通訊支線[註5]、跨距吊線與吊線、通訊導線與電纜	0.6[註2,3]	0.6	1.2[註6]	1.5
3. 符合第七十八條第一款規定之供電電纜，及符合第七十八條第二款或第三款規定750伏特以下之供電電纜	0.6	0.6	0.6	0.6
4. 750伏特以下開放式供電導線[註4]、符合第七十八條第二款或第三款規定超過750伏特之供電電纜	0.6	0.6	0.6	0.6
5. 超過750伏特至22千伏之開放式供電導線	0.6	—	—	0.6

註：1. 本表所列電壓係指被有效接地電路之相對地電壓，及其他於接地故障時，其斷路器於起始及後續動作後，能迅速啟斷故障區段電路之相對地電壓。其他系統之電壓參見第一章第二節用詞定義規定。

　　 2. 支線間或跨距吊線間有電氣性相互連接者，其間隔不予規定。

3. 若經管理單位協議同意，可減少通訊導線與其他等級導線位置上之支線、跨距吊線及吊線相互間之間隔。但消防警報線及鐵路運轉用之導線，不在此限。

4. 不含符合第八十條第一款規定之中性導體（線）。

5. 若可保持與其金屬終端配件及支線之完整間隔者，得縮減與支線絕緣礙子之間隔，但縮減值不得超過 25 %。若可保持與支線未絕緣部分之完整間隔者，得縮減與二個絕緣體間支線絕緣部分之間隔，但縮減值不得超過 25 %。

6. 供電接戶線之間隔得縮減至 0.60 公尺。

第 95 條　　架設於不同支持物上之線路電壓超過二十二千伏者，其垂直間隔規定如下：

一、附表九四所示間隔值，應依下列總數增加。但已知系統開關突波因數之交流對地電壓超過九十八千伏或直流對地電壓超過一百三十九千伏之線路者，其間隔得予修正。

(1) 上方導線之電壓為二十二至四百七十千伏者，超過二十二千伏部分，每千伏須再加十毫米或〇·四英寸。

(2) 下方導線之電壓超過二十二千伏者，其增加間隔應採與上方導線相同之增加率予以計算。

(3) 線路電壓超過四百七十千伏者，其間隔依第九十六條規定之方法決定。

二、前款增加之間隔，線路電壓超過五十千伏者，其增加間隔應以最高運轉電壓計算；線路電壓為五十千伏以下者，其增加間隔應以標稱電壓計算。

三、線路電壓超過五十千伏，除第一款規定之間隔外，海拔超過一千公尺或三千三百英尺部分，每三百公尺或一千英尺，間隔應再增加百分之三。

第 96 條　　交流對地電壓超過九十八千伏或直流對地電壓超過一百三十九千伏之線路，若較高電壓電路之開關突波因數已知者，前二條規定之垂直間隔得予修正；其修正後間隔不得小於第一款規定之基準高度加上第二款規定之電氣影響間隔，且不小於前二條規定，以較低電壓線路為大地電位時之間隔。

一、基準高度：基準高度應符合附表九六～一之規定。

二、電氣影響間隔 (D)：應以下列公式及第九十一條第三款第二目規定計算，或符合附表九六～二規定。依下列公式計算時，a、

b、c 值準用第九十一條第三款第一目規定,其餘規定如下:

$$D = \left[\frac{(V_H \cdot (PU) \cdot V_L)^a}{500K} \right]^{1.667} b \cdot c （公尺）$$

(1) V_H ＝以千伏為單位,為較高電壓電路之交流對地最大運轉電壓波峰值或直流對地最大運轉電壓。

(2) V_L ＝以千伏為單位,為較低電壓電路之交流對地最高運轉電壓波峰值或直流對地最高運轉電壓。

(3) PU ＝較高電壓電路之最大開關突波因數,係以對地電壓波峰值之標么值 (PU) 表示。

(4) K ＝一‧四,導線與導線間隙之配置因數。

通訊導線與通訊電纜、支線、吊線、符合第八十條第一款規定之中性導體 (線),及符合第七十八條第一款規定之供電電纜,於計算前項間隔時應視為零電位。

表九六～一　不同支持物上交流對地電壓超過九十八千伏或直流對地電壓超過一百三十九千伏架空線路依第九十六條第一項第一款規定之基準高度

基準高度	(公尺)
(1) 供電線路	0
(2) 通訊線路	0.60

表九六～二　依第九十六條第一項第二款規定之支吊線、導線及電纜間之間隔[註1]

單位 : 公尺

較高電壓電路		較低電壓電路						
相對相最高運轉電壓 (千伏)	開關突波因數 (標么值)	相對相最高運轉電壓 (千伏)						
		121	145	169	242	362	550	800
242	3.3 以下	1.78[註2]	1.84[註2]	1.91[註2]	2.16[註2]			
362	2.4	2.48[註2]	2.48[註2]	2.48[註2]	2.48[註2]	2.86		
	2.6	2.48[註2]	2.48[註2]	2.48[註2]	2.67[註2]	3.2		
	2.8	2.49[註2]	2.58[註2]	2.67[註2]	3.0	3.5		
	3.0	2.76[註2]	2.86[註2]	3.0	3.3	3.8		
550	1.8	3.6[註2]	3.6[註2]	3.6[註2]	3.6[註2]	3.6[註2]	4.2	
	2.0	3.6[註2]	3.6[註2]	3.6[註2]	3.6[註2]	3.8[註2]	4.7	

表九六～二　依第九十六條第一項第二款規定之支吊線、導線及電纜間之間隔[註1]（續）

單位：公尺

較高電壓電路		較低電壓電路						
相對相最高運轉電壓（千伏）	開關突波因數（標么值）	相對相最高運轉電壓（千伏）						
		121	145	169	242	362	550	800
	2.2	3.6[註2]	3.6[註2]	3.6[註2]	3.8[註2]	4.3	5.2	
	2.4	3.8[註2]	3.9[註2]	4.0[註2]	4.3	4.8	5.8	
	2.6	4.1[註3]	4.2[註3]	4.4[註3]	4.8[註3]	5.4	6.3	
800	1.6	5.0[註2]	5.0[註2]	5.0[註2]	5.0[註2]	5.0[註2]	5.6	6.9
	1.8	5.0[註2]	5.0[註2]	5.0[註2]	5.0[註2]	5.4[註2]	6.4	7.8
	2.0	5.0[註2]	5.0[註2]	5.3[註2]	5.6	6.3	7.3	8.7
	2.2	5.5[註3]	5.7[註3]	5.8[註3]	6.2[註3]	6.9[註3]	8.0[註3]	9.4[註3]

註：1.　海拔超過450公尺部分，每300公尺，間隔再增加3%。

　　2.　受第九十六條第一項後段規定限制。

　　3.　不需大於第九十四條及第九十五條規定所示值。

第五節　支吊線、導線、電纜及設備與建築物、橋梁、鐵路軌道、車道、游泳池及其他裝置間之間隔

第97條　　支吊線、導線、電纜及設備與建築物、橋梁、鐵路軌道、車道、游泳池及其他裝置間間隔規定如下：

一、無風位移之垂直及水平間隔應符合下列規定：

(1)　符合第八十八條規定適用於線路裝設於建築物等之上方及側邊。

(2)　依線路設計之最低導線溫度之無風位移時最初弛度，適用線路裝設於建築物等之下方及側邊。但垂直或橫向導線、電纜直接附掛在支持物表面，符合其他規定者，不在此限。

二、有風位移之水平間隔：需考慮於有風位移情況時，支吊線、導線或電纜在攝氏十五度之最終弛度，從靜止狀態受二百九十帕(Pa)或三十公斤／平方公尺風壓吹移時之位移，其位移應包括懸垂礙子之偏移。若最高之支吊線、導線或電纜裝設於支持物上，且離地面高度十八公尺或六十英尺以上者，支吊線、導線或電纜之位移，應包括支持物之撓度。若線路全跨距非常靠近能擋風之建築物、地形或其他阻礙物，使風無法從任一邊橫向吹過導線者，其風壓得縮減至一百九十帕(Pa)或二十公斤／平方公尺。樹木不得作為線路之擋風物。

三、水平與垂直間隔兩者間之轉角間隔：

(1) 線路於屋頂或裝置物頂端斜上方之間隔，應符合水平及垂直間隔規定。但線路與屋頂及裝置物頂端之最近距離若符合垂直間隔規定距離，不在此限。如附圖九七～一所示。

(2) 線路在建築物、標誌或其他裝置突出點斜上方或斜下方之間隔，應符合水平及垂直間隔規定。但線路與建築物、標誌及其他裝置突出點之最近距離若符合垂直間隔規定，不在此限。如附圖九七～二所示。

(3) 若水平規定間隔大於垂直規定間隔時，線路於屋頂外緣或裝置物頂端斜上方處，其斜線距離小於或等於所需水平間隔時，應符合垂直間隔規定，如附圖九七～三所示。

本節所規定之支吊線、導線、電纜及設備與房屋、橋梁及其他構造物間隔係以政府機關認定合法建築物為依據。若原線路已符合間隔規定，後設之構造物及其他設備，應考慮其設備之安全間隔。

支吊線、導線、電纜及設備儘量避免跨越房屋。若技術上無法克服時，得跨越之。

圖例		
H	≡≡	水平間隔
V		垂直間隔
T		轉角間隔

圖九七～一　建築物之間隔圖

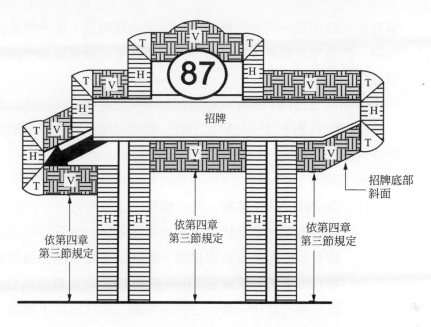

圖例		
H	━━━━	水平隔間
V	▨▨▨	垂直隔間
T		轉角隔間

圖九七～二　其他構造物之間隔圖

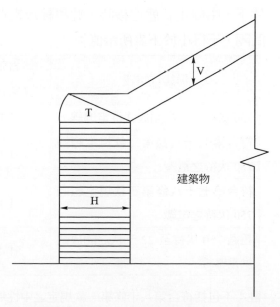

圖九七～三　水平間隔（H）大於垂直間隔（V）時之轉角間隔（T）

第98條　第九十九條至第一百零三條及第一百零六條規定，係於無風位移時在前條第一款規定導線溫度及荷重情況下所產生之垂直及水平間隔，且以最接近之情況為準。

第99條　一條線路之支吊線、導線或電纜鄰近照明支持物、交通號誌支持物或另一條線路支持物，且未依附其上者，該支吊線、導線或電纜與上述支持物任何部分之間隔，不得小於下列規定值：

一、水平間隔：

(1) 與交通號誌支持物、另一條線路支持物之水平間隔：無風位移時，電壓五十千伏以下之水平間隔為一·五公尺或五英尺。但被有效接地之支線與吊線、絕緣之通訊導線與通訊電纜、符合第八十條第一款規定之中性導體(線)，及符合第七十八條第一款至第三款任一規定之對地電壓三百伏特以下電纜，其水平間隔得縮減至九百毫米或三英尺。

(2) 與照明支持物之水平間隔：

① 符合第七十八條規定之五十千伏以下供電電纜與照明支持物之水平間隔，為七百五十毫米或二·五英尺。

② 對地電壓三百伏特以下供電電纜與照明支持物之水平間隔，為三百毫米或一英尺。

(3) 若下列導線及電纜於第九十七條第一項第二款規定所述風壓條件下，由靜止狀態位移時，此導線或電纜與其他支持物之水平間隔，不得小於下表所示值：

導線或電纜	有風位移時之水平間隔	
	(公尺)	(英尺)
750 伏特以下之開放式供電導線	1.1	3.5
符合第七十八條第二款規定超過750 伏特之電纜	1.1	3.5
符合第七十八條第三款規定超過750 伏特之電纜	1.1	3.5
超過 750 伏特至 22 千伏之開放式供電導線	1.4	4.5

註：不包括符合第八十條第一款規定之中性導體(線)。

二、垂直間隔：電壓低於二十二千伏之垂直間隔為一‧四公尺或四‧五英尺；電壓在二十二千伏至五十千伏之垂直間隔為一‧七公尺或五‧五英尺。但有下列情形者，得予縮減，但不得累加：

(1) 被有效接地之支線與吊線、絕緣通訊導線與電纜、符合第八十條第一款規定之中性導體(線)，及符合第七十八條規定之對地電壓三百伏特以下電纜，其垂直間隔得縮減至六百毫米或二英尺。

(2) 同時符合下列規定者，其垂直間隔得縮減六百毫米或二英尺：

　① 支吊線、導線或電纜處在上方，而另一條線路之支持物在其下方，二者均由同一電業所運轉及維護。

　② 非供人員作業之支持物頂端區域。

(3) 照明支持物及交通號誌支持物：

　① 符合第七十八條規定之五十千伏以下供電電纜與照明、交通號誌支持物之垂直間隔，為七百五十毫米或二‧五英尺。

　② 對地電壓三百伏特以下供電電纜與照明、交通號誌支持物之垂直間隔，為三百毫米或一英尺。

第 100 條　　支吊線、導線、電纜及硬質帶電組件，與建築物、交通號誌、告示板、煙囪、無線電及電視天線、桶槽及除橋梁外其他裝置之間隔規定如下：

一、垂直與水平間隔：

(1) 間隔：未防護或可接近之支吊線、導線、電纜或硬質帶電組件，得鄰近建築物、交通號誌、告示板、煙囪、無線電與電視天線、桶槽及其他裝置與附掛於其上之任何突出物。上述硬質及非硬質組件等，在第九十七條第一項第一款所規定之條件下靜止時，其垂直與水平間隔不得小於附表一〇〇所示值。

(2) 支線之接地部分到建築物之水平間隔得縮減為七十五毫米。

(3) 導線使用符合第七十八條第一款之電纜，其間隔得減半。

(4) 於必要時，計算水平間隔應考慮有風位移之情況。

二、供電導線及硬質帶電組件之防護：供電導線與硬質帶電組件若無法保持附表一〇〇所規定之間隔時，應妥予防護。供電電纜符合第七十八條第一款第一目規定者，視為有防護。

三、供電導線附掛於建築物或其他裝置：因接戶需要，永久附掛於建築物或其他裝置之任何電壓等級供電導線，在建築物上方或側面之供電導線，其裝置規定如下：

(1) 帶電之接戶線，包括接續接頭與分歧接頭，依下列規定，予以絕緣或包覆：

① 電壓七百五十伏特以下者，應符合第七十八條或第七十九條規定。

② 電壓超過七百五十伏特者，應符合第七十八條第一款規定。但符合第八十條第一款規定之中性導體(線)，不在此限。

(2) 對地電壓超過三百伏特之導線，除有防護或使人員不可接近之措施外，不得沿著或接近建築物表面裝設。

(3) 附掛及沿著建築物外緣裝設之支吊線或電纜，與該建築物表面之間隔，不得小於七十五毫米或三英寸。但以管路防護裝設者，不在此限。

(4) 接戶導線，包括接戶端彎曲部分之裝置，應為非輕易觸及，且其間隔不得小於下列規定值：

① 與其通過之屋頂、陽台、門廊或露台等最高點之垂直間隔為三‧〇公尺或十英尺。但線間電壓三百伏特以下，採用絕緣導線，且不易為人員接近者，此間隔可縮減為九百毫米或三英尺，此種三百伏特以下之接戶導線，若因實務需要而於屋頂設置線架支持者，得離屋頂三百毫米或一英尺。

② 在任何方向，與窗戶、門口、走廊、平台、防火逃生門或類似地點之間隔為九百毫米或三英尺。

四、通訊導線附掛於建築物或其他裝置：通訊導線與電纜得直接附掛於建築物或其他裝置上。

表一○○　支吊線、導線、電纜及未防護硬質帶電組件與建築物或其他裝置間之間隔[註1]

間隔(公尺)　　架空線類別　　　　　　　對象及性質	絕緣通訊導線與電纜；吊線；架空地線(突波保護線)；被接地支線；暴露於300伏特以下之非被接地支線；符合第八十條第一款規定之中性導體(線)；符合第七十八條第一款規定之供電電纜	符合第七十八條第二款或第三款規定750伏特以下之供電電纜	750伏特以下未防護之硬質帶電組件；未絕緣通訊導線；750伏特以下之非被接地設備外殼；暴露於超過300伏特至750伏特開放式供電導線之非被接地支線	符合第七十八條第二款或第三款規定超過750伏特之供電電纜；750伏特以下之開放式供電導線[註4]	超過750伏特至22千伏未防護硬質帶電組件；750伏特至22千伏之非被接地設備外殼；暴露於超過750伏特至22千伏之非被接地支線	超過750伏特至22千伏之開放式供電導線
1. 建築物						
(1) 水平						
①牆壁、突出物及有防護之窗戶	0.9	0.9	1.2	1.2	1.5	1.5
②未防護之窗戶[註2]	0.9	0.9	1.2	1.2	1.5	1.5
③人員可輕易進入之陽台與區域[註3]	0.9	0.9	1.2	1.2	1.5	1.5
(2) 垂直						
①人員無法輕易進入之屋頂或突出物上方或下方[註3]	0.9	0.9	1.2	1.2	1.5	1.5

表一〇〇　支吊線、導線、電纜及未防護硬質帶電組件與建築物或其他裝置間之間隔[註1]（續）

間隔(公尺)　　　　　　　　架空線類別 對象及性質	絕緣通訊導線與電纜；吊線；架空地線（突波保護線）；被接地支線；暴露於300伏特以下之非被接地支線；符合第八十條第一款規定之中性導體(線)；符合第七十八條第一款規定之供電電纜	符合第七十八條第二款或第三款規定750伏特以下之供電電纜	750伏特以下未防護之硬質帶電組件；未絕緣通訊導線；750伏特以下之非被接地設備外殼；暴露於超過300伏特至750伏特開放式供電導線之非被接地支線	符合第七十八條第二款或第三款規定超過750伏特之供電電纜；750伏特以下之開放式供電導線[註4]	超過750伏特至22千伏未防護硬質帶電組件；750伏特至22千伏之非被接地設備外殼；暴露於超過750伏特至22千伏之非被接地支線	超過750伏特至22千伏之開放式供電導線
②人員可輕易進入之陽台與屋頂上方或下方[註3]	2.0	2.0	2.0	2.0	3.0	3.0
③除卡車外之一般車輛可進入之屋頂[註5]	3.2	3.4	3.4	3.5	4.0	4.1
④卡車可進入之屋頂[註5]	4.7	4.9	4.9	5.0	5.5	5.6
2. 號誌、煙囪、告示板、無線電與電視天線、桶槽及未被歸類為建築物或橋梁之其他裝置						
(1) 水平[註6]						
①人員可輕易進入之部分[註3]	0.9	0.9	1.2	1.2	1.5	1.5

表一〇〇　支吊線、導線、電纜及未防護硬質帶電組件與建築物或其他裝置間之間隔[註1]（續）

間隔（公尺） 對象及性質 \ 架空線類別	絕緣通訊導線與電纜；吊線；架空地線（突波保護線）；被接地支線；暴露於300伏特以下之非被接地支線；符合第八十條第一款規定之中性導體（線）；符合第七十八條第一款規定之供電電纜	符合第七十八條第二款或第三款規定750伏特以下之供電電纜	750伏特以下未防護之硬質帶電組件；未絕緣通訊導線；750伏特以下之非被接地設備外殼；暴露於超過300伏特至750伏特開放式供電導線之非被接地支線	符合第七十八條第二款或第三款規定超過750伏特之供電電纜；750伏特以下之開放式供電導線[註4]	超過750伏特至22千伏未防護硬質帶電組件；750伏特至22千伏之非被接地設備外殼；暴露於超過750伏特至22千伏之非被接地支線	超過750伏特至22千伏之開放式供電導線
②人員無法輕易進入之部分[註3]	0.9	0.9	1.2	1.2	1.5	1.5
(2) 垂直						
①貓道或僅供單人通行之維修通道表面上方或下方	3.2	3.4	3.4	3.5	4.0	4.1
②類似裝置其他部分之上方或下方[註6]	0.9	0.9	1.2	1.2	1.5	1.5

註：1.　本表所列電壓係指被有效接地電路之相對地電壓，及其他於接地故障時，斷路器於起始及後續動作後，能迅速啟斷故障區段電路之相對地電壓。其他系統之電壓參見第一章第二節用詞定義規定。除下列附註所述者外，皆為無風位移之間隔。

2. 窗戶設計為不開啟者，其間隔得準用牆壁、突出物及有防護之窗戶規定辦理。

3. 若經由門口、坡道、窗戶、樓梯或永久設置之梯子，人員可輕易且不使用特殊工具或裝置即可進入屋頂或陽台等區域者，視為人員可輕易進入者。永久裝置之梯子，若其底部之梯踏板距地面或其他永久裝置可踏觸之地面達 2.45 公尺以上者，不視其為可觸及之器具。

4. 不含符合第八十條第一款規定之中性導體（線）。

5. 本表所指之卡車，係指高度超過 2.45 公尺之任何車輛。

6. 本間隔為至最接近裝置之電動號誌或活動部分之距離。

第 101 條　　支吊線、導線、電纜及未防護硬質帶電組件與橋梁間之垂直及水平間隔規定如下：

一、間隔：未防護或可接近之支吊線、導線、電纜或硬質帶電組件，得鄰近橋梁構造物或位於橋梁結構內部。上述硬質及非硬質組件等，在第九十七條第一項第一款所規定之條件下靜止時，其垂直與水平間隔，不得小於附表一〇一所示值。但絕緣通訊電纜、被有效接地支線、跨距吊線、架空地線、符合第八十條第一款規定之中性導體（線），及符合第七十八條第一款規定之供電電纜，不在此限。

二、在有風位移條件下之水平間隔：在第九十七條第一項第二款規定之風壓條件下，由靜止處移位後，下列導線或電纜與橋梁間之水平間隔，不得小於下表所示值：

導線或電纜	有風位移時之水平間隔	
	（公尺）	（英尺）
750 伏特以下之開放式供電導線	1.1	3.5
符合第七十八條第二款規定超過 750 伏特之電纜	1.1	3.5
符合第七十八條第三款規定超過 750 伏特之電纜	1.1	3.5
超過 750 伏特至 22 千伏之開放式供電導線	1.4	4.5

註：不包括符合第八十條第一款規定之中性導體（線）。參見附表一〇一註 9 及註 10。

表一〇一　支吊線、導線、電纜及未防護硬質帶電組件與橋梁間之間隔[1]

間隔（公尺） 對象及性質	架空線類別 750伏特以下未防護硬質帶電組件；未絕緣通訊導線；符合第七十八條第二款或第三款規定750伏特以下之供電電纜[8]；750伏特以下之非被接地設備外殼；暴露於超過300伏特至750伏特開放式供電導線之非被接地支線[5]	符合第七十八條第二款或第三款規定超過750伏特之供電電纜[8]；750伏特以下之開放式供電導線[11]	超過750伏特至22千伏之開放式供電導線	超過750伏特至22千伏之未防護硬質帶電組件；超過750伏特至22千伏之非被接地設備外殼；暴露於超過750伏特至22千伏開放式供電導線之非被接地支線[5]
1. 線路跨越橋梁上方間隔[2]				
(1) 線路附架於橋梁者[4]	0.90	1.07	1.70	1.50
(2) 線路未附架於橋梁者	3.0	3.2	3.8	3.6
2. 線路通過橋梁旁邊、橋下或橋內之間隔[7]				
(1) 任何橋梁之可輕易進入部分，包括橋翼、橋壁及橋梁附件[2]				
①線路附架於橋梁者[4]	0.90	1.07[9]	1.70[10]	1.50
②線路未附架於橋梁者	1.50	1.70[9]	2.30[10]	2.00
2. 號誌、煙囪、告示板、無線電與電視天線、桶槽及未被歸類為建築物或橋梁之其他裝置				
(2) 通常無法進入之橋梁部分（磚塊、混凝土或砌體除外）及與橋墩之間隔[3]				
①線路附架於橋梁者[4,6]	0.90	1.07[9]	1.70[10]	1.50
②線路未附架於橋梁者 [5,6]	1.20	1.40[9]	2.00[10]	1.80

註：1.　本表所列電壓係指被有效接地電路之相對地電壓，及其他於接地故障時，其斷路器於起始及後續動作後，能迅速啟斷故障區段電路之相對地電壓。其他系統之電壓參見第一章第二章用詞定義規定。除下列附註所述者外，皆為無風位移之間隔。

2. 若於橋梁上或靠近橋梁之車道上方，亦適用第四章第三節規定之間隔。

3. 承載砌體、磚塊或混凝土之鋼橋橋座，需經常接近檢查者，應視為可輕易進入部分。

4. 若附架於橋梁之橫擔與線架屬同一電業所有、運轉或維護者，供電導線至其橫擔與線架之間隔，應符合附表一一九～一規定。

5. 非被接地支線或支線兩礙子間非被接地之支線部分，其間隔應以導線或支線鬆弛時，鄰近線路之最高電壓為基準。

6. 若通過橋梁下方之導線有適當防護，以防止非電氣技術人員碰觸，且於維護橋梁時可依規定實施停電及接地者，在任何點上之導體 (線) 與橋梁之間隔，得為附表一一九～一中「橫擔表面」之間隔加上該點導線無荷重弛度之間隔。

7. 若橋梁有活動部分，例如吊橋，所需間隔應能維持該橋梁或橋上任何附屬物之全部活動範圍。

8. 若橋梁管理單位同意，供電電纜可敷設於直接附架於橋梁之硬質導線管內。

9. 靜止時之間隔，不得小於本表中所示之數值，若導線或電纜因風位移時，間隔不得小於 1.1 公尺。

10. 靜止時之間隔，不得小於本表中所示之數值，若導線或電纜因風位移時，間隔不得小於 1.40 公尺。

11. 不含符合第八十條第一款規定之中性導體 (線)。

第 102 條　　支吊線、導線、電纜及未防護硬質帶電組件，裝設於游泳區域上方或附近，無風位移時之間隔規定如下：

一、位於游泳池或其四周區域之上方，任何方向之間隔，不得小於附表一〇二所示值及附圖一〇二之說明。但屬下列情形者，不在此限：

(1) 以堅固實體或有屏蔽之永久構造物完全圍封之游泳池。

(2) 通訊導線與電纜、被有效接地之架空地線、符合第八十條第一款規定之中性導體 (線)、符合第七十八條第一款規定之支線與吊線、供電電纜，及符合第七十八條第二款或第三款規定七百五十伏特以下之供電電纜等設施，與游泳池、跳水平台、高空跳水台、滑水道，或其他與游泳池有關固定體等之邊緣，其水平間隔在三公尺或十英尺以上。

二、有救生員監視游泳之海水浴場，使用救生桿者，其垂直與水平間隔，不得小於附表一〇二所示值。不使用救生桿者，其垂直間隔應符合本章第三節規定。

三、滑水用之水道，其垂直間隔應符合本章第三節與水面之垂直間隔規
　　定。

表一○二　支吊線、導線、電纜或未防護硬質帶電組件與游泳區域上方或附近之間隔[註1]

架空線類別 / 對象及性質 間隔（公尺）	絕緣通訊導線與電纜；吊線；架空地線（突波保護線）；被接地支線；暴露於300伏特以下之非被接地支線[註4]；符合第八十條第一款規定之中性導體(線)；符合第七十八條第一款規定之供電電纜	750伏特以下未防護硬質帶電組件；未絕緣通訊導線；符合第七十八條第二款或第三款規定750伏特以下之供電電纜；暴露於超過300伏特至750伏特開放式供電導線之非被接地支線[註3]	符合第七十八條第二款或第三款規定超過750伏特之供電電纜；750伏特以下之開放式供電電纜[註5]	超過750伏特至22千伏未防護硬質帶電組件；暴露於超過750伏特至22千伏之非被接地支線[註3]	超過750伏特至22千伏之開放式供電導線
A. 與水平面、游泳池邊緣、跳水平台底部或下錨救生筏任何方向之間隔	6.7	6.9	7.0	7.5	7.6
B. 與跳水平台、高空跳水台、滑水道或其他固定之游泳池相關構造物之間隔	4.3	4.4	4.6	5.1	5.2
V. 鄰近土地上方之垂直間隔	間隔應為符合第四章第三節規定				

註：1.　本表所列電壓係指被有效接地電路之相對地電壓，及其他於接地故障時，其斷路器於起始及後續動作後，能迅速啟斷故障區段電路之相對地電壓。其他系統之電壓參見第一章第二節用詞定義規定。除下列附註所述者外，皆為無風位移之間隔。

2.　A、B 與 V 示於圖一○二。

3.　非被接地支線或支線兩礙子間非被接地之支線部分，其間隔應以導線或支線鬆弛時，鄰近線路之最高電壓為基準。

4.　依第二百十一條及第二百十二條規定加裝支線礙子之支線固定端，得採與接地支線相同之間隔。

5.　不含符合第八十條第一款規定之中性導體(線)。

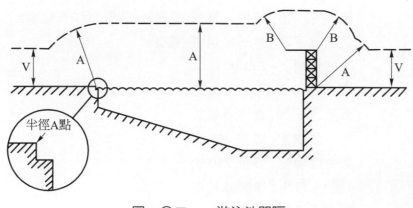

圖一○二　　游泳池間隔

第 103 條　　支吊線、導線、電纜及硬質帶電組件與穀倉間之間隔規定如下：

一、使用永久安裝之螺旋輸送機、輸送機或升降機系統裝載之穀倉，應將上述機具系統及其預期裝載之穀倉所有部分，視為依第一百條規定所述之建築物或其他裝置，且應使用下列無風位移間隔，如附圖一○三～一所示：

(1)　穀倉上方之所有支吊線、導線及電纜至穀倉屋頂之每個探測口，其各方向均應保持之間隔，不得小於五‧五公尺或十八英尺。

(2)　穀倉與二十二千伏以下開放式供電導線間，應保持之水平間隔，不得小於四‧六公尺或十五英尺。此間隔不適用於符合第八十條第一款規定之中性導體(線)。

二、穀倉以移動式螺旋輸送機、輸送機或升降機裝載作業者，於無風位移情況下應符合下列規定：

(1)　間隔不得小於附圖一○三～二所示值。下列物件於穀倉非裝載

側之間隔，不得小於第一百條規定與建築物之間隔：

① 支撐臂、被有效接地之設備外殼。

② 絕緣通訊導線與電纜、吊線、架空地線、被接地支線、符合第八十條第一款規定之中性導體（線），及符合第七十八條第一款規定之供電電纜。

③ 符合第七十八條第二款或第三款規定七百五十伏特以下之供電電纜。

(2) 若設計時已被指定，或穀倉非常接近其他構造物或障礙物，或非常接近公共道路或未能合理預期移動式螺旋輸送機、輸送機或升降機在穀倉裝填側或部分可使用之其他通路，穀倉之任何一側皆被視為非裝載側。

(3) 若在設計上已排除在穀倉指定部分使用移動式螺旋輸送機、輸送機或升降機，視此部分為非裝載側。

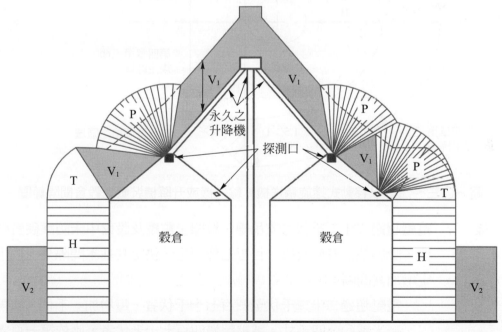

P =第一百零三條第一款第一目規定之探測口間隔為5.5公尺或18英尺
H=第一百零三條第一款第二目規定之水平間隔為4.6公尺或15英尺
T=轉角間隔
V_1 =第一百條規定之建築上方垂直間隔(參見附表一○○)
V_2 =依第四章第三節規定之地面上方垂直間隔

圖一○三～一　以永久安裝之螺旋輸送機、輸送機或升降機裝填穀倉之間隔範圍

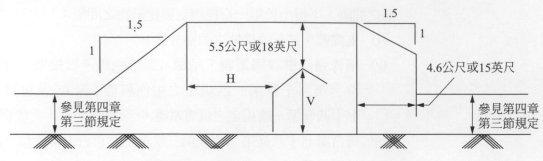

V＝穀倉上最高裝填或探測口之高度　　　H＝V+5.5公尺或18英尺

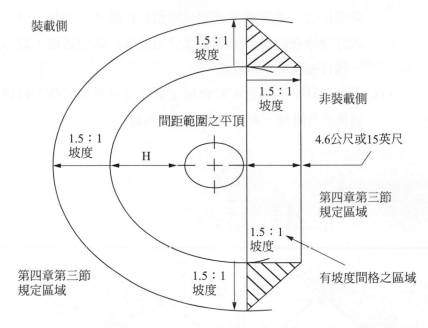

圖一○三～二　以移動式螺旋輸送機、輸送機或升降機裝載之穀倉間隔範圍

第 104 條　電壓超過二十二千伏之支吊線、導線、電纜及設備中未防護硬質帶電組件，除應依前五條及第一百零七條規定，決定其基本間隔外，依下列規定增加其間隔：

　　一、電壓超過二十二千伏至四百七十千伏者，每增加一千伏，須再加十毫米或○‧四英寸。電壓超過四百七十千伏者，應依第一百零五條規定決定其間隔。電壓超過五十千伏之線路，應以系統最高運轉電壓計算間隔。

　　二、線路相對地電壓超過五十千伏，除第一款規定之間隔外，海拔超過一千公尺或三千三百英尺部分，每三百公尺或一千英尺，間隔應再增加百分之三。

第 105 條　　已知開關突波因數之交流對地電壓超過九十八千伏或直流對地電壓超過一百三十九千伏之線路，符合下列規定者，第八十九條至第一百零四條及第一百零七條規定之間隔得予修正；其修正後間隔不得小於第二款規定之基準距離加上第三款規定之電氣影響間隔，且不小於第一百條規定或附表一〇〇、附表一〇一或附表一〇二中以交流電壓九十八千伏相對地電壓計算之間隔值：

一、線路導線之弛度條件：線路導線於第九十七條規定之導線溫度與荷重情況下，其垂直、水平及轉角間隔仍應符合規定。

二、基準距離：基準距離應依附表一〇五～一規定。

三、電氣影響間隔 (D)：應依第九十一條第三款規定計算，或符合附表一〇五～二之規定。依第九十一條第三款第一目規定之公式計算垂直間隔時，c＝一・二；計算水平間隔時，c＝一・〇。

表一〇五～一　　基準距離

基準距離	垂直（公尺）	水平（公尺）
1. 建築物	2.70	0.90
2. 號誌、煙囪、無線電與電視天線、桶槽，及不屬於橋梁或建築物之其他裝置	2.70	0.90
3. 雙層結構之橋梁[註1,2]	2.70	0.90
4. 其他線路之支持物	1.80	1.50
5. 圖一〇二之 A 尺寸	5.5	—
6. 圖一〇二之 B 尺寸	4.3	4.3

註：1. 橋梁上或橋梁附近之車道適用第四章第三節規定所列之間隔。

　　2. 若橋梁有活動部分，例如吊橋，所需間隔應能維持橋梁或橋上任何附屬物之全部活動範圍。

表一〇五～二　　建築物、橋梁及其他裝置之電氣影響間隔

相對相最高運轉電壓（千伏）	開關突波因數（標么值）	開關突波（千伏）	電氣影響間隔	
			垂直(公尺)	水平（公尺）
242	2.0	395	0.84	0.70
	2.2	435	0.98	0.82
	2.4	474	1.14	0.95
	2.6	514	1.30	1.08

表一〇五～二　建築物、橋梁及其他裝置之電氣影響間隔（續）

相對相最高運轉電壓（千伏）	開關突波因數（標么值）	開關突波（千伏）	電氣影響間隔	
			垂直(公尺)	水平（公尺）
	2.8	553	1.47	1.22
	3.0	593	1.64	1.37
362	1.8	532	1.38	1.15
	2.0	591	1.6	1.37
	2.2	650	1.92	1.60
	2.4	709	2.22	1.85
	2.6	768	2.53	2.11
	2.8	828	2.87	2.39
	3.0	887	3.3	2.68
550	1.6	719	2.27	1.86
	1.8	808	2.76	2.30
	2.0	898	3.30	2.74
	2.2	988	3.9	3.3
	2.4	1079	4.5	3.8
	2.6	1168	5.1	4.3
800	1.6	1045	4.3	3.6
	1.8	1176	5.2	4.3
	2.0	1306	6.2	5.2
	2.2	1437	7.2	6.0
	2.4	1568	8.4	7.0

註：海拔超過 450 公尺部分，每 300 公尺，間隔再增加 3%。

第 106 條　架空支吊線、導線或電纜沿鐵軌架設者，其任何方向之間隔不得小於附圖一〇六所示值。V 與 H 值定義如下：

一、V ＝由鐵軌上方支吊線、導線或電纜計算之垂直間隔，依本章第三節規定之指定值減去軌道車輛之高度。

二、H ＝由支吊線、導線或電纜與最近鐵軌之水平間隔，等於軌道上方應具之垂直間隔減去四・六公尺或十五英尺，由下列計算選出其中較小數值者：

(1) 依第八十九條第一款與第九十條規定。

(2) 依第九十一條規定，此間隔係鐵路使用標準鐵路車輛作為與其他鐵路互換使用之共用載具來計算。若支吊線、導線或電纜佈設係沿礦區、伐木區，及類似之鐵道，其僅供比標準貨車為小之車輛使用，H 值得減去標準鐵路車輛寬度，即三‧三公尺或十‧八英尺與較窄車輛寬度相差值之半數。

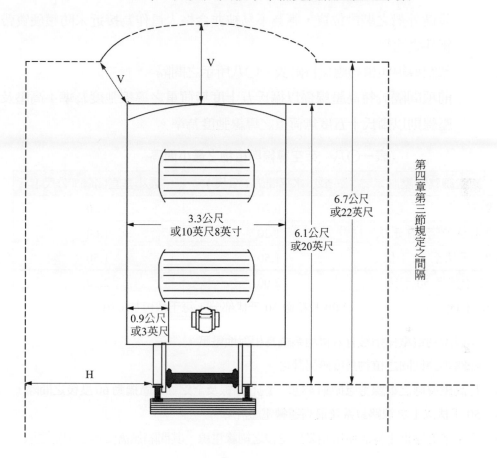

圖例	
H	水平間隔
V	垂直間隔

圖一〇六　軌道車輛間隔

第 107 條　安裝於支持物上之設備間隔規定如下：

一、未防護之設備硬質帶電組件之間隔：電纜頭、變壓器套管、突波避雷器及不易受弛度變化之短節供電導線等之垂直與水平間隔，不得小於第一百條或第一百零一條規定之間隔。

二、設備外殼之間隔：

(1) 未防護硬質帶電組件之間隔，符合前款規定者，其被有效接地之設備外殼，得置於建築物、橋梁或其他構造物上或其鄰近處。

(2) 未被有效接地之設備外殼，應依第一百條或第一百零一條規定之間隔安裝。

設備外殼之裝設位置，應為不易被非合格人員作為接近未防護硬質帶電組件之途徑。

第 108 條　架空導線與植物應保持附表一〇八所示之間隔。

前項間隔於特高壓線係以攝氏五十度無荷重之導線弧度為準；高壓及低壓線則以攝氏十五度無荷重之導線弧度為準。

表一〇八　架空導線與植物之最小間隔

架空線路電壓	最小水平間隔（公尺）	最小垂直間隔（公尺）
750 伏特以下	0.20	0.20
超過 750 伏特至 8.7 千伏	1.20	1.00
超過 8.7 千伏至 22 千伏	1.50	1.50
超過 22 千伏至 50 千伏	2.00	2.00
超過 50 千伏以上	2.00 及超過 50 千伏部分，每千伏再加 0.01	

註：1. 本表所列電壓係指被有效接地系統為相對地電壓。

2. 線路維護期間之植物長度應另計之。

3. 特高壓導線之銅線考慮擺動 45 度，鋼心鋁線及全鋁線考慮擺動 60 度後之間隔。

4. 50 千伏以上之線路以系統最高運轉電壓計算。

5. 高壓或低壓供電線若使用相當於電纜之絕緣電線，其間隔無需受本表規定之限制。

第六節　同一支持物上支吊線、導線或電纜間之間隔

第 109 條　同一支持物上支吊線、導線或電纜間之間隔規定如下：

一、多導體導線或電纜：符合第七十八條或第七十九條規定，以絕緣礙子或吊線支持之電纜及雙股絞合導線、三股絞合導線或併排成對導線，縱使其個別導線屬不同相或不同極，且不論為單一或組合者，均視為單一導線。

二、以吊線或跨距吊線支持之導線：符合下列情形之間隔不予限制：

(1) 以同一吊線支持之個別支吊線、導線或電纜間之間隔。

(2) 任何成組導線與其支持吊線間之間隔。

(3) 路面電車饋線與電源導線間之間隔。

(4) 供電導線或通訊導線與其個別支持跨距吊線間之間隔。

三、不同回路線路導線之間隔，依下列電壓決定：

(1) 除另有規定外，不同回路之線路導線間之電壓，應為下列所述較大者：

　　① 導線間之電壓相量差。

　　② 較高電壓回路之相對地電壓。

(2) 若有相同標稱電壓之回路，任一回路均可視為較高電壓之回路。

第 110 條　線路導線架設於同一固定支持物上者，其導線間之水平間隔，不得小於第一款或第二款規定中之較大者。其水平間隔係依兩導線間之電壓決定。導線水平間隔係指導體（線）表面之水平間隔，不包括成型夾條、綁紮線或其他線夾。

一、同一或不同回路之線路導線間，其水平間隔不得小於附表一一○〜一所示值。

二、建設等級為特級或一級，在支持物上同一或不同回路之導線間，其水平間隔於無風情況下導線溫度為攝氏十五度之最終無荷重弛度，不得小於下列公式計算值。但同一回路額定電壓超過五十千伏線路導線間之間隔，不在此限。若需較大間隔，應符合前款之規定。下列公式中，S：導線視在弛度，單位：毫米；間隔：毫米；電壓：千伏。

(1) 小於三十平方毫米或 2 AWG 之線路導線：間隔＝ 7.6 毫米 / 千伏 $+20.4\sqrt{S-610}$ ；附表一一○〜二所示為四十六千伏以下計算之間隔值。

(2) 三十平方毫米或 2 AWG 以上之線路導線：間隔＝ 7.6 毫米 / 千伏 $+8\sqrt{2.12S}$ ；附表一一○〜三所示為四十六千伏以下計算之間隔值。

三、線路電壓超過五十千伏，海拔超過一千公尺或三千三百英尺部分，每三百公尺或一千英尺，依第一款及第二款規定所得之間隔應再增加百分之三。電壓超過五十千伏之線路間隔，應以最高運轉電壓決定。

轉角橫擔處之插梢間距，得依第一百三十條規定縮減，以提供爬登空間。本條所述之水平間隔，不適用於符合第七十八條規定之電纜，或第八十一條規定同一回路上之被覆導線。

已知系統最大開關突波因數之交流對地電壓超過九十八千伏或直流對地電壓超過一百三十九千伏之線路者，其間隔得小於第一項之規定。

(備註：因條文排版無法呈現相關圖表，詳閱相關圖表附檔)

表一一〇～一　同一支持物上支吊線、導線或電纜間之水平間隔

線路類別	間隔 (毫米)	備註
1. 開放式通訊導線	150	在導線換位點不適用。
	75	若正常使用之插梢 (管腳) 空間小於 150 毫米者，適用之。 在導線換位點不適用。
2. 同一回路之供電導線：		
(1) 電壓 8.7 千伏以下	300	
(2) 電壓超過 8.7 千伏至 50 千伏	300 超過 8.7 千伏部分，每千伏再增加 10	
(3) 電壓超過 50 千伏	不適用本表規定	
3. 不同回路之供電導線：		電壓超過 50 千伏者，於海拔超過 1000 公尺部分，每 300 公尺，其間隔應增加 3%。超過 50 千伏之線路，其所有間隔，應以最大運轉電壓為準。
(1) 電壓 8.7 千伏以下	300	
(2) 電壓超過 8.7 千伏至 50 千伏	300 超過 8.7 千伏部分，每千伏再增加 10	
(3) 電壓超過 50 千伏至 814 千伏	725 超過 50 千伏部分，每千伏再增加 10	

註：本表所列電壓係指線路線間電壓。

表一一〇～二　依導線弛度，在支持物上小於三十平方毫米線路導線間之水平間隔

導線間電壓（千伏）	導線弛度（毫米）							但不小於附表一一〇～一之間隔[註]
	915	1220	1830	2440	3050	4570	6095	
	水平間隔（毫米）							
2.4	375	520	735	895	1030	1305	1530	300
4.16	390	540	745	905	1040	1320	1545	300
12.47	455	600	810	970	1105	1380	1610	340
13.2	460	605	815	975	1110	1385	1615	345
13.8	465	610	820	980	1115	1390	1620	355
14.4	470	615	825	985	1120	1395	1625	360
24.94	550	695	905	1065	1200	1475	1705	465
34.5	620	770	975	1135	1270	1550	1775	560
46	710	855	1065	1225	1360	1635	1865	675

註：間隔 $=7.6$ 毫米 / 千伏 $+20.4\sqrt{S-610}$ （式中 S 係以毫米為單位之弛度）

表一一〇～三　依導線弛度，在支持物上三十平方毫米以上線路導線間之水平間隔

導線間電壓（千伏）	導線弛度（毫米）							但不小於附表一一〇～一之間隔[註]
	915	1220	1830	2440	3050	4570	6095	
	水平間隔（毫米）							
2.4	375	430	520	595	665	810	930	300
4.16	385	440	530	610	675	820	945	300
12.47	450	505	595	675	740	885	1005	340
13.2	455	510	600	680	745	890	1010	345
13.8	460	515	605	685	750	895	1015	355
14.4	465	520	610	685	755	900	1020	360
24.94	545	600	690	765	835	980	1100	465
34.5	615	670	765	840	910	1050	1175	560
46	705	760	850	925	995	1140	1260	675

註：間隔 $=7.6$ 毫米 / 千伏 $\sqrt{2.12S}$ （式中 S 係以毫米為單位之弛度）

第 111 條　同一支持物上，架空線路以懸垂礙子連吊掛者，其導線間之水平間隔規定如下：

一、導線使用懸垂礙子連吊掛，且其擺動未受限制者，應增加其導線間之間隔，使一串礙子連得以橫向擺動至其最大設計擺動角度之擺動範圍，而不小於前條規定之最小間隔。

二、最大設計擺動角度，應以導線在攝氏十五度，受二百九十帕(Pa)或三十公斤／平方公尺風壓吹移之最終弧度為準。若有能擋風之建築物、地形或其他阻礙物者，其風壓得縮減至一百九十帕(Pa)或二十公斤／平方公尺。樹木不得作為線路之擋風物。

三、若支持物彈性部分與配件之偏移，使支吊線、導線或電纜之水平間隔縮減時，支吊線、導線及電纜之位移，應包括支持物彈性部分及配件之偏移。

第 112 條　同一支持物上之不同回路，若其中同一回路或二回路之交流相對地電壓超過九十八千伏或直流對地電壓超過一百三十九千伏者，該不同回路間之修正後間隔規定如下：

一、已知開關突波因數之回路，第一百十條及第一百十一條規定之間隔得予修正；其修正後間隔不得小於依第二款計算所得之間隔及第九十一條第三款第二目規定計算所得之不同回路導體間之電氣影響間隔，且不小於附表一一〇～一中以交流電壓一百六十九千伏相間電壓計算之基準間隔值。

二、在預期荷重情況下，不得小於附表一一二規定或依下列公式計算之值。依下列公式計算時，PU□a□b 準用第九十一條第三款第一目規定，其餘規定如下：

$$D = 1.00 \left[\frac{V_{L-L} \cdot (PU) \cdot a}{500K} \right]^{1.667} b \ (公尺)$$

(1) VL-L ＝以千伏為單位，在交流不同回路之相間最大運轉電壓波峰值，或直流不同回路之極間最大運轉電壓。若相位相同及電壓大小相同，一相導線應視為已接地。

(2) K ＝一‧四，導線與導線間隙之配置因數。通訊導線與通訊電纜、支線、吊線、符合第八十條第一款規定之中性導體(線)及符合第七十八條第一款規定之供電電纜者，於計算前項間隔時應視為零電位。

(備註：因條文排版無法呈現相關圖表，詳閱相關圖表附檔)

表一一二　不同回路導線間電氣影響間隔[註1]

相對相最大運轉電壓 （千伏）	開關突波因數 （標么值）	開關突波 （千伏）	電氣影響間隔 （公尺）
242	2.6 以下	890 以下	1.94
	2.8	958	2.20
	3.0	1027	2.47
	3.2 以上	1095 以上	2.65[註2]
362	1.8	893 以下	2.06
	2.0	1024	2.46
	2.2	1126	2.90
	2.4	1228	3.4
	2.6	1330	3.8
	2.7 以上	1382 以上	3.9[註2]
550	1.6	1245	3.4
	1.8	1399	4.2
	2.0	1555	5.0
	2.2	1711	5.8[註2]
	2.3	1789 以上	5.8[註2]
800	1.6	1810	6.4
	1.8	2037	7.8
	1.9 以上	2149 以上	8.4[註2]

註：1.　海拔超過 450 公尺部分，每 300 公尺，間隔再增加 3%。

　　2.　不需大於第一百十條及第一百十一條規定所述值。

第 113 條　　架設於同一支持物上，不同高度之支吊線、導線、電纜間之垂直間隔，應符合第一百十四條至第一百十七條規定間隔。

第 114 條　　同一或不同回路之導線間基本垂直間隔規定如下：

　　一、架設於同一支持物上，五十千伏以下之支吊線、導線或電纜間之基本間隔，不得小於附表一一四所示值。但下列裝置之間隔，不適用之：

　　(1)　同一回路電壓超過五十千伏之導線間。

（2）為同一電業所有，符合第七十八條第三款規定之電纜間及符合第八十條第一款規定之中性導體（線）間。

（3）為同一電業所有，電壓五十千伏以下之同一回路同一相之非被接地開放式供電導線間。

二、供電線路與通訊線路間之間隔，不得小於附表一一四所示值。

三、裝設於通訊設施空間之通訊線路相互間之間隔及空間應符合第一百二十二條規定。

四、裝設於供電設施空間之通訊線路相互間之間隔不得小於附表一一四所示值。

架空線路支吊線、導線或電纜架設於垂直線架，或分開托架為垂直配置，且符合第一百二十一條規定者，其間隔得依表一二一規定。

通訊接戶線在供電導線下方，且兩者於同一跨越支持物上，若通訊導線與未被有效接地之供電導線之間隔符合前項及第一百十五條至第一百十七條規定時，通訊導線與被有效接地供電導線間之間隔，得縮減至一百毫米或四英寸。

七百五十伏特以下供電接戶線之非接地導線有絕緣，跨於通訊接戶線上方且成平行，並與通訊接戶線位於同一支持物上保持本條規定之間隔時，在跨距上任何一點，包括裝設於建築物或構造物上之裝設點，至少應有三百毫米或十二英寸之間隔。

符合第七十九條規定同一回路導線之間隔，不適用第一項規定。

表一一四　同一支持物上導線在支持點之垂直間隔[註1]

間隔（公尺） 上方線路類別 下方線路類別	符合第七十八條第一款、第二款或第三款規定之供電電纜；符合第八十條第一款規定之中性導體(線)；符合第七十五條第二項第一款規定之通訊電纜	開放式供電導線		
		8.7 千伏以下 [註9]	超過 8.7 千伏至 50 千伏	
			同一電業	不同電業
1. 通訊導線與電纜				
(1) 架設於通訊設施空間內	1.00[註5]	1.00	1.00	1.00 超過 8.7 千伏部分，每千伏再增加 0.01 [註6]
(2) 架設於供電設施空間內	0.41[註7,8]	0.41[註8]	1.00[註8]	1.00 超過 8.7 千伏部分，每千伏再增加 0.01 [註6]
2. 供電導線及電纜				
(1)750 伏特以下開放式導線 註9；符合第七十八條第一款、第二款或第三款規定之供電電纜；符合第八十條第一款規定之中性導體(線)	0.41[註7]	0.41[註2]	0.41 超過 8.7 千伏部分，每千伏再增加 0.01 [註6]	1.00 超過 8.7 千伏部分，每千伏再增加 0.01 [註6]
(2) 超過 750 伏特至 8.7 千伏之開放式導線	不可	0.41[註2]	0.41 超過 8.7 千伏部分，每千伏再增加 0.01 [註4、6]	1.00 超過 8.7 千伏部分，每千伏再增加 0.01 [註6]

表一一四　同一支持物上導線在支持點之垂直間隔^{註1}（續）

間隔（公尺） 上方線路類別 下方線路類別	符合第七十八條第一款、第二款或第三款規定之供電電纜；符合第八十條第一款規定之中性導體（線）；符合第七十五條第二項第一款規定之通訊電纜	開放式供電導線		
		8.7 千伏以下 _{註9}	超過 8.7 千伏至 50 千伏	
			同一電業	不同電業
(3) 超過 8.7 千伏至 22 千伏之開放式導線				
①在有電線路上作業，使用活線工具，且鄰近線路未斷電或未以掩蔽或防護護具被覆者	不可	不可	0.41 超過 8.7 千伏部分，每千伏再增加 0.01 _{註6}	1.00 超過 8.7 千伏部分，每千伏再增加 0.01 _{註6}
②不在有電線路上作業，除鄰近線路(上方線路或下方線路)斷電或以掩蔽或防護護具被覆，或使用活線工具，而不需線路人員來往於活線之間外	不可	不可	0.41 超過 8.7 千伏部分，每千伏再增加 0.01 _{註3,6}	0.41 超過 8.7 千伏部分，每千伏再增加 0.01 _{註3,6}
(4) 超過 22 千伏，但不超過 50 千伏之開放式導線	不可	不可	0.41 超過 8.7 千伏部分，每千伏再增加 0.01 _{註3,6}	1.00 超過 8.7 千伏部分，每千伏再增加 0.01 _{註3,6}

註：1. 本表所列電壓係指被有效接地電路之相對地電壓及其他於接地故障時，其斷路器於起始及後續動作後，能迅速啟斷故障區段電路之相對地電壓。其他系統之電壓參見第一章第二節用詞定義規定。本表於計算間隔時，所有電壓係指相關線路導線間之電壓。

2. 若由不同電業運轉之導線，其垂直間隔建議不小於 1.00 公尺。

3. 此間隔值不適用於同一線路之導線，或裝在鄰近導線支持物上之線路導線。

4. 除鄰近之線路 (上方線路或下方線路) 斷電或以掩蔽或防護護具被覆者，或不需線路人員來往於活線間使用活線工具外，若不在有電導線上作業者，其間隔得縮減至 0.41 公尺。

5. 符合第八十條第一款規定供電設施空間之中性導體 (線)，符合第八十一條第一款第一目規定之有效接地吊線上之光纖電纜及完全絕緣光纖電纜，在供電設施空間及由被有效接地吊線支持之絕緣通訊電纜，及其供電中性導體 (線) 或吊線搭接至通訊吊線，符合第七十八條第一款規定之電纜，其間隔得縮減至 0.75 公尺。符合第八十一條第一款第一目規定之非導電性光纖電纜，不需搭接。

6. 較大之相量差或相對地電壓，參見第一百零九條第三款規定。

7. 符合第八十條第一款規定之中性導體 (線) 與在供電設施空間內及由有效接地吊線支持之絕緣通訊電纜間之間隔，不適用本表規定。

8. 符合第八十一條第一款第一目規定之光纖電纜與供電電纜及導線間之間隔，不適用本表規定。

9. 不包括符合第八十條第一款規定之中性導體 (線)。

第 115 條　前條及附表一一四所規定之基本垂直間隔，依下列規定以累積計算之方式增加間隔：

一、除同一回路導線間外，依電壓等級：

(1) 電壓超過五十千伏至八百十四千伏間不同回路之架空線路、支吊線、導線或電纜間之間隔，超過五十千伏部分，每一千伏，應再增加十毫米或〇‧四英寸。但已知系統之開關突波因數之交流對地電壓超過九十八千伏或直流對地電壓超過一百三十九千伏之線路者，其間隔得依第一百十六條規定修正。

(2) 線路電壓超過五十千伏者，其海拔超過一千公尺或三千三百英尺部分，每三百公尺或一千英尺，間隔應再增加百分之三。其再增加間隔應以最高運轉電壓為基準。

二、依弛度大小：

(1) 同一支持物上不同高度之架空線路支吊線、導線及電纜，在其支持物上應有可調整之垂直間隔，使其在跨距間任一點之間隔，不小於下列規定值：

① 導線間電壓低於五十千伏者，支持物上導線間之垂直間隔，其再增加間隔為附表一一四所示值之百分之七十五。但符合下列規定者，不在此限：

❶ 符合第八十條第一款規定之位於供電設施空間之中性導體(線)、符合第八十一條第一款第一目規定之位於供電設施空間之光纖電纜、裝置在供電設施空間內，且以被有效接地吊線支持之絕緣通訊電纜，及符合第七十八條第一款規定之供電電纜及其支持托架，其裝置於供電設施空間之通訊電纜上方及於通訊設施空間內與通訊電纜平行，若其供電中性導體(線)或吊線與通訊吊線依第十二條規定之間隔搭接，而在電桿上供電設施空間之導線及電纜與通訊設施空間之電纜間隔保持七百五十毫米或三十英寸者，其在跨距間任一點之間隔得為三百毫米或十二英寸。符合第八十一條第一款第一目規定之完全絕緣之光纖電纜，不需搭接。

❷ 不同電業若經協議同意，其供電導線在跨距間任一點之垂直間隔，再增加間隔不需超過附表一一四同一電業支持物上導線在支持點所需增加垂直間隔值之百分之七十五。

② 導線間電壓超過五十千伏時，其再增加間隔值由下列公式計算：

❶ 基值為〇‧四一公尺或十六英寸時，間隔值為〇‧六二公尺或二百十四‧四英寸加上超過五十千伏部分之每千伏十毫米或〇‧四英寸。

❷ 基值為一‧〇公尺或四十英寸時，間隔值為一‧〇八公尺或四十二‧四英寸加上超過五十千伏部分之每千伏十毫米或〇‧四英寸。

③ 為計算第一目之1及第一目之2規定之垂直間隔，應以下列導線溫度及荷重情況計算，取較大值為準。但同一電業之導線，其線徑及型式相同，並以相同之弛度及張力裝設時，其導線間隔不適用之。

❶ 上方導線在攝氏五十度或線路設計之最高正常運轉溫度時之最終弛度，及下方導線在相同周溫條件下，於無電氣負載時之最終弛度。

❷ 上方導線在攝氏零度，且有徑向套冰之最終弛度，及

下方導線在相同周溫條件下，於無電氣負載及無著冰荷重時之最終弛度。若經驗顯示，上方與下方導線有不同之著冰情況者，亦適用之。

(2) 為達到前目規定時，弛度應重新調整，且不得將弛度縮減至違反第一百八十四條第一款規定。為維護外觀或於颱風時仍保持適當間隔，而將不同線徑之導線以同一弛度架設時，應以其中最小導線依第一百八十四條第一款規定。

(3) 於跨距長度超過四十五公尺或一百五十英尺之開放式供電導線與通訊電纜或導線間，在其支持物上之垂直間隔應調整於導線溫度攝氏十五度之無風位移時，最終無荷重弛度狀況下，超過七百五十伏且低於五十千伏之開放式供電導線，其跨距吊線最低點不得低於最高通訊電纜或導線在支持物上支持點間之連接直線。但五十千伏以下之被有效接地供電導線，僅需符合第一目規定。

第 116 條　已知開關突波因數之不同回路，若其中一個或二個交流對地電壓超過九十八千伏或直流對地電壓超過一百三十九千伏者，前二條規定導線間之垂直間隔得予修正；其修正後間隔不得小於第九十六條規定之交叉間隔。

第 117 條　前三條至本條及本章第九節規定之間隔，構成在支持物間之跨距吊線及支持物上，供電設施空間內設施與通訊設施空間內設施間之通訊作業人員安全區。除符合第一百四十一條或第一百四十二條或本章第十節規定，或僅限由合格人員作業者外，供電或通訊設施不得裝置於通訊作業人員安全區內。

第 118 條　同一支持物上不同高度之支吊線、導線及電纜，在附圖一一八之虛線界定範圍內，不得有其他不同高度之支吊線、導線或電纜。圖上標示之垂直間隔 (V) 與水平間隔 (H) 依本節其他條文規定。

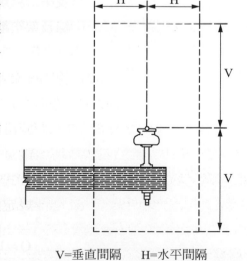

V＝垂直間隔　H＝水平間隔

圖一一八　同一支持物上不同高度之支吊線、導線及電纜間之斜角間隔

第 119 條　線路導線與支持物間，及其與同一支持物上垂直或橫向導線、跨距吊線或支線等間任何方向之間隔規定如下：

一、固定支持物：導線架設於固定支持點時，其與支持物等之間隔，不得小於附表一一九～一所示值。但已知系統開關突波因數之交流對地電壓超過九十八千伏或直流對地電壓超過一百三十九千伏之線路者，其間隔得小於附表一一九～一所示值。

二、懸垂礙子：導線以懸垂礙子連吊掛，且其擺動未受限制者，應增加其導線間之間隔，使一串礙子連得以橫向擺動至其最大設計擺動角度之擺動範圍，而不小於前款規定之最小水平間隔。最大設計擺動角度，應以導線在攝氏十五度，受二百九十帕 (Pa) 或三十公斤／平方公尺風壓吹移之最終弛度為基準。若有擋風之建築物、地形或其他阻礙物者，其風壓得縮減至一百九十帕 (Pa) 或二十公斤／平方公尺。樹木不得作為線路之擋風物。支吊線、導線及電纜之位移，應含造成其間隔減少之支持物及配件偏移。

三、已知回路開關突波因數之交流對地電壓超過九十八千伏或直流對地電壓超過一百三十九千伏之線路者，前二款規定之間隔得予修正；其修正後間隔不得小於下列規定之間隔：

(1) 線路導線與支吊線、架空地線、垂直或橫向導線等之間修正後間隔，不得小於第九十三條第二款、第九十六條第一項第一款及第二款規定相關導線電壓所要求之交叉垂直間隔。上述支吊線及架空地線視為具大地電位。上述由第九十六條第一項第一款及第二款規定計算所得之間隔，適用第二目之 2 規定之限制。

(2) 線路導線與橫擔及支持物表面間之修正後間隔規定如下：

① 修正後間隔：在預期負荷條件下，修正後間隔應不小於以下列公式及第九十一條第三款第二目規定計算之電氣影響間隔，或符合附表一一九～二規定。依下列公式計算時，PU、a、b 準用第九十一條第三款第一目規定，K ＝一‧二，為導線與塔身間隙之配置因數：

$$Q = 1.00 \left[\frac{V \cdot (PU) \cdot a}{500K} \right]^{1.667} b \text{（公尺）}$$

② 修正後間隔限制：修正後間隔不得小於附表一一九～一中以交流電壓一百六十九千伏之相間電壓計算之基準間隔值。於支持物上有活線作業者，修正後間隔應再檢查對作業人員是否足夠，必要時應再增加之。

（備註：因條文排版無法呈現相關圖表，詳閱相關圖表附檔）

表一一九～一　線路導線與支持物間，及其與同一支持物上通訊導線、垂直及橫向導線、跨距吊線或支線等間任何方向之間隔

架空線類別　間隔（公尺）　對象及性質	通訊導線		供電線路（線路相間電壓）		
	一般情況	同一支持物上；符合第八十條第一款規定之中性導體（線）	8.7 千伏以下[註14]	超過 8.7 千伏至 50 千伏	超過 50 千伏至 814 千伏[註4,9]
1. 垂直及橫向導線					
(1) 同一回路	75	75	75	75 超過 8.7 千伏部分，每千伏再增加 6.5	—
(2) 不同回路[註12,13]	75	75	150[註5]	150 超過 8.7 千伏部分，每千伏再增加 10	580 超過 50 千伏部分，每千伏再增加 10
2. 同一支持物上之跨距吊線、支線[註11]，或吊線					
(1) 與線路平行者	75[註7]	150[註1,7]	300[註1]	300 超過 8.7 千伏部分，每千伏再增加 10	740 超過 50 千伏部分，每千伏再增加 10
(2) 支線	75[註7]	150[註1,7]	150[註1]	150 超過 8.7 千伏部分，每千伏再增加 6.5	410 超過 50 千伏部分，每千伏再增加 6.5
(3) 其他	75[註7]	150[註1,7]	150	150 超過 8.7 千伏部分，每千伏再增加 10	580 超過 50 千伏部分，每千伏再增加 10

表一一九～一　　線路導線與支持物間，及其與同一支持物上通訊導線、垂直及橫向導線、跨距吊線或支線等間任何方向之間隔（續）

間隔（公尺） 對象及性質	通訊導線		供電線路（線路相間電壓）		
	一般情況	同一支持物上;符合第八十條第一款規定之中性導體（線）	8.7 千伏以下[註14]	超過 8.7 千伏至 50 千伏	超過 50 千伏至 814 千伏[註4,9]
3. 橫擔表面	75[註2,6]	75[註2,6]	75[註8]	75 超過 8.7 千伏部分，每千伏再增加 5[註8,10]	280 超過 50 千伏部分，每千伏再增加 5
4. 支持物表面					
(1) 同一支持物	―	125[註2,6]	125[註3,8]	125 超過 8.7 千伏部分，每千伏再增加 5[註8,10]	330 超過 50 千伏部分，每千伏再增加 5
(2) 其他	75[註2,6]	―	75[註8]	75 超過 8.7 千伏部分，每千伏再增加 5[註8,10]	280 超過 50 千伏部分，每千伏再增加 5

註：1. 在同一支持物上，支線穿越供電導線 300 毫米內，且穿越通訊電纜 300 毫米內，除在最低層供電導線下方及最高層通訊電纜上方處，支線為被有效接地或以支線絕緣礙子絕緣之外，在支線穿越供電導線處，應以適當之絕緣護套予以防護。若在支線或通訊電纜有防磨損保護，被有效接地或絕緣之支線與通訊電纜之間隔得縮減至 75 毫米。

2. 通訊導線架設於橫擔之側面、底面或電桿表面，其間隔得予縮減。

3. 此間隔僅應用於同一支持物上之供電導線固定在通訊導線下方。若供電導線在通訊導線上方，此間隔得縮減至 75 毫米。

4. 線路電壓超過 50 千伏者，其所有間隔應以最高運轉電壓為準。

5. 若供電線路電壓為 750 伏特以下者，此間隔得縮減至 75 毫米。

6. 符合第八十條第一款規定之中性導體（線），得直接架設於支持物表面。

7. 支線及吊線得架設於同一夾板或螺栓。

8. 電壓為 750 伏特以下之開放式供電導線，及符合第七十八條第一款、第二款或第三款規定之所有電壓供電電纜，此間隔得縮減至 25 毫米。

9. 線路電壓超過 50 千伏者，架設於海拔超過 1000 公尺部分，每 300 公尺，其間隔應依本表所示值再增加 3%。

10. 若線路有效接地，且符合第八十條第一款規定之中性導體 (線)，應以相對地電壓，決定橫擔表面與支持物之間隔。

11. 金屬末端配件與支線間保持規定之間隔，若支線加裝絕緣礙子者，其間隔得縮減 25% 以下。

12. 相間電壓應依第一百零九條第三款規定決定之。

13. 此間隔適用於 3 千赫 (KHZ) 至 300 吉赫 (GHZ) 射頻之通訊天線。

14. 不含符合第八十條第一款規定之中性導體 (線)。

表一一九～二　線路導線與支持物間任何方向之間隔

最高運轉相間電壓 （千伏）	開關突波因數 （標么值）	開關突波 （千伏）	與支持點之計算間隔	
			固定式 (公尺)	以最大角度任意擺動 (公尺)
242	2.4	474	0.88 [註1]	0.88 [註1]
	2.6	514	1.01	0.88 [註1]
	2.8	553	1.14	0.98
	3.0	593	1.24 [註2]	1.10
	3.2	632	1.24 [註2]	1.22
362	1.6	473	0.88 [註1]	0.88 [註1]
	1.8	532	1.07	0.92
	2.0	591	1.27	1.09
	2.2	650	1.49	1.28
	2.4	709	1.72	1.48
	2.5	739	1.84	1.59
550	1.6	719	1.76	1.51
	1.8	808	2.14	1.84
	2.0	898	2.55	2.19
	2.2	988	2.78 [註2]	2.57
800	1.6	1045	3.3	2.82
	1.8	1176	4.0	3.5
	1.9	1241	4.1 [註2]	3.8
	2.0	1306	4.1 [註2]	4.1 [註2]

註：1. 受第一百十九條第三款第二目之 2 規定之限制。

　　2. 不需大於第一百十九條第一款及第二款規定。

第 120 條　七百五十伏特以下、超過七百五十伏特至八‧七千伏、超過八‧七千伏至二十二千伏及超過二十二千伏至五十千伏之線路,任一電壓等級之線路與次一電壓等級供電線路,除符合下列情形之一者外,不得架設於同一橫擔上之供電設施空間,且中性導體(線)應視為與該回路線路相同之電壓等級:

一、線路裝置於支持物不同側位置。

二、線路在橋式橫擔或側臂橫擔上者,其間隔不得小於本章第七節規定所列較高電壓之爬登空間。

三、較高電壓之導線位於外側,及較低電壓之導線位於內側。

四、在橫擔或其上方作業時間內,若串列路燈或照明線路或類似供電線路通常不帶電。

五、二線路均為通訊線路,且依第七十五條規定裝設於供電設施空間內者,或一線路為通訊線路及另一線路為八‧七千伏以下之供電線路,二者屬同一電業所有,且依第一款或第二款裝設。

第 121 條　導線或電纜以非木材材質之線架或托架垂直架設於支持物同一側,並安全固定者,若符合下列所有情形,其導線或電纜間之間隔,得小於第一百十四條至第一百十七條規定:

一、所有支吊線、導線及電纜為同一電業所有及維護者,或經有關公用事業同意。

二、電壓不得超過七百五十伏特。但符合第七十八條第一款或第二款規定之供電電纜及導線,不限制其承載電壓。

三、導線應予安排使其在第一百十五條第二款第一目之 3 指定條件下,其垂直間隔不小於附表一二一所示值。

四、符合第七十八條第三款規定供電電纜之支撐中性導體(線),或符合第七十八條第一款或第二款規定供電電纜之被有效接地吊線,其跨距中間點之垂直間隔若能維持附表一二一所示值,且絕緣帶電導線在裝置點與開放式供電中性導體(線)分開配置者,得附掛同一礙子或托架,作為符合第八十條第一款規定之中性導體(線)。

表一二一　固定垂直線架或托架上導線間之最小垂直間隔

跨距長度（公尺）	導線間之垂直間隔（毫米）
45 以下	100
超過 45 至 60	150
超過 60 至 75	200
超過 75 至 90	300

註：導線採絕緣導線或開放式導線間以間隔器隔開支撐時，導線
　　間配置之垂直間隔得予縮減，但不小於 100 毫米。

第 122 條　支持通訊電纜之吊線間，其間距不得小於三百毫米或十二英寸。但經相
關設置單位及支持物所有權人協議者，不在此限。

第 123 條　同一支持物上之供電設施空間內，線路導線與通訊天線在任何方向之間
隔規定如下：
一、供電設施空間內之通訊天線，其裝設與維護作業，應僅限被授權之
合格人員為之。
二、三千赫 (KHZ) 至三百吉赫 (GHZ) 射頻之通訊天線與供電線路導線間
之間隔，不得小於附表一一九～一，橫列 1(2) 所示值。
三、支撐或鄰近通訊天線之設備箱體，與供電線路導線間之間隔，不得
小於附表一一九～一橫列 4(1) 所示值。
四、供電線路導線與連接通訊天線之垂直或橫向通訊導線與電纜間之間
隔，不得小於本章第十節規定。

第七節　爬登空間

第 124 條　本節僅適用於支持物上供作業人員爬登用之部分。

第 125 條　爬登空間之位置及大小規定如下：
一、爬登空間應符合第一百二十九條之水平距離，使作業人員能通過任
何導線、橫擔或其他組件。
二、支持物得僅提供一側或一角為爬登空間。
三、爬登空間應可垂直延伸，使作業人員能通過第一百二十九條至第
一百三十一條及第一百三十三條規定之任何導線或其他組件上下層
範圍。

第 126 條　支持物之一側或其四周之一象限內作為爬登空間者，該空間內之支持物
部分，不視為爬登空間之阻礙物。

第 127 條　　　橫擔儘量裝設在電桿之同一側，以利爬登。但電桿上使用雙抱橫擔或電
　　　　　　　　桿上橫擔為非全部平行者，不在此限。

第 128 條　　　支持物上設備或燈具等之裝設位置與爬登空間有關者，依下列規定：

　　　　　　一、支持物上之供電設備及通訊設備，例如變壓器、電壓調整器、電容
　　　　　　　　器、電纜終端接頭、放大器、加感線圈、通訊天線、突波避雷器、
　　　　　　　　開關等，裝置於導線或其他附掛物下方時，應裝置在爬登空間外側。

　　　　　　二、燈具之所有暴露非被接地導電組件及其支架，未與電流承載組件絕
　　　　　　　　緣者，應與支持物表面維持五百毫米或二十英寸以上之間隔。若裝
　　　　　　　　置於爬登空間之另一側時，其間隔得縮減至一百二十五毫米或五英
　　　　　　　　寸。但設備裝置在支持物頂端或非登桿側其他垂直部分者，不在此
　　　　　　　　限。

第 129 條　　　導線間之爬登空間不得小於附表一二九所示之水平距離。當爬登空間旁
　　　　　　　　之導線由相關導線電壓等級以上之臨時絕緣防護器具掩蔽時，得提供
　　　　　　　　六百毫米或二十四英寸之淨爬登空間。

　　　　　　　　爬登空間涵蓋沿導線與橫跨導線之水平距離，及有妨礙爬登之導線上方
　　　　　　　　及下方垂直投影距離一公尺或四十英寸以上範圍內之空間。

　　　　　　　　若導線係由同一電業所有、操作或維護者，得使用活線工具，臨時移開
　　　　　　　　線路導線，以提供爬登空間。

表一二九　導線間爬登空間之水平距離

鄰近爬登空間之導線類別	導線電壓	導線間爬登空間之水平距離（公尺）		
		非同一支持物		同一支持物
		通訊導線	供電導線	供電導線在通訊導線上方
1. 通訊導線	150 伏特以下	0.60	—	0.75
	超過 150 伏特		—	0.75
2. 符合第七十八條第一款規定之供電電纜	所有電壓	—	—	0.75
3. 符合第七十八條第二款或第三款規定之供電電纜	所有電壓	—	0.60	0.60

表一二九　導線間爬登空間之水平距離（續）

鄰近爬登空間之導線類別	導線電壓	導線間爬登空間之水平距離（公尺）		同一支持物
		非同一支持物		供電導線在通訊導線上方
		通訊導線	供電導線	
4. 符合第七十九條規定之開放式供電導線及供電電纜	750 伏特以下	─	0.60	0.60
	超過 750 伏特至 15 千伏	─	0.75	0.75
	超過 15 千伏至 28 千伏	─	0.90	0.90
	超過 28 千伏至 38 千伏	─	1.00	1.00
	超過 38 千伏至 50 千伏	─	1.17	1.17
	超過 50 千伏至 73 千伏	─	1.40	1.40
	超過 73 千伏	─	>1.40	─

註：表列電壓係指爬登空間鄰近兩導線間電壓，但通訊導線為對地電壓。若兩導線為不同回路，
　　被接地回路之導線間電壓應為每一導線對地電壓之算術和，非被接地導線則應為相對相電壓。

第 130 條　　在支持物上轉角橫擔及固定於其上面之導線，應保持爬登空間寬度，且
　　　　　　涵蓋於同一位置垂直延伸爬登空間於有限制作用導線之上方及下方一公
　　　　　　尺或四十英寸以上範圍內之空間。

第 131 條　　非在橫擔處經過縱向導線路徑之爬登空間，應提供經過該導線路徑之爬
　　　　　　登空間寬度，及在相同位置由低於路徑一公尺或四十英寸起，垂直延伸
　　　　　　到高於路徑一公尺或四十英寸或依第一百二十九條第一項規定時應為
　　　　　　一・五公尺或六十英寸之爬登空間。

　　　　　　前項爬登空間之寬度應以相關縱向導線路徑測量。

　　　　　　第一項爬登空間之位置、大小及電纜數量若容許合格人員爬登經過，線
　　　　　　架上縱向路徑之電纜或吊線上附掛之電纜，不視為有妨礙爬登空間。但
　　　　　　通訊導線在縱向導線路徑上方者，不適用之。

　　　　　　若低於七百五十伏特且符合第七十八條規定之架空接戶線，在作業人員
　　　　　　爬登前，所有相關之導線已以橡皮護具掩蔽或有其他標準作業方式防
　　　　　　護，且該接戶線於電桿附掛處至縱向路徑導線之水平距離，不小於電桿
　　　　　　直徑再加上一百二十五毫米或五英寸，及縱向導線在距附掛接戶線之電
　　　　　　桿七百五十毫米或三十英寸處，其與接戶線間之水平橫向距離，不小於
　　　　　　九百五十毫米或三十八英寸之範圍內，不視為有妨礙爬登空間，如附圖
　　　　　　一三一所示。

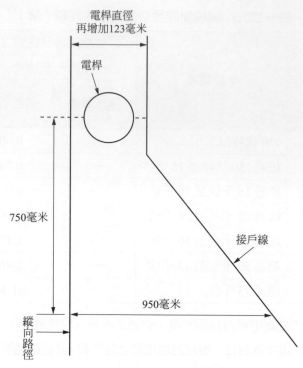

電桿直徑
再增加123毫米

電桿

750毫米

接戶線

950毫米

縱
向
路
徑

圖例：───── 爬登空間之界限

圖一三一　爬登空間之界限

第 132 條　　垂直導線以適當導線管或其他防護蓋板予以防護，且確實固定而未使用隔板於線路支持物表面者，不視為有妨礙爬登空間。

第 133 條　　支持物上裝設頂梢時，最上層橫擔上方與頂梢導線間之爬登空間，應符合附表一二九規定。

第八節　工作空間

第 134 條　　在支持物每一爬登空間之爬登面上，應提供工作空間。

工作空間之大小規定如下：

一、沿支持橫擔方向：沿著橫擔方向之工作空間，應從爬登空間延伸至橫擔上最外側導線位置。

二、與支持橫擔成直角方向：工作空間與橫擔成直角方向，應具有第一百二十九條規定爬登空間相同之大小，其大小應從橫擔表面起以水平量測。

三、與支持橫擔成垂直方向：工作空間之垂直高度，不得小於本章第六節所規定同一支持物上下層線路導線間之垂直間隔。

第 135 條　工作空間不得受到垂直或橫向導線妨礙，該等導線應位於支持物爬登側之反向側。

前項導線位於支持物爬登側時，其距橫擔之寬度至少與相關最高電壓導線要求之爬登空間寬度相同。裝在適當導線管內之垂直導線，得附掛在支持物爬登側。

第 136 條　有下列情形之一且保持依第一百三十條規定之爬登空間者，得裝設轉角橫擔：

一、工作空間之標準高度：架設於轉角橫擔之交叉導線或分歧線路導線與幹線導線間之橫向工作空間高度，不得小於附表一一四所示值。

二、工作空間之高度縮減：相關線路對地電壓未超過八‧七千伏或線間電壓未超過十五千伏，且保持第一百十條第一項規定之間隔，其在上層或下層導線與垂直及橫向導線間之工作空間高度，得縮減至四百五十毫米或十八英寸以上。相關線路用橫擔與轉角橫擔不超過二層，且在工作空間內非作業標的之線路導線及設備以橡皮護具或其他設施予以絕緣或掩蔽，以確保安全者，上述工作空間高度得縮減至三百毫米或十二英寸。

第 137 條　設備外露之帶電組件，例如開關、斷路器、突波避雷器等，符合下列所有情況者，作業時應予以掩蔽或防護：

一、設備位於最上層導線支持物之下方。

二、設備位於支持物爬登側。

三、未能符合勞工安全衛生相關法規活線作業最小工作空間規定者。

第 138 條　設備之所有組件及其支持托架或其他連接部分，應予適當配置，使設備間、與其他設備間、與垂直及橫向導線及與支持物部分，含支持平台或結構體間，在調整或操作時，人體任何部分不致過於接近暴露之帶電組件或導體（線），並符合勞工安全衛生相關法規規定之距離。

第九節　同一支持物上通訊與供電設施之垂直間隔

第 139 條　為量測本節規定之間隔，設備係指設備之非載流金屬組件，包括電纜或導線之金屬支持物，及固定於金屬支持物之金屬斜撐等。

第 140 條　供電導線或設備，與通訊導線或設備間之垂直間隔，應符合附表一四〇規定。但符合第一百四十一條及第一百四十二條規定者，不在此限。

表一四〇　供電導線與通訊設備間、通訊導線與供電設備間，及
供電設備與通訊設備間之垂直間隔[註1]

供電電壓（千伏）	垂直間隔（公尺）
1. 被接地導線與吊線配件及支持物	0.75
2. 8.7 以下	1.00[註2]
3. 超過 8.7	1.00 超過 8.7 千伏部分每千伏再增加 0.01

註：1. 本表所列電壓係指被有效接地電路之相對地電壓，及其他於接地故障
時，其斷路器於起始及後續動作後，能迅速啟斷故障區段電路之相對
地電壓。其他系統之電壓參見第一章第二節用詞定義。
2. 若供電設備之非載流組件已被有效接地及符合第八十條第一款規定之
中性導體（線），或符合第七十八條第一款規定之供電電纜，包括固
定支架，均與通訊用吊線依第十二條規定之間隔予以搭接，且通訊導
線位於下層者，其垂直間隔得縮減至 0.75 公尺。

第 141 條　　吊掛路燈之跨距吊線或托架，其與通訊設備間，至少應具有附表一四一
規定之垂直間隔。

表一四一　通訊線路與跨距吊線或托架間之垂直間隔

	燈具線（毫米）	
	未被有效接地	被有效接地
通訊導線橫擔之上方	500[註1]	500[註1]
通訊導線橫擔之下方	1000[註2]	600
通訊電纜用吊線之上方	500[註1]	100
通訊電纜用吊線之下方	1000[註3]	100
自通訊電纜端子箱	500[註1]	100
自通訊線路托架、束線環	410[註1]	100

註：1. 距離支持物表面 1.0 公尺以上之跨距吊線或托架之金屬配件，此數值
得縮減至 300 毫米。
2. 燈具對地電壓小於 150 伏特者，此數值得縮減至 600 毫米。
3. 燈具對地電壓小於 150 伏特者，此數值得縮減至 500 毫米。

第 142 條　若由支持物表面引入路燈或交通號誌之電源線位於通訊電纜上方時，電源線彎曲部分最低點處距離通訊電纜或其固定螺栓，至少應為三百毫米或十二英寸。前述電源線之彎曲部分以適當之非金屬材質膠帶包紮長度至少五十毫米或二英寸者，其間隔得縮減至七十五毫米或三英寸。

第 143 條　位於支持物上及支持物間之跨距內，供電設施空間與通訊設施空間之設施間，依第一百十四條至第一百十七條及本節所規定之間隔所形成之空間，作為通訊作業人員安全區域。除符合前二條及本章第十節規定者外，供電或通訊設施不得裝設於通訊作業人員安全區域內。

第十節　同一支持物上垂直及橫向設施與其他設施及表面間之間隔

第 144 條　同一支持物上垂直及橫向導線與其他設施或表面間之間隔應符合本節規定。

第 145 條　同一支持物上垂直及橫向導線之裝設規定如下：

一、接地導線、架空地線、符合第八十條第一款規定之中性導體（線）、通訊絕緣導線及電纜、符合第七十八條第一款或第二百五十五條規定之供電電纜、七百五十伏特以下之絕緣供電電纜，或直接放在支持物上之導線管等之導線、架空地線、電纜及導線管，應確實牢固於支持物表面。未在導線管內之電纜，裝設於附掛物處應避免受到磨損。

二、同一電業之供電電纜或通訊電纜有下列情形之一者，得共同裝設於同一導線管或 U 型防護蓋板：

(1) 電壓六百伏特以下之供電電纜。

(2) 電壓超過六百伏特且符合第七十八條第一款或第二百五十五條規定之供電電纜。

(3) 電壓六百伏特以下之供電電纜，與電壓超過六百伏特且符合第七十八條第一款或第二百五十五條規定之供電電纜。

(4) 通訊電纜與符合前三目規定之供電電纜。但非屬同一電業運轉及維護者，不得安裝於同一導線管或 U 型防護蓋板內。

三、成對通訊導線之環圈得直接附掛於支持物或吊線。

四、六百伏特以下，且未超過五瓩之絕緣供電線路，得與相關控制線路裝設於同一電纜。

第 146 條　　同一支持物上之垂直或橫向導線之裝設位置，不得妨礙爬登空間或上下層線路導線間之橫向工作空間，或妨礙電桿腳踏釘之安全使用。

第 147 條　　同一支持物上之導線未裝設於導線管內者，其與導線管間之間隔，應如同與其他支持物表面間之間隔。

第 148 條　　同一支持物上之導線接近地面上之防護方式規定如下：

一、距地面二‧四五公尺或八英尺內，或公眾可輕易觸及之其他區域內，垂直導線及電纜應予防護。但多重接地線路或設備之接地導線、通訊電纜或導線、裝甲電纜或僅用於支持物防雷保護之導線，不在此限。

二、防護得採用導線管或 U 型防護蓋板。U 型防護蓋板無法緊貼支持物表面時，應使用背板。

三、不予防護者，導線或電纜應緊密附掛於支持物表面或裝設於伸出型之托架上，並儘量裝設在暴露於受機械損害最小之位置。

四、設備防雷保護用之接地導線採用完全封閉之防護，應使用非金屬材質，或將防護管兩端與接地導線搭接。

第 149 條　　同一支持物上，於供電線路上下層或供電設施空間內之垂直及橫向導線，其與支持物表面、跨線、支線及吊線間之間隔規定如下：

一、一般間隔不得小於附表一四九～一所示值或第一百十九條規定。

二、具有帶電線路之支持物所提供之爬登空間：

(1) 一般要求：若開放式線路導線在電桿或支持物一‧二公尺或四英尺範圍內，垂直導線之架設方式如下列之一：

① 開放式垂直導線與電桿或支持物表面間之間隔，不得小於附表一四九～二內指定區間所示值。

② 開放式供電導線上下範圍內，依附表一四九～二規定垂直及橫向導線或電纜固定於支持物表面時，導線或電纜應事先穿入非金屬導線管內或以非金屬護套予以防護。但接地導線、架空地線、符合第八十條第一款之中性導體(線)、符合第七十八條第一款之供電電纜，及七百五十伏特以下之有外皮多芯供電電纜等，非位於爬登空間者，不適用之。

(2) 燈具用導線：在供電導線專用支持物上或共架支持物上，燈具固定架距離通訊附屬配件一‧〇公尺或四十英寸以上，開放式燈具電源之引接線，得由供電線路直接引接，其與支持物表面

之間隔，依附表一四九～一所示值，且開放式引接線兩端應確實固定。

間表一四九～一　垂直及橫向導線與支持物表面、跨線、支線及吊線間之間隔

電隔（毫米） 對象物　　　　壓別	8.7 千伏以下	超過 8.7 千伏至 50 千伏	超過 50 千伏[4]
支持物表面	75[2,3]	75 超過 8.7 千伏部分，每千伏再增加 5	280 超過 50 千伏部分，每千伏再增加 5
跨線、支線及吊線[6]	150	150 超過 8.7 千伏部分，每千伏再增加 10[3]	580 超過 50 千伏部分，每千伏再增加 10[4]

註：1. 本表線路電壓為相間電壓。

　　2. 符合第八十條第一款規定之中性導體（線）得直接架設於支持物表面。

　　3. 供電線路電壓為 750 伏特以下者，其間隔得縮減至 25 毫米。

　　4. 支線間隔之增加率得縮減至每千伏 6.5 毫米。

　　5. 超過 50 千伏之線路，海拔超過 1000 公尺部分，每 300 公尺，間隔再增加 3%。

　　6. 有支線絕緣礙子裝置者，上述間隔得縮減 25% 以下。在兩個支線礙子間之支線絕緣區段，上述間隔得縮減 25% 以下。

表一四九～二　開放式垂直導線與電桿表面間之間隔[1]

電壓（千伏）	開放式供電導線上下方之距離 （公尺）	垂直導線與電桿表面間之間隔 （毫米）
22 以下[2]	1.80	480
超過 22 至 30	1.80	560
超過 30 至 50	1.80	760

註：1. 本表所列電壓係指被有效接地電路之相對地電壓，及其他電路於接地故障時，其斷路器於起始及後續動作後，能迅速啟斷故障區段電路之相對地電壓。其他系統之電壓參見第一章第二節用詞定義。

　　2. 不含符合第八十條第一款規定之中性導體（線）。

第 150 條　垂直及橫向通訊導線架設於通訊線路支持物上或同一支持物上之通訊設施空間內，其間隔規定如下：

一、與通訊導線之間隔：未絕緣垂直及橫向之通訊導線與其他通訊導線，及與支線、跨距吊線或吊線之間隔，不得小於附表一一九～一所示值。

二、與供電導線之間隔：垂直及橫向絕緣通訊導線與八‧七千伏以下供電導線之垂直間隔，不得小於一‧○公尺或四十英寸；超過八‧七千伏至五十千伏部分，每增加一千伏，再增加十毫米或○‧四英寸。超過五十千伏部分，依第一百十五條規定增加其間隔。但與符合第八十條第一款之中性導體(線)，符合第七十八條第一款之電纜，及其中性導體(線)或吊線與通訊吊線搭接之光纖電纜，其間隔得縮減至○‧七五公尺或三十英寸。

第 151 條　同一支持物上垂直供電導線及電纜穿過通訊設施空間規定如下：

一、一般防護：固定於支持物上之垂直供電導線或電纜，由最高之通訊附掛物上方一‧○公尺或四十英寸至最低之通訊附掛物下方一‧八公尺或六英尺間之供電導線或電纜，除符合第一百四十二條規定外，應以適當之導線管或護套予以防護。但符合下列情形，不在此限：

(1) 符合第八十條第一款規定之中性導體(線)、符合第七十八條第一款第一目規定之供電電纜，及七百五十伏特以下有外皮多芯供電電纜等，非位於支持物爬登空間。

(2) 支持物上無電車線、非被接地交通號誌線，或非被接地路燈燈具位於通訊導線下方，且符合下列所有情況：

① 接地導線直接連接於有效接地網之導體。

② 除供電設備與被有效接地導線間另有導線連接外，接地導線不連接於接地極與被有效接地導線間之供電設備。

③ 接地導線搭接於支持物上已接地之通訊設施。

二、在導線管或護套內之電纜及導線：所有電壓之電纜及導線，得依第一百四十五條第一款規定裝設於非金屬導線管或護套內，或被接地金屬導線管或護套內。金屬導線管或護套未搭接於支持物上之已接地通訊設施者，該金屬導線管或護套，自最高之通訊附掛物上方一‧○公尺或四十英寸至最低之通訊附掛物下方一‧八公尺或六英尺間，應裝設非金屬護套。

三、接近電車線、非被接地交通號誌附掛物或非被接地燈具之保護：垂直供電導線或電纜附掛於支持物上，其接近位於通訊電纜下方之電車線、非被接地交通號誌附掛物或非被接地燈具者，應以適當之非金屬導線管或護套予以防護。供電電纜自最高之通訊附掛物上方一‧〇公尺或四十英寸至最低之非被接地燈具或非被接地交通號誌附掛物下方一‧八公尺或六英尺間，應以非金屬護套予以防護。

四、架空接戶線：供電電纜作為架空接戶線者，在該電纜離開支持物固定點處，至少應距最高之通訊附掛物上方一‧〇公尺或四十英寸或距最低之通訊附掛物下方一‧〇公尺或四十英寸。位於通訊設施空間內之帶電相導線接續及接頭者，應予以絕緣。

五、與裝桿螺栓及其他金屬物件之間隔：垂直架設之供電導線或電纜，其與附掛之相關通訊導線設備且暴露之裝桿螺栓及其他暴露之金屬物件之間隔，不得小於五十毫米或二英寸。但垂直架設之被有效接地供電導線之前述間隔，得縮減至二十五毫米或一英寸。

第 152 條　同一支持物上垂直架設之通訊導線穿過供電設施空間規定如下：

一、金屬被覆通訊電纜：垂直架設之金屬被覆通訊電纜，若穿過電車饋電線或其他供電導線，應以適當之非金屬護套予以防護。該非金屬護套之裝設長度，應自最高之電車饋電線或其他供電線路導線上方一‧〇公尺或四十英寸延伸至最低之電車饋電線或其他供電線路導線下方一‧八公尺或六英尺。

二、通訊導線：垂直架設之絕緣通訊導線，穿過電車饋電線或供電導線，準用前款對金屬被覆通訊電纜之規定，以適當之非金屬護套予以防護。

三、通訊接地導線：垂直通訊接地導線，穿過電車饋電線或其他供電導線者，應以適當之非金屬護套予以防護，該防護應自最高之電車饋電線或其他供電導線上方一‧〇公尺或四十英寸延伸至最低之電車饋電線或其他供電線路導線下方一‧八公尺或六英尺。

四、與裝桿螺栓及其他金屬物件之間隔：垂直架設通訊導線或電纜，其與附掛之相關供電線路設備且暴露之裝桿螺栓及其他暴露之金屬物件，應具有電桿周長八分之一之間隔，且不小於五十毫米或二英寸。但垂直架設之被有效接地通訊電纜之前述間隔，得縮減至二十五毫米或一英寸。

第 153 條　　同一支持物上被有效接地或絕緣之開關操作棒，得穿過通訊設施空間，並應位於爬登空間之外側。

第 154 條　　同一支持物上伸出式托架之裝置規定如下：

一、伸出式托架用於支撐導線管時，該供電電纜應有適當之絕緣。非金屬導線管不得作為電纜絕緣用。

二、伸出式托架得用於支撐下列以單一外皮或被覆之電纜：

(1) 通訊電纜。

(2) 符合第七十八條第一款第一目任何電壓之供電電纜。

(3) 七百五十伏特以下之供電電纜。

第五章　架空線路建設等級

第一節　通則

第 155 條　　本章所規定之建設等級，以條文規定之機械強度為基準。

供電導線、通訊導線及支持物之建設等級按其強度分特級、一級及二級三種。其順序依次為特級、一級及二級，而以特級為最高等級。

第 156 條　　架空線路建設等級之適用範圍規定如下：

一、特級線路適用於跨越特殊場所，例如高速公路、電化鐵路及幹線鐵路等需要高強度設計之處。

二、一級線路適用於一般場所，例如跨越道路、供電線路、通訊線路等或沿道路興建及接近民房等處。

三、二級線路適用於其他不需以特級或一級強度建設之處及高低壓線之設施於空曠地區者。

第 157 條　　若同一線段依其條件可得二種以上之建設等級時，應以其中之最高等級建設之。

第 158 條　　本章之直流線路電壓值應視為交流線路電壓有效值或均方根值。

第二節　在不同情況下應用之建設等級

第 159 條　　供電電纜適用之建設等級分類如下：

一、第一類：符合第七十八條所述之各式電纜，應依第一百八十五條規定建設之。

二、第二類：其他供電電纜不得低於相同電壓之開放式導線建設等級。

第 160 條　線路之交叉依下列規定認定之：

一、線路之支吊線、導線或電纜跨越另一線路時，不論其是否在同一支持物上，均視為交叉。

二、線路跨越或伸出於鐵路軌道、高速公路車道或航行水道上方者，均視為交叉。

三、多條線路共架或平行在同一支持物上則不視為交叉。

交叉時線路之建設等級規定如下：

一、上方線路等級：任一線路跨越另一條線路，其導線、架空地線及支持物應符合第三款、第一百六十一條及第一百六十二條規定之建設等級。

二、下方線路等級：任一線路從另一條線路下方穿過時，該導線、架空地線及支持物僅需依本章第三節及第四節規定之建設等級裝設。

三、多重交叉：

(1)　線路在一個跨距內跨越二條以上之線路，或一條線路跨越另一條線路之跨距，該跨距又跨越第三條線路之跨距，在跨越其他下方線路時，最上方線路之建設等級，不得低於其下方任一條線路所要求之最高等級。

(2)　通訊導線於同一跨距跨越供電線路及鐵路軌道，其建設等級應以特級建設之。除供電導線為電車接觸線及其相關饋線外，儘量避免將通訊導線架設在供電導線上方。但屬複合光纖架空地線 (OPGW) 之通訊導線，不在此限。

第三節　導線、架空地線之建設等級

第 161 條　導線及電纜所需之建設等級依附表一六一～一及附表一六一～二規定。

下列特定線路之建設等級規定如下：

一、定電流電路之導線：與通訊電路相關但非屬第一類電纜之定電流電路導線之建設等級，應依據其額定電流值或該電路饋供變壓器之開路額定電壓值為準，如附表一六一～一及附表一六一～二所示。若定電流供電電路為第一類電纜，其建設等級應以標稱滿載電壓為準。

二、鐵路饋線及電車接觸線上之供電導線：應視為供電線路以決定其建設等級。

三、供電設施空間內之通訊線路導線之建設等級，應依下列方式決定：

(1) 符合第七十五條第三項規定之線路，得準用一般通訊線路之建設等級。

(2) 不符合第七十五條第三項規定之線路，應準用設置於其上方之供電線路之建設等級。

四、火災警報線路導線：應符合通訊線路導線之強度及荷重要求。

五、供電線路之中性導體(線)：未跨越對地電壓超過七百五十伏特之供電線路，且全線被有效接地之供電線路中性導體(線)，除為不需絕緣者外，應具有對地電壓七百五十伏特以下供電導線相同之建設等級。其他中性導體(線)應具有同一供電線路相導線相同之建設等級。

六、架空地線：應具有同一供電線路導線相同之建設等級。

表一六一～一　架空線路建設等級[註1]

上方架空線[註2]　　下方被跨越物	定電壓供電導線[註13]									定電流供電導線		供電設施空間內之通訊導線
	750伏特以下	超過750伏特至8.7千伏		超過8.7千伏至22千伏		超過22千伏至50千伏		超過50千伏				
	開放式導線或電纜	開放式導線	電纜	開放式導線	電纜	開放式導線	電纜	開放式導線	電纜	開放式導線	電纜	開放式導線或電纜
私人專用道路	二級	二級[註3]	二	二級[註3]	二級[註3]	二級[註3]	二級[註3]	二級[註3]	二級[註3]	特級、一級或二級[註14]		一級或二級[註15]
一般公路[註12]	二級	一級	二級	一級	一級	一級	一級	一級	一級			
高速公路[註11]、航行水道及纜車	不可跨越	特級	特級	特級	特級	特級	特級	特級	特級	特級	特級	特級
鐵路　高速鐵路及電化鐵路	不可跨越	特級	特級	特級	特級	特級	特級	特級	特級	特級	特級	特級
鐵路　幹線	不可跨越	特級	特級	特級	特級	特級	特級	特級	特級	特級	特級	特級
鐵路　支線	一級	一級	一級	一級	一級	一級	一級	一級	一級	一級	一級	一級

表一六一～一　架空線路建設等級[註1]（續）

上方架空線[註2] / 下方被跨越物		定電壓供電導線[註13]									定電流供電導線		供電設施空間內之通訊導線
		750伏特以下	超過750伏特至8.7千伏		超過8.7千伏至22千伏		超過22千伏至50千伏		超過50千伏		定電流供電導線		供電設施空間內之通訊導線
		開放式導線或電纜	開放式導線	電纜	開放式導線	電纜	開放式導線	電纜	開放式導線	電纜	開放式導線	電纜	開放式導線或電纜
750伏特以下開放式導線或電纜		二級	一級	二級	一級[註4]	一級	一級[註4]	一級	一級[註4]	一級	特級、一級或二級[註14]		特級、一級或二級[註15]
定電壓供電導線	超過750伏特至8.7千伏 開放式導線	一級[註5]	一級	一級	一級[註4]	一級	一級[註4]	一級	一級[註4]	一級			
	超過750伏特至8.7千伏 電纜	二級	一級	二級	一級[註4]	一級	一級[註4]	一級	一級[註4]	一級			
	超過8.7千伏至22千伏 開放式導線	特級[註5]	特級	特級	一級[註4]	一級	一級[註4]	一級	一級[註4]	一級			
	超過8.7千伏至22千伏 電纜	一級[註5]	一級	二級	一級[註4]	一級	一級[註4]	一級	一級[註4]	一級			
	超過22千伏至50千伏 開放式導線	特級[註5]	特級	特級	一級[註4]	一級	一級[註4]	一級	一級[註4]	一級			
	超過22千伏至50千伏 電纜	一級[註5]	一級	二級	一級[註4]	一級	一級[註4]	一級	一級[註4]	一級			

表一六一～一　架空線路建設等級[註1]（續）

上方架空線[註2] ＼ 下方被跨越物			定電壓供電導線[註13]									定電流供電導線		供電設施空間內之通訊導線
			750伏特以下	超過750伏特至8.7千伏		超過8.7千伏至22千伏		超過22千伏至50千伏		超過50千伏				
			開放式導線或電纜	開放式導線	電纜	開放式導線	電纜	開放式導線	電纜	開放式導線	電纜	開放式導線	電纜	開放式導線或電纜
定電壓供電導線	超過50千伏	開放式導線	特級[註5]	特級	特級	一級[註4]	一級	一級[註4]	一級	一級[註4]	一級			特級、一級或二級[註15]
		電纜	一級[註5]	一級	二級	一級[註4]	一級	一級[註4]	一級	一級[註4]	一級			
定電流供電導線之開放式導線或電纜			特級、一級或二級[註14]									特級、一級或二級[註14]		特級、一級或二級[註15]
供電設施空間內，通訊導線之開放式導線或電纜[註10]			特級、一級或二級[註14]									特級、一級或二級[註14,15]		特級、一級或二級[註15]
通訊導線之開放式導線或電纜			二級	特級[註7、8]	一級	特級[註8]	一級	特級[註8]	一級	特級[註8]	一級	特級[註8、9]	一級或二級[註14]	特級、一級或二級[註15]

註：1. 本表所列者對被有效接地之交流電電路、二線(有接地)電路或中心點接地之直流電電路，均為相對地電壓值，否則為相對相電壓。

2. 表頭所示之「開放式導線(open)」及「電纜(cable)」適用於供電導線之意義如下：「電纜」指第一百五十九條規定之第一類電纜；「開放式導線」指同條規定之第二類電纜及開放式導線。

3. 可能掉落於私人專用道路外之線路，適用非私人專用道路之線路所規定之等級。

4. 在碰觸到較低供電導線或其他被接地物體情況下，若供電電路之斷路器於起始及後續動作後，不會迅速斷電者，供電導線之建設等級應為特級。

5. 若導線為接戶線，其建設等級得為二級。

6. 若通訊導線僅由一絕緣雙絞線或排導線組成，或僅有接戶線者，其建設等級得為二級。

7. 若相間電壓未超過 5 千伏，或相對地電壓未超過 2.9 千伏，其建設等級得為一級。

8. 供電導線若符合下列所有條件，其建設等級僅需為一級：

(1) 在碰觸到通訊設備情況下，若碰觸之供電電壓會被供電線路之斷路器於起始及後續動作斷電或其他方式而迅速移除。

(2) 在碰觸到供電導線情況下，施加至通訊系統之電壓及電流未超過通訊保護裝置之安全運轉限制。

9. 若電路電流未超過 7.5 安，或供電至該電路之變壓器開路電壓未超過 2.9 千伏，該電路之建設等級得為一級。

10. 位於供電導體(線)下方之通訊電路，不得影響供電電路之建設等級。

11. 在快速道路上方，其建設等級得為一級。

12. 一般街道準用一般公路之建設等級。

13. 不同電壓等級之供電導線交叉或共架時，依第七十一條規定辦理。

14. 參照第一百六十一條第二項第一款。

15. 參照第一百六十一條第二項第三款。

表一六一～二　通訊導線本身，或在交叉處或合用電桿上之通訊導線之建設等級[註1]

較低高度之導線、鐵路及道路		通訊導線（通訊導線、開放式導線或電纜、供電設施空間內之開放式導線或電纜）
私人專用道路		二級
一般公路		二級
鐵路或高速公路、航行水道[註6]		特級
定電壓供電導線[註2]	750 伏特以下開放式導線或電纜	二級
	超過 750 伏特至 2.9 千伏開放式導線或電纜	一級
	超過 2.9 千伏　開放式導線	特級
	超過 2.9 千伏　電纜	一級
定電流供電導線[註2]	7.5 安以下開放式導線[註3]	一級
	超過 7.5 安開放式導線[註3]	特級[註4]
通訊導線、開放式導線或電纜、供電設施空間內之開放式導線或電纜		特級、一級或二級[註5]

註：1. 本表所列者對被有效接地之交流電電路、二線被接地電路或中心點接地之直流電電路，均為相對地電壓值，否則為相對相電壓。

2. 表頭所示之「開放式導線 (open)」及「電纜 (cable)」適用於供電導線之意義如下：「電纜」指第一百五十九條第一款規定之第一類電纜；「開放式導線」指同條第二款規定之第二類電纜及開放式導線。

3. 當定電流電路為第一類電纜，該電路建設等級應以標稱滿載電壓為準。

4. 若供電至電路之變壓器開路電壓未超過 2.9 千伏，該電路之建設等級得為一級。

5. 參見第一百六十一條第二項第三款規定。

6. 在快速道路上方，其建設等級得為一級。

第四節　線路支持物之建設等級

第 162 條　支持物之建設等級應依所支持導線所需之最高等級建設。但有下列情形之一者，得調整之：

一、共架支持物或僅用於通訊線路之支持物，其建設等級不需僅因此支持物上之通訊導線跨越對地電壓七百五十伏特以下之電車接觸線而提升。

二、支撐對地電壓七百五十伏特以下接戶線之支持物，其建設等級不得
　　低於與其相同電壓供電線路導線之建設等級。

三、通訊線路於同一跨距跨越供電線路及鐵路，因跨越鐵路軌道，其建
　　設等級依第一百六十條第二項第三款第二目規定為特級者，其支持
　　物建設等級應為特級。

四、衝突結構物之建設等級，係假設其導線跨越其他線路之導線，應依
　　第一百六十一條第一項規定。

第 163 條　　橫擔之建設等級應等於其承載導線所要求之最高建設等級。但有下列情
形之一者，得調整之：

一、僅支撐通訊導體（線）之橫擔，其建設等級不需僅因此橫擔上之通訊
　　線路跨越對地電壓七百五十伏特以下之電車接觸線而提升。

二、支撐對地電壓七百五十伏特以下接戶線之橫擔，其建設等級不得低
　　於其相同電壓供電線路導線之建設等級。

三、通訊線路於同一跨距跨越供電線路及鐵路，因跨越鐵路軌道，其建
　　設等級依第一百六十條第二項第三款第二目規定為特級者，其橫擔
　　之建設等級應為特級。

第 164 條　　插梢、非橫擔式托架、礙子及固定導線、架空地線配件之建設等級應等
於其關聯導線、架空地線所要求之建設等級裝置。但有下列情形之一者，
得調整之：

一、插梢、非橫擔式托架、礙子及固定導線、架空地線配件，其建設等
　　級不需僅因此支持物上之導線跨越對地電壓七百五十伏特以下之電
　　車接觸線而提升。

二、對地電壓七百五十伏特以下之接戶線，僅需與其相同電壓供電線路
　　導線、架空地線相同建設等級。

三、通訊線路於同一跨距跨越供電線路及鐵路，因跨越鐵路軌道，其建
　　設等級依第一百六十條第二項第三款第二目規定為特級者，其插梢、
　　非橫擔式托架、礙子及固定導線、架空地線配件之建設等級應為特
　　級。

四、通訊線路之建設須符合特級或一級時，僅需符合該建設等級之機械
　　強度。

五、開放式導線供電線路使用之礙子應符合第八章建設等級之規定。

第六章　架空線路荷重

第一節　通則

第 165 條　　架空線路之荷重規定如下：

一、架空線路荷重之決定，應考量其可能之風壓及冰荷重。

二、施工或維護時之荷重超出前款規定者，應增加前述之假定荷重。當有吊升設備、緊線作業或作業人員等臨時性荷重加在支持物或組件上，其強度應予考慮該臨時荷重不能大於機械強度，或以其他防範措施補強之。

三、除提出詳細荷重分析，並經中央主管機關核准外，不得降低本章規定之荷重值。

第 166 條　　架空線路風壓荷重之種類及適用範圍規定如下：

一、甲種風壓荷重：適用於一般不下雪地區之線路，其構件每平方公尺投影面所受風壓如附表一六六～一及附表一六六～二所示，其計算方式如下：

　(1) 鐵塔線路：如附表一六六～一所示，係以基準速度壓計算所得。

　(2) 鐵柱、木桿、水泥桿線路：如附表一六六～二所示，係以十分鐘平均風速四十公尺／秒計算所得。

　(3) 附表一六六～一及附表一六六～二所稱之泛東部地區如附圖一六六所示，泛指淡水河口起，沿中央山脈，至屏東楓港止，以北及以東之地區。前述分界以西則為泛西部地區。

二、乙種風壓荷重：適用於高山下雪地區之線路，包括鐵塔線路及鐵柱、木桿、水泥桿線路，係考慮導線、架空地線在套冰厚度六毫米、比重〇‧九情況下，其構件承受二分之一甲種風壓荷重。

三、丙種風壓荷重：適用於城鎮房屋密集或其他緩風處之線路，其構件承受風壓荷重得減低至二分之一甲種風壓荷重。

輸電鐵塔風壓依附表一六六一～三規定。

下雪地區線路應能承受甲種及乙種風壓荷重。

表一六六～一　鐵塔線路基準速度壓、基準風速、陣風率及陣風之關係

荷重條件		基準速度壓 q_0（公斤／平方公尺）	對應風況		
			基準風速 V（公尺／秒）	陣風率 G_{RF}	陣風 V_G（公尺／秒）
平常時（全島一致）		20			17.5
颱風時	泛西部地區線路	180	36.5	1.5	54.8
	泛東部地區線路	230	44.7	1.38	61.7
下雪時（下雪地區）		30			22
作業時（全島一致）		20			17.5

註：設計時應依實際情況予以調整

1. 上表係國內各不同地區鐵塔線路之荷重條件

    表中 $q_0 = 1/2 \rho V_G^2$

    q_0：距地面高 10 公尺處之基準速度壓（公斤／平方公尺）

    其中　ρ：空氣密度

    $$\rho = \frac{1.293 \times 273}{T + 273} \times \frac{H}{760} \times \frac{1}{9.8} \, \text{kg} \cdot \text{sec} / \text{m}^4$$

    T：氣溫（℃）

    H：氣壓（mmHg）

    　　標準時　$H = 760$，$T = 15℃$，$\rho = 0.125$

    　　颱風時　$H = 740$，$T = 20℃$，$\rho = 0.12$

    　　平常及作業時　$\rho = 0.125$

    V_G：距地面基準高（=10 公尺）之陣風風速（公尺／秒）

    表中：基準風速 v 係指距地面高 10 公尺處之 10 分鐘平均風速

    基準風速 (V) 乘以陣風率 (G_{RF}) 即得陣風風速 (V_G)：

基準風速 (V)	陣風率 (G_{RF})
30 公尺／秒以下	1.6
50 公尺／秒以上	1.3
30 至 50 公尺／秒間	依比例計算，即 $G_{RF} = 2.05 - 0.015v$
求得結果如下：	
39.8 公尺／秒	1.45
44.9 公尺／秒	1.38

陣風風速＝基準風速 × 陣風率

陣風時間以 3 至 5 秒為準

考慮上空遞增係數之速度壓 (P)

$$P = q_0 \left[\frac{h}{h_0} \right]^n \times C = q_0 \times Kz \times C \ \text{(C 為風力係數)}$$

2. 導線、架空地線、礙子及鐵器之風壓，以 $P = q_0 \left[\frac{h}{h_0} \right]^{\frac{1}{6 \cdot 2}} \times C$ 計算

其中 P：風壓值 (公斤 / 平方公尺)

q_0：基準速度壓 (公斤 / 平方公尺)

h：距地面高 (公尺)

h_0：距地面基準高 (=10 公尺)

$\left[\dfrac{h}{h_0} \right]$ 表速度壓之上空遞增係數

C：風力係數

計算導線及架空地線之風壓時，其高度以中相為準。

表一六六～二　電桿線路風壓荷重 (甲種風壓荷重)

受風構件種類		構件每平方公尺投影面所受風壓荷重 (公斤 / 平方公尺)
支持物	鐵柱	240
	木桿及圓形預力水泥電桿	80
導線、架空地線	直徑超過 18 毫米	100
	直徑 18 毫米以下	110
礙子及鐵器		140

註：1. 本表係以 10 分鐘平均風速 40 公尺 / 秒計算之風壓荷重。

　　2. 風速度之大小宜配合實際地區提高，並修改風壓荷重。

表一六六～三　輸電鐵塔風壓表（公斤／平方公尺）

荷重條件	颱風時		平常及作業時	下雪時
q_0　　 H	230	180	20	30
10	660	510	60	90
20	700	550	70	90
30	750	590	70	90
40	790	620	70	90
50	830	660	80	90
60	870	690	80	90
70	910	710	80	90
80	930	730	90	90
90	960	760	90	100
100	980	770	90	100
110	1000	780	90	100
120	1020	800	90	100
130	1040	820	100	100
140	1060	830	100	100
150	1070	840	100	100

註：1. H 表地面至鐵塔頂端之高度（公尺）

q_0 表基準速度（公斤／平方公尺）

2. 本表依五十年風速再現週期訂定。

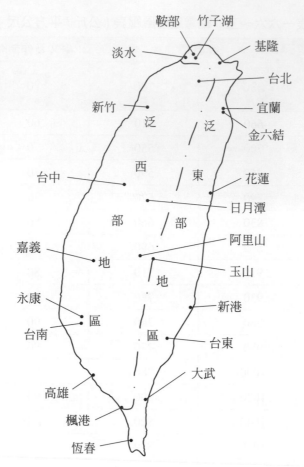

圖一六六　泛東部、泛西部地區劃分圖 +(僅適用輸電線路)

第 167 條　基準速度壓、基準風速、陣風率及陣風之關係如附表一六六～一所示。

第二節　導線、架空地線及吊線承受之荷重

第 168 條　導線、架空地線、吊線或電纜之風壓及冰荷重應符合前節及下列之規定：

一、若電纜附掛在吊線上，電纜及吊線均須應用附表一六六～一及附表一六六～二之荷重。

二、無冰雪包覆狀況下之導線、架空地線、吊線或電纜之風壓荷重，應假設其投影面積為外徑與導線、架空地線、吊線或電纜相同之光滑圓柱。圓柱表面風力係數設為一‧〇；礙子及鐵器之風力係數設為一‧四。

三、套冰厚度及比重應依第一百六十六條第一項第二款規定辦理。套冰之計算方式規定如下：

(1) 導線、架空地線、吊線、成束電纜或多導體電纜之套冰，應自導線、架空地線、吊線最外層素線接觸面、成束電纜或多導體電纜最外層圓周起算至套冰外層之空心圓柱。

(2) 在束導體（線）上，套冰應視為環繞每一個別導體（線）外圍之空心圓柱。

四、導線、架空地線、吊線編絞型式或具非圓形截面積之影響，導致風壓及冰荷重不同於依前二款假設狀態計算所得之荷重值時，除經測試或合格之工程分析，證明可予以降低外，上述荷重值不得降低。

第 169 條　　導線、架空地線及吊線承受之荷重規定如下：

一、垂直荷重：導線、架空地線或吊線之垂直荷重應包括自重，加上其所支持之導線、吊線、間隔器或設備之重量，及符合第一百六十六條第一項第二款規定之套冰重量。

二、水平荷重：導線、架空地線或吊線之水平荷重應依第一百六十六條規定之風壓荷重，以與線路垂直方向作用於導線、架空地線、或導線所附掛之吊線、上述線類之套冰及其所支持設備之投影面所產生之荷重。導線、架空地線及吊線之風壓荷重以基準速度壓設計者，於陣風時風壓荷重得以調整徑間係數（β）方式折減，$\beta = 0.5 + 40/S$，S 為徑間長度，其 $0.55 \leq \beta \leq 0.9$，平常及作業時荷重之 $\beta = 1$。

三、總荷重：導線、架空地線及吊線承受之總荷重應為第一款垂直荷重與前款水平荷重之合力。所有導線、架空地線及吊線之最大使用張力應依前述合力配合附表一六九所列溫度與荷重條件計算之。

表一六九　導線、架空地線最大水平使用張力之溫度及荷重條件

荷重別 地區別	高溫季荷重	低溫季荷重
一般不下雪地區	20℃ 甲種或丙種風壓荷重	0℃ 無風、無冰
高山下雪地區	20℃ 甲種或丙種風壓荷重	0℃ 乙種風壓荷重，另考慮套冰重量

第三節　線路支持物承受之荷重

第 170 條　　電桿、鐵塔、基礎、橫擔、插梢、礙子及固定導線、架空地線配件等承受之垂直荷重應為其自重，加上其所支持之荷重，包括依第一百六十八

條及前條第一款所得之導線、架空地線及電纜垂直荷重,及支線張力所產生之垂直分力荷重,並考慮前後支持物高低差之導線、架空地線張力。導線、架空地線、電纜及吊線應考慮套冰荷重;支持物不考慮套冰之影響。

依前條第一款計算導線、架空地線垂直荷重所使用之跨距為該支持物相鄰兩跨距之平均值。

第 171 條　電桿、鐵塔、基礎、橫擔、插梢、礙子及固定導線、架空地線配件等總水平橫向荷重,應包括下列規定:

一、導線、架空地線及吊線所造成之水平橫向荷重:依前節規定計算。

二、作用於支持物及設備之風壓荷重:作用於支持物及設備之風壓荷重,依本章第一節所計算之適當風壓,與線路成直角方向作用於支持物及其附掛設備投影面上所計算之荷重。但支持物上因附著冰雪所增加之風壓荷重,不予考慮。

三、各種形狀之支持物,應使用下列之風力係數:

　　(1)　鐵塔:風壓考慮陣風,並以基準速度壓計算,其風力係數依高度變化,鐵塔風壓如附表一六六～三所示。

　　(2)　鐵柱:風壓以平均風速計算,其風力係數為二‧九,風壓荷重如附表一六六～二所示。

　　(3)　木桿及圓形預力水泥電桿:風壓以平均風速計算,其風力係數為一‧〇,風壓荷重如附表一六六～二所示。

四、角度效應:線路方向發生改變處,其作用於支持物上之荷重,包括支線,應為橫向風壓荷重及導線、架空地線張力荷重之向量和。計算上述荷重應假設會產生最大合力之風向,並扣除因風以斜度作用於導線、架空地線,而減少風壓對導線、架空地線之荷重效應。

五、跨距長度:計算水平橫向荷重,應以支持物相鄰兩跨距之平均值為基準。

第 172 條　線路支持物承受之水平縱向荷重之規定如下:

一、建設等級之變更:設置較特級線路建設等級為低之線路,該線路區段需有特級線路建設等級之電桿、鐵塔及支線時,於不同建設等級分界點,其線路支持物所承受之水平縱向荷重,應以向較高等級線路區段之方向,取下列導線、架空地線不平衡張力較高者作為水平縱向荷重:

(1) 額定破壞強度為一千三百五十八公斤重或三千磅重以下之導線：對導線、架空地線額定破壞強度由高至低，累計三分之二導線數且不得少於二條導線、架空地線所產生之不平衡張力，於支持物上產生之最大應力者。

(2) 額定破壞強度超過一千三百五十八公斤重或三千磅重之導線：八條以下之導線，包括架空地線，採一條導線產生之不平衡張力；若超過八條導線，包括架空地線，採二條導線產生之張力，於支持物上產生之最大應力者。

二、鐵路平交道、通訊線路或高速公路上共架之電桿：若共架線路跨越鐵路、通訊線路或高速公路，且需要特級線路之橫跨跨距，應考慮共架線路通訊導體（線）上之拉力。其線徑小於十四平方毫米或 Stl WGNo. 8 之鋼質，或小於十四平方毫米或 6 AWG 之銅質，其拉力不得逾額定破壞強度之一半。

三、終端：終端支持物之水平縱向荷重應為不平衡拉力，該拉力等於所有導線、吊線及架空地線之張力。終端支持物有不同方向之導線、架空地線者，其不平衡拉力應為各導線、架空地線張力之差值。

四、不等跨距及不等垂直荷重：支持物應能承受因其兩側之不等跨距或不等垂直荷重所導致張力差異，而產生之不平衡水平縱向荷重。

五、延線荷重：線路應考慮延線作業時在支持物上產生之水平縱向荷重。

六、水平縱向荷重能力：線路沿線於合理區間，宜設置耐水平縱向荷重之支持物。

七、通訊導線設置在鐵路與高速公路交叉處之無支線支持物上：水平縱向荷重應假設等於所有被支持之開放式導線，在交叉方向之不平衡拉力。

第 173 條　垂直、水平橫向或水平縱向之組合荷重，若可能同時作用於支持物時，該支持物之設計應能承受其荷重。

第四節　支持物、橫擔、支持導線、架空地線之配件、支線、基礎及錨錠物等之荷重安全係數

174 條　第一百六十六條規定所述之組合式風壓及冰所產生之荷重，應乘以附表一七四～一、附表一七四～二及附表一七四～三之荷重安全係數。

特級線路支持物之設計，其水平跨距不得超過相同設計條件下，一級線路所規定之百分之八十。

一級線路之荷重安全係數如附表一七四～一及附表一七四～二所示。

二級線路之荷重安全係數如附表一七四～二及附表一七四～三所示。

表一七四～一　一級線路鐵塔之荷重安全係數

	颱風（包括下雪）時荷重	平時及作業時荷重
塔身（包括橫擔）	1.1	1.65
基礎	1.5	2.0

註：1. 本表以速度壓設計。

　　2. 導線、架空地線之最大使用張力為額定破壞強度之 60%（荷重安全係數 1.67)。

　　3. 導線、架空地線之平常張力 (20℃) 為額定破壞強度之 25%（荷重安全係數 4.0)。

　　4. 礙子、導線及架空地線配件、鐵配件之最大使用張力為額定破壞強度之 60%（荷重安全係數 1.67)。

表一七四～二　一級線路電桿、鐵柱、支線或支撐桿之荷重安全係數

		平時及作業時荷重
預力水泥電桿		2.0
鐵柱	柱身	1.65
	基礎	2.0
木桿		2.0
支線或支撐桿		2.0
橫擔	鋼料	1.65
	木料	2.0
	其他	2.0

註：1. 本表以 10 分鐘平均風速設計。

　　2. 導線、架空地線之最大使用張力為額定破壞強度之 40%（荷重安全係數 2.5)。

　　3. 導線、架空地線之平常張力為額定破壞強度之 25%（荷重安全係數 4.0)。

　　4. 礙子、導線及架空地線配件及鐵配件之最大使用張力為額定破壞強度之 40%（荷重安全係數 2.5)。

表一七四～三　二級線路之荷重安全係數

		平時及作業時荷重
預力水泥電桿		1.33
鐵柱	柱身	1.33
	基礎	1.6
木桿		1.33
支線或支撐桿		1.33

註：1. 本表以 10 分鐘平均風速設計。

　　2. 其他構件、導線、架空地線及其配件等之荷重安全係數依附表一七四～二規定辦理。

第七章　架空線路機械強度

第一節　通則

第 175 條　架空線路機械強度之設計規定如下：

一、架空線路之支持物、基礎、橫擔、礙子及固定導線、架空地線配件等應能支持前章第三節規定之垂直荷重、水平橫向荷重及水平縱向荷重，且不超過第一百七十六條規定之機械強度。

二、為考慮架空線組成構件之製作及施工之誤差，進而影響線路應有之強度，於應力設計時，應酌留適當之裕度。

第二節　特級線路與一級線路之建設等級

第 176 條　用於特級線路或一級線路建設等級之支持物，其機械強度得由其支持物本身，或藉助支線、斜撐或支線與斜撐兩者而達到下列規定之機械強度：

一、金屬、預力混凝土、鋼筋混凝土之支持物機械強度：

(1) 支持物應設計使其能承受前章第三節規定之荷重乘以附表一七四～一、附表一七四～二或附表一七四～三之適當荷重安全係數值，所得值不得超過該支持物容許之機械強度。

(2) 鐵塔、電桿等所有支持物應設計能承受第一百六十六條規定施加於支持物任何方向之最大風壓荷重。

(3) 為產生支持物所需之機械強度者，得使用疊接式及鋼筋混凝土支持物。

二、木質支持物之材料與尺寸應具下列規定之機械強度：

(1) 木質支持物應設計使其能承受前章第三節規定風壓產生之荷重乘以附表一七四～二或附表一七四～三之適當荷重安全係數，所得值不得超過容許之機械強度。

(2) 有下列情形之一者，不受前目限制：

① 特級線路建設等級線路之直線段交叉區，符合前目所定橫向機械強度之木質支持物，在不使用橫向支線情況下，可視為具有所需與橫向機械強度相同之縱向機械強度。

② 跨越公路或通訊線路之特級線路建設等級供電線路，且在跨越區有轉角者，若符合下列所有情況，該木質支持物可視為具備所需要之縱向機械強度：

❶ 轉角角度不超過二十度。

❷ 轉角支持物在導線合成張力平面上，以支線引拉。此支線強度須具備依前章第三節規定計算所得之支線張力乘以荷重安全係數二・〇之值，而不超過其額定破壞強度。

❸ 無支線之轉角支持物，有足夠機械強度承受第一百七十一條規定之水平橫向荷重，其線路對支持物無產生角度時之水平橫向荷重，乘以附表一七四～二或附表一七四～三中適當荷重安全係數之值，而不超過其額定破壞強度。

(3) 支線電桿機械強度之設計應如同支撐桿，可承受支線張力之垂直分力與其他垂直荷重之和。

(4) 為使木質電桿具足夠之機械強度，得使用疊接式及鋼筋混凝土電桿作接續或補強裝置。

(5) 鐵塔、電桿等所有支持物應設計能承受第一百六十六條規定施加於支持物任何方向之最大風壓荷重。

三、支持物需要側向支線，且僅能在遠處裝設者，特級線路若非使用側向支線或特殊結構，無法符合該區間橫向機械強度要求，且該處實際無法使用側向支線者，得以側向支線固定最接近交叉處或其他橫向較弱結構處兩側線路，以符合橫向機械強度規定。該側向固定結構彼此距離不得超過二百五十公尺或八百英尺，且應符合下列條件：

(1) 在該側向固定結構之區間兩端，設置側向支線支持物，該支持物須能承受風壓對支持物及導線、架空地線套冰所產生之橫向荷重。

(2) 側向支線支持物間之拉線路徑應為直線，且兩側向支線支持物之平均跨距不得超過四十五公尺或一百十英尺。

(3) 具有所需橫向機械強度之支持物間整段線路，應符合該區間最高建設等級。但其區間內之電桿或鐵塔之橫向機械強度，不在此限。

四、在一級線路建設等級線路中之特級線路建設等級要求區間，特級線路所需之縱向機械強度規定如下：

(1) 應將具規定縱向機械強度之支持物設置於特級線路建設等級區間之兩端，或可符合特級線路建設等級區間所要求之縱向機械強度。其假設水平縱向荷重，得依第一百七十一條至第一百七十三條規定。

(2) 若無法實行，於符合下列條件下，得將具備縱向機械強度之支持物設置離特級線路建設等級區間兩端一百五十公尺或五百英尺內，且縱向機械強度之支持物間之距離不得超過二百五十公尺或八百英尺：

① 支持物及其間之線路符合此區間產生之橫向機械強度及架設導線之最高建設等級規定者。

② 支持物間之線路為近似直線或設有適當之支線。支持物可使用支線以符合縱向機械強度之規定。

第 177 條　用於特級線路或一級線路建設等級之基礎、桿基及支線錨座，其機械強度應設計使其能承受前章第三節規定之荷重乘以附表一七四～一、附表一七四～二或附表一七四～三之荷重安全係數值，所得值不得超過該構造物容許之機械強度。

第 178 條　本章第四節規定之支線及第二百十一條第一項第三款之支線礙子用於特級線路或一級線路建設等級，其機械強度規定如下：

一、使用於金屬及預力混凝土支持物上者，視為與支持物之機械強度相同。

二、使用於木質及鋼筋混凝土支持物上，具足夠機械強度之支線者，視為承受作用於支線方向之全部荷重。該支持物僅作為支柱之用，除非支持物有足夠堅硬度，支線始可視為支持物整體之一部分。

第 179 條　　　用於特級線路或一級線路建設等級之橫擔及其斜撐，其機械強度規定如下：

一、混凝土或金屬之橫擔及其斜撐應設計使其能承受前章第三節規定之荷重乘以附表一七四～二或附表一七四～三之荷重安全係數值，所得值不得超過該構造物容許之機械強度。

二、木質橫擔及其斜撐應設計使其能承受前章第三節規定之荷重乘以附表一七四～二或附表一七四～三之荷重安全係數值，所得值不得超過該構造物容許之機械強度。

三、其他材質之橫擔及其斜撐應符合前款之機械強度規定。

第 180 條　　　除前條規定外，有關橫擔及其斜撐之裝設規定如下：

一、縱向機械強度：

(1) 一般規定：

① 橫擔應設計使其能承受施加於外側導線裝置點上之三百二十公斤重或七百磅重之荷重，並不得超過各種材質橫擔之容許機械強度。

② 第一百七十六條第三款規定所述橫向較弱區段之末端，其水平縱向荷重應施加在較弱區段之方向上。

(2) 特級線路之每條導線張力限制最大為九百公斤重或二千磅重，雙抱木質橫擔經適當之組合即可達成前條第二款規定之縱向機械強度規定。

(3) 裝置位置：於線路交叉處，電桿之橫擔及其斜撐支持點應位於線路交叉處之另一側。但使用特製斜撐或雙橫擔者，不在此限。

二、橫擔斜撐：必要時，橫擔應以斜撐支持，以支撐包括承受線路及上面作業人員之預期荷重。當橫擔斜撐僅用於承受不平衡垂直荷重時，其強度僅需符合該荷重要求。

三、用於特級建設等級線路之雙抱木質橫擔、托架或相同機械強度之支撐組件：

(1) 若雙抱木質橫擔為插梢式結構，於每個交叉結構、合用或衝突線路區間之兩端、終端或與直線成二十度以上之轉角處，每個橫擔應具有前條第二款規定機械強度，或具有前述機械強度之支撐組件。

(2) 若下方無橫擔而使用托架以支撐對地電壓七百五十伏特以上之導線者，應使用與前目相同機械強度之雙托架或支撐組件。

(3) 若通訊電纜或導線穿過供電導線下方，且裝置於同一支持物上，或在交叉跨距及每一鄰近跨距上之供電導線為連續無接頭且相同張力時，除跨越鐵路平交道與高速公路者，並經雙方管理單位達成協議外，不適用前二目規定。

第 181 條　用於特級線路或一級線路建設等級之礙子，其機械強度應符合第二百零九條、第二百十一條及第二百十二條規定。

第 182 條　用於特級線路或一級線路建設等級之插梢式或類似構造與固定導線、架空地線配件，其機械強度規定如下：

一、縱向機械強度：

(1) 插梢式或類似之構造與繫材或其他固定導線、架空地線配件，應設計使其能承受前章第三節規定之水平縱向荷重乘以附表一七四～一、附表一七四～二或附表一七四～三之荷重安全係數值，或作用在插梢上之三百二十公斤重或七百磅重力量，並取其中之較大者。

(2) 特級建設等級線路之導線、架空地線張力限制為九百公斤重或二千磅重且支撐在插梢式礙子上，雙抱插梢與繫材或其同級品視為符合前目規定。

(3) 在終端或較低建設等級線路中之特級線路建設等級區間末端之機械強度，與終端支持物或特級線路建設等級區間末端上相關之插梢與繫材或其他固定導線、架空地線配件，應設計使其能承受前章第二節規定所述導線、架空地線荷重乘以附表一七四～一、附表一七四～二荷重安全係數值所得之不平衡拉力。一級建設等級線路之終端準用之。

(4) 第一百七十六條第三款規定橫向區間末端之機械強度，結構上相關之插梢與繫材或其他固定導線、架空地線配件，應設計使其能承受前章第三節規定導線、架空地線荷重乘以附表一七四～一、附表一七四～二荷重安全係數值，所得橫向機械強度區間方向之不平衡拉力。

二、雙抱插梢及固定導線、架空地線配件，其機械強度依第一百八十條第三款規定。

三、使用單一導線、架空地線支撐物及其固定導線、架空地線配件來取
代雙抱木質橫擔插梢者，應符合第一款第一目規定。

第 183 條　非橫擔式裝置用於特級線路或一級線路建設等級規定如下：

一、裝設方式：不使用橫擔，並個別裝設於支持物上。

二、支持物絕緣材料之機械強度應符合第八章規定。

三、支持物其他組件之機械強度應符合前節及本節規定。

第 184 條　用於特級線路或一級線路建設等級之開放式供電導線及架空地線，其機
械強度規定如下：

一、張力：

(1) 供電導線及架空地線之張力，不得超過第一百六十五條第二款
及前章第二節所規定荷重下一級線路鐵塔額定破壞強度之百分
之六十，及一級線路電桿、鐵柱、支線或支撐桿破壞強度之百
分之四十。

(2) 於攝氏二十度或華氏六十八度，無其他外在荷重下，最終無荷
重張力不得超過其額定破壞強度之百分之二十五。

二、接頭、分接頭、終端配件及相關附屬配件之機械強度規定如下：

(1) 交叉及其相鄰跨距上應避免使用接頭。若實務上需要，接頭
之機械強度應有相關導線、架空地線額定破壞強度之百分之
八十。

(2) 交叉跨距上應避免使用分接頭。若實務上需使用分接頭，應不
致使被附掛之導線、架空地線機械強度受損。

(3) 包括相關附屬配件終端配件之機械強度應有相關導線或架空地
線額定破壞強度之百分之八十。

三、電車接觸線：為防止磨耗，不得安裝線徑小於六十平方毫米或 0
AWG 銅線或二十二平方毫米或 4 AWG 矽青銅線之電車接觸線。

第 185 條　吊線用於特級線路或一級線路建設等級，應為成束之絞線，且在任何情
況下，其張力不得超過一級線路鐵塔額定破壞強度之百分之六十，及一
級線路電桿、鐵柱、支線或支撐桿破壞強度之百分之四十。

第 186 條　開放式通訊導線用於特級線路或一級線路建設等級，應具有與第
一百八十四條第一款規定之供電導線、架空地線相同等級張力。

第 187 條　懸掛於吊線之通訊電纜用於特級線路或一級線路建設等級，無機械強度
要求。

任何情況下，吊線張力不得超過其額定破壞強度之百分之六十。

第 188 條　　懸掛於吊線之成對通訊導線用於特級線路或一級線路建設等級規定如下：

一、吊線之使用：成對通訊導線得於任何位置使用吊線懸掛。跨越對地電壓超過七・五千伏電車接觸線者，應於跨越處懸掛。

二、吊線之張力：跨越電車接觸線之導線應為特級線路建設等級之張力強度。用於懸掛成對通訊導線之吊線應符合特級線路建設等級之強度。

三、懸掛於吊線之成對通訊導線無線徑及弛度要求。

未以吊線懸掛之成對通訊導線規定如下：

一、一般規定：

(1) 特級線路建設等級：張力不得超過第一百八十四條第一款同一跨距間供電導線建設等級所規定之張力。

(2) 一級線路建設等級之跨距及張力：

① 跨距在三十公尺或一百英尺以下：每條導線應有不小於七十七公斤重或一百七十磅重之額定破壞強度。

② 跨距介於三十公尺至四十五公尺或一百英尺至一百五十英尺：不得超過通訊導線特級線路建設等級所規定之張力。

③ 跨距超過四十五公尺或一百五十英尺：不得超過供電導線一級線路建設等級所規定之張力。

二、位於電車接觸線上方：

(1) 特級線路建設等級之跨距及張力：

① 跨距在三十公尺或一百英尺以下：張力不得超過第一百八十四條第一款規定。

② 跨距超過三十公尺或一百英尺：每條導線額定破壞強度不小於七十七公斤重或一百七十磅重，張力不得超過第一百八十四條第一款規定。

(2) 一級線路建設等級之跨距及張力規定：

① 跨距在三十公尺或一百英尺以下：張力不規定。

② 跨距超過三十公尺或一百英尺：張力不規定。但每條導線額定破壞強度不小於七十七公斤重或一百七十磅重。

第 189 條　　非屬第一百八十二條或第一百八十四條第二款規範之所有支撐物及附屬配件用於特級線路或一級線路建設等級，其所需之機械強度，不得小於荷重乘以第六章所規定之適當荷重安全係數值，且荷重安全係數不得小於一。

第 190 條　　用於特級線路或一級線路建設等級之腳踏釘、階梯、平台及其配件等所有爬登裝置，其機械強度應能支撐最大預期荷重二倍之重量，而不致產生永久變形。

最大預期荷重應為一百三十六公斤或三百磅以上，包括作業人員、工具及其持有之設備重量。

第三節　二級建設等級

第 191 條　　電桿應用於二級線路建設等級時，該電桿得利用支線或斜撐補強，以承受包括在上面作業人員、工具及其持有設備重量之預期荷重。

第 192 條　　用於二級線路建設等級之支線，其裝設應符合本章第四節及第二百十一條規定。

第 193 條　　橫擔用於二級線路建設等級，應以斜撐牢固支撐，並能承受包括作業人員、工具及其持有設備重量之預期荷重。

第 194 條　　通訊線路導線或接戶線用於二級線路建設等級，無特定機械強度要求。

第 195 條　　用於二級線路建設等級之礙子，其機械強度應符合第二百零九條、第二百十一條及第二百十二條規定。

第四節　支線及斜撐

第 196 條　　當施加於支持物之荷重大於支持物單獨所能承受之強度時，應使用支線、斜撐或其他適當裝置加以補強。

此種補強方式亦可用於需限制相鄰跨距弛度之不當增大，或對於轉角、線路終端、兩邊跨距差異太大及建設等級改變等有充分不平衡荷重存在之處，提供足夠之機械強度。

第 197 條　　支線或支撐桿應設計使其能承受前章第三節規定之荷重乘以附表一七四～二或附表一七四～三所示之適當荷重安全係數值，所得值不得超過該支線或支撐桿容許之機械強度。

第 198 條　　支線或斜撐儘量裝設於接近導線荷重中心點之支持物上。但超過八‧七千伏線路支線或斜撐之裝設位置得予適當調整，以減少非金屬橫擔及支持物絕緣能力之降低。

第 199 條　　支線強度九百公斤重或二千磅重以上者，其小半徑折彎處應予絞合並使用適當套輪或其他配件予以保護。支線設計強度四千五百公斤重或一萬磅重以上者，環繞在杉木或其他軟質桿上時，其纏繞部位應以適當支線墊片保護之。

　　　　　　若支線有從墊片滑落之可能，應使用填隙片、支線鉤或其他適當方法以避免此種作用發生。但輔助支線不在此限。

第 200 條　　支線錨及支線鐵閂設置在易受電腐蝕處，應採適當措施使其電腐蝕減至最少。

第 201 條　　支線鐵閂應裝設與其附掛支線載荷時之拉力方向成一直線。但在岩石或水泥地施工有困難者，不在此限。

　　　　　　支線錨及支線鐵閂組件應有之極限強度，不得小於第一百九十七條規定之支線強度。

第八章　架空線路絕緣

第 202 條　　本章規定僅適用於開放式導線供電線路。

第 203 條　　架空供電線路之礙子，應採用品質優良之瓷器，或具適當電氣及機械特性之其他材料製成。若使用於相間電壓二‧三千伏以上之線路時，礙子上面應標示廠家名稱或商標及足供辨認其電氣與機械特性之標誌，此等標示不得影響礙子之電氣或機械特性。

第 204 條　　礙子之設計應使其額定商用頻率乾燥閃絡電壓與商用頻率油中破壞電壓比值，符合我國國家標準 (CNS)、國際電工技術委員會 (IEC) 或其他經中央主管機關認可之標準規定。若無相關規定，此比值不得超過百分之七十五。但專供大氣污染嚴重地區使用之礙子，其比值可提高至不超過百分之八十。

第 205 條　　建築物外供電線路礙子依前條所述之標準測試時，其額定商用頻率乾燥閃絡電壓，除經合格之工程分析者外，不得低於附表二〇五所列數值。但使用在嚴重雷害、大氣污染或存在其他不良情況等區域，得依實際需要採用較高絕緣等級。系統電壓高於附表二〇五之絕緣等級須依據合格之工程分析。

表二〇五　礙子絕緣等級及額定乾燥閃絡電壓

標稱相間電壓 （千伏）	礙子額定乾燥閃絡電壓 （千伏）	標稱相間電壓 （千伏）	礙子額定乾燥閃絡電壓 （千伏）
0.75	5	115	315
2.4	20	138	390
6.9	39	161	445
13.2	55	230	640
23.0	75	345	830
34.5	100	500	965
46	125	765	1145
69	175		

第 206 條　使用於相間電壓二‧三千伏以上線路之礙子及其組成構件，均應依有關標準試驗之。若無試驗標準，應有良好工程實務試驗方法，以確保其性能。

前項所稱試驗標準包括我國國家標準 (CNS)、國際電工技術委員會 (IEC) 或其他經中央主管機關認可之標準。

第 207 條　定電流線路礙子之絕緣等級應依據供電變壓器額定滿載時之電壓選用。

第 208 條　直接連接在三相系統之單相線路礙子除裝設隔離變壓器外，其絕緣等級不得低於三相線路之絕緣等級。

第 209 條　礙子應能承受第六章第一節至第三節規定所有適用之荷重，且不超過附表一七四～一及附表一七四～二附註 3 所述之最大使用張力。

第 210 條　架空電纜之電氣絕緣及機械強度規定如下：

一、電氣絕緣：

(1) 未符合第七十八條規定之被覆或絕緣導體 (線)，應視為裸導體 (線)。

(2) 礙子或絕緣支撐物應符合第二百零五條規定。

(3) 系統之設計及施工，應考慮將電氣應力長期所造成之劣化降至最低。

二、機械強度：

(1) 除絕緣間隔器外，使用於架空電纜線路之礙子，應符合前條規定。

(2) 架空電纜線路之絕緣間隔器，應能承受第六章規定之荷重，且不得超過其額定破壞強度百分之五十。

第 211 條　支線礙子規定如下：

一、材質：支線礙子應具適當機械及電氣特性之材料製成。

二、電氣強度：支線礙子應具有線路標稱電壓二倍以上之額定乾燥閃絡電壓及線路標稱相間電壓以上之額定注水閃絡電壓。支線礙子得用一只以上之礙子組成。

三、機械強度：支線礙子之額定破壞強度至少應等於其設置處所要求之支線強度。

支線礙子之使用規定如下：

一、凡支線穿過或跨越三百伏特以上之線路者，其兩端均應裝一只以上之支線礙子。

二、凡使用一只支線礙子有危險之虞者，應使用二只以上支線礙子，將暴露支線段置於礙子中間。

用於電化腐蝕保護及基準衝擊絕緣強度 (BIL) 之礙子規定如下：

一、電化腐蝕限制：專用於限制接地棒、支線錨、支線鐵閂或被有效接地導管等金屬電化腐蝕之支線串礙子，不得作為支線礙子使用，亦不得因其裝設而減少該支線之機械強度。

二、基準衝擊絕緣強度 (BIL) 之絕緣：專用於符合被有效接地系統支持物基準衝擊絕緣強度 (BIL) 規定之支線礙子，如附圖二一一所示，不得作為支線礙子使用。但其機械強度符合第一項第三款規定，且具有下列條件之一者，不在此限：

(1) 支線之絕緣符合第一項及第六十條規定。

(2) 地錨支線依第十二條第二項及第五十九條規定於礙子下方接地。

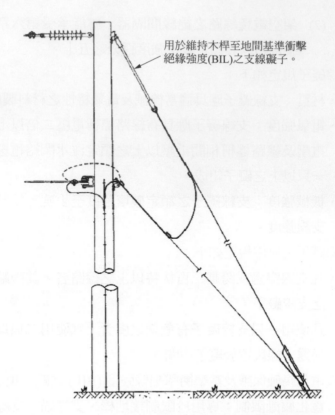

用於維持木桿至地間基準衝擊絕緣強度(BIL)之支線礙子。

圖二一一　基準衝擊絕緣強度 (BIL) 絕緣之礙子

第 212 條　依第五十八條至第六十二條規定使用之跨線礙子，應符合下列要求：

一、材質：應以具適當機械及電氣特性之材料製成。

二、絕緣等級：應符合第二百零六條規定。

三、機械強度：額定破壞強度至少應等於其設置處所要求之跨線強度。

第九章　地下供電及通訊線路通則

第一節　裝設及維護

第 213 條　地下設施之裝設及維護人員應熟悉設施位置。

第 214 條　緊急時，供電電纜及通訊電纜應設有安全防護措施及適當標示，且不妨礙行人或車輛通行者，始得直接敷設於地面上。

前項供電電纜之運轉電壓超過六百伏特者，應符合第七十八條或第二百五十五條規定。

第 215 條　地下線路於運轉期間須查驗或調校之部分，其配置應能提供適當之工作空間、作業設施及間隔，使從業人員接近與作業。

第二節　線路及設備之檢查及測試

第 216 條　　地下配電線路竣工後，應先經巡視及檢查或試驗後；地下輸電線路竣工後，應先經巡視、檢查及試驗後，方可載電。

供電中或停用中之地下線路及設備，其檢查及測試應依第五十五條第二項及第三項規定辦理。

第三節　地下線路及設備之接地

第 217 條　　電纜金屬被覆層與金屬遮蔽層、導電性照明燈桿，及設備框架與箱體，含亭置式裝置之框架與箱體，均應被有效接地。

包覆供電線路用導電性材質之導線管及纜線出地之防護蓋板，或其與開放式供電導線有接觸之虞者，均應被有效接地。

高於可輕易觸及之表面二·四五公尺或八英尺以上部分，或已加隔離或防護者，不適用前二項之規定。

第 218 條　　地下線路之電路接地應準用第五十七條規定辦理。

第四節　通訊保護

第 219 條　　地下通訊設備非由合格人員管控，且永久連接於線路者，應準用第七十四條規定辦理。

第十章　地下管路系統

第一節　位置

第 220 條　　地下管路之敷設規定如下：

一、一般要求：

(1) 管路系統之敷設應使其所受實際干擾為最低。其延伸若與其他地下構造物平行時，避免直接位於構造物之正上方或正下方。若實務上無法避免時，應依第二百二十一條規定辦理。

(2) 管路之接續應保持平順，不得有損於電纜之突出物。

(3) 管路之敷設應以直線為原則。若需彎曲時，應有足夠之彎曲半徑，以防止電纜受損。

二、天然危險場所：管路應避免經過不穩定之土壤，例如爛泥、潛動性之土壤或高腐蝕性土壤。若需於前述地區敷設管路，應使其潛動或遭受腐蝕程度降至最低。若潛動及遭受腐蝕同時發生時，兩者之影響程度均應降至最低。

三、公路及街道：若管路須縱向敷設於道路之下方時，應依道路主管機關規定辦理。

四、橋梁及隧道：管路在橋梁或隧道敷設時，應選擇交通危害最小，且能安全進行巡檢及維護該管路及其構造物處。

五、鐵路軌道：

(1) 管路敷設於街道電車軌道下方時，管路頂部距離軌道頂部不得小於九百毫米或三十六英寸，管路穿越鐵路軌道下方時，管路頂部距離軌道頂部不得小於一・二七公尺或五十英寸。若於特殊情況或依前述標準敷設對既有裝置會造成妨害時，得採較大之距離。

(2) 前目規定於實務上確有困難或其他因素，該規定之隔距得經管理單位同意後予以縮減。其隔距縮減後，管路頂部或管路之保護層不得高於需要施工或清空之軌道道碴層之底部。

(3) 管路穿越鐵路軌道下方時，其人孔、手孔及配電室，不得設置於鐵路路基內。

六、橫越水底：電纜橫越水底時，其路徑與敷設應予保護，使其免於潮汐或海流之淘蝕，且不得位於船舶經常下錨區。

第 221 條　地下管路與其他地下裝置之隔距規定如下：

一、管路與其他平行地下構造物之隔距，應足以維護管路，且不使與其平行之構造物受損。管路橫越另一地下構造物時，應有足夠之隔距，以防止任何一方之構造物受損。該隔距應由管路與構造物之管理單位決定。但管路跨越人孔、配電室、地下鐵路隧道或箱涵頂部時，經本款所定管理單位同意者，得直接以該頂部支撐管路。

二、供電管路與通訊管路間之隔距，不得小於下列之規定。但經管理單位同意後，該隔距得予縮減。

(1) 以混凝土相隔者：七十五毫米或三英寸。

(2) 以磚石相隔者：一百毫米或四英寸。

(3) 以夯實泥土相隔者：三百毫米或十二英寸。

三、排水溝、衛生下水道管及雨水幹管：

(1) 若需要管路並排及直接越過衛生下水道管或雨水幹管時，得依雙方管理單位同意之施工法敷設。

　　　　(2) 若管路跨越排水溝時，應於排水溝之兩邊裝設適當之支持物，以防止任何方向之荷重直接加諸於排水溝上。

四、敷設管路時，盡量遠離自來水幹管，以防止管路因自來水幹管破損而逐漸損壞。若管路需跨越自來水幹管，應於該幹管之兩邊裝設適當之支持物，以防止任何方向之荷重直接加諸於幹管上。

五、管路與瓦斯及其他輸送易燃性物質之管線間應有足夠之隔距，以能使用維護管線之設備。管路不得進入瓦斯及其他輸送易燃性物質之管線使用之人孔、手孔或地下室。

六、管路之裝設，應能抑制蒸汽管線與管路系統間可能發生之有害熱轉移。

第二節　開挖及回填

第 222 條　　管溝溝底應為穩固、堅實或相當程度平整。若於岩石處開挖管溝，管路應敷設於經夯實之回填保護層上。

第 223 條　　回填物不得有可能損壞管路系統之物質。

　　　　距管路表面一百五十毫米或六英寸以內之回填物中，不得有直徑一百毫米或四英寸以上之堅硬固體物或容易損壞管路邊緣之尖銳物質。

　　　　距管路表面超過一百五十毫米或六英寸之回填物中，不得有直徑二百毫米或八英寸以上之堅硬固體物。

　　　　回填物應妥予夯實。但回填物之物質特性不需予夯實者，不在此限。

第三節　導線管及接頭

第 224 條　　地下管路系統之導線管規定如下：

一、導線管材質應具耐腐蝕性且適合其敷設之環境。

二、導線管之材質或管路之建造，其設計應使任一導線管內之電纜故障時，不致損害導線管而使鄰近導線管內之電纜受損。

三、管路系統之設計應可承受第二百二十六條規定所述外力造成之表面荷重。但導線管上每三百毫米或十二英寸厚度之覆蓋物能減少三分之一之衝擊荷重，若覆蓋物厚度為九百毫米或三英尺以上時，不需考慮衝擊荷重。

四、導線管內部表面，不應有導致供電電纜損壞之尖銳邊緣或粗糙物。

第 225 條　　地下管路之導線管及接頭之裝設規定如下：

一、固定：管路含終端管及彎管，應以回填物、混凝土包覆、錨樁或其他適當方法加以固定，使在裝設過程、電纜拖曳作業及其他包括下沉及因水壓或霜凍上浮等狀況之應力下，仍能保持於設計之位置。

二、接頭：導線管之接續，應防止堅硬物質進入管內。接頭內部表面應為連續而平滑，使供電電纜於拖曳經過接頭時，不致受到毀損。

三、外部塗裝管：現場情況若需敷設外部塗裝管時，該塗料應具有耐腐蝕性並應在回填前檢查或測試，以確認該塗裝為連續完整之狀況。回填時應有避免傷及外部塗裝之措施。

四、建築物牆壁：裝設通過建築物牆壁之導線管，應具有內封及外封裝置，以限制氣體進入建築物內，並得輔以通氣裝置，以降低管內累積之氣體正壓力。

五、橋梁：

(1) 裝置於橋梁之導線管，應具有容許橋梁熱漲冷縮之性能。

(2) 導線管通過橋墩時，其裝置應避免或能耐受因土壤沉陷產生之任何剪力。

(3) 裝設於橋梁之導電性材質導線管，應被有效接地。

六、人孔附近：導線管進入人孔時，應裝設於夯實之土壤中，或予以支撐，以防止人孔進口處因剪力而受損。

第 226 條　　人孔、手孔及配電室之設計，應能承受水平或垂直方式荷重，包括靜荷重、動荷重、設備荷重、衝擊荷重，及因地下水位、霜凍、任何其他預期施加於構造物及鄰近構造物產生之荷重等。構造物應能承受垂直與橫向荷重綜合所產生之最大剪力及彎曲力矩。

前項荷重之計算規定如下：

一、在道路地區，動荷重應包括附圖二二六～一上所示之活動曳引式半拖車重量。車輛之車輪加於路面之荷重如附圖二二六～二所示。

二、非承受車輛荷重之構造物設計，其動荷重不得小於十四‧五千帕或三百磅／平方英尺。

三、受衝擊之構造物，其動荷重應增加百分之三十。

四、構造物應有足夠之重量以承受水壓、霜凍或其他上浮狀況，或構造物能抑制以承受該上浮力量。裝設於構造物上之設備，其重量不視為構造物重量之一部分。

五、若有裝設拖曳鐵錨設備者，其承受荷重應為預期荷重之二倍。

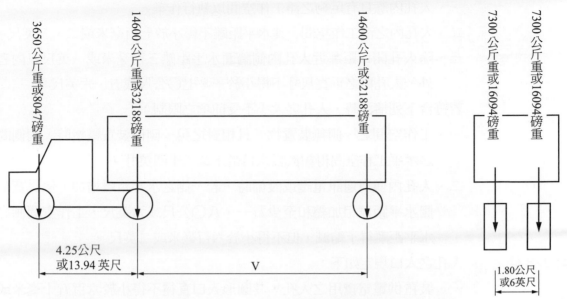

V=可變之距離，由4.25公尺至9.15公尺。此距離用以核計對構造物產生之垂損直及
橫向荷重之最大剪力與彎曲力矩。

圖二二六～一　　　道路上車輛荷重

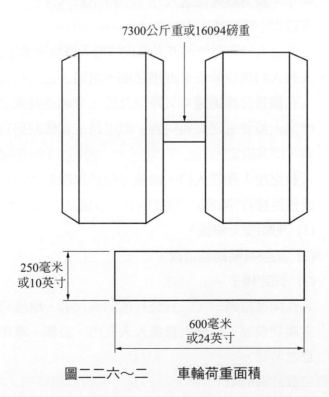

圖二二六～二　　　車輪荷重面積

第 227 條　　　人孔之大小規定如下：

一、人孔內應具有足夠之淨工作空間以執行作業。

二、人孔內之淨工作空間，其水平距離不得小於七百毫米或二・三英尺。

三、除人孔開口距鄰近人孔內側牆面水平距離三百毫米或一英尺以內者外，人孔內之垂直尺寸不得小於一・七〇公尺或五・六英尺。

若符合下列情況時，人孔之大小不受前項之限制：

一、工作空間之一側無裝置物，且相對之另一側僅裝置電纜時，兩側間之水平工作空間得縮減至六百毫米或二十四英寸。

二、人孔內僅有通訊電纜或設備時，若一側之水平距離增加，使長寬兩側水平距離相加總和至少為一・八〇公尺或六英尺，工作空間側之水平距離得予縮減，但不得小於六百毫米或二英尺。

第 228 條　　　人孔之入口規定如下：

一、裝置供電電纜用之人孔，其圓形入口直徑不得小於六百五十毫米或二十六英寸，僅含通訊電纜之人孔，或含供電電纜之人孔且有不妨礙入口之固定梯子者，其圓形入口直徑不得小於六百毫米或二十四英寸。長方形入口之尺寸，不得小於六百五十毫米或二十六英寸乘五百六十毫米或二十二英寸。

二、人孔之入口處應無傷害人員或妨礙人員快速進出之突出物。

三、人孔入口應位於安全進出之處。道路上之人孔儘量位於車道外側。人孔儘量位於街道交叉路口及行人穿越道範圍之外，以減少此地點作業人員發生之交通災害。但道路主管機關另有管線埋設位置規定者，從其規定。

四、人員進出人孔之入口，儘量不位於電纜或設備之正上方。若其入口受道路緣石等限制，而提供下列設施之一者，得位於電纜之正上方：

　　(1)　明顯安全標識。

　　(2)　防護柵欄跨越電纜。

　　(3)　固定梯子。

五、人孔深度超過一・二五公尺或四英尺者，應設可利用梯子或其他適當爬登裝置，以便人員進入人孔內。設備、電纜及吊架不得作為爬登之裝置。

第 229 條　　　孔蓋之設計規定如下：

一、人孔及手孔應使用足夠重量之孔蓋予以牢固蓋住，或有適當之設計，於不使用工具狀況下，無法輕易移開。

二、孔蓋應有適當之設計或限制，使其不致掉入或太過深入人孔內，以
　　致觸及電纜或設備。

三、孔蓋及其支持物之強度，至少應足以承受第二百二十六條規定之適
　　用荷重。

第 230 條　地下管路系統之配電室及洞道規定如下：

一、進出口應位於可供人員安全進出之處。

二、配電室之人員進出口，不得位於電纜或設備之正上方或一經開啟即
　　達設備或電纜裝置處。配電室之非人員進出用其他開口得位於設備
　　上方，以利設施作業、更換或設備裝設。

三、洞道及配電室之進出門，若位於公眾易進入場所，應予上鎖。但有
　　合格人員看守，以限制非合格人員之進出者，不在此限。若洞道及
　　配電室內有裸露之帶電組件，在進入配電室前，應可清楚看見明顯
　　之安全標識。

四、進出門之設計，應於該門由外面上鎖後，裡面仍可開啟。但使用掛
　　鎖及門閂系統設計以防止由外面上鎖者，不在此限。

第 231 條　地下管路系統之固定式梯子應為耐腐蝕者。

第 232 條　人孔、手孔、配電室或洞道等之排水與污水管道相通者，應使用合適之
　　　　　存水彎或其他方法，避免有害氣體侵入。

第 233 條　人孔、配電室及洞道，若其開口與公共使用之封閉空間有相通者，應與
　　　　　大氣間有足夠通風。於裝有變壓器、開關及電壓調整器等設備之配電室，
　　　　　其通風系統須定期巡檢，必要時予以清潔。但水面下或其他實務上不可
　　　　　行之封閉空間，不在此限。

第 234 條　地下管路系統之供電電纜及設備之裝設或防護，應採適當方法以避免因
　　　　　物品掉落或擠壓穿過格柵而造成損壞。

第 235 條　人孔、手孔蓋應有適當之識別標識，以指示其所有權人或公用事業。

第 236 條　地下供電電纜應符合我國國家標準 (CNS)、國際電工技術委員會 (IEC) 標
　　　　　準或其他經中央主管機關認可之標準，並經試驗合格，始得採用。

第 237 條　地下供電電纜之導體、絕緣體、被覆、外皮及遮蔽層之設計及裝設，應
　　　　　將電纜在裝設及運轉時，預期會產生之機械、熱、環境及電氣等應力納
　　　　　入考量。

第 238 條　地下供電電纜之設計及生產應在製造、捲繞、倉儲、搬運及裝設過程中，
　　　　　能保持規定之尺寸及結構之完整性。

第 239 條　　地下供電電纜、電纜配件及接頭之設計及裝設，應能保護其每一構成組件不因其他相鄰設施而受損。

第 240 條　　地下供電電纜之導體、絕緣體及遮蔽層，其設計應能耐受預期故障電流之大小及持續時間。但鄰近故障點者，不在此限。

地下供電電纜配件及接頭準用前項之規定。

第 241 條　　地下供電電纜應以被覆、外皮，或其他適當方式，保護其絕緣體或遮蔽層不受濕氣或其他不良環境之影響。

第 242 條　　地下供電電纜遮蔽層應符下列要求：

一、電纜之導體遮蔽層及絕緣體遮蔽層，應符合我國國家標準 (CNS)、國際電工技術委員會 (IEC) 標準或其他經中央主管機關認可之標準。

二、若短節跳線已有防護或隔離，且該跳線不接觸箱體或配電室內之被接地表面者，免設遮蔽層。絕緣體遮蔽層得分段，每段均須被有效接地。

第 243 條　　地下供電電纜遮蔽層材質規定如下：

一、遮蔽系統可由半導電性材質、非磁性金屬或由半導電性材質與非磁性金屬兩者組成。與絕緣體鄰接之遮蔽層，其設計應於所有運轉條件下，與絕緣體保持緊密接觸。

二、遮蔽層材質之設計，於預期運轉條件下，應能耐受強烈腐蝕，或應被保護，免受腐蝕。

第 244 條　　地下供電電纜配件及電纜接頭之設計，於運轉時應能耐受預期會產生之機械、熱、環境及電氣等應力。

第 245 條　　地下供電電纜配件及電纜接頭之設計及裝設，於電纜組裝後，應能保持電纜結構之完整性。

第 246 條　　地下構造物中之供電電纜應符合前章規定。

第 247 條　　系統運轉電壓對地超過二千伏，且裝設於非金屬管路內之導線或電纜者，其設計應使遮蔽層或金屬被覆層被有效接地。

第 248 條　　地下構造物中電纜之敷設規定如下：

一、供電電纜於搬運、裝設及運轉期間，其彎曲度應予控制，以免電纜受損。

二、施加於供電電纜之拖曳張力及側面壓力應予限制，以免電纜受損。

三、於導線管內拖曳供電電纜前，應先清除管內異物，以免電纜受損。

四、電纜潤滑劑不得損害電纜或管路系統。

五、電纜於傾斜或垂直敷設時，應考量抑制其可能之向下潛動。

六、供電電纜不得與通訊電纜裝設於同一導線管內。但所有電纜係由同一電業運轉及維護者，不在此限。

七、所有有關之公用事業達成協議者，通訊電纜得與供電電纜裝設於同一導線管內。

第 249 條　　人孔及配電室內之電纜，其支持物、間隔及識別規定如下：

一、電纜支持物：

(1) 電纜支持物之設計，應能承受動荷重及靜荷重，且儘量與環境相容。

(2) 應以支持物使電纜間保持規定之間隔。

(3) 水平敷設之供電電纜，除有適當防護者外，應距離地板上方至少七十五毫米或三英寸予以支撐。但接地或搭接導線（體）不適用之。

(4) 電纜之裝設，應容許適當之伸縮移動，不得有破壞性應力之聚集。於運轉期間，電纜仍應保持在支持物上。

二、間隔：

(1) 應依第二百二十七條規定，提供足夠之工作空間。

(2) 包括電纜或設備之供電與通訊設施間之間隔：

① 應經所有管理單位之共識，始可將電纜或設備裝於合用人孔或配電室內。

② 供電電纜及通訊電纜儘量裝設於各別之牆壁支架上，且避免交叉。

③ 當供電電纜及通訊電纜須裝設於同一牆壁時，供電電纜儘量裝設於通訊電纜下方。

④ 供電設施及通訊設施之裝設，應能便於接近其中任一設施，而不需先移動其他設施。

⑤ 供電設施與通訊設施間之間隔，不得小於附表二四九指定值。

三、識別標識：

(1) 一般規定：

① 於管路系統之每一人孔內或其他入口處，電纜應以標籤或其他方式，施作永久性之識別標識。但結合圖解或地圖，

提供作業人員足以識別電纜位置者,不適用之。

② 所有標識應為適合其環境之耐蝕材質者。

③ 所有標識之品質及位置,應可用輔助照明即能辨讀者。

(2) 合用人孔及配電室:由不同公用事業運轉維護之合用人孔及配電室內之電纜,應有永久識別標識或標籤,註明公用事業名稱及所用電纜型式。

第 250 條　地下構造物中之電纜及其接頭具有暴露於可被人員接觸之裸金屬遮蔽層、被覆層或同心中性導體(線),其遮蔽層、被覆層或同心中性導體(線)應被有效接地。

第 251 條　在人孔內施加接地之電纜金屬被覆層或遮蔽層,應連接或搭接於共同接地系統。

第 252 條　地下構造物中之搭接及接地引線,應為適合其裝設環境之耐腐蝕材質者,或應予適當保護。

第 253 條　交流運轉電壓超過九十伏特或直流運轉電壓超過一百五十伏特之特殊電路,且單獨供電給通訊設備者,於下列情形下,地下構造物中之供電電纜得包括於通訊電纜內。但傳輸功率一百五十瓦特以下之通訊電路,不在此限。

一、符合第七十六條第二款第一目至第五目規定情形之一者。

二、該電纜應有識別,其標識應符合第二百四十九條第三款規定。

第 254 條　直埋之供電電纜應符合第十一章規定。

第 255 條　系統運轉電壓對地超過六百伏特之直埋電纜,應具有連續之金屬遮蔽層、被覆層或同心中性導體(線),並被有效接地。在電纜接續或接頭處,其金屬遮蔽層、被覆層或中性導體(線)之電流路徑,應施作成連續性,但接續處不需為同心。

符合前項規定之同一供電電路直埋電纜,距地下構造物或其他電纜之隔距得予縮減。

第四節　人孔、手孔及配電室

第 226 條　人孔、手孔及配電室之設計,應能承受水平或垂直方式荷重,包括靜荷重、動荷重、設備荷重、衝擊荷重,及因地下水位、霜凍、任何其他預期施加於構造物及鄰近構造物產生之荷重等。構造物應能承受垂直與橫向荷重綜合所產生之最大剪力及彎曲力矩。

前項荷重之計算規定如下：

一、在道路地區，動荷重應包括附圖二二六～一上所示之活動曳引式半拖車重量。車輛之車輪加於路面之荷重如附圖二二六～二所示。

二、非承受車輛荷重之構造物設計，其動荷重不得小於十四‧五千帕或三百磅／平方英尺。

三、受衝擊之構造物，其動荷重應增加百分之三十。

四、構造物應有足夠之重量以承受水壓、霜凍或其他上浮狀況，或構造物能抑制以承受該上浮力量。裝設於構造物上之設備，其重量不視為構造物重量之一部分。

五、若有裝設拖曳鐵錨設備者，其承受荷重應為預期荷重之二倍。

第 227 條　人孔之大小規定如下：

一、人孔內應具有足夠之淨工作空間以執行作業。

二、人孔內之淨工作空間，其水平距離不得小於七百毫米或二‧三英尺。

三、除人孔開口距鄰近人孔內側牆面水平距離三百毫米或一英尺以內者外，人孔內之垂直尺寸不得小於一‧七〇公尺或五‧六英尺。

若符合下列情況時，人孔之大小不受前項之限制：

一、工作空間之一側無裝置物，且相對之另一側僅裝置電纜時，兩側間之水平工作空間得縮減至六百毫米或二十四英寸。

二、人孔內僅有通訊電纜或設備時，若一側之水平距離增加，使長寬兩側水平距離相加總和至少為一‧八〇公尺或六英尺，工作空間側之水平距離得予縮減，但不得小於六百毫米或二英尺。

第 228 條　人孔之入口規定如下：

一、裝置供電電纜用之人孔，其圓形入口直徑不得小於六百五十毫米或二十六英寸，僅含通訊電纜之人孔，或含供電電纜之人孔且有不妨礙入口之固定梯子者，其圓形入口直徑不得小於六百毫米或二十四英寸。長方形入口之尺寸，不得小於六百五十毫米或二十六英寸乘五百六十毫米或二十二英寸。

二、人孔之入口處應無傷害人員或妨礙人員快速進出之突出物。

三、人孔入口應位於安全進出之處。道路上之人孔儘量位於車道外側。人孔儘量位於街道交叉路口及行人穿越道範圍之外，以減少此地點作業人員發生之交通災害。但道路主管機關另有管線埋設位置規定者，從其規定。

四、人員進出人孔之入口，儘量不位於電纜或設備之正上方。若其入口受道路緣石等限制，而提供下列設施之一者，得位於電纜之正上方：

(1) 明顯安全標識。

(2) 防護柵欄跨越電纜。

(3) 固定梯子。

五、人孔深度超過一‧二五公尺或四英尺者，應設可利用梯子或其他適當爬登裝置，以便人員進入人孔內。設備、電纜及吊架不得作為爬登之裝置。

第 229 條　孔蓋之設計規定如下：

一、人孔及手孔應使用足夠重量之孔蓋予以牢固蓋住，或有適當之設計，於不使用工具狀況下，無法輕易移開。

二、孔蓋應有適當之設計或限制，使其不致掉入或太過深入人孔內，以致觸及電纜或設備。

三、孔蓋及其支持物之強度，至少應足以承受第二百二十六條規定之適用荷重。

第 230 條　地下管路系統之配電室及洞道規定如下：

一、進出口應位於可供人員安全進出之處。

二、配電室之人員進出口，不得位於電纜或設備之正上方或一經開啟即達設備或電纜裝置處。配電室之非人員進出用其他開口得位於設備上方，以利設施作業、更換或設備裝設。

三、洞道及配電室之進出門，若位於公眾易進入場所，應予上鎖。但有合格人員看守，以限制非合格人員之進出者，不在此限。若洞道及配電室內有裸露之帶電組件，在進入配電室前，應可清楚看見明顯之安全標識。

四、進出門之設計，應於該門由外面上鎖後，裡面仍可開啟。但使用掛鎖及門閂系統設計以防止由外面上鎖者，不在此限。

第 231 條　地下管路系統之固定式梯子應為耐腐蝕者。

第 232 條　人孔、手孔、配電室或洞道等之排水與污水管道相通者，應使用合適之存水彎或其他方法，避免有害氣體侵入。

第 233 條　人孔、配電室及洞道，若其開口與公共使用之封閉空間有相通者，應與大氣間有足夠通風。於裝有變壓器、開關及電壓調整器等設備之配電室，其通風系統須定期巡檢，必要時予以清潔。但水面下或其他實務上不可行之封閉空間，不在此限。

第 234 條　地下管路系統之供電電纜及設備之裝設或防護，應採適當方法以避免因物品掉落或擠壓穿過格柵而造成損壞。

第 235 條　人孔、手孔蓋應有適當之識別標識，以指示其所有權人或公用事業。

第十一章　供電電纜

第一節　通則

第 236 條　地下供電電纜應符合我國國家標準 (CNS)、國際電工技術委員會 (IEC) 標準或其他經中央主管機關認可之標準，並經試驗合格，始得採用。

第 237 條　地下供電電纜之導體、絕緣體、被覆、外皮及遮蔽層之設計及裝設，應將電纜在裝設及運轉時，預期會產生之機械、熱、環境及電氣等應力納入考量。

第 238 條　地下供電電纜之設計及生產應在製造、捲繞、倉儲、搬運及裝設過程中，能保持規定之尺寸及結構之完整性。

第 239 條　地下供電電纜、電纜配件及接頭之設計及裝設，應能保護其每一構成組件不因其他相鄰設施而受損。

第 240 條　地下供電電纜之導體、絕緣體及遮蔽層，其設計應能耐受預期故障電流之大小及持續時間。但鄰近故障點者，不在此限。

地下供電電纜配件及接頭準用前項之規定。

第二節　被覆及外皮

第 241 條　地下供電電纜應以被覆、外皮，或其他適當方式，保護其絕緣體或遮蔽層不受濕氣或其他不良環境之影響。

第三節　遮蔽層

第 242 條　地下供電電纜遮蔽層應符下列要求：

一、電纜之導體遮蔽層及絕緣體遮蔽層，應符合我國國家標準 (CNS)、國際電工技術委員會 (IEC) 標準或其他經中央主管機關認可之標準。

二、若短節跳線已有防護或隔離，且該跳線不接觸箱體或配電室內之被接地表面者，免設遮蔽層。絕緣體遮蔽層得分段，每段均須被有效接地。

第 243 條　地下供電電纜遮蔽層材質規定如下：

一、遮蔽系統可由半導電性材質、非磁性金屬或由半導電性材質與非磁性金屬兩者組成。與絕緣體鄰接之遮蔽層，其設計應於所有運轉條件下，與絕緣體保持緊密接觸。

二、遮蔽層材質之設計，於預期運轉條件下，應能耐受強烈腐蝕，或應被保護，免受腐蝕。

第四節　電纜配件及電纜接頭

第 244 條　地下供電電纜配件及電纜接頭之設計，於運轉時應能耐受預期會產生之機械、熱、環境及電氣等應力。

第 245 條　地下供電電纜配件及電纜接頭之設計及裝設，於電纜組裝後，應能保持電纜結構之完整性。

第十二章　地下構造物中之電纜

第一節　通則

第 246 條　地下構造物中之供電電纜應符合前章規定。

第 247 條　系統運轉電壓對地超過二千伏，且裝設於非金屬管路內之導線或電纜者，其設計應使遮蔽層或金屬被覆層被有效接地。

第二節　裝設

第 248 條　地下構造物中電纜之敷設規定如下：

一、供電電纜於搬運、裝設及運轉期間，其彎曲度應予控制，以免電纜受損。

二、施加於供電電纜之拖曳張力及側面壓力應予限制，以免電纜受損。

三、於導線管內拖曳供電電纜前，應先清除管內異物，以免電纜受損。

四、電纜潤滑劑不得損害電纜或管路系統。

五、電纜於傾斜或垂直敷設時，應考量抑制其可能之向下潛動。

六、供電電纜不得與通訊電纜裝設於同一導線管內。但所有電纜係由同一電業運轉及維護者，不在此限。

七、所有有關之公用事業達成協議者，通訊電纜得與供電電纜裝設於同一導線管內。

第 249 條　人孔及配電室內之電纜，其支持物、間隔及識別規定如下：

一、電纜支持物：

(1) 電纜支持物之設計，應能承受動荷重及靜荷重，且儘量與環境相容。

(2) 應以支持物使電纜間保持規定之間隔。

(3) 水平敷設之供電電纜，除有適當防護者外，應距離地板上方至少七十五毫米或三英寸予以支撐。但接地或搭接導線（體）不適用之。

(4) 電纜之裝設，應容許適當之伸縮移動，不得有破壞性應力之聚集。於運轉期間，電纜仍應保持在支持物上。

二、間隔：

(1) 應依第二百二十七條規定，提供足夠之工作空間。

(2) 包括電纜或設備之供電與通訊設施間之間隔：

① 應經所有管理單位之共識，始可將電纜或設備裝於合用人孔或配電室內。

② 供電電纜及通訊電纜儘量裝設於各別之牆壁支架上，且避免交叉。

③ 當供電電纜及通訊電纜須裝設於同一牆壁時，供電電纜儘量裝設於通訊電纜下方。

④ 供電設施及通訊設施之裝設，應能便於接近其中任一設施，而不需先移動其他設施。

⑤ 供電設施與通訊設施間之間隔，不得小於附表二四九指定值。

三、識別標識：

(1) 一般規定：

① 於管路系統之每一人孔內或其他入口處，電纜應以標籤或其他方式，施作永久性之識別標識。但結合圖解或地圖，提供作業人員足以識別電纜位置者，不適用之。

② 所有標識應為適合其環境之耐蝕材質者。

③ 所有標識之品質及位置，應可用輔助照明即能辨讀者。

(2) 合用人孔及配電室：由不同公用事業運轉維護之合用人孔及配電室內之電纜，應有永久識別標識或標籤，註明公用事業名稱及所用電纜型式。

表二四九　合用人孔及配電室內供電與通訊設施間之間隔

供電電壓（相電壓） （伏特）	供電與通訊設施表面間之間隔 （毫米）
15,000 以下	150
15,001 至 50,000	230
50,001 至 120,000	300
120,001 以上	600

註：1. 本表所示值不適用於接地導線。

2. 若裝設適當之隔板或防護措施，經相關電業達成協議，本表所示值得予縮減。

第三節　接地及搭接

第 250 條　地下構造物中之電纜及其接頭具有暴露於可被人員接觸之裸金屬遮蔽層、被覆層或同心中性導體(線)，其遮蔽層、被覆層或同心中性導體(線)應被有效接地。

第 251 條　在人孔內施加接地之電纜金屬被覆層或遮蔽層，應連接或搭接於共同接地系統。

第 252 條　地下構造物中之搭接及接地引線，應為適合其裝設環境之耐腐蝕材質者，或應予適當保護。

第四節　包括特殊供電電路之通訊電纜

第 253 條　交流運轉電壓超過九十伏特或直流運轉電壓超過一百五十伏特之特殊電路，且單獨供電給通訊設備者，於下列情形下，地下構造物中之供電電纜得包括於通訊電纜內。但傳輸功率一百五十瓦特以下之通訊電路，不在此限。

一、符合第七十六條第二款第一目至第五目規定情形之一者。

二、該電纜應有識別，其標識應符合第二百四十九條第三款規定。

第十三章　直埋電纜

第一節　通則

第 254 條　直埋之供電電纜應符合第十一章規定。

第 255 條　系統運轉電壓對地超過六百伏特之直埋電纜，應具有連續之金屬遮蔽層、被覆層或同心中性導體 (線)，並被有效接地。在電纜接續或接頭處，其金屬遮蔽層、被覆層或中性導體 (線) 之電流路徑，應施作成連續性，但接續處不需為同心。

　　符合前項規定之同一供電電路直埋電纜，距地下構造物或其他電纜之隔距得予縮減。

第 256 條　運轉於對地電壓六百伏特以下之同一電路，且未被有效接地之遮蔽層或被覆層之直埋供電電纜，應互相緊靠埋設。

第 257 條　通訊電纜含有僅供電給通訊設備之特殊電路直埋時，應符合第七十六條第二款第一目至第五目規定。

第 258 條　符合第二百五十五條規定之直埋供電電纜及通訊電纜之外皮，應符合國家標準 (CNS)、國際電工技術委員會 (IEC) 標準或其他經中央主管機關認可之標準，並清楚標示。

第 259 條　本章規定適用於非管路系統內裝設於導線管之供電電纜及通訊電纜。

第二節　位置及路徑

第 260 條　直埋供電電纜之埋設位置及路徑規定如下：

一、電纜埋設位置，應使其實際受到之干擾減至最小。若電纜直埋於其他地下構造物上方或下方，且與該構造物平行時，其隔距應符合本章第四節或第五節規定。

二、電纜儘量按照實際路線以直線埋設，若需彎曲時，彎曲半徑應大到足以抑制埋設中電纜損壞之可能性。

三、電纜系統之路徑安排，應便於施工、檢查及維護作業之安全進出。

四、於挖溝、挖埋或鑽掘作業前，實務上儘量確定電纜規劃路徑所在之構造物位置。

第 261 條　直埋供電電纜之埋設路徑，應避免經過不穩定之土壤，例如爛泥、潛動性土壤、腐蝕性土壤或其他天然危害區域。若需埋設於天然危害區域，應以保護電纜不受損害之方式施工與埋設，其保護措施應能與區域內之其他裝置配合。

第 262 條　直埋供電電纜之其他狀況之規定如下：

一、地面式游泳池：在游泳池或其輔助設備水平距離一・五公尺或五英尺以內，不得埋設供電電纜。若電纜必須埋設於游泳池或其輔助設備一・五公尺或五英尺以內者，應有輔助之機械保護。

二、建築物或其他構造物：電纜不得直埋於建築物或其他構造物之基礎下方。若電纜必須埋設於該等構造物下方時，構造物應有適當之支撐，以抑制傷害性荷重轉移至電纜之可能。

三、鐵路軌道：

(1) 應避免在鐵路軌道道碴區段下方縱向埋設電纜。若必須在鐵路軌道道碴區段下方縱向埋設電纜時，應在距鐵路軌道頂部下方至少一・二七公尺或五十英寸之深度埋設。但其埋設有困難或基於其他原因，經管理單位達成協議後得減少其間隔。

(2) 電纜穿越鐵路軌道下方時，準用第二百二十條第五款規定。

四、公路及街道：電纜儘量避免縱向敷設於公路車行道及街道下方。若電纜必須縱向敷設於道路之下方時，儘量敷設於路肩；確有困難時，得敷設於一個車道內。但道路主管機關另有規定者，從其規定。

五、橫越水底：電纜橫越水底時，其路徑與敷設應予保護，使其免於潮汐或海流之淘蝕，且不得位於船舶經常下錨區。

第三節　直埋供電電纜之埋設

第 263 條　　直埋電纜溝之溝底應為平順、無妨礙、夯實之土地或砂地。於岩石或堅硬泥土開挖電纜溝，電纜應放置於夯實之回填保護層上。

直埋電纜保護層一百毫米或四英寸內之回填物，應為無損害電纜之材質。回填物應適當地夯實。直埋電纜保護層一百五十毫米或六英寸內不得使用機械夯實。

第 264 條　　直埋電纜時，其挖埋作業規定如下：

一、土壤中含有石礫或其他堅硬材質時，在挖埋作業或回填，應以適當方法使石礫或堅硬材質不損壞直埋電纜。

二、直埋電纜之挖埋設備及挖埋作業之設計，應使電纜不因彎曲、側面壓力或過大之電纜張力而受損。

直埋電纜若以鑽掘埋設電纜系統，且埋設電纜範圍之土壤與地面荷重狀況，可能導致堅硬材質損害電纜時，電纜應有適當之保護。

第 265 條　　直埋供電電纜或導線管之埋設深度規定如下：

一、直埋電纜或導線管之埋設深度，應足以保護電纜或導線管，避免預期之地面使用狀況損害電纜。

二、除下列情況外，供電電纜、導線或導線管之最小埋設深度不得小於附表二六五規定：

(1) 在霜凍狀況下會損壞電纜或導線管之地區，得採比附表二六五所示值較深之埋設深度。

(2) 所提供之輔助機械保護措施，若足以保護電纜或導線管，避免遭受預期之地表面使用狀況，所導致之損害者，得採比附表二六五所示值較淺之埋設深度。

(3) 若直埋電纜或導線管埋設在非最後完成路面之下，在埋設當時及回填後，其最小埋設深度應符合附表二六五所示值。

表二六五　供電導線或電纜之最小埋設深度

電壓（相對相） （伏特）	最小埋設深度 （毫米）
750 以下	600
751 至 50,000	750
50,001 以上	1070

註：對地電壓 150 伏特以下之街道與區域照明用路燈電纜，若與既有之其他地下設施衝突者，其埋設深度得縮減為不小於 450 毫米。

第 266 條　直埋電纜之上方距地面適當處，應加一層標示帶。

第 267 條　供電電纜及通訊電纜之直埋，不得敷設於同一導線管內。但所有電纜係由同一電業運轉及維護者，不在此限。

第 268 條　經不同電業協議同意者，其直埋通訊電纜得一起敷設於同一導線管內。

第四節　距地下構造物或其他電纜之隔距三百毫米或十二英寸以上

第 269 條　直埋供電及通訊之電纜或導線相互間，及與排水管、自來水管、瓦斯、輸送易燃性物質之其他管線、建築物基礎及蒸汽管等其他地下構造物之隔距，應維持三百毫米或十二英寸以上。

直埋電纜與地下構造物或其他電纜，應有適當之隔距，以便於接近及維護作業，而不損害他方設施。

第 270 條　直埋供電電纜穿越地下構造物規定如下：

一、若電纜穿越其他地下構造物下方時，該構造物應有適當之支撐，以抑制傷害性荷重轉移至電纜系統之可能。

二、若電纜穿越其他地下構造物上方時，電纜應有適當之支撐，以抑制傷害性荷重轉移至構造物之可能。

三、各設施應有適當之支撐，其各別支撐裝置間應有足夠之垂直隔距。

第 271 條　若直埋供電電纜系統需平行直埋於另一地下構造物上方，或另一地下構造物平行直接裝設於電纜上方，經管理單位協議埋設方法後，方可執行。埋設時應保持適當之垂直隔距，以便於接近及維護作業，而不損害他方設施。

第 272 條　直埋電纜與蒸汽管線或冷卻管線等地下構造物間，應有足夠之隔距，以避免電纜遭受熱損害。若實務上無法提供適當隔距時，應於兩設施間，設置適當之隔熱板。

第五節　距地下構造物或其他電纜之隔距小於三百毫米或十二英寸

第 273 條　本節規定適用於直埋供電及通訊之電纜或導線相互間，及與其他地下構造物間之隔距小於三百毫米或十二英寸者。

供電及通訊之電纜或導線，與蒸汽管線、瓦斯及輸送易燃性物質之其他管線間之隔距不得小於三百毫米或十二英寸，且應符合前節規定。

供電電路運轉於對地電壓超過三百伏特或導線間電壓超過六百伏特者，於接地線路相對地故障，非被接地電路相對相故障時，其電纜之建構、運轉及維護，應能由起始或後續動作之保護裝置，迅速啟斷電路。

通訊電纜與導線，及供電電纜與導線，若考量與其他地下構造物或設施分隔，視為一個系統處理時，其隔距不予限制。

第 274 條　經管理單位協議同意者，供電電路之電纜或導線，與其他供電電路之電纜或導線直埋，得以相同深度埋設，且隔距不予限制。

第 275 條　經管理單位協議同意者，通訊電路之電纜或導線，與其他通訊電路之電纜或導線直埋，得以相同深度埋設，且隔距不予限制。

第 276 條　經管理單位協議同意，並符合第一款及第二款至第四款中任一規定者，其供電與通訊之電纜或導線直埋，得以相同深度埋設，且隔距不予限制：

一、一般規定如下：

　　(1) 接地供電系統，其相對地運轉電壓未超過二十二千伏。

　　(2) 非被接地供電系統，其相對相運轉電壓，未超過五‧三千伏。

　　(3) 非被接地供電系統之電纜，其運轉電壓超過三百伏特者，為被有效接地之同心遮蔽電纜，且電纜保持相互緊鄰。

　　(4) 非被接地供電電路，其導線間運轉電壓超過三百伏特，且與通訊導線間之隔距小於三百毫米者，有裝設接地故障指示系統。

(5) 除符合前條規定外，具金屬導體或金屬配件之通訊電纜及通訊接戶線，其外皮內應有連續之金屬遮蔽。

(6) 通訊保護裝置能於通訊線路與供電導線發生碰觸時，適當防止預期之電壓及電流影響。

(7) 被有效接地之供電導線與通訊電纜遮蔽層或被覆層間，有適當之搭接，搭接間隔未超過三百公尺或一千英尺。

(8) 在供電站附近可能有大接地電流通過，通訊電纜與供電電纜隔距小於三百毫米者，埋設前有先評估其接地電流對通訊電路之影響。

二、附有被接地之裸導線或半導電外皮中性導體 (線) 之供電電纜：

(1) 運轉電壓對地超過三百伏特之供電設施，具有與大地連續接觸之裸導線或半導電外皮之被接地導線。該被接地導線足以承載預期之故障電流之大小及持續時間，且為下列之任一者：

① 被覆導線、絕緣遮蔽導線或兼具兩者之導線。

② 每條間隔緊密之多芯同心電纜。

③ 與大地接觸且緊鄰電纜之單獨導線，其中之電纜具有被接地被覆或遮蔽層，得不與大地接觸者，該被覆導線或絕緣遮蔽層或兼具兩者之導線，如同單獨導線，具有足以承載預期故障電流之大小及持續時間。直埋電纜穿過短節管路，且被接地導線連續通過管路時，該被接地導線得不與大地接觸。

(2) 與大地接觸之裸導線，為適當之耐腐蝕性材質。導線以半導電外皮包覆者，與該外皮之化合物相容。

(3) 半導電外皮之徑向電阻係數未超過一百歐姆‧米 ($\Omega \cdot m$)，供電中保持其本質之穩定性。

三、中性導體 (線) 接地且具絕緣外皮之供電電纜：運轉於對地電壓超過三百伏特之多重接地供電系統，其每一相導線有完全絕緣外皮，符合下列要求之被有效接地同心銅質導體：

(1) 同心導體之電導未小於相導體電導之一半。

(2) 足以承載預期故障電流之大小與持續時間。

(3) 除第三十五條規定之接地間距外，依第九章第三節規定，其埋設區段之接地，每隔一‧六公里或一英里不少於八處，且不含各別接戶線之接地。

四、非金屬導線管內中性導體（線）接地且具絕緣外皮之供電電纜：符合
前款規定之中性導體（線）接地且具絕緣外皮之供電電纜，裝設於非
金屬導線管內，其與通訊電纜之間隔。

完全介電質光纖通訊電纜與供電電纜或導線直埋，經管理單位協議同意
及符合前項第一款第一目至第四目規定者，準用前項規定。

第 277 條　符合下列情形之一者，得以相同深度埋設，且隔距不予限制：

一、經管理單位協議同意之供電電纜及導線與非金屬供水管及排水管間。

二、經管理單位協議同意之通訊電纜及導線與非金屬供水管及排水管間。

三、符合前條規定，且經管理單位協議同意之供電電纜或導線、通訊電
纜或導線、非金屬供水管及排水管間。

第十四章　纜線出地裝置

第一節　通則

第 278 條　供電導線或電纜引出地面上，應依第一百四十八條規定，予以機械保護，
其保護範圍延伸至地面下至少三百毫米或一英尺。

第 279 條　供電導線或電纜應以物理上可容許之電纜彎曲半徑，由地下管槽垂直引
上。

第 280 條　保護引出地面之供電導線或電纜之暴露型金屬導線管或保護蓋板防護，
應依第九章第三節規定予以接地。

第二節　纜線出地

第 281 條　纜線之出地應設計使水不會浸入霜凍線以上之出地導線管。

第 282 條　導線或電纜之出地應有適當之支撐，以抑制對導線、電纜或終端損害之
可能。

第 283 條　導線或電纜所穿入之出地導線管或肘型彎管，其裝設應使電纜與導線管
間因相對移動而造成損害之可能性為最低。

第三節　出地纜線引上電桿之其他規定

第 284 條　出地纜線儘量在不妨礙爬登空間及避免車輛碰傷之情況下，裝設於電桿
上最安全之位置。

第 285 條　出地纜線之引上導線管或保護蓋板之位置、數量及大小，應加以限制，
使作業人員便於接近及爬登。

第四節　亭置式裝置

第 286 條　　供電導線或電纜由地下管槽引上至亭置式之變壓器、開關或其他設備，應妥為配置及安排，使其不受基礎內開口邊緣及彎曲處或基礎台下方其他導線管之損害。

第 287 條　　電纜進入亭置式設備基礎台之下方範圍前，應依電纜之電壓等級維持適當深度，否則應有適當之機械保護措施。

第十五章　供電電纜終端接頭裝置

第一節　通則

第 288 條　　地下供電電纜終端接頭之設計及裝設，應符合第十一章第四節規定。

第 289 條　　出地供電電纜引上之終端接頭非位於配電室、亭置式設備或類似封閉體內時，應設計使其符合第三章至第八章規定之間隔。

第 290 條　　地下供電電纜終端接頭之設計應抑制濕氣滲入而有害電纜之可能。

第 291 條　　若不同電位組件間，其間隔縮減至小於其電壓及基準衝擊絕緣強度 (BIL) 規定之間隔時，應裝設適當之隔板或全絕緣終端接頭，以符合所需之等效間隔。

第二節　地下供電電纜終端接頭之支撐

第 292 條　　地下供電電纜終端接頭應妥為裝設，以維持其適當之裝設位置。

第 293 條　　地下供電電纜應妥為支撐或固定，以抑制有危害之機械應力轉移至電纜終端接頭、設備或支持物上。

第三節　識別

第 294 條　　所有地下供電電纜終端接頭，應有適當之回路識別。

第四節　配電室或封閉體內之間隔

第 295 條　　地下供電電纜終端之暴露帶電組件間，及暴露帶電組件與大地間，應維持附表二九五規定之間隔。

表二九五　暴露帶電組件間，及暴露帶電組件與大地間之最小間隔

標稱電壓額定（千伏）	基準衝擊絕緣強度 (BIL)（千伏）		最小間隔（毫米）			
			相對相		相對地	
	屋內	屋外	屋內	屋外	屋內	屋外
2.4 至 4.16	60	95	115	180	80	155
7.2	75	95	140	180	105	155
13.8	95	110	195	305	130	180
14.4	110	110	230	305	170	180
23	125	150	270	385	190	255
34.5	150	150	320	385	245	255
34.5	200	200	460	460	335	335
46	—	200	—	460	—	335
46	—	250	—	535	—	435
69	—	250	—	535	—	435
69	—	350	—	790	—	635
115	—	550	—	1350	—	1070
138	—	550	—	1350	—	1070
138	—	650	—	1605	—	1270
161	—	650	—	1605	—	1270
161	—	750	—	1830	—	1475
230	—	750	—	1830	—	1475
230	—	900	—	2265	—	1805
230	—	1050	—	2670	—	2110
345	—	1175	—	3023	—	2642

註：1. 所列之值為正常供電情況下硬質組件及裸導線之最小間隔。若導線移動、供電情況不佳或空間限制允許，此間隔應增加。

2. 為特定系統電壓選擇之相關衝擊耐受電壓需依突波保護設備特性決定。

第 296 條　封閉體內之暴露帶電組件，應依電壓別及基準衝擊絕緣強度 (BIL)，提供適當間隔或使用絕緣隔板。

第 297 條　配電室內之供電電纜終端，其未絕緣之帶電組件，應予以防護或隔離。

第五節 接地

第 298 條　地下供電電纜終端裝置所有暴露之導電性表面，不包括帶電組件及其附屬設備，應予有效接地或搭接。

第 299 條　支撐地下供電電纜終端具導電性之支持物，應被有效接地。但上述組件已被隔離或防護者，不需接地或搭接。

第十六章　洞道內設施之裝設

第一節　通則

第 300 條　除本章規定外，洞道內供電及通訊設施之裝設，應符合第九章至前章規定。

第 301 條　若供電或通訊設施在洞道內使用之空間為非合格人員易進入者，或供電導線未符合第九章至本章電纜系統相關規定時，其裝設應符合第三章至第八章相關規定。

第二節　環境要求

第 302 條　若洞道內係公眾易進入或作業人員須進入施工、操作或維護設施時，其設計須提供可控制之安全環境，包括隔板、檢測器、警報器、通風設施、幫浦及所有設施之適當安全裝置。可控制安全環境應包括下列各項：

一、能避免中毒或窒息。

二、能防止人員接觸高壓力之管線、火災、爆炸及高溫。

三、能避免因感應電壓，造成不安全狀況。

四、能抑制淹水之可能危害。

五、能使洞道內各處有雙方向緊急疏散出口，以確保緊急疏散。

六、依第二百二十八條規定之工作空間，其範圍距車輛工作空間或機具暴露可動組件不得小於六百毫米或二英尺。

七、能避免在洞道內因操作車輛或其他機具引起之危險。

八、提供人員在洞道內無阻礙之走道。

第 303 條　供電及通訊共同使用之洞道內，所有設施之設計與裝設，應協調統合，提供安全環境，以操作供電設施、通訊設施或供電與通訊設施。所有設施之安全環境應包括下列各項：

一、保護設備免受溼度或溫度有損害影響之措施。

二、保護設備免受液體或氣體有損害影響之措施。

三、腐蝕控制系統應有協調之設計及操作，使設備免於腐蝕。

第十七章　接戶線裝置

第一節　架空接戶線

第 304 條　低壓架空接戶線應使用絕緣導線或電纜。

第 305 條　低壓架空接戶線之線徑應依用戶接供負載所計算之負載電流選定，且導線應具有足夠之機械強度，其最小線徑銅導線為八平方毫米或 8 AWG，鋁導線為十四平方毫米或 6AWG。

第 306 條　低壓架空接戶線之長度應符合下列規定：

一、架空單獨及共同接戶線之長度以三十五公尺為限。但架設有困難時，得延長至四十五公尺。

二、連接接戶線之長度自第一支持點起以六十公尺為限，其中每一架空線段之跨距不得超過二十公尺。

第 307 條　低壓架空接戶線在建築物或支持物上之固定點位置，儘量接近電度表或總開關。

第 308 條　低壓架空接戶線裝設於建築物上時，若建築物為磚構造或混凝土構造者，裝置螺栓應堅實固定在建築物內。

第 309 條　裝設低壓架空接戶線時，屬於接地之導線得以金屬支架或金屬．直接固定；屬於非接地之各導線應以礙子支持。但接戶線為電纜者，其屬於非接地之各導線已使用支線支持者，得不以礙子支持。

第 310 條　低壓架空接戶線跨越道路，若需固定於用戶樓房時，其固定點應選擇在二樓以上適當之處，以提高接戶線對地之高度。

第 311 條　低壓架空接戶線以採用接戶電纜配線、低壓線架縱式或撚架配線為原則。

第 312 條　綁紮低壓架空接戶線時，應使用直徑二·〇毫米以上之紮線。

第 313 條　低壓架空接戶線由電桿引接之一端，儘量使用軸型礙子與低壓線架或二孔鐵片。

第 314 條　若由一路共同低壓架空接戶線，或連接接戶線分歧引出另一路連接接戶線時，應於接戶線一端之支持物附近為之。

第 315 條　凡屬並排磚構造或混凝土構造樓房，若為數戶供電時，起造人應埋設共同之低壓接戶線導線管，並考慮將來可能之最大負載，選用適當之管徑。若共同導線管採建築物橫梁埋設，且供電戶數為四戶以下者，最小管徑不得小於五十二毫米或二英寸；採地下埋設者，最小管徑不得小於八十毫米或三英寸。

並排樓房非同時興建時，先蓋樓房者應於其建築物外預留接戶管之接續管口，以利後蓋樓房者得以接續延長。

第 316 條　低壓接戶線之電壓降規定如下：

一、低壓單獨接戶線電壓降不得超過百分之一。但附有連接接戶線者，得增為百分之一‧五。

二、臨時用電工程之接戶線，電壓降不得超過百分之二。

第 317 條　高壓架空接戶線之銅導線線徑不得小於二十二平方毫米或 4 AWG。

第 318 條　高壓架空接戶線之長度以三十公尺為限，且不得使用連接接戶線。

第二節　地下接戶線

第 319 條　地下接戶線應依其供電電壓等級，使用適當之絕緣導線或電纜。

第 320 條　低壓地下接戶線之線徑大小及額定規定如下：

一、低壓地下接戶線應具有足夠之機械強度，且其安培容量應可承載依用戶用電所計算之負載電流。

二、低壓地下接戶線之最小線徑，銅導線為八平方毫米或 8 AWG，鋁導線為十四平方毫米或 6 AWG。

第 321 條　地下接戶線採用電纜時，其電壓降符合第三百十六條規定者，其長度不受限制。

第三節　接戶線與樹木、建築物或其他裝置間之間隔

第 322 條　沿屋壁或屋簷下裝設連接接戶線時，儘量裝設於雨線內。但離地高度不及二‧五公尺且易受外物碰觸者，導線應裝於導線管內。

第 323 條　低壓架空接戶線與鄰近樹木及其他線路之電桿間，其水平及垂直間隔應維持二百毫米以上。

第 324 條　屋簷下接戶線與電信線、水管之間隔，應維持一百五十毫米以上。但有絕緣管保護者，不在此限。

第 325 條　屋簷下或接戶引出之線路與瓦斯管之間隔，應維持一公尺以上。

第 326 條　高低壓架空接戶線與地面及道路間之垂直間隔，不得小於附表八九～一所示值。低壓接戶線之接戶支持物離地高度應為二‧五公尺以上。

第 327 條　高低壓架空接戶線在不同支持物上與支吊線、其他導線及電纜間之垂直間隔，不得小於附表九四所示值。

第 328 條　　低壓架空接戶線與建築物之窗口、陽台或人員可輕易進入處之間隔，不得小於附表一○○所示值。但接戶線之絕緣足以防止人員觸電者，其間隔得縮減六百毫米。

第十八章　變電所裝置

第一節　通則

第 329 條　　本章適用於電力網中裝置變電設備之場所，變電設備包括變壓器、開關設備及匯流排等相關設備之組合。

第 330 條　　變電所種類依電壓等級分類如附表三百三十。

表三百三十　變電所電壓等級分類

變電所種類	電壓等級 (千伏特)
超高壓變電所	345 ／ 161
一次變電所	161 ／ 69
一次配電變電所	161 ／ 22.8 ～ 11.4
二次變電所	69 ／ 22.8 ～ 11.4

第 331 條　　各級變電所之變壓器及開關等主要電力設備，應符合我國國家標準 (CNS)、其他經中央主管機關認可之國際電工技術委員會 (IEC) 或其他國外標準。

第 332 條　　油浸式變壓器與電壓調整器應使用不易燃介質，在設置場所應建置空間隔離或防火屏障，並設置阻油堤與洩油池設施。

第 333 條　　變電所與特高壓用戶，及變電所與發電業電源線之責任分界點原則規定如下：

　　　　一、以架空線路引接所內時：以架空線路拉線夾板與變電所鐵構上之礙子串連接處為分界點。

　　　　二、以地下電力電纜引接所內時：以地下電力電纜頭壓接端子為分界點。

　　　　三、以連接站方式引接時：以連接站之電力電纜頭壓接端子為分界點。

　　　　四、另有契約規定責任分界點者，從其規定辦理。

第 334 條　　輸配電業需監視供電端匯流排之電壓及頻率，直供電業需監視電源線之電壓及頻率，前述監視資料均至少每整點取樣紀錄一次，並留存相關紀錄七天以上，以供主管機關查核。

第 335 條 變電所之時變電場、磁場及電磁場，其曝露之限制，應依中央環境保護
主管機關訂定之相關規定辦理。

第二節　屋外變電所

第 336 條 屋外匯流排等暴露帶電組件間，及暴露帶電組件與大地間之最小間隔，
應符合第二九五條之附表二九五規定。

第 337 條 屋外變電所使用含絕緣油之機器，其中心點與圍牆之最小間隔如附表
三百三十七。
前項規定之最小間隔，如因受限於變電所用地面積，經採取加裝防火牆
等因應措施者，得減半適用。

表三百三十七　不同電壓等級之最小間隔

電壓等級 （千伏特）	最小間隔（公尺）	
	未達 10 百萬伏安 (MVA) 機器	10 百萬伏安 (MVA) 以上機器
345	10	25
161	7	17
69	5	12

第 338 條 屋外變電所之變電設備暴露帶電體與圍牆之最小間隔如附表
三百三十八。

表三百三十八　不同電壓等級之最小直線與水平間隔

電壓等級（千伏特）	最小直線間隔（公尺）	最小水平間隔（公尺）
345	$X + Y \geq 8$	6
161	$X + Y \geq 6$	4
69	$X + Y \geq 6$	2
22.8 ～ 11.4	$X + Y \geq 5$	1.5

註：1. 符號 X 表示變電所圍牆之頂端與機器帶電體之間隔。
2. 符號 Y 表示變電所圍牆之高度。

第三節　屋內變電所

第 339 條 屋內變電所變壓器室、氣體絕緣開關設備室之配置原則規定如下：
一、應保留安裝、維修及測試之空間。

二、除被有效圍籬之靜電電容器組外，室內所有帶電組件應以箱體或包封容器予以遮蔽保護，非帶電金屬體應被有效接地。

三、除通訊室及直流電源室得設置一個出口外，密閉之屋內變電所變壓器室及氣體絕緣開關設備室應至少設置二個出口；出口門內配置門把應可輕易向外推鎖開啟。

第 340 條　變電設備之絕緣材料應為合格耐火材質。

油浸式變壓器室及電纜整理室應安裝自動滅火系統。

第 341 條　屋內變電所之防水規定如下：

一、建物地上部分之門、窗或通風孔道等開口，應有防水設計或高程之止水措施。

二、地下結構體之設計應具有水密性。

第四節　海上變電所

第 342 條　海上變電所(站)裝置分為主設備區及輔助設備區：

一、主設備區包括變壓器、開關設備、自動控制與保護系統及電纜整理室等相關設施。

二、輔助設備區包括經常性主要輔助所內供電設施、緊急供電系統、通訊系統及蓄電池組等相關設施。

海上變電所(站)應為鋼構式平台結構，所有設備材料應有封閉式金屬箱體防護或抗環境腐蝕防護能力，主設備區應設置固定式起重設備。

第 343 條　海上變電所(站)頂甲板得設置直升機平台及氣象輔助設施等。

控制室、辦公室及人員休息室應設置於防火區劃內。

海上變電所(站)應設置照明系統、緊急逃生路徑設施及人員維生與衛生環境設施。

第 344 條　海上變電所(站)主變壓器、開關設備及監控保護系統等相關設備應設置備援系統或備援機制。

第十九章　附則

第 345 條　本規則自中華民國一百零四年十一月一日施行。

本規則修正條文自發布日施行。

國家圖書館出版品預行編目(CIP)資料

電工法規 / 黃文良, 楊源誠, 蕭盈璋編著. -- 十
六版. -- 新北市 : 全華圖書股份有限公司,
2023. 07
　　面 ；　公分
ISBN 978-626-328-568-2 (平裝附光碟片)
1. CST: 電機工程 2. CST: 法規
448.023　　　　　　　　　　　112010678

電工法規

(附參考資料光碟)

作者 / 黃文良、楊源誠、蕭盈璋

發行人 / 陳本源

執行編輯 / 張峻銘

出版者 / 全華圖書股份有限公司

郵政帳號 / 0100836-1 號

印刷者 / 宏懋打字印刷股份有限公司

圖書編號 / 037970H7

十六版一刷 / 2023 年 7 月

定價 / 新台幣 700 元

ISBN / 978-626-328-568-2 (平裝附光碟片)

全華圖書 / www.chwa.com.tw

全華網路書店 Open Tech / www.opcntech.com.tw

若您對書籍內容、排版印刷有任何問題，歡迎來信指導 book@chwa.com.tw

臺北總公司(北區營業處)
地址：23671 新北市土城區忠義路 21 號
電話：(02) 2262-5666
傳真：(02) 6637-3695、6637-3696

南區營業處
地址：80769 高雄市三民區應安街 12 號
電話：(07) 381-1377
傳真：(07) 862-5562

中區營業處
地址：40256 臺中市南區樹義一巷 26 號
電話：(04) 2261-8485
傳真：(04) 3600-9806(高中職)
　　　(04) 3601-8600(大專)

讀者回函卡

掃 QRcode 線上填寫 ▶▶▶

姓名：＿＿＿＿＿＿ 生日：西元 ＿＿＿年 ＿＿月 ＿＿日 性別：□男 □女

電話：（ ） ＿＿＿＿＿＿ 手機：＿＿＿＿＿＿

e-mail：（必填）

註：數字零，請用 Φ 表示，數字 1 與英文 L 請另註明並書寫端正，謝謝。

通訊處：□□□□□

學歷：□高中·職 □專科 □大學 □碩士 □博士

職業：□工程師 □教師 □學生 □軍·公 □其他

學校/公司：＿＿＿＿＿＿ 科系/部門：＿＿＿＿＿＿

· 需求書類：

□A. 電子 □B. 電機 □C. 資訊 □D. 機械 □E. 汽車 □F. 工管 □G. 土木 □H. 化工 □I. 設計

□J. 商管 □K. 日文 □L. 美容 □M. 休閒 □N. 餐飲 □O. 其他

· 本次購買圖書為：＿＿＿＿＿＿ 書號：＿＿＿＿＿＿

· 您對本書的評價：

封面設計：□非常滿意 □滿意 □尚可 □需改善，請說明＿＿＿＿＿＿

內容表達：□非常滿意 □滿意 □尚可 □需改善，請說明＿＿＿＿＿＿

版面編排：□非常滿意 □滿意 □尚可 □需改善，請說明＿＿＿＿＿＿

印刷品質：□非常滿意 □滿意 □尚可 □需改善，請說明＿＿＿＿＿＿

書籍定價：□非常滿意 □滿意 □尚可 □需改善，請說明＿＿＿＿＿＿

整體評價：請說明＿＿＿＿＿＿

· 您在何處購買本書？

□書局 □網路書店 □書展 □團購 □其他

· 您購買本書的原因？（可複選）

□個人需要 □公司採購 □親友推薦 □老師指定用書 □其他

· 您希望全華以何種方式提供出版訊息及特惠活動？

□電子報 □DM □廣告 （媒體名稱＿＿＿＿＿）

· 您是否上過全華網路書店？（www.opentech.com.tw）

□是 □否 您的建議＿＿＿＿＿＿

· 您希望全華出版哪些書籍？＿＿＿＿＿＿

· 您希望全華加強哪些服務？＿＿＿＿＿＿

感謝您提供寶貴意見，全華將秉持服務的熱忱，出版更多好書，以饗讀者。

填寫日期： ／ ／

2020.09 修訂

親愛的讀者：

感謝您對全華圖書的支持與愛護，雖然我們很慎重的處理每一本書，但恐仍有疏漏之
處，若您發現本書有任何錯誤，請填寫於勘誤表內寄回，我們將於再版時修正，您的批評
與指教是我們進步的原動力，謝謝！

全華圖書 敬上

勘 誤 表

書 號		書 名		作 者
頁 數	行 數	錯誤或不當之詞句		建議修改之詞句

我有話要說：（其它之批評與建議，如封面、編排、內容、印刷品質等‧‧‧）